水理学演習

下 巻

荒木正夫
椿 東一郎 共著

森北出版株式会社

●本書のサポート情報を当社Webサイトに掲載する場合があります．下記の URL にアクセスし，サポートの案内をご覧ください。

http://www.morikita.co.jp/support/

●本書の内容に関するご質問は，森北出版 出版部（「書名を明記」）係宛に書面にて，もしくは下記の e-mail アドレスまでお願いします．なお，電話でのご質問には応じかねますので，あらかじめご了承ください．

editor@morikita.co.jp

●本書により得られた情報の使用から生じるいかなる損害についても，当社および本書の著者は責任を負わないものとします．

■本書に記載している製品名，商標および登録商標は，各権利者に帰属します．

■本書を無断で複写複製（電子化を含む）することは，著作権法上での例外を除き，禁じられています．複写される場合は，そのつど事前に（社）出版者著作権管理機構（電話 03-3513-6969，FAX 03-3513-6979，e-mail:info@jcopy.or.jp）の許諾を得てください．また本書を代行業者等の第三者に依頼してスキャンやデジタル化することは，たとえ個人や家庭内での利用であっても一切認められておりません．

序

　本書は，上巻に続いて，水理学のうち主として開水路の水理学に属する分野，すなわち，開水路の定流・開水路の不定流・水文学・流砂・波と海岸の水理・地下水と浸透の各節からなっております．

　元来，演習書なるものは，すでに定説化している諸公式の誘導と，その適用法を説明するのが常道であり，上巻ではだいたいにおいてこの線が守られていると考えます．しかし，下巻で取り扱う内容の多くは，近代水理学として現在急速に発展しつつある部門であるため，定説となっている公式だけでは実用上不十分であって，最近提案されている新しい多数の公式を導入することが，どうしても必要であります．その意味で，通常の演習書としての範囲をいささか逸脱しているかも知れませんが，これらの新しい研究成果を理解して頂くことは，水理学の奥義を極める上に甚だ有益であり，かつ，また実務技術者にとっても利用価値の大きいものばかりであるという観点からして，あえて思い切った編さんを試みたものであります．

　上巻の序文に述べてある三つの重点，すなわち，（1）基礎原理の根本的な理解に重点をおくこと，（2）最近の研究をも積極的に取り入れ，かつ平易に記述すること，（3）土木工学の実際分野にあらわれる例題を選択し，実務技術者の良き伴侶たらしめること，は上巻と同様にとくに意を注いであります．そのほか，上巻の各注意事項，たとえば初学者にとって難解な例題には右肩に※をつけて区別すること，などは下巻でもそのまま適用されることを付記します．

　　　昭和 37 年 3 月

　　　　　　　　　　　　　　　　　　　　　　　　　著　　　者

目　　次

第7章　開水路の定流

7・1　開水路定流の基礎方程式……………………………………………… 1
　　　例題 (54)

7・2　開水路の等流……………………………………………………………… 7
　　7・2・1　平均流速公式…………………………………………………… 7
　　　　例題 (55)
　　7・2・2　標準形水路における等流計算………………………………… 12
　　　　例題 (56)
　　7・2・3　水理学的に有利な断面………………………………………… 20
　　　　例題 (57)
　　7・2・4　潤辺が二つ以上の異なる粗度からなる水路………………… 21
　　　　例題 (58)
　　7・2・5　限界コウ配……………………………………………………… 24
　　　　例題 (59)・問題 (27)

7・3　一様断面水路の不等流計算…………………………………………… 28
　　7・3・1　広矩形断面……………………………………………………… 28
　　　　例題 (60)
　　7・3・2　数値積分による一様断面水路の水面形計算………………… 43
　　　　例題 (61)・問題 (28)

7・4　一般断面水路の不等流計算…………………………………………… 47
　　7・4・1　試算法…………………………………………………………… 48
　　　　例題 (62)
　　7・4・2　図式解法（エスコフィエの方法）…………………………… 52
　　　　例題 (63)

7・5　流れに支配断面を生ずる水路の不等流計算………………………… 55
　　　例題 (64)

7・6　跳水現象を伴なう水路………………………………………………… 60
　　7・6・1　跳水の水理……………………………………………………… 61

例題（65）

　　7・6・2　跳水位置の決定……………………………………………… 68
　　　例題（66）・問題（29）

7・7　横から流入・流出のある流れ…………………………………… 72
　　　例題（67）・問題（30）

7・8　橋脚・段落ち等による局部的な流れ………………………… 80
　　　（水路の段落ち・橋脚によるセキ上げ・流入による落差・チリヨ
　　　ケスクリーンによるセキ上げ・彎曲による落差）
　　　例題（68）・問題（31）

7・9　射流水路における衝撃波………………………………………… 86
　　　（対応水深・衝撃波角・射流彎曲水路の壁に沿う水深）
　　　例題（69）・問題（32）

第8章　開水路の不定流

8・1　開水路不定流の基礎方程式…………………………………… 91
　　　（連続の式・運動の方程式）
　　　例題（70）

8・2　段　　波…………………………………………………………… 93
　　　例題（71）・問題（33）

8・3　洪　水　流………………………………………………………… 97
　　8・3・1　洪水波の伝播速度……………………………………… 98
　　　例題（72）
　　8・3・2　洪水波高およびピーク流量の減衰…………………… 104
　　　例題（73）

8・4　微小振幅理論による感潮河川の流れ………………………… 109
　　　例題（74）

8・5　特性曲線法による不定流の図式解法………………………… 114
　　　例題（75）

8・6　洪水調節池の計算………………………………………………… 124
　　8・6・1　数値計算法（エクダールの解法）………………………… 125
　　　例題（76）
　　8・6・2　図式解法（チエンの解法）…………………………… 129

例題 (77)

8・7 河道の洪水追跡……………………………………………………… 133
  例題 (78)

第9章 水 文 学

9・1 水 文 統 計…………………………………………………… 138
  （正規分布・対数正規分布・ヘーズン図上推定法・積率法・ガン
  ベルチョーの方法）
  例題 (79)

9・2 雨量と流出量…………………………………………………… 147
  9・2・1 面積平均雨量の算定………………………………………… 147
    例題 (80)
  9・2・2 D A D 解 析…………………………………………… 150
    例題 (81)
  9・2・3 有効雨量と直接流出量…………………………………… 154
    例題 (82)

9・3 ピーク流量の算定……………………………………………… 161
  9・3・1 ラショナル式による河川のピーク流量…………………… 161
    例題 (83)
  9・3・2 都市下水道のピーク流量………………………………… 165
    例題 (84)

9・4 単位流量図法…………………………………………………… 166
  9・4・1 ユニットグラフと流量配分図…………………………… 166
    例題 (85)
  9・4・2 単位図の作成……………………………………………… 171
    例題 (86)
  9・4・3 単位図の単位時間変換…………………………………… 174
    例題 (87)

9・5 流 出 関 数 法………………………………………………… 176
  9・5・1 流出関数法（佐藤・吉川・木村の方法）………………… 177
    例題 (88)
  9・5・2 総合単位図（中安の方法）………………………………… 181
    例題 (89)

第10章 流 砂

10・1 限 界 掃 流 力 ……………………………………… 185

　　10・1・1 掃 流 力 ……………………………………… 185

　　　　例題 (90)

　　10・1・2 限 界 掃 流 力 ……………………………… 187

　　　　例題 (91)

10・2 掃 流 砂 量 ……………………………………… 194

　　（掃流砂量を規定する無次元量・デュボア型の指数式・佐藤 吉
　　川 芦田の式・アインシュタインの掃流砂関数）

　　　　例題 (92)

10・3 浮 流 砂 量 ……………………………………… 203

　　（浮流砂の濃度分布・浮流砂量）

　　　　例題 (93)

10・4 安 定 河 道 ……………………………………… 212

　　　　例題 (94)

第11章 波と海岸の水理

11・1 波動の一般的性質 ………………………………… 217

　　（波動方程式・正弦波・重複波・群速度）

　　　　例題 (95)

11・2 表 面 波 ……………………………………… 220

　　11・2・1 浅海波と深海波 ……………………………… 221

　　　　例題 (96)・例題 (97)

　　11・2・2 有限振幅波と砕波条件 ……………………… 233

　　　　例題 (98)

11・3 長 波 と 津 波 ……………………………………… 240

　　11・3・1 長 　 波 ……………………………… 240

　　　　例題 (99)

　　11・3・2 津 　 波 ……………………………… 244

　　　　例題 (100)

11・4 風による波の発達 ………………………………… 246

目　　次　　　　　　5

(S-M-B 法・モリターの公式)

例題 (101)

11・5　海岸における波の変形 ……………………………………… 253

　11・5・1　浅海域における波の変形と砕波 …………………………… 253

　例題 (102)

　11・5・2　波　の　屈　折 …………………………………………… 258

　例題 (103)

11・6　波　　　力 …………………………………………………… 261

　11・6・1　重複波の波圧 ……………………………………………… 261

　例題 (104)

　11・6・2　砕　波　の　波　力 ……………………………………… 268

　例題 (105)

　11・6・3　捨石堤斜面の捨石に働く波力 ……………………………… 275

　例題 (106)

11・7　漂　　　　砂 ………………………………………………… 278

　（漂砂の性質・沿岸流速・沿岸漂砂量）

　例題 (107)

第12章　地下水と浸透

12・1　ダルシーの法則と基礎方程式 ……………………………… 285

　12・1・1　ダルシーの法則 …………………………………………… 285

　例題 (108)

　12・1・2　地下水の基礎方程式 ……………………………………… 290

　例題 (109)

12・2　井　戸　の　問　題 ………………………………………… 295

　12・2・1　掘　抜　井　戸 …………………………………………… 295

　例題 (110)

　12・2・2　深井戸と浅井戸 …………………………………………… 301

　例題 (111)

　12・2・3　群　井　戸 ………………………………………………… 304

　例題 (112)

　12・2・4　非定常状態における水頭降下式 …………………………… 307

　例題 (113)・問題 (34)

6 目　　　次

12・3　構造物の基礎を潜る地下水と揚圧力 ……………………… 311
　　　　例題（114）・問題（35）
12・4　堤防およびアースダムの浸透 ……………………………… 316
　　12・4・1　堤体内の定常浸透 …………………………………… 316
　　　　例題（115）
　　12・4・2　堤体内の非定常浸透 ………………………………… 319
　　　　例題（116）
　　付　　録
　　双曲線関数表 ……………………………………………………… 324
　　2/3　乗　表 ……………………………………………………… 327
　　索　　引 ………………………………………………………… 331

─────── 上 巻 の 主 要 内 容 ───────

第1章　概　　　説	第5章　オリフィスとセキ
第2章　静 水 力 学	第6章　水撃作用とサージタンク
第3章　流れの基礎原理	付　　　録
第4章　管 水 路 の 水 理	索　　　引

第7章 開水路の定流

開水路の流れは，洪水波や感潮河川のように，水深や流速が時間的に変化する不定流（Unsteady flow）と，時間的には変化しない定流（Steady flow）とに大別される．定流の中で，水深や流速が流れの方向にも変化しない流れを等流（Uniform flow），流れの方向に変化する流れを不等流（Non-uniform flow）という．等流は一様断面，一様コウ配の長い水路において見られ，不等流はコウ配や断面形の変化している水路の流れや，セキ等の河川構造物または河口において水深が外的な条件によりきめられる場合に見られる．

開水路流れでは 3・5 節（上巻 p. 83）で述べたように，流れが射流であるか常流であるかによって，水面形の性質が甚だしく異なるので，流れのフルード数 ($V/\sqrt{gh}$) が重要な意義を持つ．また，流れが層流であるか乱流であるかによって，摩擦抵抗の法則が異なる．しかし，実際の開水路では層流であることはきわめて稀であるから，本章ではすべて乱流の場合を取り扱う．

7・1 開水路定流の基礎方程式

底コウ配 i が小さく，$\cos\theta\fallingdotseq 1$，$\sin\theta\fallingdotseq i$ とみなし得る開水路の定流において，図-7・1 のように流れの方向に x 軸，鉛直上方に z 軸をとる．水深 h や流速 V の変化が緩やかで，鉛直方向の加速度が無視される場合には，圧力は静水圧分布

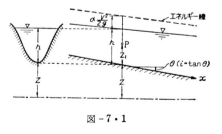

図 - 7・1

$$\frac{p}{w}=h-z_1$$

に従う．したがって，流れの中の一点 P における比エネルギーは図の水平線を基準として，基準線から河床までの高さを z とすると，$E=z+z_1+\dfrac{p}{w}$

2　　　　　　　　第 7 章　開水路の定流

$$+\frac{V^2}{2g}=z+h+\frac{V^2}{2g}$$ となり，一つの鉛直断面における平均の比エネルギーは

$$E=z+h+\alpha\frac{V^2}{2g}$$

で表わされる．ここに α に流速分布が一様でないための補正値で，開水路流れでは 1.0〜1.1 程度の値をとることが多い（註）．

　摩擦損失を考慮したベルヌイの定理を距離 dx をへだてた 2 断面に適用すると，径深を R として

$$\underbrace{z+h+\alpha\frac{V^2}{2g}}_{\text{（}x\text{ 断面の比エネルギー）}}=\underbrace{\left(z+h+\alpha\frac{V^2}{2g}\right)+\frac{d}{dx}\left(z+h+\alpha\frac{V^2}{2g}\right)dx}_{\text{（}x+dx\text{）断面の比エネルギー}}$$

$$\underbrace{+f\frac{dx}{4R}\frac{V^2}{2g}.}_{dx\text{ 間の摩擦損失水頭}}$$

上の式に $-\dfrac{dz}{dx}=i$（底コウ配）および f の代りにシェジー（Chézy）の C（表 - 4・1 より $f=8g/C^2$）を導入し，連続の式 $V=Q/A$（Q：流量，A：流水断面積）を用いて書き直すと

$$-i+\frac{dh}{dx}+\frac{\alpha Q^2}{2g}\frac{d}{dx}\left(\frac{1}{A^2}\right)+\frac{1}{C^2R}\left(\frac{Q}{A}\right)^2=0. \tag{7・1}$$

　(7・1) 式において，$i-\dfrac{d\bar{h}}{dx}=I$ は水面コウ配，第 3 項は運動エネルギーのコウ配，第 4 項は単位長さ当りの摩擦によるエネルギー損失である．また，次式

$$I_e=i-\frac{dh}{dx}-\frac{\alpha Q^2}{2g}\frac{d}{dx}\left(\frac{1}{A^2}\right) \tag{7・2}$$

で定義される I_e をエネルギーコウ配という．

　水面幅を b，流れの最大水深を h とすると，任意形状の断面積 A は b と h との関数として表わすことができる．したがって一般的には

$$\frac{d}{dx}\left(\frac{1}{A^2}\right)=-\frac{2}{A^3}\frac{dA}{dx}=-\frac{2}{A^3}\left(\frac{\partial A}{\partial h}\frac{dh}{dx}+\frac{\partial A}{\partial b}\frac{db}{dx}\right).$$

　とくに，断面形が x 方向に関して変化しない一様断面水路では，$b=f(h)$ の関係があるから，A は h だけの関数であり

$$\frac{d}{dx}\left(\frac{1}{A^2}\right) = -\frac{2}{A^3}\frac{\partial A}{\partial h}\frac{dh}{dx}.$$

上の両式をそれぞれ（7・1）式に入れると，次のような基礎方程式が得られる.

一般断面
$$\frac{dh}{dx} = \frac{i + \dfrac{\alpha Q^2}{gA^3}\dfrac{\partial A}{\partial b}\dfrac{\partial b}{\partial x} - \dfrac{1}{C^2R}\left(\dfrac{Q}{A}\right)^2}{1 - \dfrac{\alpha Q^2}{gA^3}\dfrac{\partial A}{\partial h}}, \tag{7・3}$$

一様断面
$$\frac{dh}{dx} = i\frac{1 - \dfrac{1}{C^2Ri}\left(\dfrac{Q}{A}\right)^2}{1 - \dfrac{\alpha Q^2}{gA^3}\dfrac{\partial A}{\partial h}}. \tag{7・4}$$

なお，Manning の粗度係数 n を用いるときには，上の式の C に $C = \dfrac{1}{n}R^{\frac{1}{6}}$ の関係を代入すればよい.

（註）　幅の広い矩形断面に対する α の値は，Streeter によると摩擦損失係数を f として
$$\alpha = 1 + 2.34f - 1.84f^{\frac{3}{2}}$$
で与えられ，厳密には f の関数である. しかし，$f = 0.02 \sim 0.05$ の程度で α は 1 に近いから（たとえば $f = 0.03$（$C = 51$）とすると $\alpha = 1.061$），普通一定とみなす. $\alpha = 1.1$ とおくこともあるが，最近では簡単に $\alpha = 1.0$ とすることが多い.

例 題 (54)

【7・1】　水路幅 b，底コウ配 i の幅の広い矩形水路に，流量 Q が流れるときの不等流の基礎方程式を求めよ.

解　（7・3）式に　$A = bh, \quad \dfrac{\partial A}{\partial b} = h, \quad \dfrac{\partial A}{\partial h} = b,$
$$R = \frac{bh}{b+2h} = \frac{h}{1+(2h/b)} \doteqdot h$$
を代入すると
$$\frac{dh}{dx} = \frac{i + \dfrac{\alpha Q^2}{gh^2b^3}\dfrac{db}{dx} - \dfrac{Q^2}{C^2h^3b^2}}{1 - \dfrac{\alpha Q^2}{gh^3b^2}}.$$

〔類　題〕　底コウ配 i，頂角 2θ の一様な三角形水路に，流量 Q が流れるとき

の不等流の基礎方程式を求めよ.

解　(7・4) 式において

$$A = \tan\theta \cdot h^2 = ah^2 \quad (a = \tan\theta)$$

$$R = \frac{\tan\theta \cdot h^2}{2\sec\theta \cdot h} = \frac{\sin\theta}{2}h = \beta h \quad \left(\beta = \frac{\sin\theta}{2}\right)$$

$$\frac{\partial A}{\partial h} = 2ah,$$

$$\therefore \quad \frac{dh}{dx} = i\frac{1 - \dfrac{Q^2}{C^2\beta a^2 i h^5}}{1 - \dfrac{2\alpha Q^2}{ga^2h^5}}.$$

図 – 7・2

【7・2】※　模型実験において，模型と実物との現象が力学的な相似を保つためには，両者が共通の基礎方程式を満たさねばならない．いま，水平縮尺 1/100，鉛直縮尺 1/50 の河川模型を作り，河川流の模型実験を行なうときの相似条件および流速，流量の縮尺を求めよ．ただし，河川の粗度係数を 0.025 とし，河川幅は 200 m，水深 3～5 m の流れを対象とする.

解　摩擦抵抗に Manning 式を用いたときの，流れの運動方程式は (7・1) 式に $C = R^{1/6}/n$ を入れて

$$\frac{1}{2g}\frac{\partial V^2}{\partial x} = i - \frac{\partial h}{\partial x} - \frac{n^2V^2}{R^{4/3}}$$

である．模型に添字 m，実物に添字 p をつけると，模型と実物が力学的に相似であるためには，両者の流れを規定する基礎方程式，すなわち

原型　$$\frac{1}{2g}\frac{\partial V_p^2}{\partial x_p} = i_p - \frac{\partial h_p}{\partial x_p} - \frac{n_p^2V_p^2}{R_p^{4/3}}, \tag{1}$$

模型　$$\frac{1}{2g}\frac{V_m^2}{\partial x_m} = i_m - \frac{\partial h_m}{\partial x_m} - \frac{n_m^2V_m^2}{R_m^{4/3}} \tag{2}$$

が一致することが必要である.

いま，模型の時間縮尺を T，水平縮尺を X，鉛直縮尺を Z とし

$$t_m = Tt_p, \quad x_m = Xx_p, \quad h_m = Zh_p \tag{3}$$

とおくと，流速，流量等の縮尺はそれぞれ次のようになる.

$$\left.\begin{array}{ll} V_m\left(\infty\dfrac{x_m}{t_m}\right) = \dfrac{X}{T}V_p, & A_m(\infty\, x_mh_m) = XZA_p, \\[3mm] i_m\left(\infty\dfrac{z_m}{x_m}\right) = \dfrac{Z}{X}i_p, & Q_m = A_mV_m = \dfrac{X^2Z}{T}Q_p. \end{array}\right\} \tag{4}$$

7・1 開水路定流の基礎方程式

相似条件を求めるために，(3) および (4) 式を (2) 式に代入して整理すると，模型における流れの基礎方程式は次式となる．

$$\frac{1}{2g}\frac{\partial V_p{}^2}{\partial x_p}=\frac{ZT^2}{X^2}\left(i_p-\frac{\partial h_p}{\partial x_p}\right)-\frac{n_m{}^2X}{R_m{}^{4/3}}V_p{}^2. \tag{2'}$$

したがって，(1) および (2') 式より相似条件は

$$X^2/ZT^2=1, \tag{5}$$

$$\frac{n_m{}^2X}{R_m{}^{4/3}}=\frac{n_p{}^2}{R_p{}^{4/3}}\quad\text{あるいは}\quad\frac{n_m}{n_p}=\left(\frac{R_m}{R_p}\right)^{\frac{2}{3}}\frac{1}{\sqrt{X}}. \tag{6}$$

流れのフルード数は $V/\sqrt{gh}$ で定義されるのであるから，(5) 式は模型と実物との流れのフルード数を共通の値に保つべきことを示し，フルードの相似条件とよばれる．また，(6) 式は底面粗度の換算率を与える式である．

題意のような短形断面の水路では，径深の比は

$$\frac{R_m}{R_p}=\frac{h_m\Big/\left(1+2\dfrac{h_m}{b_m}\right)}{h_p\Big/\left(1+2\dfrac{h_p}{b_p}\right)}=\frac{Zh_p}{1+2\dfrac{Z}{X}\dfrac{h_p}{b_p}}\cdot\frac{1+2\dfrac{h_p}{b_p}}{h_p}$$

であるから，模型に与えるべき粗度は次式のようになる．

$$\frac{n_m}{n_p}=X^{\frac{1}{6}}\left(\frac{1+\dfrac{2\,h_p}{b_p}}{\dfrac{X}{Z}+\dfrac{2\,h_p}{b_p}}\right)^{\frac{2}{3}}. \tag{7}$$

相似条件に題意の数値を入れると，時間縮尺は (5) 式より

$$T=\frac{X}{\sqrt{Z}}=\frac{1/100}{\sqrt{1/50}}=\frac{1}{14.1}.$$

模型底面の粗度係数は $h_p=3\sim5\,\mathrm{m}$ の流れを対象とするから $h_p=4\,\mathrm{m}$ とおいて

$$n_m=0.025\left(\frac{1}{100}\right)^{\frac{1}{6}}\left(\frac{1+\dfrac{8}{200}}{\dfrac{50}{100}+\dfrac{8}{200}}\right)^{\frac{2}{3}}=\underline{0.018}.$$

流速および流量の縮尺は

$$V_m=\frac{X}{T}V_p=\frac{1/100}{1/14.1}V_p=\underline{\frac{1}{7.07}V_p}.\quad Q_m=XZ\cdot\frac{X}{T}Q_p$$

$$= \frac{1}{100} \cdot \frac{1}{50} \cdot \frac{1}{7.07} Q_p = \frac{1}{3.535 \times 10^4} Q_p.$$

(註)　(5), (6) 式の相似条件は不定流においても成立つ. なお $b_p \gg h_p$ であって $2h_p/b_p$ を 1 および X/Z に対して無視しうる場合には, (7) 式は $\dfrac{n_m}{n_p} = \dfrac{Z^{\frac{2}{3}}}{X^{\frac{1}{2}}}$ と書ける. この式に $X=1/100$, $Z=1/50$, $n_p=0.025$ を代入すると,

$$n_m = 0.025 \times \frac{(1/50)^{\frac{2}{3}}}{(1/100)^{\frac{1}{2}}} = 0.0185 \ \text{となる}.$$

〔類　題〕　例題 7・2 の河川模型実験において, 水平・鉛直ともに縮尺を 1/100 とするとき, 模型に与えるべき粗度係数および流量の縮尺を求めよ.

答　$n_m = 0.016$, $Q_m = \dfrac{1}{10^5} Q_p$

【7・3】　(急コウ配水路)　底コウ配 i が 1/10 をこえると, $\cos\theta \fallingdotseq 1$, $\sin\theta \fallingdotseq i$ の仮定が成り立たなくなる. このような急コウ配の一様断面水路に関する基礎方程式は, 図-7・3 のように水路床にそって x 軸をとり, それに垂直な水深を h とするとき, 次式

$$\frac{dh}{dx} = \frac{\sin\theta - \dfrac{Q^2}{C^2 R A^2}}{\cos\theta - \dfrac{\alpha Q^2}{g A^3} \dfrac{\partial A}{\partial h}} \quad (1)$$

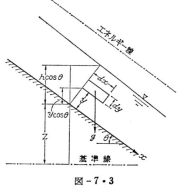

図-7・3

で表わされることを示せ.

　解　図-7・3 のように水路床に沿って x 軸をとり, これに垂直に y 軸をとる. 水路床より高さ y の位置に, 微小直六面体 $1 \times dx \times dy$ を考え, この六面体にはたらく力の y 方向の釣合を考えると

$$p \cdot dx - \left(p + \frac{\partial p}{\partial y} dy\right) dx - \rho g \cos\theta \cdot dx \cdot dy = 0,$$

$$\therefore \ -\frac{\partial p}{\partial y} = \rho g \cos\theta = w \cos\theta.$$

これを積分して, $y=h$ で $p=0$ の条件で積分定数を決めると

$$p = w(h-y)\cos\theta. \tag{2}$$

したがって，高さ y の点の比エネルギーは図の基準線より測って

$$E = z + y\cos\theta + (h-y)\cos\theta + \frac{V^2}{2g}$$

となり，断面の持つ比エネルギーは流速分布の補正係数 α を導入して

$$E = z + h\cos\theta + \alpha\frac{V^2}{2g}$$

となる．ベルヌイの定理を距離 dx をへだてた 2 断面に適用すると

$$-\frac{d}{dx}\left(z + h\cos\theta + \alpha\frac{V^2}{2g}\right)dx = \frac{dx}{C^2R}\frac{V^2}{2g}.$$

上の式に $-\dfrac{dz}{dx} = \sin\theta,\ V = Q/A$ を入れて書き直すと

$$-\sin\theta + \frac{dh}{dx}\cos\theta + \frac{\alpha Q^2}{2g}\frac{d}{dx}\left(\frac{1}{A^2}\right) + \frac{Q^2}{C^2RA^2} = 0.$$

これに $\dfrac{d}{dx}\left(\dfrac{1}{A^2}\right) = -\dfrac{2}{A^3}\dfrac{\partial A}{\partial h}\dfrac{dh}{dx}$ を代入すると (1) 式を得る.

7・2 開水路の等流

7・2・1 平均流速公式

等流は，すでに 3・8 節で述べたように，水体の重さの流れ方向の成分と潤辺の摩擦抵抗とが釣合った流れで，その基礎式は等流の定義 $dh/dx = 0$, $db/dx = 0$ より，不等流の一般式 (7・4) の分子を 0 とおいたものである．すなわち

$$Q/A = V = \sqrt{\frac{8}{f}gRi} = \sqrt{\frac{8}{f}gRI}, \tag{7・5}$$

$$\text{Chézy 式} \quad V = C\sqrt{RI} \tag{7・6}$$

で表わされ，管水路の動水コウ配の代りに底コウ配または水面コウ配でおきかえたものである．また摩擦損失係数 f についても，管路の場合の諸公式の多くは管径 D の代りに，$D = 4R$ でおきかえると開水路にも適用される．中でも，開水路や河川の流れは Reynolds 数が大きく，かつ底面が粗い場合が多いので，粗面に適している公式，とくに

Manning 式　$V = \dfrac{1}{n} R^{\frac{2}{3}} I^{\frac{1}{2}}, \quad f = \dfrac{8\,g\,n^2}{R^{1/3}}$　　（m・sec 単位）　(7・7)

および，k を相当粗度として

対数公式　$V / \sqrt{gRI} = \dfrac{C}{\sqrt{g}} = 6.0 + 5.75 \log_{10} \dfrac{R}{k}$　（註参照）　　(7・8)

が用いられることが多い.

なお，相当粗度 k を用いて Manning 式を書き直したものに，次のマンニング・ストリクラー（Manning-Strickler）の式

$$V = 7.66 \left(\dfrac{R}{k} \right)^{\frac{1}{6}} \sqrt{gRI} \tag{7・7'}$$

がある.（7・7）および（7・7'）式より n と k とは次の関係で結ばれ，n は k の 1/6 乗に比例する.（例題 7・4）

$$n = \dfrac{k^{\frac{1}{6}}}{7.66 \sqrt{g}}. \qquad \text{（m・sec 単位）} \tag{7・9}$$

また，Chézy 式（7・6）は式形が簡単であるために，C を一定として不等流の計算などによく用いられる.ほかに古典的な公式としては，次のダルシー・バザン（Darcy-Bazin）式およびガンギレー・クッター（Ganguillet-Kutter）式などがあるが，現在ではあまり用いられない.

Darcy-Bazin 式：$V = \dfrac{87}{1 + (\gamma / \sqrt{5})} \sqrt{RI}.$　　(7・10)

γ は潤辺の状態によって定まる定数.

Ganguillet-Kutter 式：$V = \dfrac{\dfrac{1}{n} + 23 + \dfrac{0.00155}{I}}{1 + \left(23 + \dfrac{0.00155}{I} \right) \dfrac{n}{\sqrt{R}}} \sqrt{RI}.$　　(7・11)

n は Manning 式と同じ値を用いる.

Manning 式の n，Darcy 式の γ，および対数公式の k の代表的な値を表-7・1 に掲げる.n の詳しい値は水理学書を参照されたい.

ついでに，不等流の場合について述べる.（7・2）式のエネルギーコウ配 I_e を（7・1）式に代入すると次式が得られる.

$$V = C \sqrt{RI_e}, \quad I_e = i - \dfrac{dh}{dx} - \dfrac{\alpha Q^2}{2g} \dfrac{d}{dx} \left(\dfrac{1}{A^2} \right). \tag{7・12}$$

7・2 開水路の等流

表-7・1 水 路 粗 度 表

水 路 潤 辺 の 状 態	n sec/m$^{\frac{1}{3}}$	γ	k(mm)
滑らかなセメントモルタル面，削った木板	0.010〜0.014	0.06	—
削らない木板，切石，煉瓦積	0.012〜0.018	0.16	—
割 石 積	0.025〜0.035	0.46	—
コンクリート仕上げ水路	0.012〜0.016	—	0.3〜2.0
普通の砂利河川	0.025〜0.033	1.30	※
荒 れ 川	0.040〜0.055	1.75	—
水草繁茂甚しい河川	0.050〜0.080	—	—

※ 砂利河川の k は河床砂礫の平均粒径の 1.5〜4.0 倍，流砂河川で河床に砂漣が発生しているときには k はその波高の程度．

したがって，不等流の場合にも (7・5)〜(7・11) 式は I の代りに I_e を用いればそのまま成り立つ．

（註） 幅の広い矩形水路における流速分布は円管の場合と同様に対数分布法則に従い，滑面，粗面およびその間の遷移領域の式形は円管の場合と同一であって，(3・49) 式で表わされる．ただし，同式中の摩擦速度は $u_* = \sqrt{ghI}$ となる．(7・8) 式は粗面の流速分布の式 $u/u_* = 8.5 + 5.75\log_{10}y/k$ を積分して，広矩形水路の平均流速の式

$$\frac{V}{\sqrt{ghI}} = \frac{1}{h}\int_0^h \frac{u}{u_*}\,dy = 6.0 + 5.75\log_{10}\frac{h}{k}$$

を求め，一般の断面形に適合するように，h を径深 R でおきかえたものである．

例 題 (55)

【7・4】 Manning 式と粗面の対数公式とを比較して，粗度係数 n と相当粗度 k との関係を調べよ．

解 Manning 式を書きかえると次のようになる．

$$V = \frac{1}{n}R^{\frac{2}{3}}I^{\frac{1}{2}} = \frac{R^{\frac{1}{6}}}{n\sqrt{g}}\sqrt{gRI} = \frac{k^{\frac{1}{6}}}{n\sqrt{g}}\left(\frac{R}{k}\right)^{\frac{1}{6}}\sqrt{gRI}.$$

したがって対数公式 $V = \left(6.0 + 5.75\log_{10}\dfrac{R}{k}\right)\sqrt{gRI}$ (7・8式) と，Manning 式が一致するためには

$$\frac{n\sqrt{g}}{k^{1/6}} = \left(\frac{R}{k}\right)^{\frac{1}{6}}\Big/\left(6.0 + 5.75\log_{10}\frac{R}{k}\right). \tag{1}$$

与えられた壁面の粗さに対しては k は一定であるから，Manning 式の精

度を検討するには，$n\sqrt{g}/k^{\frac{1}{6}}$ の値が R/k または $C/\sqrt{g}=6.0+5.75\log_{10}$
R/k によって，どの程度変化するかを見ればよい．(1) 式を計算して
$n\sqrt{g}/k^{\frac{1}{6}}$ と $C/\sqrt{g}$ との関係を示したものが，図-7・4の実線である．こ

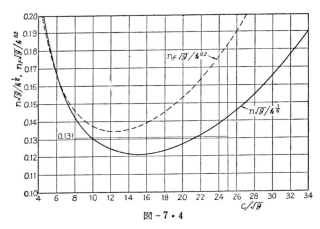

図-7・4

れより，$n\sqrt{g}/k^{\frac{1}{6}}$ は $C/\sqrt{g}=15$ において極小値をもち，$C/\sqrt{g}$ の値に
よりいくらか変化することが分る．しかしながら，開水路や河川における
$C/\sqrt{g}$ の値は普通 8〜25 の程度であるから，この間では $n\sqrt{g}/k^{\frac{1}{6}}$ を近似
的に一定とみなしたものが Manning 式にあたる．また，その値として

$$n\sqrt{g}/k^{\frac{1}{6}}=0.131=\frac{1}{7.66}$$

を用いたのが Manning-Strickler の式である．

(註) 同様に Forchheimer 式 $V=\dfrac{1}{n_F}R^{0.7}I^{0.5}$ の精度も検討することができる．
$n_F\sqrt{g}/k^{0.2}$ の変化は図-7・4 に点線で示したとおりで，実用の範囲では Manning
式よりは変化が激しく，Manning 式にくらべて一般に精度が低いことが予想される．

〔類題〕　コンクリート水路の粗度係数が $n=0.014$ のとき，相当粗度 k の値
を推定せよ．

解　$k=(7.66n\sqrt{g})^6=(7.66\times 0.014\times\sqrt{9.8})^6$
　　　　$=1.43\times 10^{-3}$ m $=1.43$ mm．

【7・5】　河床コウ配 1.18×10^{-3} の河川において，流量観測を 200 m

7・2 開水路の等流

間隔に設けた2本の量水標の中間点で実施した．流量 900 m³/sec のとき，上流側量水標（川幅 120 m）の水深が 3.52 m，下流側量水標（川幅 110 m）の水深が 3.47 m であった．この区間の平均の水面コウ配，エネルギーコウ配および Manning の粗度係数，相当粗度 k を求めよ．ただし，河川は矩形断面とし $\alpha = 1.1$ とする．

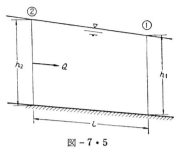

図-7・5

解 下流側，上流側の量水標位置における諸量にそれぞれ添字 1, 2 をつける．

水面コウ配 $I = i - \dfrac{\partial h}{\partial x} = i - \dfrac{(h_1 - h_2)}{l}$

$= 1.18 \times 10^{-3} - \dfrac{(3.47 - 3.52)}{200} = \underline{1.43 \times 10^{-3}}$．

エネルギーコウ配は (7・2) 式より $\alpha = 1.1$ として

$I_e = I - \dfrac{\alpha Q^2}{2g} \cdot \dfrac{d}{dx}\left(\dfrac{1}{A^2}\right)$

$= I - \dfrac{\alpha Q^2}{2g} \cdot \dfrac{1}{l}\left(\dfrac{1}{A_1^2} - \dfrac{1}{A_2^2}\right) = 1.43 \times 10^{-3} - \dfrac{1.1 \times (900)^2}{2 \times 9.8} \times \dfrac{1}{200}$

$\times \left\{\dfrac{1}{(3.47 \times 110)^2} - \dfrac{1}{(3.52 \times 120)^2}\right\} = \underline{1.144 \times 10^{-3}}$．

粗度係数 n の計算：流れが不等流であるから，(7・7) 式の I の代りに I_e を入れ，両地点における平均の水深 h_m や平均河幅 b_m を用いる．さらに，河幅は水深にくらべて非常に大きいから $R_m \fallingdotseq h_m$ とおくと

$h_m = \dfrac{h_1 + h_2}{2} = \dfrac{3.47 + 3.52}{2} = 3.495$ m，

$b_m = \dfrac{b_1 + b_2}{2} = \dfrac{110 + 120}{2} = 115$ m，

$V = \dfrac{Q}{b_m h_m} = \dfrac{1}{n} h_m^{\frac{2}{3}} I_e^{\frac{1}{2}}$，

$\therefore n = \dfrac{h_m^{\frac{5}{3}} I_e^{\frac{1}{2}}}{Q/b_m} = \dfrac{(3.495)^{\frac{5}{3}} \sqrt{1.144 \times 10^{-3}}}{900/115} = \underline{0.0348}$．

相当粗度 k の計算：(7・8) 式において

$$\frac{V}{\sqrt{gh_mI_e}}=\frac{Q}{b_mh_m\sqrt{gh_mI_e}}=\frac{900}{115\times3.495\times\sqrt{9.8\times3.495\times1.144\times10^{-3}}}$$

$$=11.31=6.0+5.75\log_{10}\frac{h_m}{k},$$

$$\therefore\quad \log_{10}\frac{3.495}{k}=0.9235\quad \text{より}\quad k=\underline{0.417\,\text{m}.}$$

7・2・2 標準形水路における等流計算

（a） 矩　形　水　路

断面積　$A=bh,$

潤　辺　$S'=b+2\,h,$

径　深　$R=\dfrac{A}{S}=\dfrac{h}{1+2\,h/b}.$　$\left. \begin{array}{c} \\ \\ \\ \end{array}\right\}$ (7・13)

$\left(\dfrac{h}{b}\ll1\ \text{ならば}\ R\fallingdotseq h\right)$

図 − 7・6

例　　題 （56）

【7・6】　幅 5 m，コウ配 1/800 のコンクリート水路に，11 m³/sec の水を流すときの水深はいくらか．i）Manning 式および対数公式を用いて計算せよ．ii）また広矩形水路で 1 m 幅あたり 2.2m²/sec の水を流すときの水深と比較せよ．ただし，粗度係数 $n=0.014$ とする．

解 （1）Manning 式による計算

単位幅流量を q とすると $q=11/5=2.2$ m²/sec.

故に Manning 式を用いると，$q=h\dfrac{1}{n}\left(\dfrac{h}{1+2\,h/b}\right)^{\frac{2}{3}}I^{\frac{1}{2}}$ より

$$h^{\frac{5}{3}}=\frac{qn}{I^{\frac{1}{2}}}\left(1+\frac{2\,h}{b}\right)^{\frac{2}{3}},\quad \therefore\quad h=\left(\frac{qn}{I^{\frac{1}{2}}}\right)^{\frac{3}{5}}\left(1+\frac{2\,h}{b}\right)^{\frac{2}{5}}. \tag{1}$$

したがって広矩形水路の場合の水深を h_* とすると，(1) 式で $2h/b$ を 1 に対して無視して

$$h_*=\left(\frac{qn}{I^{\frac{1}{2}}}\right)^{\frac{3}{5}}=\left(\frac{2.2\times0.014}{\sqrt{1/800}}\right)^{\frac{3}{5}}=\underline{0.921\,\text{m}.}$$

幅 5 m の水路の場合には，$h_*=0.921$ m を第 1 近似として (1) 式の右辺に入れると

$$h_2 = h_* \left(1 + \frac{2\,h}{b}\right)^{\frac{2}{5}} = 0.921 \times \left(1 + \frac{2 \times 0.921}{5}\right)^{\frac{2}{5}} = 1.044 \text{ m}.$$

$h_2 = 1.044$ m を第2近似値として以下同様な手順をくり返すと，第4近似で十分で $\underline{h = 1.060 \text{ m}}$.

（2）　対数公式による計算

粗面であるとして（7・8）式を用いると

$$q = h\sqrt{gRI}\left(6.0 + 5.75\log_{10}\frac{R}{k}\right). \tag{2}$$

広矩形水路の場合には，$R \fallingdotseq h_*$ とおいて上の式を書き直すと

$$h_* = \left[\frac{q}{\sqrt{gI}\left(6.0 + 5.75\log_{10}\dfrac{h_*}{k}\right)}\right]^{\frac{2}{3}}. \tag{3}$$

上の式は直接には解けないから，逐次計算法または試算法による．まず k の値が与えられてないので，（7・9）式より k の値を求めると，

$$k = (7.66\sqrt{g}\,n)^6 = (7.66 \times \sqrt{9.8} \times 0.014)^6 = 0.0018 \text{ m}.$$

$k = 0.0018$ m として（3）式に題意の数値を入れると

$$h_* = \left[\frac{19.87}{6.0 + 5.75\log_{10}\dfrac{h_*}{0.0018}}\right]^{\frac{2}{3}}. \tag{4}$$

（4）式を逐次近似法で計算した結果は　$\underline{h_* = 0.945 \text{ m}}$.　また，$u_* = \sqrt{gh_*I}$ $= \sqrt{9.8 \times 0.945 \times 1/800} = 0.108$ m であるから，粗度のレイノルズ数 u_*k/ν $= 10.8 \times 0.18/0.01 = 194$ で，粗領域の限界値 90（上巻 p. 117）より大きい．したがって，粗面の式（7・8）を用いてよかったことが確かめられる．

幅 b の矩形水路の場合には（2）式は次のようになる．

$$q = h\sqrt{ghI}\left[\frac{1}{\left(1 + \dfrac{2\,h}{b}\right)^{\frac{1}{2}}}\left\{6.0 + 5.75\log_{10}\frac{h}{k(1 + 2\,h/b)}\right\}\right]. \tag{5}$$

Manning 式の場合と同様に，広矩形の場合の h_* を第1近似値として〔　〕内の数値を求め，（5）式より h の第2近似値を計算し，以下同様な手順をくり返す．第4近似までで十分で，$\underline{h = 1.084 \text{ m}}$.

〔類　題〕　幅 5 m の水路に 20 m³/sec の流量を，1.5 m の水深で流すために必要なコウ配を求めよ．

(ヒント)　$R=0.938$ m であるから，Manning 式より直ちに $I=5.32\times10^{-3}$.

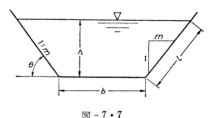

図-7・7

(b) 台形水路

$$A=h(b+h\cot\theta)=h(b+mh),$$
$$S=b+2l=b+2h\cosec\theta=b+2\sqrt{1+m^2}\,h,$$
$$R=\frac{A}{S}=h\frac{1+m\dfrac{h}{b}}{1+2\sqrt{1+m^2}\dfrac{h}{b}}.\tag{7・14}$$

【7・7】　次の寸法を持つ台形断面の土質水路の流速を求めよ．$b=6$ m，$h=2$ m，側辺コウ配 1:2，$I=3.0\times10^{-4}$，$n=0.024$．

解　$m=2$ であるから　$A=bh+2h^2$，$S=b+2\sqrt{5}\,h$．

$$R=\frac{h\left(1+2\dfrac{h}{b}\right)}{1+2\sqrt{5}\dfrac{h}{b}}=\frac{2\left(1+2\times\dfrac{2}{6}\right)}{1+2\sqrt{5}\times\dfrac{2}{6}}=1.338\text{ m}.$$

故に Manning 式より

$$V=\frac{1}{n}R^{\frac{2}{3}}I^{\frac{1}{2}}=\frac{1}{0.024}\times(1.338)^{\frac{2}{3}}\times(3.0\times10^{-4})^{\frac{1}{2}}=0.876 \text{ m/sec}.$$

〔類題〕　水路コウ配 1.4×10^{-3}，側辺コウ配 1:1 の台形断面を持つコンクリート水路に，2 m の水深で 60 m³/sec の水を流すために必要な底辺の大きさを求めよ．ただし，$n=0.015$ とする．

解　$A=bh+h^2$，$S=b+2\sqrt{2}\,h$，$R=\dfrac{h\left(1+\dfrac{h}{b}\right)}{1+2\sqrt{2}\dfrac{h}{b}}$ であるから，

$Q=AV=A\dfrac{1}{n}R^{\frac{2}{3}}I^{\frac{1}{2}}$ に入れて整理すると

7・2 開水路の等流

$$\frac{Qn}{I^{\frac{1}{2}}h^{\frac{5}{3}}}=(b+h)\left[\frac{1+\dfrac{h}{b}}{1+2\sqrt{2}\,\dfrac{h}{b}}\right]^{\frac{2}{3}}.$$

題意の数値を入れると上式の左辺は $\dfrac{Qn}{I^{\frac{1}{2}}h^{\frac{5}{3}}}=\dfrac{60\times 0.015}{\sqrt{1.4\times 10^{-3}}\times 2^{\frac{5}{3}}}=7.58$.

$$\therefore\quad 7.58=(b+2)\left[\frac{1+\dfrac{2}{b}}{1+\dfrac{4\sqrt{2}}{b}}\right]^{\frac{2}{3}}. \tag{1}$$

上の式を解くには逐次近似法による．すなわち $2/b<1$ として〔　〕内を1とみなすと，b の第1近似値は $b_1=5.58$ m．この値を〔　〕内に入れて，再び(1)式より第2近似値を求めると $b_2=7.85$ m．以下同様な手順をくり返して $\underline{b_5=7.43\,\mathrm{m}}$ を得る．この場合，h は b にくらべてあまり小さくないので，第5近似まで求めなければならない．

【7・8】 次の寸法を持つ三角形断面水路の流量を求めよ．$h=1.5$ m，側辺コウ配 1：2.5，$I=0.002$，$n=0.015$ とする．

解 三角形水路は台形水路において，底辺長さが 0 の場合にあたる．(7・14)式において，$b=0$，$m=2.5$ とおくと $A=mh^2=2.5\times(1.5)^2=5.63$ m^2，$S=2\sqrt{1+m^2}\,h=8.08$ m，$R=A/S=0.696$ m，

$$\therefore\quad Q=\frac{1}{n}AR^{\frac{2}{3}}I^{\frac{1}{2}}=\frac{1}{0.015}\times 5.63\times(0.696)^{\frac{2}{3}}\sqrt{0.002}=13.2\text{ m}^3/\text{sec}.$$

(c) 放物線形水路 図-7・8 のように，底面の形が放物線の方程式 $y=ax^2$ で表わされる断面においては

$$A=2\int_0^h x\,dy,$$

$$S=\int_{-\frac{b}{2}}^{\frac{b}{2}}\sqrt{1+\left(\frac{dy}{dx}\right)^2}\,dx.$$

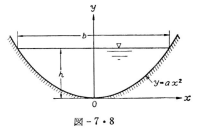

図-7・8

これより

$$\left.\begin{array}{l}A=\dfrac{2}{3}bh,\quad b=2\sqrt{\dfrac{h}{a}},\\[6pt] S=b\left[1+\dfrac{2}{3}\left(\dfrac{2h}{b}\right)^2-\dfrac{2}{5}\left(\dfrac{2h}{b}\right)^4+\cdots\cdots\right]. \quad \text{ただし}\quad \dfrac{h}{b}\leqq\dfrac{1}{4}\end{array}\right\} \tag{7・15}$$

16　　　　　　　　　第7章　開水路の定流

【7・9】 $y=0.016\,x^2$ で与えられる放物線形断面で，最大水深が 3 m のときの流量を求めよ．ただし，$n=0.025$，$I=0.52\times10^{-3}$ とする．

解　最大水深が 3 m のときの水面幅 b は

$$b=2\sqrt{\frac{h}{a}}=2\sqrt{\frac{3}{0.016}}=27.4\text{ m.}$$

(7・15) 式より　$A=\dfrac{2}{3}bh=\dfrac{2}{3}\times27.4\times3=54.8\text{ m}^2.$

$$S \fallingdotseq 27.4\left[1+\left(\frac{2}{3}\frac{6}{27.4}\right)^2\right]=28.3\text{ m.}\quad R=\frac{A}{S}=1.94\text{ m.}$$

$$\therefore\ Q=A\frac{1}{n}R^{\frac{2}{3}}I^{\frac{1}{2}}=54.8\times\frac{1}{0.025}\times(1.94)^{\frac{2}{3}}$$

$$\times\sqrt{0.52\times10^{-3}}=77.4\text{ m}^3/\text{sec.}$$

(d) 円形水路（$r=D/2$）

$$\left.\begin{aligned}h&=r\left(1-\cos\frac{\varphi}{2}\right),\\ A&=\frac{1}{2}r^2(\varphi-\sin\varphi),\\ S&=r\varphi,\\ R&=\frac{A}{S}=r\frac{\varphi-\sin\varphi}{2\varphi}.\end{aligned}\right\}\quad(7\cdot16)$$

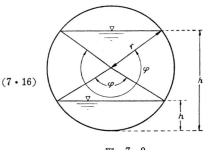

図-7・9

【7・10】 直径 1.2 m の円形コンクリート下水管で，1.3 m³/sec の雨水を $0.85D$ の水深で流すには，下水管のコウ配をいくらにしたらよいか．Manning 式および Ganguillet-Kutter 式を用いて計算せよ．ただし，$n=0.016$ とする．

解　$h=r\left(1-\cos\dfrac{\varphi}{2}\right)$ より $1.2\times0.85=0.6\left(1-\cos\dfrac{\varphi}{2}\right).$

故に $\cos\dfrac{\varphi}{2}=-0.7$ より $\varphi=269°8'=4.70\text{ radian}$，また $\sin\varphi=-1.0.$

i) Manning 式

$$Q=A\frac{1}{n}R^{\frac{2}{3}}I^{\frac{1}{2}}=\frac{r^{\frac{8}{3}}I^{\frac{1}{2}}}{2\,n}\left[(\varphi-\sin\varphi)\left(\frac{\varphi-\sin\varphi}{2\varphi}\right)^{\frac{2}{3}}\right].$$

$\varphi=4.70$，$\sin\varphi=-1.0$ を上の式の〔 〕に代入すると，〔　〕$=4.08.$

7・2 開水路の等流

$$\therefore\ I^{\frac{1}{2}}=\frac{2nQ}{r^{\frac{8}{3}}\times 4.08}=\frac{2\times 0.016\times 1.3}{(0.6)^{\frac{8}{3}}\times 4.08}=3.98\times 10^{-2}$$

より $I=1.58\times 10^{-3}$.

ii) Ganguillet-Kutter 式

$$Q=\frac{\dfrac{1}{n}+23+\dfrac{0.00155}{I}}{1+\left(23+\dfrac{0.00155}{I}\right)\dfrac{n}{\sqrt{R}}}A\sqrt{RI}$$

$$=\frac{\dfrac{1}{n}+23+\dfrac{0.00155}{I}}{1+\left(23+\dfrac{0.00155}{I}\right)\dfrac{n}{\sqrt{r\dfrac{\varphi-\sin\varphi}{2\varphi}}}}\frac{r^{\frac{5}{2}}I^{\frac{1}{2}}}{2}\left[(\varphi-\sin\varphi)\left(\frac{\varphi-\sin\varphi}{2\varphi}\right)^{\frac{1}{2}}\right].$$

$\varphi=4.70$, $\sin\varphi=-1.0$ を代入すると，〔　〕$=4.44$.

$$\therefore\ I^{\frac{1}{2}}=\frac{2Q}{4.44\ r^{\frac{5}{2}}}\times\frac{1+\left(23+\dfrac{0.00155}{I}\right)\dfrac{n}{\sqrt{r(\varphi-\sin\varphi)/2\varphi}}}{\dfrac{1}{n}+23+\dfrac{0.00155}{I}}.$$

上の式の右辺に題意の数値および I の近似値として Manning 式を用いて求めた $I=1.58\times 10^{-3}$ を代入すると，$I=1.57\times 10^{-3}$ を得る．この値を再び上式の右辺に代入しても左辺の $I^{\frac{1}{2}}$ は変らない．故に $I=1.57\times 10^{-3}$.

〔類　題〕　直径 1.5 m の鋳鉄管をコウ配 1/900 で敷設した場合の満管流量を求めよ．ただし，鋳鉄管の $n=0.012$ とする．

解　(7・16) 式において $\varphi=2\pi$ とおいて，$A=\pi r^2$, $R=r/2$.

$$Q=\pi r^2\frac{1}{n}\left(\frac{r}{2}\right)^{\frac{2}{3}}I^{\frac{1}{2}}=\frac{3.14(0.75)^2}{0.012}\times\left(\frac{0.75}{2}\right)^{\frac{2}{3}}\times\left(\frac{1}{900}\right)^{\frac{1}{2}}=2.55\ \mathrm{m^3/sec}.$$

【7・11】　直径 D の円管に水が流れるとき，最大流速，最大流量を生ずる水深を求めよ．

解　i) 最大流速　(7・16) 式を Manning 式に代入して

$$V=\frac{1}{n}\left(\frac{D}{4}\frac{\varphi-\sin\varphi}{\varphi}\right)^{\frac{2}{3}}I^{\frac{1}{2}}.$$

D, I, n は一定であるから，V は φ だけの関数で，最大流速を生ずる φ は
$$dV/d\varphi = 0 \text{ より } \varphi = \tan\varphi.$$
この式を図式的に解いて（図-7・10），
$$\varphi = 4.49 = 257.5°.$$
求める水深
$$h = \frac{D}{2}\left(1 - \cos\frac{\varphi}{2}\right) = \underline{0.813\,D}.$$

ii) 最大流量
$$Q = VA = \frac{I^{\frac{1}{2}}}{2n}\left(\frac{D}{2}\right)^2\left(\frac{D}{4}\right)^{\frac{2}{3}}\frac{(\varphi - \sin\varphi)^{\frac{5}{3}}}{\varphi^{\frac{2}{3}}}$$

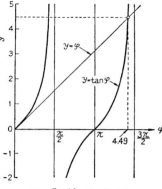

図-7・10　$\varphi = \tan\varphi$

$$\frac{dQ}{d\varphi} = 0 \text{ より } 5\varphi\cos\varphi = 3\varphi + 2\sin\varphi.$$
この式を図式的に解いて　$\varphi = 302°20'$.

求める水深　$h = \dfrac{D}{2}\left(1 - \cos\dfrac{302°20'}{2}\right) = \underline{0.938\,D}.$

水理特性曲線　下水キョや水路トンネルなどに用いられる円形，卵形，馬蹄形などの断面では，各水深に応ずる S, A, R, V および Q を満管の場合の S_0, A_0, R_0, V_0, Q_0 で割って，$S/S_0, A/A_0, \cdots\cdots, Q/Q_0$ を h/h_0 の関数として図示しておけば実用上便利である．これを水理特性曲線といい，前の例題で明らかなように，流速，流量の最大値は満管のときではなく，それよりも水深がやや小さい場合に起る．

【7・12】　円管の水理特性曲線を描け．

解　(7・16) 式より
$$h = r\left(1 - \cos\frac{\varphi}{2}\right), \quad \therefore \quad \varphi = 2\cos^{-1}\left(1 - 2\frac{h}{D}\right). \tag{1}$$

i) 潤辺 S：$\dfrac{S}{S_0} = \dfrac{r\varphi}{2\pi r} = \dfrac{\varphi}{2\pi},$ \qquad(2)

ii) 断面積 A：$\dfrac{A}{A_0} = \dfrac{\frac{1}{2}r^2(\varphi - \sin\varphi)}{\pi r^2} = \dfrac{\varphi - \sin\varphi}{2\pi},$ \qquad(3)

iii) 径深 R：$\dfrac{R}{R_0} = \dfrac{r\dfrac{\varphi - \sin\varphi}{2\varphi}}{\dfrac{r}{2}} = 1 - \dfrac{\sin\varphi}{\varphi},$ \qquad(4)

7・2 開水路の等流

iv) 流 速 V : $\dfrac{V}{V_0} = \dfrac{\dfrac{1}{n}R^{\frac{2}{3}}I^{\frac{1}{2}}}{\dfrac{1}{n}R_0^{\frac{2}{3}}I^{\frac{1}{2}}} = \left(\dfrac{R}{R_0}\right)^{\frac{2}{3}} = \left(\dfrac{\varphi - \sin\varphi}{\varphi}\right)^{\frac{2}{3}}$, (5)

v) 流 量 Q : $\dfrac{Q}{Q_0} = \dfrac{VA}{V_0 A_0} = \left(\dfrac{\varphi - \sin\varphi}{\varphi}\right)^{\frac{2}{3}} \dfrac{(\varphi - \sin\varphi)}{2\pi}$. (6)

故に,種々の h/D に対する φ を (1) 式から求め,(2)～(6) 式より S/S_0,A/A_0,………,Q/Q_0 を計算すればよい.計算結果を表 - 7・2,図 - 7・11 に示す.

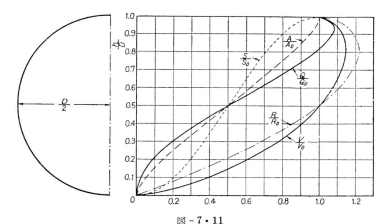

図 - 7・11

表 - 7・2 円管の水理特性値

h/D	φ	S/S_0	A/A_0	R/R_0	V/V_0	Q/Q_0
0.1	1.29	0.205	0.052	0.254	0.401	0.021
0.2	1.85	0.295	0.143	0.482	0.615	0.088
0.3	2.32	0.369	0.252	0.684	0.776	0.196
0.4	2.74	0.436	0.374	0.857	0.902	0.337
0.5	3.14	0.500	0.500	1.000	1.000	0.500
0.6	3.54	0.564	0.627	1.110	1.072	0.672
0.7	3.96	0.631	0.748	1.184	1.119	0.837
0.8	4.43	0.705	0.858	1.218	1.141	0.979
0.9	5.00	0.795	0.948	1.191	1.124	1.066
0.95	5.38	0.856	0.981	1.146	1.095	1.074

7・2・3 水理学的に有利な断面

水路コウ配 I, 断面積 A, 粗度係数 n が与えられた場合, 流量を最も多く流し得るような断面を水理学的に有利な断面という. この条件は $Q = A\frac{1}{n}R^{\frac{2}{3}}I^{\frac{1}{2}}$ より明らかなように, R を最大すなわち潤辺 S を最小にすることである. また有利断面は与えられた I, Q, n に対して流積 A を最小にする断面でもある.

例 題 （57）

【7・13】 図 – 7・7 の台形断面の側辺コウ配を与えた場合, $b = 2h\tan\frac{\theta}{2}$ のとき台形水路は水理学上有利になることを示せ.

解 図 – 7・7 の記号を用い $A = h(b + h\cot\theta)$.

$$\therefore \quad S = b + 2h\,\text{cosec}\,\theta = \frac{A}{h} - h\cot\theta + 2h\,\text{cosec}\,\theta.$$

有利断面の定義から $\partial S/\partial h = 0$ を求めると

$$-\frac{A}{h^2} - \cot\theta + 2\,\text{cosec}\,\theta = -\frac{(b + h\cot\theta)}{h} - \cot\theta + 2\,\text{cosec}\,\theta = 0.$$

故に 有利条件は $b = 2h\dfrac{1 - \cos\theta}{\sin\theta} = 2h\tan\dfrac{\theta}{2}$. （1）

〔**類 題 1.**〕 両側辺のコウ配が 1：1, 水路コウ配 1/1000 の台形水路に $30\,\text{m}^3/\text{sec}$ の水を流すとき, 水理学的に有利な断面を求めよ. ただし, $n = 0.016$ とする.

解 (7・14) 式の A, R に有利断面の条件 $b = 2h\tan\dfrac{\theta}{2}$ を入れ, Manning 式を用いると

$$Q = A\frac{1}{n}R^{\frac{2}{3}}I^{\frac{1}{2}} = \frac{1}{n}I^{\frac{1}{2}}h^{\frac{8}{3}}\left\{\left(2\tan\frac{\theta}{2} + \cot\theta\right)\left\{\frac{1 + \dfrac{\cot\theta}{2\tan\theta/2}}{1 + \dfrac{1}{\sin\theta\cdot\tan\theta/2}}\right\}^{\frac{2}{3}}\right\}.$$

側辺コウ配は 1：1 であるから

$\cot\theta = \cot 45° = 1$, $\tan\dfrac{\theta}{2} = 0.4142$, $\sin\theta = 0.707$, $\therefore$ 上の式の〔 〕 = 1.152

題意の数値：$n = 0.016$, $Q = 30\,\text{m}^3/\text{sec}$, $I = 1/1000$ を入れると

$$h^{\frac{8}{3}} = \frac{nQ}{1.152\sqrt{I}} = 13.17, \qquad \therefore \quad \underline{h = 2.63\,\text{m}}.$$

7・2 開水路の等流

このときの底辺　$b=2h\tan\dfrac{\theta}{2}=2.18$ m.

〔**類　題 2.**〕　矩形の流水断面積 A を一定とした場合の有利断面は，$h=b/2$ であることを示せ.

【**7・14**】　両側壁のコウ配が指定されていない台形水路について，水理学的に有利な断面は正六角形の下半分で与えられることを示せ.

　解　例題 7・12 により，側辺コウ配 m を一定とした場合の有利断面は次式で与えられた.

$$b=2h(\operatorname{cosec}\theta-\cot\theta)=2h(\sqrt{1+m^2}-m).\quad (m=\cot\theta)$$

これを (7・14) 式の A と S に代入して，S を A および m の関数として表わせば

$$A=(b+mh)h=(2\sqrt{1+m^2}-m)h^2 \text{ より } h=\frac{\sqrt{A}}{\sqrt{2\sqrt{1+m^2}-m}}.$$

$$\therefore\ S=b+2\sqrt{1+m^2}h=2(2\sqrt{1+m^2}-m)h=2\sqrt{A(2\sqrt{1+m^2}-m)}.$$

S を最小にする m を求めるために，$\partial S/\partial m=0$ を計算すれば有利断面の条件は

$$2m=\sqrt{1+m^2}.$$

これより　$\cot\theta=m=\dfrac{1}{\sqrt{3}}=\cot 60°,\quad \therefore\ \theta=60°.$

また　$b=2mh=\dfrac{2}{\sqrt{3}}h.$　これは断面形が正六角形の下半分であることを意味する.

7・2・4　潤辺が二つ以上の異なる粗度からなる水路

　潤辺が異なる粗度からなる水路には，複断面の河川のように，流水断面積を各粗度区分ごとに明確に分割できる場合と，矩形水路の底面と側壁の粗度とが異なる水路のように，断面積の粗度区分が明確でない場合とがある.

　前者については，各区分ごとの流量を算出して集計すればよい. 後者については，Horton および Einstein[*] は各区分における平均流速が近似的に全断面の平均流速に等しいと仮定し，Manning の式形を用いて次式を導いている. (例題 7・16).

---

[*]　Ven Te Chow: Open-Channel Hydraulics, McGraw-Hill Book Co., 1959, p. 136

$$V = \frac{1}{n} R^{\frac{2}{3}} I^{\frac{1}{2}},$$

$$n = \left[\frac{\sum\limits_{1}^{N}(S_i n_i{}^{1.5})}{S}\right]^{\frac{2}{3}} = \left[\frac{S_1 n_1{}^{1.5} + S_2 n_2{}^{1.5} + \cdots\cdots + S_N n_N{}^{1.5}}{S_1 + S_2 + \cdots\cdots + S_N}\right]^{\frac{2}{3}}. \quad (7 \cdot 17)$$

ただし，S_i は n_i の粗度係数を持つ潤辺，S は全潤辺，n は合成粗度係数．

例　題　(58)

【7・15】 図-7・12 に示す複断面河川の流量を求めよ．ただし，底コウ配は 0.64×10^{-3}，低水路，高水敷の粗度係数はそれぞれ $n_1 = 0.025$，$n_2 = 0.040$ とする．

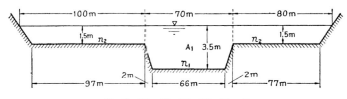

図-7・12　複　断　面　河　川

解　低水路流量 Q_1，高水敷流量 Q_2 の二つにわけて計算する．

低水路流量： $Q_1 = A_1 \dfrac{1}{n_1} R_1{}^{\frac{2}{3}} I^{\frac{1}{2}}$ において

$$A_1 = 70 \times 1.5 + \frac{1}{2}(70+66) \times 2 = 241 \text{ m}^2, \quad S_1 = 66 + 2 \times 2\sqrt{2} = 71.7 \text{ m},$$

$$R_1 = \frac{241}{71.7} = 3.36 \text{ m}.$$

∴　$Q_1 = 241 \times \dfrac{1}{0.025} \times (3.36)^{\frac{2}{3}} \sqrt{0.64 \times 10^{-3}} = 547 \text{ m}^3/\text{sec}$．

高水敷流量： $Q_2 = A_2 \dfrac{1}{n_2} R_2{}^{\frac{2}{3}} I^{\frac{1}{2}}$ において

$$A_2 = (97+77) \times 1.5 + 2 \times \frac{3 \times 1.5}{2} = 265.5 \text{ m}^2, \quad S_2 = 97 + 77 + 2 \times \sqrt{3^2 + 1.5^2}$$

$$= 180.7 \text{ m}, \quad R_2 = \frac{265.5}{180.7} = 1.469 \text{ m}.$$

∴　$Q_2 = 265.5 \times \dfrac{1}{0.040} \times (1.469)^{\frac{2}{3}} \times \sqrt{0.64 \times 10^{-3}} = 217 \text{ m}^3/\text{sec}$．

7・2 開水路の等流

全流量 Q は $Q = Q_1 + Q_2 = 764 \, \text{m}^3/\text{sec}$.

【7・16】 潤辺の各粗度 n_i に対応する断面積の境界が明確でない場合，各区分断面積の流速が全断面の平均流速に等しいと仮定して，Manning 式における合成粗度係数の式（7・17）を導け．

解 それぞれ粗度係数 $n_1, n_2, \ldots, n_N$ を持つ潤辺 $S_1, S_2, \ldots, S_N$ に対応する流水断面積を仮に $A_1, A_2, \ldots, A_N$ とし，流速を $V_1, V_2, \ldots, V_N$ とおく．水面コウ配を I とすると

$$V_1 = \frac{1}{n_1}\left(\frac{A_1}{S_1}\right)^{\frac{2}{3}} I^{\frac{1}{2}}, \; V_2 = \frac{1}{n_2}\left(\frac{A_2}{S_2}\right)^{\frac{2}{3}} I^{\frac{1}{2}}, \ldots, V_N = \frac{1}{n_N}\left(\frac{A_N}{S_N}\right)^{\frac{2}{3}} I^{\frac{1}{2}}.$$

また，全断面積を A，全潤辺を S，合成粗度係数を n とすると

$$V = \frac{1}{n}\left(\frac{A}{S}\right)^{\frac{2}{3}} I^{\frac{1}{2}}.$$

ただし $A = \sum_{1}^{N} A_i, \; S = \sum_{1}^{N} S_i$.

題意の仮定により $V = V_1 = V_2 = \cdots = V_N$ であるから，上の各式より

$$\frac{1}{n}\left(\frac{A}{S}\right)^{\frac{2}{3}} = \frac{1}{n_1}\left(\frac{A_1}{S_1}\right)^{\frac{2}{3}} = \frac{1}{n_2}\left(\frac{A_2}{S_2}\right)^{\frac{2}{3}} = \cdots = \frac{1}{n_N}\left(\frac{A_N}{S_N}\right)^{\frac{2}{3}},$$

$$\therefore \; \frac{A}{n^{\frac{3}{2}} S} = \frac{A_1}{n_1^{\frac{3}{2}} S_1} = \frac{A_2}{n_2^{\frac{3}{2}} S_2} = \cdots = \frac{A_N}{n_N^{\frac{3}{2}} S_N}$$

$$= \frac{A_1 + A_2 + \cdots + A_N}{n_1^{\frac{3}{2}} S_1 + n_2^{\frac{3}{2}} S_2 + \cdots + n_N^{\frac{3}{2}} S_N}. \tag{1}$$

(1) 式の始めと終りの項より

$$n = \frac{(S_1 n_1^{1.5} + S_2 n_2^{1.5} + \cdots + S_N n_N^{1.5})^{\frac{2}{3}}}{S^{\frac{2}{3}}}.$$

【7・17】 図のような矩形水路に，コウ配 1/800 で流れている水の流量はいくらか．ただし，底面の粗度係数 $n_1 = 0.015$，両側面の粗度係数 $n_2 = 0.025$ とする．

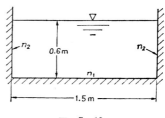

図 − 7・13

解 （7・17）式において，$S = 1.5 + 2 \times 0.6 = 2.7 \, \text{m}$, $S_1 = 1.5 \, \text{m}$, $S_2 = 1.2 \, \text{m}$.

合成粗度係数　$n = \dfrac{(S_1 n_1{}^{1.5} + S_2 n_2{}^{1.5})^{\frac{2}{3}}}{S^{\frac{2}{3}}}$

$\qquad = \dfrac{\{1.5 \times (0.015)^{1.5} + 1.2 \times (0.025)^{1.5}\}^{\frac{2}{3}}}{2.7^{\frac{2}{3}}} = 0.0198,$

$\therefore \quad Q = A \dfrac{1}{n} R^{\frac{2}{3}} I^{\frac{1}{2}} = (1.5 \times 0.6) \times \dfrac{1}{0.0198} \times \left(\dfrac{1.5 \times 0.6}{2.7}\right)^{\frac{2}{3}} \times \left(\dfrac{1}{800}\right)^{\frac{1}{2}}$

$\qquad = 0.772 \ \mathrm{m^3/sec.}$

7・2・5　限 界 コ ウ 配

不等流の基礎方程式 (7・3), (7・4) において, 分母を 0 にする水深

$$\frac{\alpha Q^2}{g A^3} \frac{\partial A}{\partial h} = 1 \qquad (7 \cdot 18)$$

は基礎方程式 (7・3) の数学的な特異点であって, (7・18) 式を満足する水深
が限界水深 h_c に他ならない. このことは, すでに第3章 (上巻 p. 84) にお
いて, 一定の比エネルギーのもとに流量を最大にする水深として定義された
式 (3・27) と一致することからも明らかである.

最も簡単な幅 b の矩形水路に対しては, 限界水深 h_c は (7・18) 式より

$$h_c = \sqrt[3]{\frac{\alpha Q^2}{g b^2}}. \qquad (7 \cdot 19)$$

一方, 長い広矩形水路に水を流すときは等流状態が実現され, 等流水深 h_0
は Chézy 式を用いると $V = C\sqrt{h_0 i}$ より

$$h_0 = \sqrt[3]{\frac{Q^2}{b^2 C^2 i}}$$

となる. したがって, 与えられた流量のもとでは, i の増減に応じて h_0 が減
少または増大するから, 等流水深がちょうど限界水深に等しくなるようなコ
ウ配が, 常にただ一つ存在するはずである. これを限界コウ配といい, i_c で
表わす. 広矩形水路に対しては $h_0 = h_c$ とおいて限界コウ配は

$$i_c = \frac{g}{\alpha C^2} \qquad (7 \cdot 20)$$

で表わされ, 水路コウ配 i が

$\quad i < i_c$ のとき $\quad h_0 > h_c$ で等流の流れは常流,

7・2 開水路の等流

$i > i_c$ のとき $h_0 < h_c$ で等流の流れは射流.

例　題 (59)

【7・18】 幅 5 m のコンクリート矩形水路に, 10 m³/sec の水を流すときの限界水深および限界コウ配を求めよ. ただし, $\alpha = 1.1$, $n = 0.016$ とする.

解 (7・19) 式より限界水深 h_c は

$$h_c = \sqrt[3]{\frac{\alpha Q^2}{gb^2}} = \sqrt[3]{\frac{1.1 \times 10^2}{9.8 \times 5^2}} = \underline{0.766 \text{ m}}.$$

一方, 等流水深は Manning 式を用いて次式

$$\frac{Q}{b} = h \frac{1}{n} \left(\frac{h}{1 + \frac{2h}{b}} \right)^{\frac{2}{3}} i^{\frac{1}{2}} \tag{1}$$

で与えられ, 限界コウ配 i_c は上式で $h = h_c$ とおいたときの底コウ配である. したがって, (1) 式において

$$h = h_c = 0.766 \text{ m}, R = \frac{h_c}{1 + \frac{2h_c}{b}} = 0.586 \text{ m}, n = 0.016, \frac{Q}{b} = 2 \text{ m}^2/\text{sec}$$

とおいて $\underline{i_c = 3.56 \times 10^{-3}}$.

〔類題 1.〕 前の例題において広矩形断面とみなし, 単位幅あたり 2 m³/sec の水を流すときの限界コウ配を求めよ.

(ヒント) $2 = \frac{1}{n} h_c^{\frac{5}{3}} i_c^{\frac{1}{2}}$.

　　　　　　　　　答　$i_c = 2.49 \times 10^{-3}$.

〔類題 2.〕 側辺コウ配が 1:2 の三角形断面水路に, 0.3 m³/sec の水を流すときの限界水深ぴおよ限界コウ配を求めよ. ただし, $\alpha = 1.1$, $n = 0.014$ とする.

解 側辺コウ配が $1:m$ とすると, $A = mh^2$, $\frac{\partial A}{\partial h} = 2mh$ であるから, (7・18) 式 $\frac{\alpha Q^2}{gA^3} \frac{\partial A}{\partial h}$

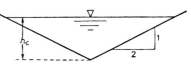

図 - 7・14

$= 1$ より

$$h_c = \left(\frac{2\alpha Q^2}{gm^2} \right)^{\frac{1}{5}} = \left(\frac{2 \times 1.1 \times (0.3)^2}{9.8 \times 2^2} \right)^{\frac{1}{5}} = \underline{0.347 \text{ m}}.$$

一方，等流水深は Manning 式を用いて $R = \dfrac{m}{2\sqrt{1+m^2}}\, h$ であるから

$Q = \dfrac{mh^2}{n}\left(\dfrac{mh}{2\sqrt{1+m^2}}\right)^{\frac{2}{3}} i^{\frac{1}{2}}$ で与えられ，限界コウ配 i_c はこの式で $h = h_c$ とお

いたときの底コウ配である．本式に $h = h_c = 0.347\,\mathrm{m}$，$R = \dfrac{mh_c}{2\sqrt{1+m^2}} = 0.155\,\mathrm{m}$，

$n = 0.014$，$Q = 0.3\,\mathrm{m^3/sec}$ を代入して $\underline{i_c = 3.64 \times 10^{-3}}$

【7・19】 底辺 5 m，側辺コウ配 1:1.5 の台形水路に 20 m³/sec の流量が流れているときの，限界水深および限界コウ配を求めよ．ただし，$\alpha = 1.0$，$n = 0.024$ とする．

解 側辺コウ配を $1:m$ とすると $A = h(b+mh)$，$\dfrac{\partial A}{\partial h} = b+2mh$ であるから（7・18）式より

$$\frac{\alpha Q^2(b+2\,mh_c)}{gh_c^3(b+mh_c)^3} = 1. \tag{1}$$

上の式を整理して

$$h_c^6 + 3\frac{b}{m}h_c^5 + 3\left(\frac{b}{m}\right)^2 h_c^4 + \left(\frac{b}{m}\right)^3 h_c^3 - \frac{2\,\alpha Q^2}{gm^2}h_c - \frac{\alpha Q^2 b}{gm^3} = 0.$$

題意の数値を代入して

$$h_c^6 + 10\,h_c^5 + 33.33\,h_c^4 + 37.04\,h_c^3 - 36.28\,h_c - 60.47 = 0. \tag{2}$$

（2）式の左辺を $f(h_c)$ とおくと $f(1) = -15.38$，$f(2) = 1081$ であるから，h_c は 1 と 2 の間にあり $h_c = 1.0$ に近いことが分る．この方程式の根の解法として，ニュートンの逐次近似法を用いる．（2）式を微分して

$$f'(h_c) = 6\,h_c^5 + 50\,h_c^4 + 133.32\,h_c^3 + 111.12\,h_c^2 - 36.28.$$

$h_{c1} = 1.0\,\mathrm{m}$ から出発して近似を進めると

$$h_{c2} = h_{c1} - \frac{f(h_{c1})}{f'(h_{c1})} = 1 - \frac{-15.38}{264.16} = 1.06\,\mathrm{m},$$

$$h_{c3} = h_{c2} - \frac{f(h_{c2})}{f'(h_{c2})} = 1.06 - \frac{2.06}{311.8} = 1.053\,\mathrm{m}.$$

これ以上繰り返しても $h_c = 1.053\,\mathrm{m}$ は変らない．故に $\underline{h_c = 1.053\,\mathrm{m}}$．

一方，等流水深は Manning 式を用いて，

$$Q = A\frac{1}{n}R^{\frac{2}{3}} i^{\frac{1}{2}} = \frac{h(b+mh)}{n}\left\{\frac{h\left(1+m\dfrac{h}{b}\right)}{\left(1+2\sqrt{1+m^2}\,\dfrac{h}{b}\right)}\right\}^{\frac{2}{3}} i^{\frac{1}{2}}$$

7・2 開水路の等流

で与えられ, 限界コウ配 i_c はこの式で $h = h_c$ とおけば求められる. 本式に $h = h_c = 1.053$ m, $b = 5$ m, $m = 1.5$, $n = 0.024$, $Q = 20$ m³/sec を代入して

$$i_c = 7.74 \times 10^{-3}.$$

(註 1.) (2)式の6次式を解くのは面倒であるから, (1)式をそのまま試算的に解くことも多い.

(註 2.) (ニュートンの逐次近似法) 代数方程式 $f(x) = 0$ を満す x の近似値を x_1 として, $x = x_1 + \varDelta x$ とおくと

$$f(x_1 + \varDelta x) = f(x_1) + f'(x_1) \varDelta x + \cdots\cdots = 0.$$

$$\therefore \quad \varDelta x \fallingdotseq -\frac{f(x_1)}{f'(x_1)}, \qquad x \fallingdotseq x_1 - \frac{f(x_1)}{f'(x_1)}.$$

問　題 (27)

(1) 図-7・15 に示すように, 一つの側辺は鉛直で, 他の側辺が $1:m$ の三角形断面を持つ道路側溝について流量公式を導け. ただし, 水深 h, 側溝縦断コウ配 i, Manning の粗度係数を n とする.

答 $Q = \dfrac{1}{n} f(m) h^{\frac{8}{3}} i^{\frac{1}{2}},$

$f(m) = \dfrac{m^{\frac{5}{3}}}{2^{\frac{5}{3}}(1+\sqrt{1+m^2})^{\frac{2}{3}}}.$

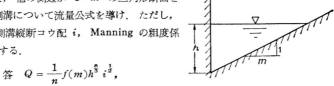

図-7・15

(2) 三角形水路の両側辺コウ配を $1:m$ とするとき, 水理学的に有利な断面は $m = 1$ で与えられることを証明せよ.

(3) 底辺 6 m, 側辺コウ配 1:2 の台形水路がある. 比エネルギー $E = \dfrac{V^2}{2g} + h$ が 2.0 m のときの, 限界水深, 限界流量および限界コウ配を求めよ. ただし, $n = 0.025$ とする.

答 $h_c = 1.452$ m, $Q_c = 42.37$ m³/sec, $i_c = 6.41 \times 10^{-3}.$

7・3 一様断面水路の不等流計算

一様断面水路の不等流の基礎方程式は，(7・4) 式より

$$\frac{dh}{dx} = i\frac{1-\dfrac{Q^2}{C^2RA^2i}}{1-\dfrac{\alpha Q^2}{gA^3}\dfrac{dA}{dh}} = i\frac{1-\dfrac{Q^2n^2}{R^{4/3}A^2i}}{1-\dfrac{\alpha Q^2}{gA^3}\dfrac{dA}{dh}}. \quad (7・21)$$

7・3・1 広矩形断面

$R = \dfrac{h}{1+\dfrac{2h}{b}} \fallingdotseq h$, $A = bh$, $\dfrac{dA}{dh} = b$ を (7・21) 式に入れ，等流水深 h_0 および限界水深 h_c,

$$h_0 = \sqrt[3]{\frac{Q^2}{b^2C_0^2i}}, \qquad h_c = \sqrt[3]{\frac{\alpha Q^2}{gb^2}} \quad (7・22)$$

を導入すると，$C_0/C = m$ とおいて，(7・21) 式は次のようになる．

$$\frac{dh}{dx} = i\frac{1-m^2\dfrac{h_0^3}{h^3}}{1-\dfrac{h_c^3}{h^3}} = i\frac{h^3-m^2h_0^3}{h^3-h_c^3}. \quad (7・23)$$

Manning の流速公式によれば，$C = R^{\frac{1}{6}}/n \fallingdotseq h^{\frac{1}{6}}/n$ であるから $m = \dfrac{C_0}{C} = \left(\dfrac{h_0}{h}\right)^{\frac{1}{6}}$ である．

水面形の分類 $m = 1$ とおいて，(7・23)式の分子，分母の正負を調べることにより，水面形の大略の模様を知ることができる．図-7・16の(a)，(b) 図はそれぞれ緩コウ配，急コウ配の場合について水面形の基本形を示したものである．図中，M_a, M_b, S_a は常流に属し，

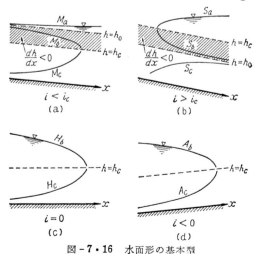

図 - 7・16 水面形の基本型

とくに M_a, M_b が上流にだけ漸近線を持つことは，常流の流れでは計算は下流から上流に向って行わなければならないことを示す．なお，M_a, M_b をそれぞれセキ上げ背水曲線，低下背水曲線と呼ぶ．M_c, S_b, S_c は射流に属し，S_b, S_c は下流側にだけ漸近線を持つ．射流の計算は上流から下流に向って進める．

ブレッス（Bresse）の公式　$m=1$（すなわち $C_0/C=1$）とみなすと，(7・23) 式は積分され

$$\frac{ix}{h_0}=\frac{h}{h_0}-\left\{1-\left(\frac{h_c}{h_0}\right)^3\right\}\left[\frac{1}{6}\log_e\frac{h^2+hh_0+h_0{}^2}{(h-h_0)^2}\right.$$
$$\left.+\frac{1}{\sqrt{3}}\tan^{-1}\frac{2\,h+h_0}{\sqrt{3}\,h_0}\right]+K.$$

積分定数 K は $x=0$ で $h=h_b$ を境界条件として決められる．

常流のときには，境界条件地点 $x=0$ より上流側 $x<0$ の範囲を考えるので $x=-l$ とおき，さらに $h>h_0$ のときには上の式の〔　〕を $B(h_0/h)$ の形に直し，$h<h_0$ のときには $B_1(h/h_0)$ の形に直す．このようにして，$m=1$ のときの解は次式で表わされる．

$h>h_0$ のとき　$\dfrac{il}{h_0}=\dfrac{h_b-h}{h_0}+\left\{1-\left(\dfrac{h_c}{h_0}\right)^3\right\}\left[B\left(\dfrac{h_0}{h}\right)-B\left(\dfrac{h_0}{h_b}\right)\right]$,

(7・24)

$h<h_0$ のとき　$\dfrac{il}{h_0}=\dfrac{h_b-h}{h_0}+\left\{1-\left(\dfrac{h_c}{h_0}\right)^3\right\}\left[B_1\left(\dfrac{h}{h_0}\right)-B_1\left(\dfrac{h_b}{h_0}\right)\right]$.

(7・25)

（7・24），（7・25）式をブレッスの式といい，B および B_1 の数値を示したものが表-7・3，表-7・4 である．

$0<h_0/h<1$ の範囲について数表が作られている（7・24）式は，主として M_a 曲線の計算に対して用いられる．S_b の射流状態の計算にも使用できるが，この場合には境界条件地点 $x=0$ より下流側 $x>0$ の範囲を考えるので，（7・24）式の l の代りに $-l$ とおいて上流から下流に向って計算する．$0<h/h_0<1$ の範囲について数表が作られている（7・25）式は，主として M_b 曲線の計算に対して用いられる．M_c, S_c の射流流れに対しても使用できるが，この場合には l の代りに $-l$ とおかねばならない．

30 　　　　第 7 章　開水路の定流

表 - 7・3　Bresse の B 関数表　(M_a, S_a, S_b の流れ)

$\dfrac{h_0}{h}$	$B\left(\dfrac{h_0}{h}\right)$	$\dfrac{h_0}{h}$	$B\left(\dfrac{h_0}{h}\right)$	$\dfrac{h_0}{h}$	$B\left(\dfrac{h_0}{h}\right)$	$\dfrac{h_0}{h}$	$B\left(\dfrac{h_0}{h}\right)$
0.999	3.0903	0.938	1.7148	0.770	1.2810	0.390	0.9848
0.998	2.8592	0.936	1.7042	0.765	1.2740	0.380	0.9807
0.997	2.7241	0.934	1.6940	0.760	1.2672	0.370	0.9768
0.996	2.6282	0.932	1.6841	0.755	1.2605	0.360	0.9729
0.995	2.5538	0.930	1.6744	0.750	1.2539	0.350	0.9692
0.994	2.4930	0.928	1.6650	0.745	1.2475	0.340	0.9656
0.993	2.4417	0.926	1.6559	0.740	1.2412	0.330	0.9622
0.992	2.3971	0.924	1.6470	0.735	1.2351	0.320	0.9588
0.991	2.3579	0.922	1.6384	0.730	1.2290	0.310	0.9555
0.990	2.3228	0.920	1.6300	0.725	1.2231	0.300	0.9524
0.989	2.2910	0.918	1.6218	0.720	1.2173	0.290	0.9494
0.988	2.2620	0.916	1.6138	0.715	1.2116	0.280	0.9464
0.987	2.2353	0.914	1.6059	0.710	1.2060	0.270	0.9436
0.986	2.2106	0.912	1.5983	0.705	1.2006	0.260	0.9409
0.985	2.1876	0.910	1.5908	0.700	1.1952	0.250	0.9383
0.984	2.1661	0.908	1.5835	0.690	1.1847	0.240	0.9359
0.983	2.1459	0.906	1.5764	0.680	1.1746	0.230	0.9335
0.982	2.1268	0.904	1.5694	0.670	1.1649	0.220	0.9312
0.981	2.1088	0.902	1.5625	0.660	1.1555	0.210	0.9290
0.980	2.0917	0.900	1.5558	0.650	1.1464	0.200	0.9270
0.979	2.0755	0.895	1.5396	0.640	1.1375	0.180	0.9231
0.978	2.0600	0.890	1.5242	0.630	1.1290	0.160	0.9197
0.977	2.0452	0.885	1.5094	0.620	1.1207	0.140	0.9167
0.976	2.0310	0.880	1.4953	0.610	1.1127	0.120	0.9141
0.975	2.0174	0.875	1.4818	0.600	1.1049	0.100	0.9119
0.974	2.0043	0.870	1.4688	0.590	1.0974	0.080	0.9101
0.973	1.9917	0.865	1.4563	0.580	1.0901		
0.972	1.9796	0.860	1.4443	0.570	1.0830		
0.971	1.9679	0.855	1.4327	0.560	1.0761		
0.570	1.9566	0.850	1.4215	0.550	1.0694		
0.968	1.9351	0.845	1.4106	0.540	1.0629		
0.966	1.9149	0.840	1.4001	0.530	1.0566		
0.964	1.8959	0.835	1.3900	0.520	1.0504		
0.962	1.8778	0.830	1.3802	0.510	1.0445		
0.960	1.8608	0.825	1.3706	0.500	1.0387		
0.958	1.8445	0.820	1.3613	0.490	1.0331		
0.956	1.8290	0.815	1.3523	0.480	1.0276		
0.954	1.8142	0.810	1.3436	0.470	1.0223		
0.952	1.8000	0.805	1.3350	0.460	1.0171		
0.950	1.7864	0.800	1.3267	0.450	1.0121		
0.948	1.7734	0.795	1.3186	0.440	1.0072		
0.946	1.7608	0.790	1.3108	0.430	1.0024		
0.944	1.7487	0.785	1.3031	0.420	0.9978		
0.942	1.7370	0.780	1.2955	0.410	0.9934		
0.940	1.7257	0.775	1.2882	0.400	0.9890		

表-7・4 Bresse の B_1 関数表 （M_b, M_c, S_c の流れ）

$\dfrac{h}{h_0}$	$B_1\left(\dfrac{h}{h_0}\right)$	$\dfrac{h}{h_0}$	$B_1\left(\dfrac{h}{h_0}\right)$	$\dfrac{h}{h_0}$	$B_1\left(\dfrac{h}{h_0}\right)$	$\dfrac{h}{h_0}$	$B_1\left(\dfrac{h}{h_0}\right)$
0.000	0.3023	0.450	0.7631	0.800	1.2528	0.950	1.7693
0.010	0.3123	0.460	0.7742	0.805	1.2631	0.952	1.7836
0.020	0.3223	0.470	0.7853	0.810	1.2737	0.954	1.7985
0.030	0.3323	0.480	0.7965	0.815	1.2845	0.956	1.8140
0.040	0.3423	0.490	0.8078	0.820	1.2955	0.958	1.8302
0.050	0.3523	0.500	0.8191	0.825	1.3067	0.960	1.8471
0.060	0.3623	0.510	0.8306	0.830	1.3183	0.962	1.8649
0.070	0.3723	0.520	0.8422	0.835	1.3301	0.964	1.8836
0.080	0.3823	0.530	0.8539	0.840	1.3422	0.966	1.9034
0.090	0.3923	0.540	0.8657	0.845	1.3547	0.968	1.9243
0.100	0.4023	0.550	0.8776	0.850	1.3674	0.970	1.9465
0.110	0.4123	0.560	0.8897	0.855	1.3806	0.972	1.9701
0.120	0.4224	0.570	0.9019	0.860	1.3941	0.974	1.9955
0.130	0.4324	0.580	0.9143	0.865	1.4081	0.976	2.0229
0.140	0.4424	0.590	0.9268	0.870	1.4225	0.978	2.0526
0.150	0.4524	0.600	0.9394	0.875	1.4374	0.980	2.0850
0.160	0.4625	0.610	0.9523	0.880	1.4528	0.981	2.1024
0.170	0.4725	0.620	0.9653	0.885	1.4688	0.982	2.1208
0.180	0.4826	0.630	0.9785	0.890	1.4854	0.983	2.1402
0.190	0.4926	0.640	0.9920	0.895	1.5027	0.984	2.1607
0.200	0.5027	0.650	1.0056	0.900	1.5207	0.985	2.1826
0.210	0.5128	0.660	1.0196	0.902	1.5282	0.986	2.2059
0.220	0.5229	0.670	1.0337	0.904	1.5358	0.987	2.2310
0.230	0.5330	0.680	1.0482	0.906	1.5435	0.988	2.2580
0.240	0.5431	0.690	1.0629	0.908	1.5514	0.989	2.2873
0.250	0.5533	0.700	1.0780	0.910	1.5594	0.990	2.3194
0.260	0.5635	0.705	1.0856	0.912	1.5676	0.991	2.3549
0.270	0.5736	0.710	1.0933	0.914	1.5760	0.992	2.3945
0.280	0.5839	0.715	1.1012	0.916	1.5845	0.993	2.4393
0.290	0.5941	0.720	1.1091	0.918	1.5933	0.994	2.4910
0.300	0.6044	0.725	1.1171	0.920	1.6022	0.995	2.5521
0.310	0.6146	0.730	1.1253	0.922	1.6114	0.996	2.6269
0.320	0.6250	0.735	1.1335	0.924	1.6207	0.997	2.7231
0.330	0.6353	0.740	1.1419	0.926	1.6303	0.998	2.8586
0.340	0.6457	0.745	1.1503	0.928	1.6401	0.999	3.0900
0.350	0.6561	0.750	1.1589	0.930	1.6502		
0.360	0.6666	0.755	1.1676	0.932	1.6606		
0.370	0.6771	0.760	1.1765	0.934	1.6712		
0.380	0.6877	0.765	1.1854	0.936	1.6822		
0.390	0.6983	0.770	1.1946	0.938	1.6935		
0.400	0.7089	0.775	1.2039	0.940	1.7051		
0.410	0.7197	0.780	1.2133	0.942	1.7171		
0.420	0.7304	0.785	1.2229	0.944	1.7295		
0.430	0.7413	0.790	1.2327	0.946	1.7423		
0.440	0.7522	0.795	1.2426	0.948	1.7556		

（註）　(7・23) 式における m^2 の値は h/h_0 に応じて次のように変化する.

h/h_0	0.7	0.8	0.9	1.0	1.2	1.5	2.0	3.0
$m^2 = (h_0/h)^{\frac{1}{3}}$	1.126	1.077	1.036	1.000	0.941	0.893	0.794	0.693

ブレッスの式では $m=1$ と仮定しているから，h が h_0 より離れると上の表のように誤差がます傾向がある．米国の水理書ではその誤差を少なくするためには，(7・24)，(7・25) 式を次式

$$h > h_0 \text{ のとき }\quad \frac{il}{h_0} = \frac{h_b - h}{h_0} + \left\{1 - \frac{\alpha C^2 i}{g}\right\}\left[B\left(\frac{h_0}{h}\right) - B\left(\frac{h_0}{h_b}\right)\right],$$
$$(7 \cdot 26)$$

$$h < h_0 \text{ のとき }\quad \frac{il}{h_0} = \frac{h_b - h}{h_0} + \left\{1 - \frac{\alpha C^2 i}{g}\right\}\left[B_1\left(\frac{h}{h_0}\right) - B_1\left(\frac{h_b}{h_0}\right)\right]$$
$$(7 \cdot 27)$$

のように書きかえ，C の値は背水曲線の中間の点あるいはその主要部において Manning 式と一致するように選ぶのがよいとしている.

なお，m の変化を考慮するには，次のいずれかの方法によればよい.

（ i ）　計算区間を数個に分割し，各区間では平均の m を用い $m^2 h_0{}^3 = h_0{}'^3$ と書き直し，(7・24)，(7・25) 式の h_0 を h_0' と改めてブレッスの式を利用する計算法.

（ ii ）　(7・23) 式の積分 $x = \dfrac{1}{i}\displaystyle\int_{h_b}^{h} \dfrac{h^3 - h_c{}^3}{h^3 - m^2 h_0{}^3}dh$ を直接数値積分する方法.

（iii）　次節 7・4 の一般断面水路の不等流計算法を適用する方法.

例　　題 (60)

【7・20】　図 - 7・17 のように，Ⅰ，Ⅱ 点において底コウ配が変化している広矩形水路があり，水路コウ配はいずれも緩コウ配であって，$i_1 < i_2$，$i_3 < i_2$ とする．(a) 図のように Ⅱ 点より下流の水路が十分に長い場合，および (b) 図のように Ⅲ の地点に段落があり，段落点の水深がほぼ限界水深に等しい場合における水面形について考察せよ.

解　このような考察は水面形の計算に入る前に，必ず行わなければなら

7・3 一様断面水路の不等流計算

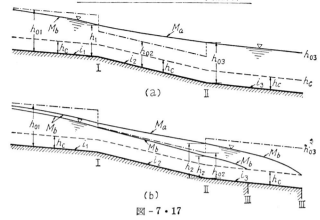

図 - 7・17

ぬ重要なことである.

まず,限界水深 h_c および等流水深 h_0 (7・22 式) を計算して図示する. h_c はコウ配に無関係であり,Ⅰ～Ⅱ 間の等流水深 h_{02} は図の h_{01} および h_{03} より小さいが,緩コウ配水路であるから h_c より大きく,図のようになる.

(a) 図の場合:Ⅱ 点より下流の水路は十分長いので,ついには等流状態が実現するはずである.しかしながら,図 - 7・16 (a) に示されているように,緩コウ配水路の水面形には下流で h_0 に漸近するものはない.このことは,Ⅱ より下流の水深はどこでも基礎方程式の解の一つである等流水深 h_0 に保たれることを示す.したがって,Ⅱ における水深は h_{03} である.Ⅰ～Ⅱ 間の水面曲線は $h > h_{02} > h_c$ であるから M_a (セキ上げ背水) 曲線であり,下流端の条件 $h = h_{03}$ を境界条件として上流に向って水面形が求められ,Ⅰ 地点の水深 h_1 がきまる.Ⅰ 地点より上流では $h_{01} > h > h_c$ であるから,$h = h_1$ を境界条件とする M_b (低下背水) 曲線である.

(b) 図の場合:Ⅲ 地点に段落があり,題意によりその点の水深を h_c とすると,Ⅱ～Ⅲ 間では $h_{03} > h \geqq h_c$ であるから M_b 曲線であり,段落点より上流に向って水面形を求めて Ⅱ の点の水深 h_2 が決まる.この場合,Ⅲ の位置によって $h_{02} \gtreqless h_2$ の場合を生ずる.$h_{02} > h_2$ の場合には Ⅰ～Ⅱ 間の水面形は M_b 曲線,$h_{02} < h_2$ のとき M_a 曲線,$h_{02} = h_2$ のとき Ⅰ～Ⅱ 間は等流水深 h_{02} である.Ⅰ 地点より上流の水面は (a) の場合と同様に,常

に M_b 曲線である．

【7・21】（M_a 曲線）　河幅 200 m，河床コウ配 1/1000，粗度係数 0.030 の河川に，高さ 5 m の取水ゼキ（越流ダムで流量係数 2.1）を河川を横切って築造した場合，流量 1600 m³/sec が流れるときの背水曲線をブレッスの式を用いて計算せよ．

　解　この問題では，(1) セキの位置における水深を求めて境界条件を決め，(2) ブレッスの式を用いて水面形を決定する．

（1）　越流水深を H とすると　$Q = KBH^{\frac{3}{2}}$ より

$$H^{\frac{3}{2}} = \frac{1600}{2.1 \times 200} = 3.81, \quad H = 2.44 \text{ m}.$$

故に，セキの位置における水深は　$h_b = H + 5 = 7.44$ m．

（2）　$Q = 1600$ m³/sec に対する広矩形断面水路の等流水深 h_0, 限界水深 h_c は

$$h_0 = \left(\frac{nQ}{i^{\frac{1}{2}}b}\right)^{\frac{3}{5}} = \left(\frac{0.03 \times 1600}{\sqrt{0.001} \times 200}\right)^{\frac{3}{5}} = 3.37 \text{ m},$$

$$h_c = \left(\frac{\alpha Q^2}{gb^2}\right)^{\frac{1}{3}} = \left(\frac{1.1 \times 8^2}{9.8}\right)^{\frac{1}{3}} = 1.930 \text{ m}. \ (\alpha = 1.1 \text{ とする})$$

$h_b > h_0 > h_c$ であるから，水面形は M_a 曲線（セキ上げ背水曲線）であることがわかる．故にブレッスの式 (7・24)

$$\frac{il}{h_0} = \frac{h_b - h}{h_0} + \left\{1 - \left(\frac{h_c}{h_0}\right)^3\right\}\left[B\left(\frac{h_0}{h}\right) - B\left(\frac{h_0}{h_b}\right)\right]$$

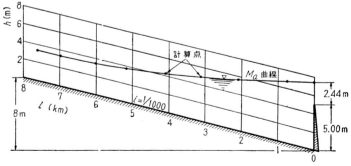

図 − 7・18

7・3 一様断面水路の不等流計算　　35

を用いる．上の式に $h_b/h_0 = 2.208$, $B\left(\dfrac{h_0}{h_b}\right) = B(0.453) = 1.0136$（表-7・3

より内挿），$h_c/h_0 = 0.573$, $i/h_0 = 1/3370$ を入れると

$$\frac{l}{3370} = 1.385 - \frac{h}{h_0} + 0.812\, B\left(\frac{h_0}{h}\right). \tag{1}$$

したがって，h_0/h に 0.453（$= h_0/h_b$）より 1.0 の間の数値を与え，$B(h_0/h)$ を表 - 7・3 より読んで，表 - 7・5 のように計算を進める．水面曲線は図 - 7・18 のようになる．

表 - 7・5　（M_a 曲線の計算例，$h_0 = 3.37$ m）

h_0/h	h/h_0	$B(h_0/h)$	$0.812B$	1.385 $-h/h_0$	$\dfrac{l}{3370}$	l (km)	h (m)	l' (km)
0.50	2.00	1.039	0.843	-0.615	0.228	0.768	6.74	0.768
0.60	1.667	1.105	0.897	-0.282	0.615	2.07	5.62	2.06
0.70	1.429	1.195	0.971	-0.044	0.927	3.12	4.82	3.10
0.80	1.25	1.327	1.077	0.135	1.212	4.08	4.21	4.06
0.90	1.111	1.556	1.263	0.274	1.537	5.18	3.74	5.13
0.95	1.053	1.786	1.450	0.332	1.782	6.01	3.55	5.93
0.98	1.020	2.092	1.698	0.365	2.063	6.95	3.44	6.85
0.99	1.010	2.323	1.886	0.375	2.261	7.62	3.40	7.50

（註） 比較のため，（7・26）式を用いて計算してみる．境界条件地点 h_b および等

流水深 h_0 における C の値は $C^2 = \dfrac{h_b^{\frac{1}{3}}}{n^2} = \dfrac{(7.44)^{\frac{1}{3}}}{(0.03)^2} = 2168$, $C_0^2 = \dfrac{h_0^{\frac{1}{3}}}{n^2} = 1665$.

水深は h_b より h_0 まで変化するので，C の値としては両者の平均の値 $C^2 = 1917$ を

用いる．

（7・26）式で $\left\{1 - \dfrac{\alpha C^2 i}{g}\right\} = \left\{1 - \dfrac{1.1 \times 1917 \times 0.001}{9.8}\right\} = 0.785$　であるから，（1）

式に対応する式は

$$\frac{l'}{3370} = 1.412 - \frac{h}{h_0} + 0.785\, B\left(\frac{h_0}{h}\right)$$

となる．上式で計算した l' を表 - 7・5 の右端に記入した．表より明らかなように，

一般に水面が等流状態に連なるような場合には，計算結果に大きな差異は み ら れ な

い．

【7・22】（河川の分流） 図-7・19 のような派川を持った河川に $Q = 1600 \text{ m}^3/\text{sec}$ の流量が流れるときに，本川と派川とに分配される流量を求めよ．ただし，$l_1 = 1200 \text{ m}$，$b_1 = 200 \text{ m}$，$l_2 = 800 \text{ m}$，$b_2 = 120 \text{ m}$，$b = 300 \text{ m}$ とし，海の水位は $+0.5 \text{ m}$，分岐点の河床高は -2.5 m，河口の河床高は本川，派川についてそれぞれ -3.5 m，-3.3 m とする．なお，Chézy の C は両川とも $C = 45$ とする．

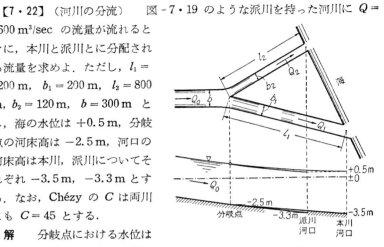

図-7・19

解 分岐点における水位は等しいはずであるから，本川と派川への流量 Q_1，Q_2 は与えられた河口条件のもとに，それぞれ l_1，l_2 上流における分岐点の水深（水位）が等しくなるように分配される．したがって，Q_1，$Q_2 = Q - Q_1$ を適当に仮定して，本川および派川について不等流計算を行ない，分岐点において両者の水深が一致した場合の流量を求める配分値とする．計算の手順は次のようである．

ⅰ) 題意により河床コウ配 $i_1 = 1/1200$，$i_2 = 1/1000$．また，河口における境界条件は $h_{b1} = 4.0 \text{ m}$，$h_{b2} = 3.8 \text{ m}$．

ⅱ) $Q_1 = 1000 \text{ m}^3/\text{sec}$，$Q_2 = 600 \text{ m}^3/\text{sec}$ と仮定する．

本川について：

等流水深 $h_{01} = \sqrt[3]{\dfrac{Q_1^2}{b_1^2 C_0^2 i_1}} = \sqrt[3]{\dfrac{(1000)^2}{(200)^2 \times (45)^2 \times (1/1200)}} = 2.456 \text{ m}$．

限界水深 $h_{c1} = \sqrt[3]{\dfrac{\alpha Q_1^2}{g b_1^2}} = \sqrt[3]{\dfrac{1.1 \times (1000)^2}{9.8 \times (200)^2}} = 1.410 \text{ m}$．

$h_{b1} > h > h_{01} > h_{c1}$ であるから，図-7・16 の M_a 曲線に属し，ブレッスの式を用いる．(7・24) 式に h_{b1}，h_{01}，h_{c1}，i_1 および $l_1 = 1200 \text{ m}$ を代入し，分岐点の水深を h_{*1} とすると

$$1.991 B\left(\dfrac{2.456}{h_{*1}}\right) = h_{*1} - 0.778 \tag{1}$$

7・3 一様断面水路の不等流計算

h_{*1} にいろいろの値を入れ，(1) 式の右辺と左辺とが等しくなる h_{*1} を試算的に求めて $h_{*1} = 3.274$ m．

支川について：

等流水深　$h_{02} = \sqrt[3]{\dfrac{(600)^2}{(120)^2 \times (45)^2 \times (1/1000)}} = 2.311$ m．

限界水深　$h_{c2} = \sqrt[3]{\dfrac{1.1 \times (600)^2}{9.8 \times (120)^2}} = 1.410$ m．

支川の水面形も本川と同じく M_a 曲線であって，分岐点の水深を h_{*2} とすると (7・24) 式より

$$1.786 B \left(\dfrac{2.311}{h_{*2}} \right) = h_{*2} - 1.016. \tag{2}$$

(2) 式を試算法で解いて，$h_{*2} = 3.195$ m．

$h_{*1} \fallingdotseq\!\!\!\!/\; h_{*2}$ であって，仮定流量が正しくなかったことを示すので，再び流量を仮定し直す．

iii) 以上の計算すなわち $Q_1 = 1000$ m³/sec で $h_{*1} > h_{*2}$ であったことから，仮定流量 Q_1 が大きすぎたことが分るので，今度は $Q_1 = 900$ m³/sec，$Q_2 = 700$ m³/sec として ii) と全く同様な計算を行なう．計算の結果は

$h_{*1} = 3.224$ m，$h_{*2} = 3.265$ m．

iv) iii) の計算で $h_{*1} < h_{*2}$ となり，仮定流量 $Q_1 = 900$ m³/sec が小さすぎたことが分るので，正しい流量 Q_1 は 900 m³/sec と 1000 m³/sec の間にあることがいえる．したがって，さらに $Q_1 = 950$ m³/sec，$Q_2 = 650$ m³/sec

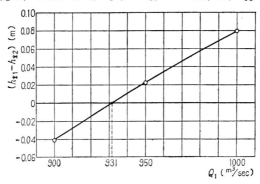

図 - 7・20

として ii）と同様な計算を行なう．結果は

$h_{*1} = 3.251$ m,　$h_{*2} = 3.229$ m.

v）　$Q_1 = 1000$ m³/sec のとき：$h_{*1} - h_{*2} = +0.079$ m,
　　　$Q_1 = 950$ m³/sec 　〃　：$h_{*1} - h_{*2} = +0.022$ m,
　　　$Q_1 = 900$ m³/sec 　〃　：$h_{*1} - h_{*2} = -0.041$ m,

となるから，Q_1 と $(h_{*1} - h_{*2})$ の関係を図-7・20 のようにプロットする．求める Q_1 は $(h_{*1} - h_{*2}) = 0$ に対応する Q_1 を図上で読んで，$Q_1 = 931$ m³/sec. $Q_2 = Q - Q_1 = 669$ m³/sec.

〔類題〕（段落ちによる M_b 曲線）
底コウ配 1/1000 の広矩形水路の下流端が段落ちになり，その地点で水は図-7・21 のように自由越流している．水路の 1 m 幅あたりの流量 $q = Q/b = 1.22$ m²/sec であるときの水面形を求めよ．ただし，$n = 0.03$ とする．

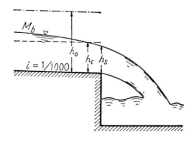

図-7・21

解　段落ち地点の水深 h_s は限界水深 h_c よりも小さく，$h_s = 0.656 h_c$ であることが見出されている*．しかし，段落ちから限界水深地点までの距離は僅かであるからこの距離を無視して，実際の水面形計算では段落ち地点の水深が限界水深 h_c に等しいとみなして計算することが多い．

等流水深　$h_0 = \left(\dfrac{nq}{i^{\frac{1}{2}}}\right)^{\frac{3}{5}} = \left(\dfrac{0.03 \times 1.22}{\sqrt{0.001}}\right)^{\frac{3}{5}} = 1.091$ m,

限界水深　$h_c = \left(\dfrac{\alpha q^2}{g}\right)^{\frac{1}{3}} = \left\{\dfrac{1.0 \times (1.22)^2}{9.8}\right\}^{\frac{1}{3}} = 0.534$ m.

（ただし，$\alpha = 1.0$ とする）．

$h_0 > h \geqq h_c$ であるから，水面形は M_b 曲線（低下背水曲線）であることがわかる．故にブレッスの式（7・25）

$$\dfrac{il}{h_0} = \dfrac{h_b - h}{h_0} + \left\{1 - \left(\dfrac{h_c}{h_0}\right)^3\right\}\left[B_1\left(\dfrac{h}{h_0}\right) - B_1\left(\dfrac{h_b}{h_0}\right)\right]$$

を用いる．上の式に $h_0 = 1.091$ m,　$h_b = h_c = 0.534$ m,　$i = 0.001$,　$B_1\left(\dfrac{h_b}{h_0}\right) = B_1(0.489) = 0.8071$（表-7・4 より内挿）を入れると

---

*　永井荘七郎：水理学，コロナ社，p. 144

7・3 一様断面水路の不等流計算

$$\frac{l}{1091} = 0.8828 B_1\left(\frac{h}{1.091}\right) - \frac{h}{1.091} - 0.2230. \tag{1}$$

(1) 式より 表-7・4 を用い 表-7・6 のように計算を行なう．水面形は図-7・50 の CD 曲線となる．

表-7・6 (M_b 曲線の計算例, $h_0 = 1.091$ m)

$\dfrac{h}{h_0}$	$B_1\left(\dfrac{h}{h_0}\right)$	$0.8828 B_1$	$\dfrac{h}{h_0}+0.2230$	$\dfrac{l}{1091}$	l (m)	h (m)
0.50	0.8191	0.7231	0.7230	0.0001	0.11	0.546
0.54	0.8657	0.7642	0.7630	0.0012	1.31	0.589
0.58	0.9143	0.8071	0.8030	0.0041	4.47	0.633
0.62	0.9653	0.8522	0.8430	0.0092	10.04	0.676
0.66	1.0196	0.9001	0.8830	0.0171	18.66	0.720
0.70	1.0780	0.9517	0.9230	0.0287	31.31	0.764
0.74	1.1419	1.0081	0.9630	0.0451	49.20	0.807

【7・23】 (M_c 曲線) 底コウ配 1/1000 の広矩形水路の上流端に，図-7・22 のようなスルースゲートがある．その開度が 25 cm，ゲート上流側の水深が底面より 3.5 m であるとき，水路の水面形を求めよ．ただし，$n = 0.03$ とする．

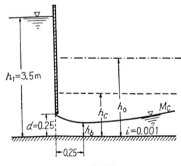

図-7・22

解 まず，水門よりの流出量公式 (5・16) 式 (上巻 p. 212) より単位幅当りの流量 q を求め，ベナコントラクタの位置における水深 h_b を境界条件として水面形を求める．$h_1 = 3.5$ m, $d = 0.25$ m であるから $h_1/d = 14$．したがって図-5・15 より $C_d = 0.59$．故に (5・16) 式より

$$q = C_d d B\sqrt{2gh_1} = 0.59 \times 0.25 \times 1 \times \sqrt{19.6 \times 3.5} = 1.22 \text{ m}^2/\text{sec}.$$

放流水のベナコントラクタの位置は，スルースゲートから d の距離にあると考えると，スルースゲートから 0.25 m の位置で最小水深となり，その水深は縮流係数を 0.62 として，$h_b = 0.25 \times 0.62 = 0.155$ m である．

前の類題の計算より，$h_0 = 1.091$ m, $h_c = 0.534$ m である．故に $h_0 > h_c > h$

40 第7章 開水路の定流

$> h_0$ であるから，水面形は図 - 7・16 の M_c 曲線で，水深は流れの方向に漸増し，$h = h_c$ で $\dfrac{dh}{dx} = \infty$ となる．実際には，後の例題 7・34 で示すように，限界水深に達する前に跳水を起すのであるが，ここでは h_0 から h_c になるまでの水面形を計算する．この水面形は等流水深 h_0 に連ならず，かつ水深が小さく摩擦項の影響が大きいので，$C = C_0 = $ 一定とみなすとかなり大きな誤差が入ると考えられる．したがって，ここでは解説の註 (p. 32) に述べた諸方法も用いて計算し，それらの結果を比較してみる．

　i）　$C = C_0$ とみなす場合　　流れは射流で水面形は M_c 曲線であるから，解説の終りにのべた注意に従って，ブレッスの公式（7・25）で l の代りに $-l$ とおきかえた次の式

$$\frac{il}{h_0} = \frac{h - h_b}{h_0} + \left\{ \left(\frac{h_c}{h_0} \right)^3 - 1 \right\} \left[B_1 \left(\frac{h}{h_0} \right) - B_1 \left(\frac{h_b}{h_0} \right) \right]$$

に $h_0 = 1.091$ m，$h_c = 0.534$ m，$h_b = 0.155$ m，$i = 0.001$, $B_1 \left(\dfrac{h_b}{h_0} \right) =$ $B_1(0.142) = 0.4444$（表 - 7・4 より内挿）を入れると

$$\frac{l}{1091} = \frac{h}{1.091} + 0.2502 - 0.8828\, B_1 \left(\frac{h}{1.091} \right). \tag{1}$$

　（1）式の l はベナコントラクタより下流向に測ることに注意して上式を計算すると，表 - 7・7 の結果を得る．

　ii）　平均の C を用いる場合　　（7・27）式で l の代りに $-l$ とおきかえた次式

$$\frac{il}{h_0} = \frac{h - h_b}{h_0} + \left\{ \frac{\alpha C^2 i}{g} - 1 \right\} \left[B_1 \left(\frac{h}{h_0} \right) - B_1 \left(\frac{h_b}{h_0} \right) \right]$$

において，求める水深の範囲は $h_b = 0.155$ m より $h_c = 0.534$ m の間である．したがって中間の水深 $(0.155 + 0.534)/2 = 0.345$ m に応ずる C は

$$C^2 = \frac{h^{\frac{1}{3}}}{n^2} = \frac{(0.345)^{\frac{1}{3}}}{(0.03)^2} = 779, \quad \frac{\alpha C^2 i}{g} = \frac{1.0 \times 779 \times 0.001}{9.8} = 0.0795.$$

題意の数値を上の式に入れて

$$\frac{l}{1091} = \frac{h}{1.091} + 0.267 - 0.9205\, B_1 \left(\frac{h}{1.091} \right). \tag{2}$$

　（2）式による計算結果も表 - 7・7 に示した．ただし，$h > 0.44$ m では

（2）式による l の計算値は，かえって減少するから表示を省略したが，これは（7・27）式が修正式であるために生ずる不合理な点である．

iii）　数値積分による解　　（7・23）式を積分し，水深 h の点の x を l とすると

$$l = \frac{1}{i}\int_{h_b}^{h}\frac{h^3 - h_c{}^3}{h^3 - \left(\dfrac{h_0}{h}\right)^{\frac{1}{3}}h_0{}^3}dh = \int_{h_b}^{h}f(h)dh. \tag{3}$$

数値積分による方法については〔7・3・2〕においてくわしく述べるので，ここでは計算結果だけを表 - 7・7 および図 - 7・50 に示した．

以上の解の中で，数値積分による解が最も精度が高く，ほぼ厳密解とみてよい．この数値積分値にくらべると（1）式による計算値はずれがひどく，このような M_c 曲線では $C = C_0 =$ 一定とみなしてはならないことがわかる．一方，（2）式による計算値は割合に数値積分値に近く，したがって平均の C を用いる（7・27）式は近似計算の場合には使用してもよいと考えられ

表 - 7・7　M_c 曲線の計算例

$\dfrac{h}{1.091}$	h (m)	l (m)		
		（1）式	（2）式	数値積分
0.16	0.175	2.07	1.42	1.22
0.20	0.218	6.98	4.69	3.95
0.24	0.262	11.78	7.75	6.80
0.28	0.305	16.04	10.36	9.58
0.32	0.349	20.07	12.76	12.29
0.36	0.393	23.67	14.62	14.76
0.40	0.436	26.62	15.82	16.78
0.44	0.480	28.58	15.93	18.30
0.48	0.524	29.46	—	19.03
0.4894	0.534	29.68	—	19.06

る．ただし，すでに述べたように，これは修正式であるから，水深が限界水深に達する前に水面コウ配が無限大となる欠点がある．

〔類　題〕　（H_c 曲線）　水路床で水平である他は，前の例題と全く同じであるときの水面形を求めよ．

解　　水路床が水平（$i = 0$）の場合には等流水深 h_0 は無限大で，水面形は図 - 7・16 の（c）に示すように H_b（常流），H_c（射流）の 2 種だけとなる．本ケースはこのうち H_c 曲線に属する．H_b，H_c の水面形計算にはブレッスの公式は使えないが，不等流の基礎方程式（7・21）式は Manning の流速公式を用いても積分することができる．

断面は広矩形として $R \risingdotseq h$ とし，$A = bh$，$dA/dh = b$，$Q/b = q$，$i = 0$ を（7・21）式に入れると

$$\frac{dh}{dx} = \frac{-\dfrac{n^2Q^2}{R^{4/3}A^2}}{1-\dfrac{\alpha Q^2}{gA^3}\dfrac{\partial A}{\partial h}} = \frac{-\dfrac{n^2q^2}{h^{10/3}}}{1-\dfrac{\alpha q^2}{gh^3}} = \frac{-n^2q^2}{\left(h^3-\dfrac{\alpha q^2}{g}\right)h^{\frac{1}{3}}}.$$

上の式を積分し，$x=0$ の点の水深を h_b，$x=l$ の点の水深を h とすると

$$-n^2q^2 l = \int_{h_b}^{h}\left(h^3-\frac{\alpha q^2}{g}\right)h^{\frac{1}{3}}dh.$$

$$\therefore\ l = \frac{3\alpha}{4gn^2}(h^{\frac{4}{3}}-h_b^{\frac{4}{3}})-\frac{3}{13n^2q^2}(h^{\frac{13}{3}}-h_b^{\frac{13}{3}}). \tag{1}$$

(1) 式に，$\alpha=1.0$，$n=0.03$，$q=1.22\ \mathrm{m^2/sec}$，$h_b=0.155\ \mathrm{m}$ を入れて

$$l = 85.03\,h^{\frac{4}{3}}-172.3\,h^{\frac{13}{3}}-7.027 \tag{2}$$

$h_b=0.155\ \mathrm{m}$ より $h_c=0.534\ \mathrm{m}$ の範囲について，(2) 式より水面形を計算すれば表-7・8 の値を得る（図-7・23）．

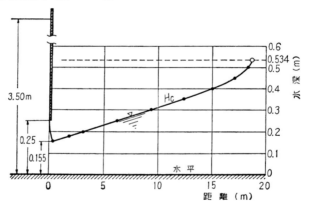

図-7・23

表-7・8　H_c 曲線の計算例

h (m)	0.18	0.20	0.25	0.30	0.35	0.40	0.45	0.50	0.534
l (m)	1.51	2.76	5.94	9.11	12.12	14.78	16.88	18.17	18.44

表-7・8 の値を表-7・7 の数値積分値と比較すれば分るように，底コウ配が水平になると同一水深に対する距離が少し短縮される程度で，数値的にはほぼ一致している．したがって緩コウ配水路の M_c 曲線の計算には，前の例題の i)，ii) の方法より $i=0$ とおいた近似解の方がよい精度を期待できる．

7・3・2 数値積分による一様断面水路の水面形計算

広矩形断面についてのブレッスの式と同様に，広放物線断面については $m = C_0/C = 1$ とおくと積分され，その結果はトルクミット（Tolkmitt）の公式と呼ばれて数表が作られている*．その他，矩形・台形・三角形・円形など各種断面の一様水路については物部公式** やチョー（Chow）の式*** がある．いずれも流速公式を任意に選び得る長所があるが，物部公式は多くの図表を，チョーの式は多くの数表を必要とするので，本書では紙数の都合上割愛した．ここでは最も一般性に富む数値積分による計算法についてのべる．

一様断面水路の基礎方程式（7・21）において，$i = $ 一定の場合には直ちに積分され，$x = 0$ で $h = h_b$ とすると

$$x = \int_{h_b}^{h} \frac{1 - \dfrac{\alpha Q^2}{gA^3}\dfrac{dA}{dh}}{i - \dfrac{n^2 Q^2}{R^{4/3}A^2}} dh = \int_{h_b}^{h} f(h) dh. \qquad (7・28)$$

上の式の右辺は h の関数であるから，右辺を数値積分するか，あるいは図-7・24 のように h と $f(h)$ との関係をあらわすグラフを描き，面積 a をプラニメーターで測って h に応ずる x を求める．ただし，x は流れ方向にとっているので，常流の場合のように下流側から計算するときには，x の代りに $-x$ とおかねばならない．

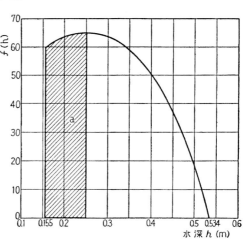

図-7・24 〔例題 7・23 の $f(h)$ 曲線〕

---

*) 土木学会編：水理公式集（昭和 32 年改訂版），p. 28〜29
**) 物部長穂：水理学，岩波書店
***) Ven Te Chow: Integrating the Equation of Gradually Varied Flow, Proc. A.S.C.E., No. 838, Vol. 81, Nov. 1955

（註）数値積分にはシンプソン（Simpson）の方法が便利である．この方法によると，図-7・25のように間隔 Δh をへだてた $y=f(h)$ の値が y_1, y_2, y_3 であるとき

$$\int_{h_1}^{h_3} f(h)dh \fallingdotseq \frac{\Delta h}{3}(y_1+4y_2+y_3).$$

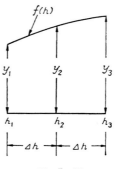

例　題　(61)

【7・24】　底辺 5 m，側辺コウ配 1:1.5，水路コウ配 3×10^{-4} の台形水路で二つの貯水池をつなぐ．流量が 20 m³/sec，水路下流端の水深が 4.5 m であるとき，5 km 上流にある水路入口の水深を求めよ．ただし，流量 20 m³/sec のときの等流水深を 2.0 m とする．

図-7・25

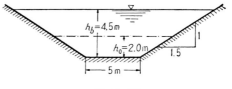

図-7・26

解　等流水深は題意により $h_0=2.0$ m，限界水深 h_c は $\alpha=1.0$ とすると，例題 7・19 に計算したところにより，$h_c=1.053$ m である．また水路下流端の水深 h_b は題意により 4.5 m であり $h_b>h>h_0>h_c$ であるから，水面形は M_a 曲線である．

すなわち，流れは常流であるから，(7・28) 式において水深 h_b から水深 h までの距離 l を水路下流端から上流側に測ると

$$l=-\int_{h_b}^{h}\frac{1-\dfrac{\alpha Q^2}{gA^3}\dfrac{dA}{dh}}{i-\dfrac{n^2Q^2}{R^{4/3}A^2}}dh=\int_{h}^{h_b}f(h)dh \qquad (1)$$

台形水路であるから，流水面積，潤辺，径深などは (7・14) 式より

$A=h(b+mh)=h(5+1.5h),$
$S=b+2\sqrt{1+m^2}\,h=5+3.606\,h,$
$R=A/S,$
$dA/dh=b+2mh=5+3h,$

7・3 一様断面水路の不等流計算

となり，水深に応じてきまる．つぎに粗度係数 n の値は，等流水深 $h_0 = 2$ m のときの $A_0 = 16$ m^2, $R_0 = 1.310$ m および題意の $Q_0 = 20$ m^3/sec, $i = 3 \times 10^{-4}$ を用いて逆算すると，$n = A_0 R_0^{2/3} i^{1/2}/Q = 0.0166$ である．これらの数値および $\alpha = 1.0$ を代入して $f(h)$ の値を表-7・9 のように計算し，その結果を図-7・27 にプロットした．

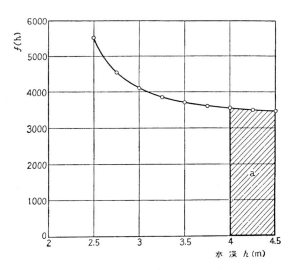

図-7・27 $f(h)$ 曲線

表-7・9 $f(h)$ の計算

水 深	断面積	潤 辺	径 深	dA/dh	⑥	分 子	i_f	分 母	$f(h)$
h(m)	A(m^2)	S(m)	R(m)	$b+2mh$	$\dfrac{Q^2}{gA^3}\dfrac{dA}{dh}$	1−⑥	$\dfrac{n^2Q^2}{R^{4/3}A^2}$	$i-i_f$	分子/分母
2.50	21.88	14.02	1.561	12.50	0.0487	0.9513	0.000127	0.000173	5500
2.75	25.09	14.91	1.682	13.25	0.0342	0.9658	0.000087	0.000213	4530
3.00	28.50	15.82	1.802	14.00	0.0247	0.9753	0.000062	0.000238	4100
3.25	32.09	16.72	1.919	14.75	0.0182	0.9818	0.000045	0.000255	3850
3.50	35.87	17.62	2.036	15.50	0.0137	0.9873	0.000033	0.000267	3700
3.75	39.84	18.52	2.151	16.25	0.0105	0.9895	0.000025	0.000275	3600

4.00	44.00	19.42	2.265	17.00	0.0082	0.9918	0.000019	0.000281	3530
4.25	48.34	20.32	2.378	17.75	0.0064	0.9936	0.000015	0.000285	3490
4.50	52.87	21.23	2.491	18.50	0.0051	0.9949	0.000012	0.000288	3450

図-7・27 より $\int_{h}^{h_b} f(h)dh$ を図上で求めるには，h と h_b の縦軸，$f(h)$ 曲線，0 を通る横軸の四つの線にかこまれた面積をプラニメーターで測ればよい．たとえば $h = 4.0$ m になる 距離 $l = \int_{4.0}^{4.5} f(h)dh$ を求めるには，図

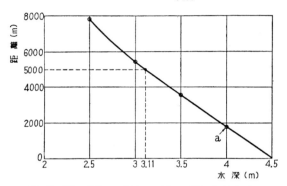

図-7・28 $f(h)$ の曲線の下側の面積の加算曲線

-7・27 のハッチした面積 a を測る．このようにして l と h との関係を図-7・28 のようにプロットすることができる．図-7・28 の曲線上で $l = 5000$ m に対応する h を読みとれば，$h = 3.11$ m を得るが，これが求める水路入口の水深である．

なお，図-7・27 の面積をプラニメーターで測らずに，シンプソンの公式で数値積分するには，$\Delta h = 0.25$ m にとって表-7・10 のように計算する．

表-7・10

h (m)	y_1	y_2	y_3	$y_1 + 4y_2 + y_3$	$\dfrac{\Delta h}{3} \times (y_1+4y_2+y_3)$	$\sum \dfrac{\Delta h}{3} \times (y_1+4y_2+y_3)$
4.00	3450	3490	3530	20940	1740	1740
3.50	3530	3600	3700	21630	1800	3540
3.00	3700	3850	4100	23200	1930	5470
2.50	4100	4530	5500	27720	2310	7780

7・4 一般断面水路の不等流計算

表-7・10 の計算結果を図-7・28 に○印でプロットしてある．

問　題　(28)

(1)　例題 7・21 において，水深が 4.6 m になる地点を求めよ．

　　　　　答　$l = 3.43$ km

(2)　（河川の合流）　図-7・29 のように支川が河口から 1.9 km のところで合流し，合流後の流量は 1600 m³/sec，支川流量 600 m³/sec である．河口の水深が 4.0 m であるとき，合流前における本川および支川の水面形をブレッス式を用いて計算せよ．ただし，河川の要目は次表のとおりとする．

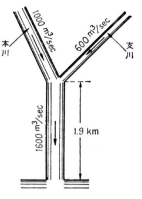

図-7・29

	Q (m³/sec)	b (m)	i	n	h_0	h_c
本川(合流後)	1600	200	1×10^{-3}	0.03	3.37	1.930
本川(合流前)	1000	160	1.2×10^{-3}	0.03	2.76	2.094
支　　　川	600	50	2×10^{-3}	0.04	4.15	2.528

答　本川については省略し，支川の水面形を図-7・30 に示す．

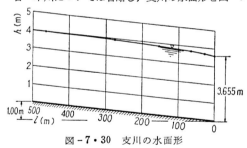

図-7・30　支川の水面形

(3)　例題 7・23 について，iii) 数値積分による解を計算してみよ．

答　答は表-7・7 に示したとおりである．$f(h)$ 曲線を図-7・24 にし示た．

7・4　一般断面水路の不等流計算

本節では自然河川のように，河幅，断面形およびコウ配などが不規則に変化している一般断面水路を取扱うが，支配断面（常流→射流）や跳水（射流→常

流)のような特異点は表われないものとする．基礎方程式 (7・3) は直接積分できないから，各種の試算法や図式解法が考案されている．

7・4・1 試 算 法

図-7・31 の I, II 断面間にベルヌイの定理を適用すると, I, II 断面における諸量にそれぞれ添字 1, 2 をつけて

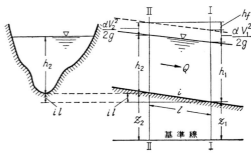

図 - 7・31

$$h_1 + \frac{\alpha Q^2}{2gA_1^2} = h_2 + il + \frac{\alpha Q^2}{2gA_2^2} - h_f. \tag{7・29}$$

ここに, h_f は I, II 断面間の摩擦損失水頭であって，Manning 式を適用すると

$$h_f = \int_0^l \frac{n^2 Q^2}{R^{4/3} A^2} dx \fallingdotseq \frac{1}{2} \left(\frac{n_1^2}{R_1^{4/3} A_1^2} + \frac{n_2^2}{R_2^{4/3} A_2^2} \right) Q^2 l.$$

これを上式に代入して

$$h_1 - il + \frac{\alpha Q^2}{2gA_1^2} + \frac{n^2 l Q^2}{2 R_1^{4/3} A_1^2} = h_2 + \frac{\alpha Q^2}{2gA_2^2} - \frac{n^2 l Q^2}{2 R_2^{4/3} A_2^2}. \tag{7・30}$$

したがって，次式で定義される

$$\left.\begin{aligned} \Phi &= h - il + \frac{\alpha Q^2}{2gA^2} + \frac{n^2 l Q^2}{2 R^{4/3} A^3} \\ \Psi &= h + \frac{\alpha Q^2}{2gA^2} - \frac{n^2 l Q^2}{2 R^{4/3} A^2} \end{aligned}\right\} \tag{7・31}$$

を導入すると，(7・30) 式は次のように書かれる．

$$\Phi_1 = \Psi_2. \tag{7・30'}$$

いま, I 断面の諸量が分っているとすると, II 断面における水深を仮定することによって断面図より A_2, R_2 が分り, Ψ_2 が計算される．この Ψ_2 が Φ_1 に一致するまで, h を仮定し直して計算する．普通 2～3 回程度で試算で

7・4 一般断面水路の不等流計算

1区間の計算が終る.

　水路を適当な計算区間に分割し，境界条件が与えられた地点から上述の試算法で順次水面形を求めてゆくのであるから，計算がかなり煩雑になることはさけられない．なお，常流では下流から上流に向って，射流では上流から下流に向って計算を進めることは今までと同様である．

　（註）　普通の河川のように断面が場所によってかなり激しく変化している場合，とくに断面が流れ方向に急拡大している場合には，流れの剝離や渦を伴なうため，摩擦損失の他に渦による局部的な損失が入る．このような渦損失を計算にとり入れることは困難であるから，水理学的な根拠に欠けるうらみがあるが，図-7・32 のように渦領域を目見当で除いた有効断面を考え，有効断面に (7・29) 式を適用して水理計算を行なう例が多い．

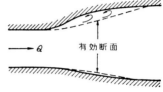

図 - 7・32

　つぎに計算区間長 l の選び方についての注意を述べておく．一様断面に近い水路のように渦動損失の小さい流れでは，l を小さくとる程計算の労力がます反面，精度はあがる．しかし，断面変化の激しい場合には，l が小さいほど速度水頭および渦損失の項の重要性がましてくるので，渦損失の値が明確でない以上，l をあまり小さくとることは意味がない．l は川幅の 2 倍以上程度が適当であろう．

例　題　(62)

【7・25】　図 - 7・33 に示すような最深部縦断形状を持つ水路がありその横断図および各断面の断面積，径深は図 - 7・34 に記入してある．この水路に 70 m³/sec の流量が流れるときの水面形を求めよ．ただし，水路の粗度係数は 0.035，河口（Ⅰ断面）の水深は 3.0 m とする．

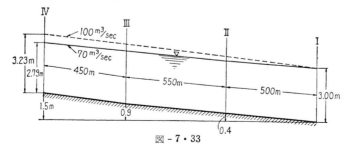

図 - 7・33

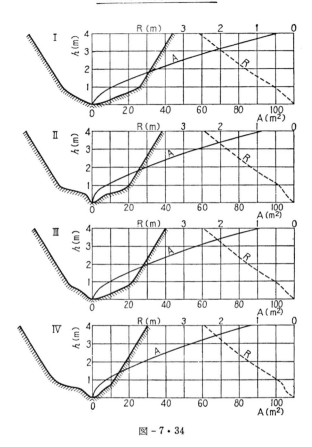

図 - 7・34

解 境界条件断面（I 断面）より出発し，表 - 7・11 に示すような表を作成しておいて，各欄・各行に所要の値を記入して計算してゆく．ただし，$Q = 70 \text{ m}^3/\text{sec}$, $n = 0.035$, $\alpha = 1.1$ で，また表中の i_f は $i_f = \dfrac{n^2 Q^2}{R^{4/3} A^2}$ とおいたものである．

表 - 7・11 の計算手順

（①′行）──①：I, II 断面間の距離 500 m を記入．②：与えられた I 断面の水深．③：題意により $il = 0.4$ m．④, ⑥：図 - 7・34（I 断面）の水深～断面積，径深曲線より，$h = 3.0$ m に対する A および R の値を読む．⑤：$\alpha = 1.1$ として

表 – 7・11

計算番号	断面	① l(m)	② h(m)	③ $h-il$	④ A(m²)	⑤ $\dfrac{\alpha Q^2}{2gA^2}$	⑥ R(m)	⑦ $\dfrac{1}{2}i_f$	⑧ $\dfrac{1}{2}i_f \cdot l$	⑨ Φ	⑩ Ψ
①′	始点 I	500	3.00	2.6	65	0.065	1.95	0.000292	0.146	2.811	—
②′	II	〃	2.90	—	53	0.098	1.75	0.000506	0.253		2.745
③′	〃	〃	2.85	—	52	0.102	1.71	0.000542	0.271		2.731
④′	〃	〃	2.95	—	55	0.091	1.78	0.000460	0.230		2.811
⑤′	始点 II	550	2.95	2.45	55	0.091	1.78	0.000460	0.253	2.794	—
⑥′	III	〃	2.90	—	55	0.091	1.82	0.000445	0.245		2.746
⑦′	〃	〃	2.95	—	56	0.088	1.86	0.000418	0.230		2.808
⑧′	〃	〃	2.94	—	56	0.088	1.85	0.000422	0.232		2.796
⑨′	始点 III	450	2.94	2.34	56	0.088	1.85	0.000422	0.191	2.619	—
⑩′	IV	〃	2.80	—	48	0.119	1.75	0.000618	0.278		2.641
⑪′	〃	〃	2.75	—	46.5	0.127	1.70	0.000684	0.308		2.569
⑫′	〃	〃	2.79	—	47.2	0.123	1.73	0.000649	0.292		2.621

$$\frac{\alpha Q^2}{2gA^2} = \frac{1.1 \times (70)^2}{2 \times 9.8 \times (65)^2} = 0.065.$$ ⑦：$n = 0.03$ として $\dfrac{1}{2}i_f = \dfrac{1}{2}\left(\dfrac{n^2 Q^2}{R^{4/3}A^2}\right)$ を計算．⑧：①×⑦．⑨：Φ の定義により，③＋⑤＋⑧．

（②′行）── ②：II 断面における水深を 2.9 m と仮定する．④，⑥：図 – 7・34（II 断面）より $h = 2.9$ m に対する A，R を読む．⑤，⑦，⑧：前と同様．⑩：Ψ_2 の定義により，②＋⑤－⑧ を記入する．この $\Psi_2 \neq \Phi_1$ であるから，II 断面における水深を仮定し直し，③′行に $h = 2.85$ m，④′行に 2.95 m として同様な計算をくり返す．こうして ④′行の $h = 2.95$ m に到って，$\Psi_2 = 2.811$ は Φ_1 の値と一致するから，$h = 2.95$ m をもって求める II 断面の水深として，I～II 断面についての計算を終る．

（⑤′～⑧′行）── 新たに，II 断面を始点と考え，（I～II）断面間と同様に計算を進める．⑧′の $\Psi_3 = 2.796$ は，$\Psi_3 = \Phi_2$ とみなせるから，$h = 2.94$ m を求める III 断面の水深とする．なお，⑥′の計算より $h = 2.90$ m で $\Phi_2 - \Psi_3 = 2.796 - 2.746 = 0.050$，⑦′の計算より $h = 2.95$ m で $\Phi_2 - \Psi_3 = 2.796 - 2.808 = -0.014$ であるから，h と $\Phi_2 - \Psi_3$ との値をプロットして $\Phi_2 - \Psi_3 = 0$ に応ずる $h = 2.94$ m を求める．この手順によると ⑧′行は省略してもよい．

(⑨′〜⑫′行）── Ⅲ 断面を始点と考えて，上と同様な計算を行なうと，Ⅳ 断面の水深は 2.79 m となる．

以上の計算で得られた水面形を図-7・33 に実線で示した．

7・4・2　図式解法（エスコフィエの方法）

基準線から水路床までの高さを z とすると，$il = z_2 - z_1$（図-7・31）とおいて，(7・30)式は次の形

$$(h_1+z_1)-(h_2+z_2) = \left(\frac{\alpha}{2gA_2^2} - \frac{n^2 l}{2R_2^{4/3}A_2^2}\right)Q^2$$

$$- \left(\frac{\alpha}{2gA_1^2} + \frac{n^2 l}{2R_1^{4/3}A_1^2}\right)Q^2 \qquad (7 \cdot 32)$$

と書ける．したがって次式

$$\left.\begin{array}{l} F = \dfrac{\alpha}{2gA^2} + \dfrac{n^2 l}{2R^{4/3}A^2} \\[1ex] G = \dfrac{\alpha}{2gA^2} - \dfrac{n^2 l}{2R^{4/3}A^2} \end{array}\right\} \qquad (7 \cdot 33)$$

で定義される F および G を導入すると

$$\frac{(h_2+z_2)-(h_1+z_1)}{F_1-G_2} = Q^2. \qquad (7 \cdot 34)$$

上に定義した F, G はいずれも水位だけの関数であるから，計算する各区間両端の断面について，各種の水位に対して図-7・35 のようにプロットする．計算区間長 l は各区間ごとに適宜定めてよい．図-7・35 の縦座標は基準線から測った水位 $(h+z)$ であって，水深 h でないことにとくに注意を要する．

流れが常流の場合，水面形状を求めるには，境界条件を与える Ⅰ 断面の F_1 曲線上で与えられた水位点

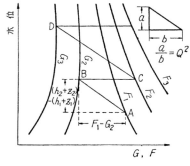

図-7・35

A から出発し，上流側隣接断面（Ⅱ断面）の G_2 曲線に向って，$a/b = Q^2$ なるコウ配を持つ直線を図の方向に引く．この斜線と Ⅱ 断面の G_2 曲線との

7・4 一般断面水路の不等流計算

交点 B は，図に示したように（7・34）式を満足するので，Ⅱ 断面の水位を与えることになる．Ⅲ 断面に進むために，この交点 B から水平線を引き，この水平線と Ⅱ 断面の F_2 曲線との交点を C とし，C 点から Ⅲ 断面の G_3 曲線に向って $a/b = Q^2$ なるコウ配を持つ斜線を引く．この斜線と Ⅲ 断面の G_3 曲線との交点 D が，Ⅲ 断面の水位を与えることは前と同じである．この方法を繰り返すことによって，機械的に各断面の水位を求めることができる．流れが射流の場合には同じ要領で，上流側から下流側へと計算を進めればよい．

本法は図 – 7・35 の図表を一度作成してしまえば，あとは任意の流量および起点水位に対して，水面曲線を迅速かつ容易に求めることができる点に，他の計算法にない特色を持つ．

例　　題　(63)

【7・26】　図 – 7・33, 7・34 に示す水路において，Ⅰ 断面の水深を 3.0 m とするとき，流量 70 m³/sec および 100 m³/sec が流れる場合の水面形を，エスコフィエ（Escoffier）の方法により求めよ．ただし，粗度係数 $n = 0.035$ とする．

解　（準備計算）　図 – 7・34 より各水深について A, R を求め，表 – 7・12 に示す．

表 – 7・12

水深	Ⅰ 断　面		Ⅱ 断　面		Ⅲ 断　面		Ⅳ 断　面	
(m)	A	R	A	R	A	R	A	R
2.0	35.3	1.31	29.7	1.17	30.5	1.26	27.9	1.24
2.5	49.5	1.65	43.0	1.51	43.3	1.59	40.2	1.57
3.0	65.0	1.95	57.7	1.82	57.5	1.89	53.9	1.87
3.5	82.5	2.27	74.0	2.13	73.3	2.17	69.2	2.16
4.0	101.3	2.57	91.7	2.42	90.5	2.46	85.9	2.44

この値を用いて，各断面の

$$F = \frac{\alpha}{2gA^2} + \frac{n^2 l}{2R^{4/3}A^2}, \quad G = \frac{\alpha}{2gA^2} - \frac{n^2 l}{2R^{4/3}A^2}$$

を計算すると，表 – 7・13 のとおりである．表 – 7・13 の水位は，Ⅰ 断面の最深部高を標高 0 として測った値である．ただし，$\alpha = 1.1$，$n = 0.035$ と

し，l には次の値を入れる．

$\text{I} \sim \text{II}$：F_1（I 断面）および G_2（II 断面）には $l = 500$ m．
$\text{II} \sim \text{III}$：$F_2$（II 断面）および G_3（III 断面）には $l = 550$ m．
$\text{III} \sim \text{IV}$：$F_3$（III 断面）および G_4（IV 断面）には $l = 450$ m．

表-7・13　（表中の F, G は 10^5 倍されたものを示す）

水深 (m)	I 断面 水位	F_1	II 断面 水位	G_2	F_2	III 断面 水位	G_3	F_3	IV 断面 水位	G_4
2.0	2.0	21.70	2.4	−21.80	37.40	2.9	−20.60	27.80	3.5	−19.40
2.5	2.5	8.70	2.9	− 6.53	13.50	3.4	− 6.74	10.95	4.0	− 5.87
3.0	3.0	4.30	3.4	− 2.46	6.23	3.9	− 2.66	5.27	4.5	− 2.19
3.5	3.5	2.33	3.9	− 1.02	3.26	4.4	− 1.19	2.86	5.0	− 0.89
4.0	4.0	1.40	4.4	− 0.45	1.90	4.9	− 0.55	1.70	5.5	− 0.38

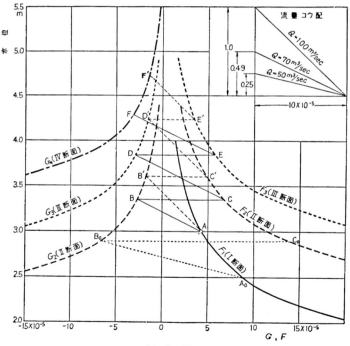

図-7・36

7・5 流れに支配断面を生ずる水路の不等流計算　　55

　表 - 7・13 の F および G の値を水位に対してプロットすると，図 - 7・36 の 6 本の曲線を得る.

　（水面計算）　題意により I 断面の起点水位は F_1 曲線上の A 点となる. AB 線のコウ配は次のようにして決定される. 図 - 7・35 より，$a/b = Q^2$ にとればよいから，b をたとえば $10 \times 10^{-5} = 10^{-4}$ にとると，$a = 10^{-4} \times Q^2$. 故に

$$Q = 70 \, \text{m}^3/\text{sec} : \quad a = 10^{-4} \times 70^2 = 0.49,$$
$$Q = 100 \, \text{m}^3/\text{sec} : \quad a = 10^{-4} \times 100^2 = 1.00$$

であるから，図 - 7・36 の流量コウ配に示す斜線が求められる.

　70 m³/sec の流量が流れる場合の各断面の水位は，図 - 7・36 において A → B → C → D → E → F の順に，流量コウ配線に平行線と水平線とを交互に作図して求めればよい. 100 m³/sec の流量に対しては，A → B′ → C′ → D′ → E′ → F′ の順に作図して，同様に II，III，IV 断面の水位を求める. こうして得られた結果を表 - 7・14 および図 - 7・33 に示すが，流量 70 m³/sec の場合については，例題 7・25 の試算法の結果と完全に一致する.

〔**類　題**〕　前の例題において I 断面の水深を 2.5 m とするとき，50 m³/sec の流量が流れる場合の水面形を求めよ.

　（ヒント）　図 - 7・36 をそのまま用いることができる. 流量コウ配は同図に記入したとおりであって，$A_0 \to B_0 \to C_0 \to$ （以下略）の順に水位を定める.

表 - 7・14

断面	70 (m³/sec)		100 (m³/sec)	
	水位(m)	水深(m)	水位(m)	水深(m)
I	3.00	3.00	3.00	3.00
II	3.35	2.95	3.60	3.20
III	3.84	2.94	4.24	3.34
IV	4.29	2.79	4.73	3.23

7・5　流れに支配断面を生ずる水路の不等流計算

　これまで，流れの中に特異点を含まない場合を取り扱ってきたが，本節および次節に限界水深を生ずる場合を論ずる. 本節では水路コウ配が緩コウ配から急勾配に変化する水路の流れのように，常流から限界水深を経て射流に遷移する場合を取り扱う. なお，そのときの水面形はすでに 3・5 節でのべたように連続的である.

　流れが常流から射流に遷移する場合，限界水深を生ずる断面を支配断面

(Control section) とよぶ．支配断面においては不等流の基礎方程式(7・3)式

$$\frac{dh}{dx} = \frac{i+\dfrac{\alpha Q^2}{gA^3}\dfrac{\partial A}{\partial b}\dfrac{\partial b}{\partial x}-\dfrac{1}{C^2R}\left(\dfrac{Q}{A}\right)^2}{1-\dfrac{\alpha Q^2}{gA^3}\dfrac{\partial A}{\partial h}} \equiv \frac{F_1(h,\ x)}{F_2(h,\ x)}$$

において，限界水深であることから

分母：$F_2(h, x) = 0$. 　　　(7・35)

また，分母 $= 0$ のもとに，常流から射流への水面形は連続で dh/dx が有限値を持つ条件から

分子：$F_1(h,\ x) = 0$ 　　　(7・36)

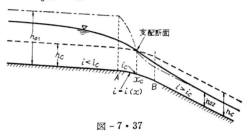

図 – 7・37

が成り立つ．したがって，支配断面の位置 $x = x_c$ および限界水深 h_c は上の両式を解くことによって求められる．あるいは，図 – 7・37 のように，分子 $= 0$ を満す h を h_0，分母 $= 0$ を満す h を h_c として，両者を x の関数として図示し，両曲線の交点を図上で求めてもよい．このようにして x_c および h_c がきまると，この点を境界条件として，上流側は常流であるから上流に向い，下流側は射流であるから下流に向って水面計算を進める．

例　題 (64)

【7・27】　図 – 7・37 のように，緩コウ配より急コウ配に変わる広矩形断面水路において，支配断面はコウ配変化部に生ずることを示し，その点の水面コウ配を求めよ．

解　広矩形断面に対する不等流の基礎式 (7・23)

$$\frac{dh}{dx} = \frac{ih^3 - \dfrac{Q^2}{C^2 b^2}}{h^3 - \dfrac{\alpha Q^2}{gb^2}} = \frac{F_1(h,\ x)}{F_2(h)}$$

において，分子 $F_1 = 0$ にする水深 $h_0 = \sqrt[3]{Q^2/C^2 b^2 i}$，および分母 $F_2 = 0$ にする水深 $h_c = \sqrt[3]{\alpha Q^2/gb^2}$ を図示すると，h_0 の値は上流側では緩コウ配であるから $h_0 > h_c$，下流側では逆に $h_0 < h_c$ となり，コウ配変化部において h_c

7・5 流れに支配断面を生ずる水路の不等流計算

曲線と交わる．この交点が支配断面の位置である．

支配断面における水面コウ配は $\dfrac{dh}{dx} = \dfrac{0}{0}$ であるから，不定形の極限値計算を行ない

$$\left(\frac{dh}{dx}\right)_c = \lim_{\substack{h \to h_c \\ x \to x_c}} \frac{\dfrac{\partial F_1}{\partial x}}{\dfrac{\partial F_2}{\partial x}} = \frac{3h_c{}^2 i_c \left(\dfrac{dh}{dx}\right)_c + h_c{}^3 \left(\dfrac{di}{dx}\right)_c}{3 h_c{}^2 \left(\dfrac{dh}{dx}\right)_c}$$

$$= \frac{i_c \left(\dfrac{dh}{dx}\right)_c + \dfrac{h_c}{3}\left(\dfrac{di}{dx}\right)_c}{\left(\dfrac{dh}{dx}\right)_c}.$$

$$\therefore \quad \left(\frac{dh}{dx}\right)_c^2 - i_c \left(\frac{dh}{dx}\right)_c - \frac{h_c}{3}\left(\frac{di}{dx}\right)_c = 0. \tag{1}$$

この式は2根を持つが，$h=h_c$ と $h=h_0$ でかこまれた領域では $\dfrac{dh}{dx} < 0$ であるから，負根をとればよい．

　（註）　図-7・38 のようにコウ配変化部の長さが0で水路コウ配が不連続的に変化すると，$(dh/dx)_c$ の値は計算できない．しかし，実際の流れでは，接合点の底面には渦が出来て流線が剝離し，コウ配変化部がある場合と同様な流れになる．このようなとき，本間教授* は次の例題に示すように，i_1 と i_2 との間に放物線形の丸味を入れて計算する方法を示している．

【7・28】　底コウ配 $i_1 = 1/1000$ の長い広矩形水路に，$i_2 = 1/50$ の長い広矩形水路が接続している．接合点 AB 区間は $i = i_1 + ax$ なる放物線形底面とし，AB の長さを 1m とする．この水路

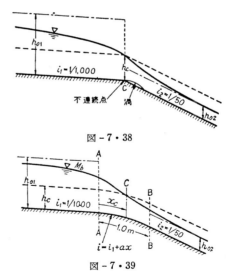

図-7・38

図-7・39

---
*）本間仁：水理学，丸善．p. 161 (1952)

58 　　　　　　　　　第 7 章　開水路の定流

に単位幅当り 0.5 m³/sec の流量が流れるときの水面形を求めよ. ただし, 粗度係数 $n = 0.03$ とする.

解　図 -7・39 の A 断面より上流, B 断面より下流における等流水深 h_{01}, h_{02} はそれぞれ

$$h_{01} = \left(\frac{nQ}{i^{\frac{1}{2}}b} \right)^{\frac{3}{5}} = \left(\frac{0.03 \times 0.5}{\sqrt{0.001}} \right)^{\frac{3}{5}} = 0.639 \text{ m},$$

$$h_{02} = \left(\frac{0.03 \times 0.5}{\sqrt{1/50}} \right)^{\frac{3}{5}} = 0.260 \text{ m}.$$

また限界水深は　$h_c = \sqrt[3]{\frac{\alpha Q^2}{g b^2}} = \sqrt[3]{\frac{1.1 \times (0.5)^2}{9.8}} = 0.304 \text{ m}.$

したがって A 点より上流は緩コウ配 ($h_{01} > h_c$), B 点より下流は急コウ配 ($h_{02} < h_c$) であるから, 前の例題よりコウ配変化部に支配断面を生ずる. 支配断面における水深は $h_c = 0.304$ m で, その位置 x_c は基礎方程式の分子 $= 0$ より, 底コウ配が限界コウ配 $i_c = \frac{g}{\alpha C^2}$ に等しい位置にある (7・20式). したがって題意により

$$i = i_1 + ax \quad \text{より} \quad i_2 = i_1 + a \times 1, \quad a = i_2 - i_1 = \frac{1}{50} - \frac{1}{1000} = 0.019.$$

$$C^2 = \frac{h_c^{\frac{1}{3}}}{n^2} = \frac{(0.304)^{\frac{1}{3}}}{(0.03)^2} = 747,$$

$$i_c = \frac{g}{\alpha C^2} = \frac{9.8}{1.1 \times 747} = 0.0119.$$

$$\therefore \quad x_c = \frac{1}{a}(i_c - i_1) = \frac{1}{0.019}(0.0119 - 0.001) = 0.574 \text{ m}.$$

前の例題の (1) 式より $(dh/dx)_c$ を計算する. $di/dx = a = 0.019$ であるから

$$\left(\frac{dh}{dx} \right)_c = \frac{i_c}{2} - \sqrt{\left(\frac{i_c}{2} \right)^2 + \frac{h_c}{3} \left(\frac{di}{dx} \right)_c} = \frac{0.0119}{2}$$

$$- \sqrt{\left(\frac{0.0119}{2} \right)^2 + \frac{0.304}{3} \times 0.019} = -0.0383.$$

AB 間は短小区間であるから, 近似的に水面形を直線とみなすと

A の水深: $h_c - \left(\dfrac{dh}{dx} \right)_c \cdot x_c = 0.304 + 0.0383 \times 0.574 = 0.326 \text{ m}.$

B の水深： $h_c + \left(-\dfrac{dh}{dx}\right)_c (1 - x_c) = 0.304 - 0.0383 \times 0.574 = 0.288\,\mathrm{m}$

となる．A，B 点の水深がそれぞれ上・下流の水面計算における境界条件である．

B 断面から下流の水面計算： $h_b = 0.288\,\mathrm{m}$，$h_c = 0.304\,\mathrm{m}$，また h_0 はすでに求めた h_{02} で $h_0 = 0.260\,\mathrm{m}$．故に $h_c > h_b \geqq h > h_0$ であるから，水面形は図 - 7・16 の S_b 曲線に当る．したがって p. 29 に記述してあるように，ブレッスの式 (7・24) において l の代りに $-l$ とおき，上流から下流に向って計算する．すなわち

$$\frac{i_2 l}{h_0} = \frac{h - h_b}{h_0} - \left\{1 - \left(\frac{h_c}{h_0}\right)^3\right\}\left[B\left(\frac{h_0}{h}\right) - B\left(\frac{h_0}{h_b}\right)\right]$$

に題意の数値を入れ，表 - 7・3 より $B\left(\dfrac{h_0}{h_b}\right) = B\left(\dfrac{0.260}{0.288}\right) = 1.566$ を内挿すると

$$\frac{l}{13.0} = \frac{h}{0.260} - 2.037 + 0.5934\,B\left(\frac{0.260}{h}\right). \tag{1}$$

(1) 式より h と l との関係を表 - 7・15 に示すように計算し，得られた水面形を図 - 7・40 の B 点より下流側に図示した．

表 - 7・15　(S_b 曲線の計算例)

$\dfrac{0.260}{h}$	$\dfrac{h}{0.260}$	$B\left(\dfrac{0.260}{h}\right)$	$0.5934B$	$\dfrac{h}{0.260}$ -2.037	$\dfrac{l}{13.0}$	l (m)	h (m)
0.92	1.087	1.630	0.967	−0.950	0.017	0.22	0.283
0.94	1.064	1.726	1.024	−0.973	0.051	0.66	0.277
0.96	1.042	1.861	1.104	−0.995	0.109	1.42	0.271
0.98	1.020	2.092	1.241	−1.017	0.224	2.91	0.265
0.99	1.010	2.323	1.378	−1.027	0.351	4.57	0.263
0.995	1.005	2.554	1.515	−1.032	0.483	6.28	0.262
0.998	1.002	2.859	1.697	−1.035	0.662	8.61	0.261

A 断面から上流の水面計算： $h_b = 0.326\,\mathrm{m}$，$h_c = 0.304\,\mathrm{m}$，また始めの計算により $h_0 = 0.639\,\mathrm{m}$．したがって $h_0 > h \geqq h_b > h_c$ となって水面形は M_b 曲線であるから，ブレッスの式 (7・25) を用いる．

(7・25) 式に，h_b，h_0，h_c，$i_1 = 0.001$，$B_1\left(\dfrac{h_b}{h_0}\right) = B_1\left(\dfrac{0.326}{0.639}\right) = 0.8306$

(表-7・4) を入れて,

$$\frac{l}{639} = 0.892 B_1 \left(\frac{h}{0.639}\right) - \frac{h}{0.639} - 0.231. \quad (2)$$

(2) 式より表-7・6 と同様な手順で h と l との関係を計算し,結果を図-7・40 の A 断面より上流側に図示した.

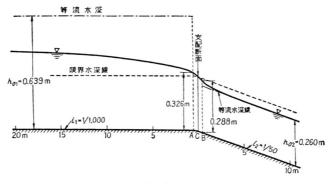

図-7・40

〔類 題〕　底コウ配 1/1000 の長い広矩形水路に,広コウ配 1/50 の長い広矩形水路が直接に接続していて,中間に丸味を持たないものとする.この水路に単位幅当り 0.5 m³/sec の流量が流れるときの水面形を求めよ.ただし,$n = 0.03$ とする.

（ヒント）　この場合には例題 7・27 の註にのべたように,コウ配の不連続点において水面コウ配がきまらない.しかし,近似的にコウ配急変点を支配断面とし,ブレッスの式を用いるときには限界水面コウ配式（例題 7・27 の (1) 式）は不必要となり,C 点（図-7・38）における限界水深 $h_c = 0.304$ m を境界条件として,上流側の M_2 曲線および下流側の S_2 曲線を前の例題と同様にして計算する.

この近似的計算法では,不連続点近傍の算定水面形が多少不正確となることはやむを得ない.

7・6　跳水現象を伴なう水路

これまでしばしば述べてきたように,射流は上流の条件で水面曲線が決まり,常流は下流の条件によってきまる.したがって,水路の底コウ配が急コウ配より緩コウ配に変化する場合とか,水門からの流出射流が下流の常流に

接続する場合などでは，水位および流速に不連続的な変化が起る．この現象を跳水現象（Hydraulic jump）という．

7・6・1 跳水の水理

対応水深　跳水前後の諸量にそれぞれ添字 1, 2 をつけ，図-7・41（b）の検査面に運動量の定理（3・29）式を適用する．$\overline{h_1}, \overline{h_2}$ を前・後断面の図心の深さとして

$$\rho Q(V_2 - V_1) = w(A_1\overline{h_1} - A_2\overline{h_2}). \quad (7\cdot37)$$

上の式の左辺は検査面内における単位時間についての運動量の変化，右辺は前・後断面に働く水圧の差であり，重力の影響および底面摩擦は普通小さいから無視している．（註）．

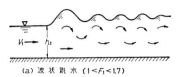
(a) 波状跳水 ($1 < F_1 < 1.7$)

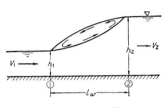
(b) 完全跳水 ($F_1 > 1.7$)

図-7・41

上式と連続の式 $Q = A_1V_1 = A_2V_2$ とから，跳水前後の水深（これを対応水深 (Sequent depth) という）の関係を求めることができる．とくに，矩形水路の場合には上巻（p. 98〜99）に求めたように，跳水前後の水深の間には q を単位幅あたりの流量として，次の関係式

$$\left.\begin{array}{l}\dfrac{h_2}{h_1} = \dfrac{1}{2}\left(\sqrt{\dfrac{8q^2}{gh_1^3}+1}-1\right) = \dfrac{1}{2}(\sqrt{8F_1^2+1}-1), \\[2mm] \dfrac{h_1}{h_2} = \dfrac{1}{2}\left(\sqrt{\dfrac{8q^2}{gh_2^3}+1}-1\right) = \dfrac{1}{2}(\sqrt{8F_2^2+1}-1)\end{array}\right\} \quad (7\cdot38)$$

が成り立つ．また跳水によるエネルギー損失 $\Delta E = \left(h_1 + \dfrac{V_1^2}{2g}\right) - \left(h_2 + \dfrac{V_2^2}{2g}\right)$ は，上巻（p. 99）より

$$\Delta E = \dfrac{(h_2 - h_1)^3}{4h_1h_2}. \quad (7\cdot39)$$

跳水の種類　跳水には大別して，波状跳水（Undular jump）と完全跳水（Direct jump）の二つの型がある．

波状跳水は，射流のフルード数 $F_1 = V_1/\sqrt{gh_1} = q/\sqrt{gh_1^3}$ がおよそ 1〜1.7 の間にある場合に起り，図-7・41（a）に示すように波動状の定常波を

生じて常流に変移する．射流の勢力減殺の目的のためには，波状跳水はあまり適しない．

完全跳水は，射流のフルード数が1.7より大きい場合に生じ，激しい逆流表面渦を伴なって短区間で一挙に常流に変移する．この表面渦のために大きなエネルギー損失を伴ない，ダムや水門の水叩などの減勢工として極めて重要な現象である．

跳水の長さ　完全跳水の長さ l_w については主として実験的研究が多く，次のような多くの実験公式が発表されている．

$$\left.\begin{array}{ll} \text{サフラネッツ（Safranez）} & l_w = 4.5\, h_2, \\ \text{ス メ タ ナ（Smetana）} & l_w = 6(h_2 - h_1), \\ \text{ウオイシッキ（Woycicki）} & l_w = \left(8 - 0.05\dfrac{h_2}{h_1}\right)(h_2 - h_1). \end{array}\right\}$$

(7・40)

また，l_w/h_2 と F_1 との関係については，古くから知られているバクメテフ・マッケ（Bakhmeteff-Matzke）の実験値*，および近年発表された合衆国開拓局（U. S. Bureau of Reclamation）の実験値**を，図-7・42 に示した．同図よりサフラネッツの式はやや小さすぎる値を与えること，および両

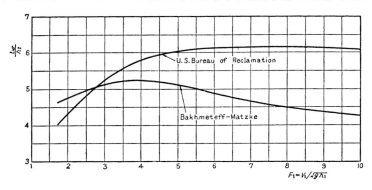

図-7・42　跳水の長さと F_1 の関係

---

*) Boris A. Bakhmeteff and Arthur E. Matzke: The Hydraulic Jump in Terms of Dynamic Similarity, Trans. A. S. C. E., Vol. pp. 630〜647, 1936

**) Ven Te Chow: Open-Channel Hydraulics, p. 398

7・6 跳水現象を伴なう水路

者の実験値がかなり相違することがいえる．この原因は明らかでないが，表面渦における空気の混入，水路側壁の影響などが模型の寸法によって異なるためと思われる．

（註） 跳水のような局部的な現象では摩擦抵抗は無視できる．また，水路コウ配が 1/200 以下の緩やかな場合には，水平水路とみなし重力の影響を無視して差支えない．

例　　題（65）

【7・29】 水平短形水路上の跳水について，単位幅あたりの流量 $q = 5$ m²/sec，$h_1 = 0.4$ m のとき，対応常流水深，常流流速，エネルギー損失および跳水長を求めよ．

解 射流のフルード数 $F_1 = \dfrac{q_1}{h_1 \sqrt{gh_1}} = \dfrac{5}{0.4\sqrt{9.8 \times 0.4}} = 6.31 > 1.7$.

故に完全跳水である．（7・38）式より対応常流水深 h_2 は

$$h_2 = \frac{h_1}{2}(\sqrt{8 F_1{}^2 + 1} - 1) = \frac{0.4}{2}(\sqrt{8 \times (6.31)^2 + 1} - 1) = \underline{3.38 \text{ m.}}$$

常流流速 $V_2 = \dfrac{q}{h_2} = 1.48$ m/sec.

エネルギー損失 $\Delta E = \dfrac{(h_2 - h_1)^3}{4 h_1 h_2} = \dfrac{(3.38 - 0.4)^3}{3 \times 0.4 \times 3.38} = \underline{4.89 \text{ m.}}$

跳水長：

サフラネッツの式： $l_w = 4.5 h_2 = 15.2$ m,

スメタナの式： $l_w = 6(h_2 - h_1) = 17.9$ m,

ウオイシッキの式： $l_w = \left(8 - 0.05 \dfrac{h_2}{h_1}\right)(h_2 - h_1) = 22.6$ m,

合衆国開拓局： $l_w = 6.1 h_2 = 20.6$ m,

バクメテフ・マッケ： $l_w = 4.8 h_2 = 16.2$ m.

このように，跳水長は各公式によってかなりの差がある．実際の計算には大型水路の実験に基づく U・S・B・R の図表が適しているといえよう．

【7・30】 佐藤博士[*] によると図-7・43 の高いダムを水が越流するとき，水叩の始端における射流水深 h_0 は次式

---

[*] 佐藤清一：水叩に関する水理学的考察，土木試験所報告，第 72 号，昭. 18-9

$$h_0 = q \Big/ \sqrt{2g(W+H)\left(1-C_0\frac{W}{H}\right)} \tag{1}$$

で与えられる．ここに，q は単位幅流量，W はダムの高さ，H は越流水深，C_0 は越流面の粗度の関数であって，$0.015\sim0.025$ 程度の値である．ダムの高さが $50\,\mathrm{m}$，越流水深が $3.2\,\mathrm{m}$ のとき，水叩の始端から跳水を起させるに必要な下流の常流水深を求めよ．ただし，ダムの越流係数 $K=2.1$，$C_0=0.02$ とする．

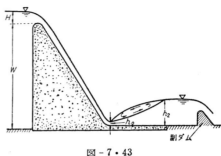

図-7・43

解 ダムの越流公式（5・31）より
$$q = KH^{\frac{3}{2}} = 2.1 \times 3.2^{\frac{3}{2}} = 12.02\,\mathrm{m^2/sec}.$$

故に（1）式より水叩の始端すなわち跳水前の水深は

$$h_0 = h_1 = \frac{q}{\sqrt{2g(W+H)\left(1-C_0\frac{W}{H}\right)}} = \frac{12.02}{\sqrt{19.6(50+3.2)\left(1-0.02\times\frac{50}{3.2}\right)}}$$
$$= 0.449\,\mathrm{m}.$$

跳水後の水深を h_2 とすると（7・38）式において，$F_1^2 = \dfrac{q^2}{gh_1^3} = \dfrac{(12.02)^2}{9.8\times(0.449)^3}$
$= 162.8$ となり非常に大きいから，$8F_1^2$ に対して 1 を無視すると，

$$\frac{h_2}{h_1} = \sqrt{2}F_1 - 0.5 = \sqrt{2\times 162.8} - 0.5 = 17.54,$$

$$\therefore\quad h_2 = 17.54 \times 0.449 = 7.88\,\mathrm{m}.$$

なお，実際の場合図のように副ダムを設けて，適当な下流水位を保たせる工法がしばしば用いられる．

【7・31】（台形水路の跳水） 底辺 $8\,\mathrm{m}$，側辺コウ配 $1:1$ の台形水路に，流量 $50\,\mathrm{m^3/sec}$ の水が $0.5\,\mathrm{m}$ の射流水深で流れている．この射流が跳水により常流に移るときの常流水深およびエネルギー損失を求めよ．

解 一様断面水路に対する（7・37）式に連続の式を代入して V を消去すると

7・6 跳水現象を伴なう水路

$$Q^2\left(\frac{1}{A_2}-\frac{1}{A_1}\right)=g(A_1\overline{h_1}-A_2\overline{h_2}).$$

したがって，跳水の前・後断面において次式が成り立つ．

$$\frac{Q^2}{Ag}+A\overline{h}=一定. \tag{1}$$

台形断面では側辺コウ配を $1:m$ として，表-2・1 (上巻 p. 25) より

$$\left.\begin{array}{l}図心の深さ \quad \overline{h}=\dfrac{h}{3}\dfrac{2b+(b+2mh)}{b+(b+2mh)}=\dfrac{h}{6}\dfrac{3b+2mh}{b+mh},\\[2mm]断\ 面\ 積 \quad A=h(b+mh).\end{array}\right\} \tag{2}$$

題意により $Q=50\,\mathrm{m^3/sec}$, $b=8\,\mathrm{m}$. $m=1$ であるからこれらを (1),
(2) 式に入れ，h に各種の値を与えて，$\left(\dfrac{Q^2}{Ag}+A\overline{h}\right)$ の値を計算し，両者の関係をプロットすると図-7・44 のようになる．

対応常流水深 h_2 は h_1 と同じ値の $\left(\dfrac{Q^2}{Ag}+A\overline{h}\right)$ を持つから，$h_1=0.5\,\mathrm{m}$ に応ずる h_2 を図上で読んで $h_2=3.26\,\mathrm{m}$.

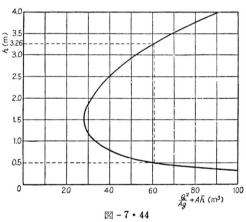

図-7・44

エネルギー損失は

$$\begin{aligned}\Delta E&=\left(\frac{Q^2}{2gA_1{}^2}+h_1\right)-\left(\frac{Q^2}{2gA_2{}^2}+h_2\right)\\&=\left(\frac{Q^2}{2gh_1{}^2(b+mh_1)^2}+h_1\right)-\left(\frac{Q^2}{2gh_2{}^2(b+mh_2)^2}+h_2\right)\\&=4.21\,\mathrm{m}.\end{aligned}$$

(註 1.) 台形水路における跳水の長さについては，P.S. Hsing[*] が次の実験式

---

[*]) P.S. Hsing: The Hydraulic Jump in a Trapezoidal Channel, Doctoral dissertation, State University of Iowa, 1937

$$l_w = 5\,h_2\left(1+4\sqrt{\frac{B_2-B_1}{B_1}}\right)$$

を提案している．ここに，B_1, B_2 は跳水前後の水面幅である．本例題では

$B_1 = b+2\,mh_1 = 8+2\times1\times0.5 = 9\,\text{m}$, $B_2 = 8+2\times1\times3.26 = 14.52\,\text{m}$.

$$\therefore\quad l_w = 5\times3.26\left(1+4\sqrt{\frac{14.52-9}{9}}\right) = \underline{64.7\,\text{m}}.$$

この跳水長は，同じ常流水深を持つ矩形断面水路上の跳水の長さ $l_w \fallingdotseq 5h_2 = 16.3\,\text{m}$ にくらべて著しく長い．これは台形水路では跳水前線が水路を横断する一直線上に生ぜず，中央の方が両端部より遅れて，図-7・45 のような形状を持つからである．

(註 2.) 図-7・44 の図解法は任意断面を持つ一様水路上の跳水に適用されるが，流量が変れば，それに応じていちいち $\left(\dfrac{Q^2}{Ag}+A\bar{h}\right)$ 曲線を計算しなければならない．そのような場合には図-7・46 に示すハウエル(Howell)の図解法*が便利である．

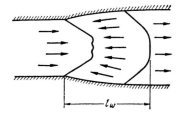

図-7・45

【7・32】 図-7・46 の図解法は，まず h を縦軸に，$A\bar{h}$ を横軸にして ($A\bar{h}\sim h$) 曲線を描き，次に $1/Ag$ を縦軸にとって ($A\bar{h}\sim 1/Ag$) 曲線を描く．h, $A\bar{h}$, $1/Ag$ は矢印の向きに大きくする．

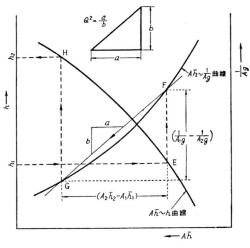

図-7・46 Howell の図解法

なお，h と $1/Ag$ は同じ縦軸であるが，縮尺を同一にする必要はない．さ

---

*) D. D. Howell: Hydraulic Jump in Irregular Cross-sections Computed by Time Saving Methods, Civil Eng., Nov. 1953

て，射流水深 h_1 と流量 Q が与えられて，対応水深 h_2 を求めるには，h_1 を通る水平線を引き（$\overline{Ah}\sim h$）曲線との交点を E とする．E から鉛直線を引き（$\overline{Ah}\sim 1/Ag$）曲線と F 点で交らせる．F 点より $a/b = Q^2$ なるコウ配を持つ直線を図の方向に引く．ただし，a は $\overline{Ah}$ の縮尺でとり，b は $1/Ag$ の縮尺でとらなければならない．この斜線が再び（$\overline{Ah}\sim 1/Ag$）曲線と交わる点を G とする．G 点より鉛直線を引き，（$\overline{Ah}\sim h$）曲線と交点を H とし，H より水平線を引き h 軸と交わる点を求めると，これが対応常流水深 h_2 を与える．これがハウエルの方法であるが，この作図法を証明せよ．

解 E 点における $\overline{Ah}$ の値は $A_1\overline{h_1}$ であるから，F 点における値は縦軸値 $1/A_1g$，横軸値 $A_1\overline{h_1}$ である．同様にして，G 点における縦軸値 $1/A_2g$，横軸値 $A_2\overline{h_2}$ である．したがって，$\overline{FG}$ の水平成分 $= A_2\overline{h_2} - A_1\overline{h_1}$，

$\overline{FG}$ の鉛直成分 $= 1/A_1g - 1/A_2g$

故に

$$Q^2 = \frac{\overline{FG} \text{ の水平成分}}{\overline{FG} \text{ の鉛直成分}} = \frac{A_2\overline{h_2} - A_1\overline{h_1}}{1/A_1g - 1/A_2g},$$

$$\therefore \quad \frac{Q^2}{A_1g} + A_1\overline{h_1} = \frac{Q^2}{A_2g} + A_2\overline{h_2}.$$

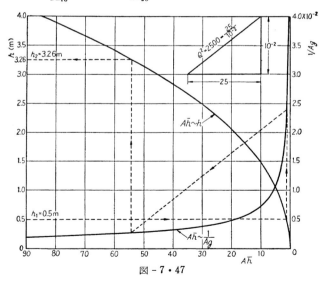

図 - 7・47

これは例題 7・30 の (1) 式と合致する．すなわち，作図の正しさは証明された．

（註）　図 - 7・46 は，h_2 と Q を与えて h_1 を求めるとき，および h_1 と h_2 を与えて Q を求めるときにも使用される．

〔類題〕　例題 7・31 について，ハウエルの方法を用いて対応常流水深 h_2 を求めよ．

略解　図 - 7・47 に示すようにして，$h_2 = 3.26$ m を得る．

7・6・2　跳水位置の決定

水路の中で跳水の起る位置を求めることは，水叩の長さを決めること等の場合に重要である．跳水の位置は流れの不等流計算と跳水の性質を組み合わせて求められるが，図 - 7・48 (a), (b) の広矩形水路について説明すると次のようである．

まず，(a), (b) いずれの場合も露出射流の水面形 AB は不等流計算により求められる．つぎに，(a)図のように水路が一定の緩コウ配で十分長く続いているときには，跳水後の水深 h_2 は等流水深 h_0 に他ならないから，h_0 に対応する跳水前の水深 h_1 は (7・38) 式より求められる．したがって，射流水面形 AB において $h = h_1$ なる点が跳水始端を与え，この点より跳水長 l_w だけ下流の地点が跳水末端である．

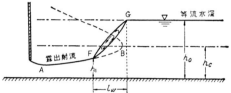

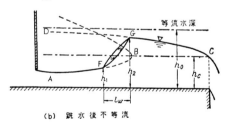

図 - 7・48

(b)図のように，下流側に段落ち等があって，下流水面を不等流とみなさねばならない場合には，C 点を境界条件として下流側における水面曲線 CD を決める．跳水位置は，始端 F が AB 線上に，末端 G が CD 線上にあり，各々の水深は (7・38) 式を満すとともに，FG の水平距離は跳水長 l_w に等しくなければならない．このような条件を満す F 点を決めるには図式解法に

7・6 跳水現象を伴なう水路

よる他はなく，計算はかなり面倒である．

(註) (a) 図の場合，h_0 が大きいほど跳水始端は水門に近づき，h_0 がある値を越えると露出射流は消失して，流れは図-5・14 (b) の水中流出 (上巻 p. 212) となる．(b) 図の場合でも，水中流出は起り得る．

例　題　(66)

【7・33】 図-7・49 のように底コウ配 1/15 の長い広矩形水路に，底コウ配 1/900 の長い広矩形水路が接続している．1/900 底コウ配の水路の等流水深 h_{02} を 1.5 m とするとき，跳水位置を決定せよ．ただし，水路の粗度係数 $n = 0.015$ とする．

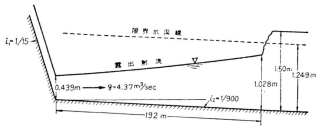

図 - 7・49

解　水路の単位幅あたりの流量 q を求める．

$$q = \frac{1}{n} h_{02}^{\frac{5}{3}} i_2^{\frac{1}{2}} = \frac{1}{0.015} \times (1.5)^{\frac{5}{3}} \times \left(\frac{1}{900}\right)^{\frac{1}{2}} = 4.37 \text{ m}^2/\text{sec}.$$

1/15 コウ配水路の等流水深 h_{01} は

$$h_{01} = \left(\frac{nq}{i_1^{\frac{1}{2}}}\right)^{\frac{3}{5}} = \left(\frac{0.015 \times 4.37}{\sqrt{1/15}}\right)^{\frac{3}{5}} = 0.439 \text{ m}.$$

両水路の限界水深 h_c は

$$h_c = \left(\frac{\alpha q^2}{g}\right)^{\frac{1}{3}} = \left(\frac{1.0 \times (4.37)^2}{9.8}\right)^{\frac{1}{3}} = 1.249 \text{ m}.$$

$h_{01} < h_c$ であるから，1/15 コウ配水路上の等流流れは射流である．故に，1/900 コウ配水路の始点水深 h_b は h_{01} に等しいとみてよいから，$h_b = h_{01} = 0.439$ m．

次に，$h_{02} = 1.5$ m に対応する射流水深 h_1 は (7・38) 式より

$$h_1 = \frac{h_{02}}{2}\left(\sqrt{\frac{8q^2}{gh_{02}^3}+1}-1\right) = \frac{1.5}{2}\left(\sqrt{\frac{8\times(4.37)^2}{9.8\times(1.5)^3}+1}-1\right) = 1.028 \text{ m}.$$

したがって，1/900 コウ配水路において，$h_b = 0.439$ m からしだいに水深が高まり，$h_1 = 1.028$ m になると跳水を生じて，対応水深 $h_{02} = 1.50$ m になる．この露出射流長 l_j を計算すれば跳水位置は決定される．

露出射流の水面形は $h_{02} > h_c > h_1$ であるから，図 - 7・16 における M_c 曲線である．例題 7・22 にのべたように，M_c 曲線では $C = C_0$ とみなすと大きな誤差が入るから，(7・27) 式の平均の C を用いる方法によることにする．すなわち，(7・27) 式で l の代わりに $-l$ とおきかえた次式

$$\frac{i_2 l_j}{h_{02}} = \frac{h_1 - h_b}{h_{02}} + \left\{ \frac{\alpha C^2 i_2}{g} - 1 \right\} \left[B_1\!\left(\frac{h_1}{h_{02}}\right) - B_1\!\left(\frac{h_b}{h_{02}}\right) \right] \tag{1}$$

において，中間の水深 $h = \dfrac{h_b + h_1}{2} = \dfrac{0.439 + 1.028}{2} = 0.733$ m に応ずる C^2 は

$$C^2 = \frac{h^{\frac{1}{3}}}{n^2} = \frac{(0.733)^{\frac{1}{3}}}{(0.015)^2} = 4007, \quad \frac{\alpha C^2 i_2}{g} = \frac{1.0 \times 4007 \times 1/900}{9.8} = 0.4543.$$

題意の数値 $h_{02} = 1.50$ m，$h_b = 0.439$ m，$h_1 = 1.028$ m，$i_2 = 1/900$ および $B_1\!\left(\dfrac{h_1}{h_{02}}\right) = B_1(0.685) = 1.0555$，$B_1\!\left(\dfrac{h_b}{h_{02}}\right) = B_1(0.293) = 0.5962$ を (1) 式に入れ l_j を計算すると，$l_j = 192$ m を得る．ただし，この l_j は例題 7・23 に述べたように，概略の値にすぎず，より精確な露出射流長を求めるには数値積分法などによらなければならない．

【7・34】 図 - 7・50 に示すように，長さ 40 m，底コウ配 1/1000 の広

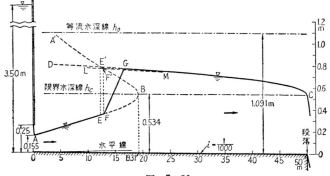

図 - 7・50

7・6 跳水現象を伴なう水路

矩形断面水路があり，上流端にはスルースゲートを持ち，下流端は段落ちになっている．スルースゲートの開度 25 cm，ゲート上流側の水深が底面より 3.5 m であるとき，水路の水面形を求めよ．ただし，水路の粗度係数 $n=0.03$ とする．

解 水門から射流状態で流出する水面曲線（M_c），および段落ちから上流の低下背水曲線（M_b）については，すでに例題 7・23 および例題 7・22 の類題において計算した．計算結果すなわち表 – 7・7 の数値積分値，および表 – 7・6 の値を図 – 7・50 に，それぞれ AB 曲線および CD 曲線として記入した．次に，AB 曲線で与えられる射流水深の対応常流水深を求め，さらに跳水位置の決定法についてのべる．

ⅰ) 対応水深の計算　例題 7・22 で数値積分法により計算した射流水深 h_1 に対応する常流水深 h_2 を (7・38) 式で計算する．

$$h_2 = \frac{h_1}{2}\left(\sqrt{\frac{8q^2}{gh_1{}^3}+1}-1\right) = \frac{h_1}{2}\left(\sqrt{\frac{1.215}{h_1{}^3}+1}-1\right). \quad (1)$$

(1) 式による計算値を表 – 7・16 に示す．この表の h_1 値に対応する h_2 値を AB 曲線上の各 h_1 値の鉛直線上にプロットすると BA′ 曲線（点線）を得る．

表 – 7・16　対応水深値

h_1(m)	0.218	0.262	0.305	0.349	0.393	0.436	0.480	0.524	0.534
h_2(m)	1.077	0.954	0.857	0.775	0.704	0.645	0.591	0.543	0.534

ⅱ) 跳水位置の決定　図 – 7・50 において，BA′ 曲線と CD 曲線との交点を E′ とし，E′ から鉛直線を下ろし，AB 曲線と交わる点を E とする．E 点と E′ 点とは互に対応水深関係にあるから，跳水長を 0 とすれば，スルースゲートから下流の水面形は AEE′C 線となる．しかし，実際には跳水長は傾斜面をなしているから，跳水始点は E 点より多少ずれることになり，その位置は次のようにして試算的に求める．

ここで完全跳水が起るものと仮定し，跳水長はバクメテフ・マッケの実験値を参考にして，$l_w = 5h_2$ なる式で与えられるとする．跳水末端は E′ 点より右側にくることは明らかであるから，E′ より右側の水面曲線 E′C の一部について次のように l_w を計算する．

72　第7章　開水路の定流

E'C 曲線上において，
水深が右の表の値を持つ
点より水路底面に平行に

h_2 (m)	0.74	0.75	0.76	0.77	0.78
l_w (m)	3.70	3.75	3.80	3.85	3.90

l_w の長さをとり，それらの諸点を通る曲線 LM を描く．この LM 曲線と
BA' 曲線との交点を F' とし，F' を通り水路底面に平行な線を引き，この
線と CD 曲線との交わる点を G とする．F' および G 点の水路床からの高
さは，図上で読んで 0.77 m である．次に，F' を通る鉛直線と AB 曲線と
の交点を F とする．F と F' とは互に対応水深関係にあるから，F と G も
また同じく対応水深関係にあることは明らかである．かつまた，F'G の距離
は，G の水深 $h_2 = 0.77$ m に対して，$5 h_2 = 3.85$ m であるから跳水長関係
を満している．故に，跳水は FG 間に起ることになる．

なお，F 点の水深 $h_1 = 0.352$ m であるから，射流のフルード数 $F_1 =$
$\dfrac{q}{h_1\sqrt{gh_1}} = \dfrac{1.22}{0.352\sqrt{9.8 \times 0.352}} = 1.87 > 1.7$ となり，完全跳水と仮定し
ての上記の計算は正しいことになる．よって，求める水面形は AFGC であ
る．

問　題　(29)

（1）　水平矩形水路上の跳水について，$h_1 = 0.2$ m，$h_2 = 1.8$ m なるとき，q，
V_1，V_2 および ΔE を求めよ．

　　答　$q = 1.80$ m²/sec，$V_1 = 9.02$ m/sec，$V_2 = 1.00$ m/sec，　　$\Delta E = 2.84$ m．

（2）　水平矩形水路上の跳水について，$h_2 = 1.7$ m，$V_2 = 2.5$ m/sec なるとき
q，h_1，F_1 および ΔE を求めよ．

　　答　$q = 4.25$ m²/sec，$h_1 = 0.85$ m，　　$F_1 = 1.73$，$\Delta E = 0.11$ m．

（3）　$n = 0.025$ の粗度を持つ底面水平な広矩形水路がある．単位幅当り 2.62
m²/sec の流量が流れるとき，水平水路始端の水深は 0.24 m であった．この流れが跳
水により常流になったときの常流水深は 1.50 m であった．跳水位置を求めよ．

　　　　　　　　　　　　　　　　　　　　　　　　　　答　露出射流長 = 27.6 m．

7・7　横から流入・流出のある流れ

図-7・51 のように，一様断面形水路の長さ l なる AB 区間から，単位長
さあたり q_* の流入量あるいは流出量があって，水路流量 Q が流れ方向に

変化する場合を取り扱う．

連続の式は

$$\frac{\partial Q}{\partial x} = \pm q_*　\quad (7\cdot 41)$$

(上の式の複号は流入のとき正，流出のとき負)
運動方程式の導き方はいろいろあるが，この場合のようにエネルギー損失が明確

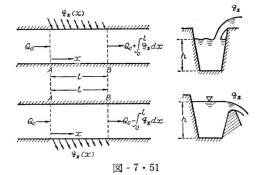

図 - 7・51

でない場合には運動量方程式から求める方がよい．

（a） 横から流入のある場合

流入量 q_* は w' なる速度で，水路の流れ方向と θ の角度で流入するとして，微小区間 dx について運動量の定理を適用すると次式を得る(例題 7・35)．

$$\frac{dh}{dx} + \alpha \frac{d}{dx}\left(\frac{V^2}{2g}\right) = i - \frac{Q^2}{C^2 R A^2}$$
$$- \left(\frac{\alpha Q q_*}{g A^2} - \frac{q_* w' \cos\theta}{g A}\right). \quad (7\cdot 42)$$

上式をさらに変形すると次のようになる．

$$\frac{dh}{dx} = \frac{i - \dfrac{Q^2}{C^2 R A^2} - \left(\dfrac{2\alpha Q q_*}{g A^2} - \dfrac{q_* w' \cos\theta}{g A}\right)}{1 - \dfrac{\alpha Q^2}{g A^3}\dfrac{\partial A}{\partial h}}. \quad (7\cdot 43)$$

真横から流入する場合には $\theta = \dfrac{\pi}{2}$ であるから

$$\frac{dh}{dx} = \frac{i - \dfrac{Q^2}{C^2 R A^2} - \dfrac{2\alpha Q q_*}{g A^2}}{1 - \dfrac{\alpha Q^2}{g A^3}\dfrac{\partial A}{\partial h}}. \quad (7\cdot 43')$$

（b） 横から流出のある場合

流出量 q_* は流れ方向の運動量 $q_* V$ をもち出すから，流入の式 (7・43) が q_* の符号を変え，形式的に $w'\cos = V$ とおいた次の式

$$\frac{dh}{dx} = \frac{i - \dfrac{Q^2}{C^2 R A^2} + \dfrac{\alpha Q q_*}{g A^2}}{1 - \dfrac{\alpha Q^2}{g A^3}\dfrac{\partial A}{\partial h}}. \quad (7\cdot 44)$$

が基礎式となる．

なお，流入・流出部のような局部的な流れでは，底コウ配および摩擦の影響を無視しうる場合が多い．

そのときには，(7·43′) 式，(7·44) 式より，常流流れ（分母 >0）の流入部水深は流れの方向に減少し（$dh/dx<0$），流出部の水深は流れの方向に増加する．

例　題　(67)

【7·35】　流入（流出）を伴なう一様断面形水路の運動方程式を求めよ．ただし，単位水路長あたりの流入量（流出量）を q_* とし，流入量は w' なる速度で水路の流れ方向と θ の角度で流入する．

解　まず，流入のある場合を取り扱う．図-7·52 の微小区間 dx に連続の条件を適用すると

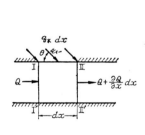
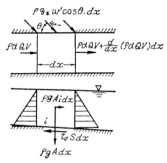

(a) 連続の条件　　　　(b) 運動量方程式

図-7·52

$$Q+q_* dx = Q + \frac{\partial Q}{\partial x}dx \text{ より}$$

$$\frac{\partial Q}{\partial x} = q_* \tag{7·41}$$

運動方程式を求めるのに，岩垣博士[*]に従い，微小区間 dx を検査面として

[*) 岩垣雄一: 開水路水流の基礎方程式について，土木学会誌，昭．29-10

7・7 横から流入・流出のある流れ

運動量方程式（3・29）を適用する．まず，単位時間内に I I′ 断面より入ってくる運動量は，α を流速分布が一様でないための補正係数（$\alpha = 1.0 \sim 1.1$）として $\rho \alpha QV$，横からの流入によって I II 面より入ってくる流れ方向の運動量は $\rho q_* dx w' \cos \theta$，II II′ 面より流れ出る運動量は $\rho \alpha QV + \dfrac{d}{dx}(\rho \alpha QV)dx$ である．結局，検査面より単位時間に出てゆく運動量は次のようになる．

$$\frac{d}{dx}(\rho \alpha QV)dx - \rho q_* w' \cos \theta \, dx.$$

一方，この流体部分に働く力の x 方向の成分は，壁面にそっての摩擦力 ($\vec{K}$)，水柱の重さの成分 ($\vec{X}$) および仮想の断面 I I′，II II′ に働く圧力差 $\vec{G}$ よりなり，各々は次のように表わされる．

摩擦力 $\vec{K}$: 壁面における剪断応力を τ_0，潤辺を S とすると流れに逆向きに $-\tau_0 S dx$,

水柱の重さの成分 $\vec{X}$: $\rho g A i dx$,

圧力差 $\vec{G}$: $-\rho g A \dfrac{dh}{dx} dx$ （註参照）.

したがって，運動量の定理より検査面より単位時間内に出てゆく運動量が流体部分に働く力に等しいとおいて

$$\frac{d}{dx}(\rho \alpha QV) - \rho q_* w' \cos \theta = \rho g A i - \rho g A \frac{dh}{dx} - \tau_0 S. \qquad (1)$$

ここで，次の関係

$$\frac{d}{dx}(\rho \alpha QV) = \rho \alpha Q \frac{dV}{dx} + \rho \alpha V \frac{dQ}{dx} = \rho \alpha AV \frac{dV}{dx} + \rho \alpha V q_*,$$

$$\tau_0 = \frac{f}{8} \rho V^2 = \frac{\rho g V^2}{C^2} \qquad (3 \cdot 44 \ \text{式および表}-4 \cdot 1)$$

が成り立つことを考慮して（1）式を整理すると

$$\frac{dh}{dx} + \frac{d}{dx}\left(\alpha \frac{V^2}{2g}\right) = i - \frac{V^2}{C^2 R} - \left(\frac{\alpha V q_*}{gA} - \frac{q_* w' \cos \theta}{gA}\right). \qquad (2)$$

これは（7・42）式に他ならない．さらに

$$\frac{d}{dx}\left(\alpha \frac{V^2}{2g}\right) = \frac{d}{dx}\left(\frac{\alpha Q^2}{2gA^2}\right) = \frac{\alpha Q}{gA^2} \frac{dQ}{dx} - \frac{\alpha Q^2}{gA^3} \frac{dA}{dx}$$

$$= \frac{\alpha Q q_*}{gA^2} - \frac{\alpha Q^2}{gA^3} \frac{\partial A}{\partial h} \frac{dh}{dx}$$

と変形して（2）式を整理すると式（7・43）となる.

流出の場合，流出量を q_* として連続の式は $dQ/dx = -q_*$ である．また，q_* は x 方向の運動量 q_*V をもち出すから，検査面から単位時間に出てゆく運動量は

$$\frac{d}{dx}(\rho\alpha QV)dx + q_*Vdx$$

である．その他は流入の場合と同様に計算して式（7・44）を得る.

（註） 圧力が静水圧分布に従うと，矩形断面に働く水圧は $\frac{1}{2}\rho gh^2b$ であるから，両断面の圧力差 $-\frac{d}{dx}\left(\frac{1}{2}\rho gh^2b\right)dx = -\rho gA\frac{dh}{dx}dx$ となることは明らかであるが，一般の断面形になると，この方式での証明はかなり面倒である．証明法としては次のものが最も簡便であろう．境界に外向きに立てた法線が x 軸となす方向余弦を l，潤辺要素を dS とすると x 方向の合圧力は $-\iint lpdS$ で表わされ，Green の定理により体積積分に直すと $-\iiint\frac{\partial p}{\partial x}dV$ となる．故に，圧力 p の点の底面からの高さを z とすると

$$-\iiint\frac{\partial p}{\partial x}dV = -\rho g\iiint\frac{\partial(h-z)}{\partial x}dV = -\rho g\iiint\frac{\partial h}{\partial x}dV$$

$$= -\rho gA\frac{\partial h}{\partial x}dx.$$

【7・36】 底コウ配が水平な矩形断面の横越流型余水路（Lateral-spillway）に，単位長さあたり q_* の一様流入量が真横から流れこむ．摩擦損失を無視して，水面曲線の方程式を求めよ*.

解 横越流水路の長さを L，水路始端（$x=0$）の流量を 0，水路末端（$x=L$）における流量を Q_0 とすると

$$q_* = \frac{Q_0}{L}, \quad Q = q_*x.$$

題意により，（7・43'）式に，$i=0$, $\dfrac{Q^2}{C^2RA^2}=0$, $A=bh$, $\dfrac{\partial A}{\partial h}=b$ を入れると

$$\frac{dh}{dx} = \frac{-\dfrac{2\alpha Qq_*}{gh^2b^2}}{1-\dfrac{\alpha Q^2}{gh^3b^2}} = \frac{-\dfrac{2\alpha q_*^2}{gb^2}hx}{h^3-\dfrac{\alpha q_*^2}{gb^2}x^2},$$

---

*) Ven Te Chow: Open-Channel Hydraulics, p. 333

$$\therefore \quad \frac{dx^2}{dh} - \frac{x^2}{h} = -\frac{gb^2}{\alpha q_*^2} h^2. \tag{1}$$

この微分方程式を解いて

$$x^2 = -\frac{gb^2 h^3}{2\alpha q_*^2} + Ch. \tag{2}$$

C は積分定数であって，$x = L$ で $h = h_1$ の条件により C を定めれば

$$C = \frac{1}{h_1}\left(L^2 + \frac{gb^2 h_1^3}{2\alpha q_*^2}\right).$$

これを（2）式に代入して

$$\left(\frac{x}{L}\right)^2 = \left(1 + \frac{gb^2 h_1^3}{2\alpha q_*^2 L^2}\right)\frac{h}{h_1} - \frac{gb^2 h_1^3}{2\alpha q_*^2 L^2}\left(\frac{h}{h_1}\right)^3. \tag{3}$$

（3）式が求める水面曲線の方程式である.

なお，横越流水路末端に限界水深が現われる場合には

$$h_1 = h_c = \left(\frac{\alpha Q_0^2}{gb^2}\right)^{\frac{1}{3}} = \left(\frac{\alpha q_*^2 L^2}{gb^2}\right)^{\frac{1}{3}},$$

$$\therefore \quad gb^2 h_1^3 = \alpha q_*^2 L^2.$$

この関係を（3）式に入れると

$$\left(\frac{x}{L}\right)^2 = \frac{3}{2}\frac{h}{h_1} - \left(\frac{h}{h_1}\right)^3. \tag{4}$$

〔**類題 1.**〕　前の例題において，水路幅を 4 m，横越流水路長を 20 m，単位水路長当りの横からの流入量を 0.8 m²/sec とするとき，水面形を求めよ. ただし，水路末端は段落になっており，その位置の水深は限界水深に等しいとする.

解　$h_1 = h_c = \left(\dfrac{\alpha q_*^2 L^2}{gb^2}\right)^{\frac{1}{3}} = \left(\dfrac{1.1 \times (0.8)^2 \times (20)^2}{9.8 \times (4)^2}\right)^{\frac{1}{3}} = 1.216$ m.

水路上流端（$x = 0$）の水深 h_u は，前の例題の（4）式に $x = 0$ を入れて，

$$\frac{h_u}{h_1}\left\{\left(\frac{h_u}{h_1}\right)^2 - 3\right\} = 0. \quad \therefore \quad h_u = \sqrt{3}\,h_1 = 2.106 \text{ m}.$$

中間の水面形は前例題の（4）式より

$$\left(\frac{x}{20}\right)^2 = \frac{3}{2}\cdot\frac{h}{1.216} - \left(\frac{h}{1.216}\right)^3,$$

$$\therefore \quad x = 20\sqrt{1.233\,h - 0.2784\,h^3} \tag{1}$$

（1）式より，$1.216 < h < 2.106$ の範囲の h を与えて x を計算すると，表-7・17, 図-7・53 を得る.

表 - 7・17

h(m)	1.3	1.4	1.5	1.6	1.8	1.9	2.0	2.04	2.08
x(m)	19.92	19.62	19.08	18.26	15.44	13.16	9.78	7.80	4.90

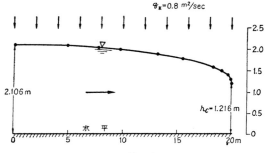

図 - 7・53

〔類 題 2.〕 前の類題において，流入部下流端より下流が水路幅 4 m，底コウ配 1/800，$n=0.0214$ なる矩形水路とする．流入部上流端の水深を求めよ．

（ヒント） 流入部下流端の水深は流量 q_*L に応ずる下流水路の等流水深に等しく，$h_1=1.70$ m．したがって，上流端の水深は前の例題（3）式で $x=0$ とおけばよい．　　　　　　　　　　　　　　　　　　　　　　　　　　　　答　2.24 m

【7・37】 図 - 7・54 のように，底面に多数の穴をあけた板を置いた矩形水路を水が流れている．穴からの流出量 q_* は，水頭 h のもとに流出すると仮定して水面形の方程式を求めよ[*]．ただし，水路底面は水平で均等に開孔してあるものとし，かつ摩擦損失を無視する．

解 題意の仮定により，水路の単位長さ当りの流出量は

$$-\frac{dQ}{dx} = q_* = \varepsilon Cb\sqrt{2gh}.$$

(1)

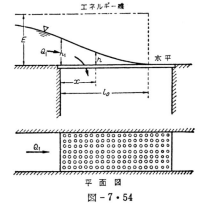

図 - 7・54

---

[*] Ven Te Chow: Open-Channel Hydraulics, p. 337

7・7 横から流入・流出のある流れ

ただし，ε は穴の断面積の総和と穴あき底板全面積の比，C は流量係数である．(1) 式を (7・44′) 式に入れ，$i=0$，$Q^2/C^2RA^2=0$，$A=bh$，$\partial A/\partial h=b$ とおくと

$$\frac{dh}{dx}=\frac{\dfrac{\alpha Qq_*}{gh^2b^2}}{1-\dfrac{\alpha Q^2}{gh^3b^2}}=\frac{\alpha\varepsilon C\sqrt{2g}\,bh^{\frac{3}{2}}Q}{gh^3b^2-\alpha Q^2}. \tag{2}$$

ところで，摩擦損失を無視したから，次式の比エネルギー E は一定となる（註）．

$$E=h+\frac{\alpha Q^2}{2gh^2b^2}, \tag{3}$$

$$\therefore\quad Q=hb\sqrt{\frac{2g}{\alpha}(E-h)}. \tag{4}$$

(4) 式を (2) 式に代入して整理すると

$$\frac{dh}{dx}=\frac{2\varepsilon C\sqrt{\alpha}\sqrt{h(E-h)}}{3h-2E}, \tag{5}$$

$$\therefore\quad dx=\frac{E}{2\varepsilon C\sqrt{\alpha}}\frac{3\dfrac{h}{E}-2}{\sqrt{\dfrac{h}{E}\left(1-\dfrac{h}{E}\right)}}\frac{dh}{E}.$$

積分して

$$x=\frac{E}{\varepsilon C\sqrt{\alpha}}\left\{\frac{1}{2}\cos^{-1}\sqrt{\frac{h}{E}}-\frac{3}{2}\sqrt{\frac{h}{E}\left(1-\frac{h}{E}\right)}\right\}+K.$$

積分定数 K を $x=0$ のとき $h=h_1$ の条件により定めれば

$$x=\frac{E}{\varepsilon C\sqrt{\alpha}}\left\{\frac{3}{2}\sqrt{\frac{h_1}{E}\left(1-\frac{h_1}{E}\right)}-\frac{3}{2}\sqrt{\frac{h}{E}\left(1-\frac{h}{E}\right)}\right.$$
$$\left.-\frac{1}{2}\cos^{-1}\sqrt{\frac{h_1}{E}}+\frac{1}{2}\cos^{-1}\sqrt{\frac{h}{E}}\right\}. \tag{6}$$

(6) 式が求める方程式である．(6) 式で $h=0$ とおくと，穴あき板上の流れが完全に消滅する位置 l_0 を与える．

$$l_0=\frac{E}{\varepsilon C\sqrt{\alpha}}\left\{\frac{3}{2}\sqrt{\frac{h_1}{E}\left(1-\frac{h_1}{E}\right)}-\frac{1}{2}\cos^{-1}\sqrt{\frac{h_1}{E}}+\frac{\pi}{4}\right\}. \tag{7}$$

（註） 比エネルギー E を一定とすると $\dfrac{\partial E}{\partial x}=0$ であるから，(3) 式より

$$\frac{dh}{dx}=\frac{-\dfrac{\alpha Q}{gh^2b^2}\dfrac{dQ}{dx}}{1-\dfrac{\alpha Q^2}{gh^3b^2}}$$

となって，(2) 式が得られることから，$E=$一定は証明される．

問　題 (30)

(1)　水路幅 3 m の水平な底面穴あき水路に，総流量 5 m³/sec の水が流れこむ．底板の開孔面積比 $\varepsilon=0.3$，流量係数 $C=0.65$ とする．穴あき水路始端に限界水深がくるものとして，水路上の流れが消滅する位置を求めよ．ただし，$\alpha=1.1$ とし，底面摩擦を無視する．　　　　　　　　　　　　　　　　　答　5.89 m

7・8　橋脚・段落ち等による局部的な流れ

本節では，橋脚や段落ちなどによって起される局部的に激しく変化する流れを取り扱う．この種の問題は現象が複雑であるため，正確には実験によって求めることが望ましいが，概略の数値を得るためには以下に列挙する各公式が役立つ．

水路の段落ち　図-7・55 は水路に段落ちがあって，流れの中に支配断面を生じていない場合の水面形を示したものである．この種の流れでは底面に激しい渦を伴ない，一般に摩擦損失よりも渦による局部的な損失の方が大きい．したがって，この場合には近似的に摩擦抵抗およびコウ配の影響を無視し，図の I，II 断面に運動量の定理（3・29）式を適用して理論解を求める*．単位幅流量を q とし，図-7・55 の記号を用いて，

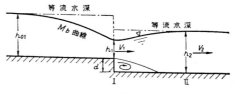

図-7・55

連続の式　$q = h_1 V_1 = h_2 V_2,$ 　　　　　　　　　　(7・45)

運動量の式　$\rho q(V_2-V_1) = \dfrac{\rho g}{2}\bigl[(h_1+d)^2 - h_2^2\bigr]$. 　　(7・46)

(7・45) 式より　$q = h_2 V_2,\ V_1 = \dfrac{h_2}{h_1} V_2$ を (7・46) 式に代入して

$$h_2 V_2^2 \left(1 - \dfrac{h_2}{h_1}\right) = \dfrac{g h_2^2}{2}\left[\left(\dfrac{h_1}{h_2}+\dfrac{d}{h_2}\right)^2 - 1\right].$$

整理して　$F_2 = V_2/\sqrt{gh_2}$ を導入すると

---

*)　芦田和男：開水路の断面急拡部における水理に関する研究 (2)，建設省土木研究所報告，102 号；佐藤清一：水理学，p. 239

7・8 橋脚・段落ち等による局部的な流れ

$$2F_2{}^2\left(\frac{h_2}{h_1}-1\right)=1-\left(\frac{h_1}{h_2}+\frac{d}{h_2}\right)^2.\tag{7・47}$$

上の式は h_1/h_2 に関する 3 次式であって，h_2，F_2 および d を与えると h_1 が計算され，この水深を境界条件として段落上の水路の水面形（M_b 曲線）が求められる.

（註） 与えられた F_2 に対して，(7・47) 式は d/h_2 が小さいときには二つの正根と一つの負根を持つ. 正根のうち大きい方が常流解である. d/h_2 の値が大きくなると正根は存在しないが，このことは段落上の水深が限界水深となることを意味する.

橋脚によるセキ上げ　　川幅 b_1 の河川に橋脚を設け，流れの幅を b_1 から $b_2=b_1-\varSigma t$ （t は橋脚 1 個の幅）にせばめた場合の水面形は，図 – 7・56 に示すように，橋脚の前面に背水高 h_p を生じ，橋脚の末端付近で最小水深となった後下流の 等流水深に 連なる. 図 – 7・56 の I，II 断面にベルヌイの定理を適用すると，エネルギー損失係数を f として

$$h_p+\frac{V_1{}^2}{2g}=\frac{V_2{}^2}{2g}(1+f).$$

図 – 7・56

上の式に $V_1=\dfrac{Q}{b_1h_1}$，$V_2=\dfrac{Q}{b_2(h_1-h_p)}$ を代入し，$1+f=\dfrac{1}{C^2}$ とおくと，セキ上げ高さは次式で与えられる.

$$h_p=\frac{Q^2}{2g}\left[\frac{1}{C^2b_2{}^2(h_1-h_p)^2}-\frac{1}{b_1{}^2h_1{}^2}\right]\tag{7・48}$$

上の式をドビッソン（D'Aubuisson）の式と呼び，式中の C は橋脚の断面形状による定数であって，図 –7・57 に示した値をとる. この他にヤーネル（Yarnell）* をはじめ多くの研究があるが，紙数の関係で割愛する.

(a)	(b)	(c)	(d)
$C=0.8$	$C=0.9$	$C=0.92$	$C=0.93$
$\frac{1}{C^2}=1.563$	$\frac{1}{C^2}=1.235$	$\frac{1}{C^2}=1.181$	$\frac{1}{C^2}=1.156$

図 – 7・57

流入による落差（水面低下）

$$h_q=\zeta_e\frac{V_2{}^2}{2g}+\frac{1}{2g}(V_2{}^2-V_1{}^2).\tag{7・49}$$

h_e：流入による落差（m），ζ_e：損失係数，V_1：流入前の流速（m/sec），V_2：流入後の流速（m/sec）．

入口がきれいなラッパ状をしているときは $\zeta_e \fallingdotseq 0.05$，入口に角があるときは $\zeta_e = 0.3 \sim 0.5$．

チリヨケ・スクリーンによるセキ上げ

$$h_r = \beta \sin\theta \cdot \left(\frac{t}{d}\right)^{\frac{4}{3}} \frac{V_1^2}{2g}.$$
(7・50)

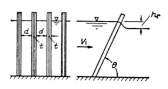

図-7・58

h_r：チリヨケ・スクリーンによるセキ上高（m），β：スクリーンの断面形状による係数（図-7・58），θ：スクリーンの傾斜角（度），t：スクリーン棒の太さ（m），d：スクリーンの目の大きさ（m），V_1：スクリーン上流側の流速（m/sec）．

彎曲による落差

$$h_b = I_0\left(1 + \frac{3}{4}\sqrt{\frac{b}{r}}\right)l.$$
(7・51)

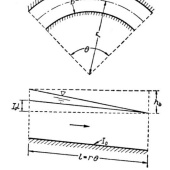

図-7・59

h_b：水路彎曲による落差（m），b：水路幅，r：水路中心線の曲率半径，I_0：直線部における水面コウ配．

(7・51)式は Boussinesq などによる公式である[**]．

例 題 (68)

【7・38】幅 120 m の河川を横切って高さ 0.5 m の段落ちがあり，段落ち上下流の河床コウ配は 1/800 である．この河川に 1600 m³/sec の洪水流量が流れる場合，段落ちより上流の水面形を求めよ．また，段落ちの高さが 1.0 m のときの

---

[*] D. L. Yarnell: Bridge Piers as Channel Obstructions, U. S. Department of Agriculture, Technical Bulletin No. 442, Nov, 1934
[**] 佐藤清一：水理学, p. 241

7・8 橋脚・段落ち等による局部的な流れ

水面形を求めよ．ただし，$n = 0.025$ とする．

解 (7・47) 式より

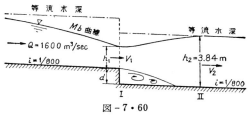

図 - 7・60

$$2F_2^2\left(\frac{h_2}{h_1} - 1\right) = 1 - \left(\frac{h_1}{h_2} + \frac{d}{h_2}\right)^2. \tag{1}$$

$Q = 1600 \text{ m}^3/\text{sec}$ ($q = 13.33 \text{ m}^2/\text{sec}$) に応ずる等流水深は $q = \dfrac{1}{n} h_2^{\frac{5}{3}} i^{\frac{1}{2}}$ より $h_2 = 3.84 \text{ m}$, $V_2 = 3.48 \text{ m/sec}$, $F_2^2 = V_2^2/gh_2 = 0.322$ である．

$d = 0.5 \text{ m}$ の場合： $\dfrac{d}{h_2} = \dfrac{0.5}{3.84} = 0.1302$ および $F_2^2 = 0.322$ を (1) 式に入れて

$$0.644\left(\frac{h_2}{h_1} - 1\right) = 1 - \left(\frac{h_1}{h_2} + 0.1302\right)^2. \tag{2}$$

上の式の両辺を $f(h_1/h_2)$ とおき，h_1/h_2 の値を与えて (2) 式の左辺および右辺を計算すると，図-7・61 の実線および点線のようになり，両曲線は二つの交点を持つ．そのうち求める常流解は大きい方の解で，図より $h_1/h_2 = 0.766$．故に $h_1 = 0.766 \times 3.84 = 2.94 \text{ m}$．

次に，$d = 1.0 \text{ m}$ の場合 (1) 式の右辺は図の鎖線のようになり解がない．

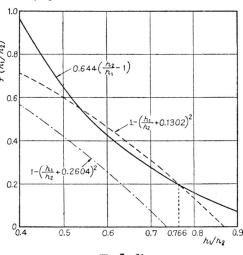

図 - 7・61

84　　　　　　　　　　第 7 章　開水路の定流

これは段落点の水深がほぼ限界水深 $h_c = \sqrt[3]{\dfrac{q^2}{g}} = 2.62\,\text{m}$ に保たれ，Ⅰ，Ⅱ断面間で跳水が起ることを意味する．

　以上のようにして，段落点の水深が決まると，上流側の水面形（M_b 曲線）はブレッスの式から容易に求められるが，今までにもしばしば取り扱っているので省略する．

【7・39】　　幅 95 m の河川に図-7・57（c）の断面形状を持つ橋脚が設けられ，橋脚幅の合計は 26 m である．800 m³/sec の流量が流れるとき，この河川の等流水深を 4.0 m として，橋脚によってセキ上げられる水深を求めよ．

解　　橋の上流側の水深は $h_1 = 4 + h_p$ であるが，（7・48）式の右辺にも h_p の項を含むので逐次近似法による．まず，$h_1 \fallingdotseq 4\,\text{m}$ として（7・48）式より h_p の第 1 近似値 h_{p1} を計算する．

$$h_{p1} = \frac{Q^2}{2g}\left[\frac{1}{C^2 b_2^2 h_1^2} - \frac{1}{b_1^2 h_1^2}\right]$$
$$= \frac{(800)^2}{19.6}\left[\frac{1}{(0.92)^2 \times (75)^2 \times 4^2} - \frac{1}{(95)^2 \times 4^2}\right] = 0.20\,\text{m}.$$

この値を再び（7・48）式の右辺に代入して h_p の第 2 近似値を計算すると，$h_{p2} = 0.22\,\text{m}$ を得る．これを（7・48）式の右辺に代入しても h_p の値は変らない．故に求める損失落差 $h_p = 0.22\,\text{m}$．したがって，橋脚上流の水深 $= 4.22\,\text{m}$．

【7・40】　　水路幅 4 m，水深 2 m の開水路に 10 m³/sec の水が流れている．この水路に傾斜角 70°，丸棒の直径 0.9 cm，丸棒の中心間隔 5.9 cm のスクリーンを置いたとき，スクリーン上流側の水深を求めよ．

解　　$t = 0.009\,\text{m}$，　$d = 0.059 - 0.009 = 0.05\,\text{m}$，　$\theta = 70°$，　$\beta = 1.79$（図-7・58）を（7・50）式に代入する．なお，V_1 はスクリーン上流側の流速であるが，まだ分っていないから，まずスクリーンがない場合の流速を用いる．

$$V_1 \fallingdotseq \frac{Q}{bh} = \frac{10}{4 \times 2} = 1.25\,\text{m/sec},$$
$$h_r = \beta \sin\theta \cdot \left(\frac{b}{d}\right)^{\frac{3}{2}} \frac{V_1^2}{2g} = 1.79 \times \sin 70° \times \left(\frac{0.009}{0.05}\right)^{\frac{3}{2}} \times \frac{(1.25)^2}{19.6}$$

$$= 0.01 \text{ m}.$$

$h_r = 0.01 \text{ m}$ は $h = 2 \text{ m}$ にくらべて甚だ小さいから，V_1 に与える影響も無視され，V_1 を修正して上の計算を繰返す必要はない．故に，求めるスクリーン上流側の水深は $h + h_r = 2.01 \text{ m}$.

【7・41】 30 m 幅の水路が中心線の曲率半径 120 m で弯曲している．弯曲部水路の長さ 80 m，粗度係数 $n = 0.025$ とするとき，40 m³/sec の流量が流れる場合の弯曲部上下流端の水位差はいくらか．ただし，弯曲部下流直線部の等流水深を 1.2 m とする．

解 まず，直線部における水面コウ配 I_0 を求める．

$$Q = bh_0 \frac{1}{n} R^{\frac{2}{3}} I_0^{\frac{1}{2}}, \quad R = \frac{h_0}{1 + \dfrac{2\,h_0}{b}} = \frac{1.2}{1 + \dfrac{2 \times 1.2}{30}} = 1.11 \text{ m}$$

であるから

$$I_0 = \left(\frac{nQ}{bh_0 R^{2/3}} \right)^2 = \left\{ \frac{0.025 \times 40}{30 \times 1.2 \times (1.11)^{2/3}} \right\}^2 = 1/1489.$$

故に（7・51）式より

$$h_b = I_0 \left(1 + \frac{3}{4} \sqrt{\frac{b}{r}} \right) l = \frac{1}{1489} \left(1 + \frac{3}{4} \sqrt{\frac{30}{120}} \right) \times 80 = \underline{0.074 \text{ m}}.$$

もし弯曲がなければ，同区間の水位差は

$$h' = I_0 l = 0.054 \text{ m}.$$

故に，弯曲に基づく純損失落差は $h_b - h' = 0.02 \text{ m}$ である．

問　題 （31）

（1）　幅 50 m の河川に幅 2 m の橋脚 4 個が設けられ，その断面形状係数は $C = 0.90$ である．この川で洪水位を測定したところ，橋脚直上流の水深は 1.68 m で，橋脚より下流の平均水深は 1.5 m であった．洪水流量を概算せよ．

答　144 m³/sec.

（2）　貯水池より幅 3 m の取水路に 5 m³/sec の水が流入している．水路の等流水深を 1.5 m とするとき，取水口底面から測った貯水池水面高はいくらか．ただし，水路流入前の流速は無視しうるものとし，入口損失係数 $\zeta_e = 0.2$ とする．

答　1.576 m.

7・9 射流水路における衝撃波

対応水深・衝撃波角　射流では流れの速度が波の伝わる速度 $\sqrt{gh}$ より大きいから，下流側の攪乱の影響は上流に伝わらない．いま図-7・62 のように，θ だけ内側に屈折した射流水路を考えると，屈折による水面変化は図の AB 線より上流に伝わることができず，AB は一つの停止した段波 (Hydraulic bore) の形あるいは斜め跳水 (Oblique hydraulic jump) となる．これを衝撃波 (Shock

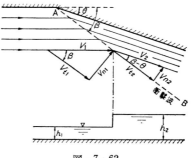

図-7・62

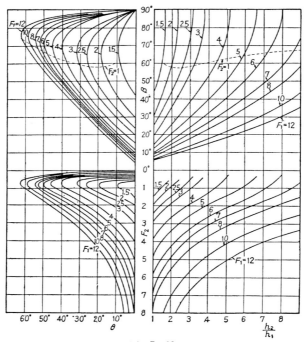

図-7・63

wave) とよび, 対応水深 h_1, h_2 の関係および衝撃波角 β は図の記号を用いて次式のようになる (例題 7・42).

$$\frac{h_2}{h_1} = \frac{\tan\beta}{\tan(\beta-\theta)} = \frac{1}{2}(\sqrt{1+8F_1^2\sin^2\beta}-1). \qquad (7\cdot52)$$

$$\tan\theta = \frac{(\sqrt{1+8F_1^2\sin^2\beta}-3)\tan\beta}{2\tan^2\beta+\sqrt{1+8F_1^2\sin^2\beta}-1}. \qquad (7\cdot53)$$

ここに, F_1 は上流の流れのフルード数で $F_1 = V_1/\sqrt{gh_1}$ ある. なお, θ が小さく $h_2 \fallingdotseq h_1$ とみなされる場合の β を β_0 とすると (7・52) 式より

$$\sin\beta_0 = \frac{1}{F_1} = \frac{\sqrt{gh_1}}{V_1} \qquad (7\cdot54)$$

となり, β_0 はマッハ角 (上巻 p. 79) に等しい. このときの波をマッハ (Mach) 波という.

(7・53) 式より F_1 と θ が与えられると β がきまり, さらに (7・52) 式から h_2/h_1 を求めることができる. この計算の労を除くために, イペン (Ippen)[*] は図 - 7・63 に示す図表を作成した. 同図より θ, β, h_2/h_1, F_1 および $F_2 = V_2/\sqrt{gh_2}$ のうち任意の二つが与えられれば, 他の量は図上から簡単に読みとることができる.

射流彎曲水路の壁に沿う水深 射流弯曲水路の流れは弯曲の始点 A, A′ より出る正負のマッハ波 (註参照), および引き続き発生するマッハ波の干渉のため, 水面は縞模様に変化して, 図 - 7・64 に示したようになり, 常流水路の場合 (上巻 p. 54) とは甚だしく異なる. クナップおよびイペン (Knapp-Ippen) の実験[**]によると, 水深が最初に最大となる外側壁の位置 C (角 $AOC = \theta_0$) および $\theta < \theta_0$ なる範囲の壁に沿う水深はそれぞれ次式で与えられる.

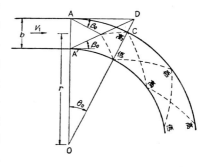

図 - 7・64

[*] A. T. Ippen: Mechanics of Supercritical Flow, Trans. A. S. C. E., Vol. 116, 1951
[**] R. T. Knapp: Design of Channel Curves for Supercritical Flow, Trans. A. S. C. E., Vol. 116, 1951 など.

88 第7章 開水路の定流

$$\tan\theta_0 = \frac{b}{\left(r+\frac{b}{2}\right)\tan\beta_0}, \quad \sin\beta_0 = \frac{1}{F_1} = \frac{\sqrt{gh_1}}{V_1}. \quad (7\cdot55)$$

$$h = \frac{V_1^2}{g}\sin^2\left(\beta_0 \pm \frac{\theta}{2}\right). \quad (7\cdot56)$$

ここに,h_1,V_1 は直線水路における水深,流速.θ は OA より測った角度で(7・56)式の複号は外側壁に対して正,内側壁に対して負号を用いる.なお,C 点における最大水深は(7・56)式で $\theta = \theta_0$ とおけばよい.

(註) 水路が図-7・65 のように θ だけ外側に屈折した水路では,図に示した角度 $\beta_1 = \sin^{-1}\frac{\sqrt{gh_1}}{V_1}$, $\beta_2 = \sin^{-1}\frac{\sqrt{gh_2}}{V_2}$ を持つ2直線の範囲で,水深が h_1 から h_2 に減少する.図-7・62 の正のマッハ波に対しこれを負のマッハ波という.

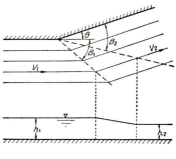

図 - 7・65

例　題 (69)

【7・42】 運動量の方程式より,衝撃波の基礎式 (7・52), (7・53) を誘導せよ.

解 図-7・62 において,衝撃波の単位長さについての連続の式は $h_1V_{n1} = h_2V_{n2}$ であるから

$$h_1V_1\sin\beta = h_2V_2\sin(\beta-\theta). \quad (1)$$

次に,AB 線に直角方向の運動量方程式は,底面摩擦を無視して

$$h_2V_2^2\sin^2(\beta-\theta) - h_1V_1^2\sin^2\beta = \frac{gh_1^2}{2} - \frac{gh_2^2}{2}. \quad (2)$$

(1),(2) 式より V_2 を消去すると

$$(h_1-h_2)\left\{\frac{1}{2}(h_1+h_2) - \frac{h_1V_1^2\sin^2\beta}{gh_2}\right\} = 0,$$

$$\therefore \quad \frac{h_2}{h_1} = \frac{1}{2}(\sqrt{1+8F_1^2\sin^2\beta} - 1). \quad (3)$$

また,跳水の前後において,衝撃波に平行な方向には運動量変化を生じないから,$V_{t1} = V_{t2}$ でなければならない.これより

7・9 射流水路における衝撃波　89

$$V_1 \cos \beta = V_2 \cos (\beta - \theta). \tag{4}$$

(1), (4) 式より V_2 を消去すると

$$\frac{h_2}{h_1} = \frac{\sin \beta}{\cos \beta} \frac{\cos(\beta-\theta)}{\sin(\beta-\theta)} = \frac{\tan \beta}{\tan(\beta-\theta)}. \tag{5}$$

(1), (5) 式から h_2/h_1 を消去すると

$$\frac{\tan \beta}{\tan(\beta-\theta)} = \frac{1}{2}(\sqrt{1+8\,F_1{}^2 \sin^2 \beta}-1),$$

$$\therefore \quad \tan \theta = \frac{(\sqrt{1+8\,F_1{}^2 \sin^2 \beta}-3)\tan \beta}{2 \tan^2 \beta + \sqrt{1+8\,F_1{}^2 \sin^2 \beta}-1}. \tag{6}$$

〔類　題〕　水深 20 cm，流速 8 m/sec で流れている射流が，$\theta = 15°$ の屈折壁によって衝撃波を生じている．（a）衝撃波角 β，（b）対応水深 h_2 を求めよ．ただし，衝撃波下流の流れは依然射流とする．

解　$h_1 = 0.2$ m，$V_1 = 8$ m/sec であるから

$$F_1 = \frac{V_1}{\sqrt{gh_1}} = 5.71.$$

（a）　図 – 7・63 より $F_1 = 5.71$，$\theta = 15°$ であるから，

　　　$F_2 = 3.0$，$\underline{\beta = 24°}$，$h_2/h_1 = 2.9$.

（b）　$h_2 = 2.9\,h_1 = \underline{0.58\,\text{m}}$.

【7・43】　水路幅 2.5 m の矩形断面コンクリート水路で底コウ配 1/50 のところに，曲率半径 40 m，中心角 45° の曲線区間を設置する．最大流量を 7.5 m³/sec とすると，曲線部の壁の高さをいくらに設計すべきか．ただし，$n = 0.014$ とする．

解　水路幅 $b = 2.5$ m，$i = 1/50$，$Q = 7.5$ m³/sec，$n = 0.014$ のコンクリート水路の等流水深 h_0 は，例題 7・6 の（1）式のような等流計算により $h_0 = 0.559$ m，等流流速 $V_0 = \dfrac{Q}{bh_0} = 5.37$ m/sec.

この水路の限界水深 $h_c = \sqrt[3]{\dfrac{\alpha Q^2}{gb^2}} = 1.003$ m．$h_0 < h_c$ であるから，この水路の流れは射流であって，壁面に沿う水面の高さの計算には (7・55), (7・56) 式を適用しうる．(7・55) 式の h_1，V_1 はそれぞれ上記の h_0，V_0 に相当するから

$$\beta_0 = \sin^{-1}\frac{\sqrt{gh_1}}{V_1} = \sin^{-1}\frac{\sqrt{9.8 \times 0.559}}{5.37} = 25°50',$$

$$\therefore\quad \theta_0 = \tan^{-1}\frac{b}{\left(r+\dfrac{b}{2}\right)\tan\beta_0} = \tan^{-1}\frac{2.5}{\left(40+\dfrac{2.5}{2}\right)\tan 25°50'}$$

$$= 7°08'.$$

外側壁に沿う流れの最大水深は（7・56）式より

$$h_{\max} = \frac{V_1{}^2}{g}\sin^2\!\left(\beta_0+\frac{\theta_0}{2}\right)$$

$$= \frac{(5.37)^2}{9.8}\sin^2\!\left(25°50'+\frac{7°08'}{2}\right) = 0.709 \text{ m}.$$

すなわち，弯曲部内外壁の高さは，水深 0.709 m に対し安全な余裕高を加えたものに設計すればよい．

問　　題　（32）

（ 1 ）　　水深 25 cm で流れている射流が $\theta=20°$ の屈折壁によって，$\beta=30°$ の衝撃波を生じている．(a) 対応水深 h_2（射流），(b) 上流流速 V_1，(c) 下流流速 V_2 を求めよ．

答　（ a ）　90 cm，（ b ）　8.76 m/sec，（ c ）　8.02 m/sec．

第8章 開水路の不定流

8・1 開水路不定流の基礎方程式

洪水波や感潮河川の流れのように，水深や流速が時間的に変化する非定常の流れを不定流（Unsteady flow）という．不定流の基礎方程式は次のようである．

連続の式　流れの方向に x 軸をとり，dx の距離をへだてた Ⅰ，Ⅱ 断面に連続の条件を適用する（図-8・1）．Ⅰ断面よりの流入

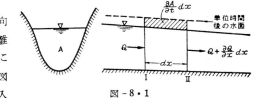

図-8・1

量を $Q = AV$ とすると，Ⅱ 断面より出て行く流量は $Q + \frac{\partial Q}{\partial x}dx$, 両者の差 $Q - \left(Q + \frac{\partial Q}{\partial x}dx\right) = -\frac{\partial Q}{\partial x}dx$ は単位時間内に貯留される量を表わす．この量は単位時間あたりの水の容積の増加量 $\frac{\partial A}{\partial t}dx$ に等しいから，連続の式は次のようになる．

$$\frac{\partial A}{\partial t} + \frac{\partial Q}{\partial x} = 0. \qquad (8 \cdot 1)$$

なお，一様幅の矩形断面水路では上式は

$$\frac{\partial h}{\partial t} + \frac{\partial (hV)}{\partial x} = 0. \qquad (8 \cdot 1')$$

運動の方程式　開水路不定流の運動方程式は次式

$$\underset{\text{(非定常コウ配)}}{\frac{1}{g}\frac{\partial V}{\partial t}} + \underset{\text{(速度水頭コウ配)}}{\frac{\partial}{\partial x}\left(\frac{\alpha V^2}{2g}\right)} = i - \underset{\text{(水面コウ配)}}{\frac{\partial h}{\partial x}} - \underset{\text{(摩擦コウ配)}}{\frac{V^2}{C^2 R}}, \quad C = \frac{1}{n}R^{\frac{1}{6}}, \qquad (8 \cdot 2)$$

で表わされ（例題 8・1），不等流の運動方程式に非定常項 $\frac{1}{g}\frac{\partial V}{\partial t}$ が加わったものである．なお，次式で定義される I_e をエネルギーコウ配という．

$$I_e = i - \frac{\partial h}{\partial x} - \frac{\partial}{\partial x}\left(\frac{\alpha V^2}{2g}\right) - \frac{1}{g}\frac{\partial V}{\partial t}, \quad V = C\sqrt{RI_e}. \qquad (8 \cdot 3)$$

92   第 8 章　開水路の不定流

$(8\cdot1)$, $(8\cdot2)$ 式は断面積 A (水深 h) および流量 Q (または流速 $V = Q/A$) を，時間 t および場所 x の関数として規定する基礎方程式である．両式は V^2 や VA といった未知関数についての２次の項を含む非線形の方程式であるから，これらを解析的に解くことは容易でない．したがって，微小振幅理論によって方程式を線形に直して解く近似解法や，問題に応じて運動方程式の各項に適当な省略・近似を行なう方法が常用される．後者について，大体の基準をのべると次のようである．

① 長　波：運動が緩慢で V が微小量であり，速度水頭コウ配，摩擦コウ配の影響が小さい（$11\cdot3$ 節長波参照）．

② 段　波：ダムが決潰した場合の決潰口付近の流れのように，現象の変化が急激であって摩擦コウ配や底コウ配が無視される．

③ 洪水波：運動は緩慢であるが，摩擦が顕著であり，非定常コウ配や速度水頭コウ配が無視される擬似定常流．

例　　題　（70）

【$8\cdot1$】　不定流の運動方程式（$8\cdot2$）式を導け．

解　（$8\cdot2$）式の導き方にはいろいろあるが，図 $-8\cdot1$ の dx をへだてた検査面 Ⅰ，Ⅱ こ運動量の定理を適用したものをのべる．単位時間当りの運動量の増加は，検査面内の水柱のもつ運動量 $\rho VAdx$ の時間的な増加量 $\dfrac{\partial(\rho VA)}{\partial t}dx$ と，運動量の出入による増加分 $\dfrac{\partial}{\partial x}(\rho\alpha QV)dx$ との和に等しい．

一方，検査面の水柱に働く力は前の章の例題 $7\cdot35$ ですでに求めている．したがって，両者を等しいとおいて

$$\frac{\partial(AV)}{\partial t}+\frac{\partial(\alpha QV)}{\partial x}=-\frac{\tau_0}{\rho}S+gAi-gA\frac{\partial h}{\partial x}.$$

上の式の左辺を連続の式（$8\cdot1$）を用いて次式

$$V\frac{\partial A}{\partial t}+A\frac{\partial V}{\partial t}+\alpha Q\frac{\partial V}{\partial x}+\alpha V\frac{\partial Q}{\partial x}=A\frac{\partial V}{\partial t}+\alpha Q\frac{\partial V}{\partial x}+(1-\alpha)V\frac{\partial A}{\partial t}$$

のように変形し，両辺を gA で割る．さらに $\alpha \fallingdotseq 1$ であるから $(1-\alpha)V\dfrac{\partial A}{\partial t}\fallingdotseq 0$ とおき，また $\dfrac{\tau_0 S}{\rho gA}=\dfrac{V^2}{C^2R}$ とおいて（$8\cdot2$）式を得る．

〔類 題〕 洪水流に関する河川模型実験を水平縮尺 1/100, 鉛直縮尺 1/50 の模型によって行なう計画である. 模型と実物の相似律を求めよ.

(ヒント) 模型に添字 m, 実物に添字 p をつけ, $x_m = Xx_p$, $h_m = Zh_p$, $t_m = Tt_p$ とする. 前の章の例題 7・2 と全く同様に

$$V_m = \frac{X}{T}V_p, \quad A_m = XZA_p, \quad Q_m = \frac{X^2Z}{T}Q_p$$

を模型に関する連続の式に入れると

$$\frac{\partial A_m}{\partial t_m} + \frac{\partial Q_m}{\partial x_m} = \frac{XZ}{T}\frac{\partial A_p}{\partial t_p} + \frac{X^2Z}{TX}\frac{\partial Q_p}{\partial x_p}$$

$$= \frac{XZ}{T}\left(\frac{\partial A_p}{\partial t_p} + \frac{\partial Q_p}{\partial x_p}\right) = 0.$$

故に, 連続の式は幾何学的な条件だけによって満される.

運動の方程式の加速度項は

$$\frac{1}{g}\frac{\partial V_m}{\partial t_m} + \frac{\alpha}{2g}\frac{\partial V_m{}^2}{\partial x_m} = \frac{1}{g}\left[\frac{X}{T^2}\frac{\partial V_p}{\partial t_p} + \frac{X^2}{2T^2}\times\frac{\alpha}{X}\frac{\partial V_p{}^2}{\partial x_p}\right]$$

$$= \frac{X}{T^2}\left[\frac{1}{g}\frac{\partial V_p}{\partial t_p} + \frac{\alpha}{2g}\frac{\partial V_p{}^2}{\partial x_p}\right]$$

となり, 後は例題 7・2 の (2′) 式以後と全く同様にして, 相似律および各縮尺について同一の結果を得る.

8・2 段 波

一定流量の水が流れている水路で, 上流の水門を開いて多量の水を放流すると, 前線に図-8・2 のような不連続帯が形成され, ω なる伝播速度で下流に伝わる. これを段波 (Surge, Hydraulic bore) とよび, 衝撃性の急激な波であって移動する跳水とみなすことができる.

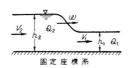
固定座標系
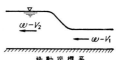
移動座標系

図-8・2

段波の波形が進行に伴なって変形しないものと仮定すると, 段波の伝播速度と同じ速度で移動する人から見れば現象は定常的となり, 跳水と同様な取り扱いができる. 簡単のため矩形断面を考え, 段波が到着しない以前の水深を h_1, 流速を V_1, 単位幅流量を q_1 とし, 段波背面の諸量に添字 2 をつける. 段波に相対的な流速はそれぞれ $\omega-V_1$, $\omega-V_2$ であるから, 連続の式は

$$(\omega-V_1)h_1 = (\omega-V_2)h_2 = q_r \tag{8・4}$$

となる.なお,q_r を置換単位幅流量という.また,運動量方程式は

$$\rho q_r\{(\omega-V_2)-(\omega-V_1)\} = \rho h_1(\omega-V_1)(V_1-V_2)$$

$$= \frac{\rho g}{2}(h_1{}^2 - h_2{}^2). \tag{8・5}$$

(8・4) 式より直ちに次の関係

$$\omega = \frac{h_1 V_1 - h_2 V_2}{h_1 - h_2} = \frac{q_1 - q_2}{h_1 - h_2} \tag{8・6}$$

が得られ,(8・4),(8・5) 式より V_2 を消去すると

$$\omega - V_1 = \pm\sqrt{gh_1}\left[\frac{1}{2}\frac{h_2}{h_1}\left(\frac{h_2}{h_1}+1\right)\right]^{\frac{1}{2}}. \tag{8・7}$$

(流れ方向に伝わる段波は複号のうち正号,上流に伝わる段波は負号をとる).

(8・6),(8・7) 式から,流量の急変により発生する段波の波高 (h_2-h_1) および伝播速度 ω を求めることができる.

(註) 水路に生ずる段波はその発生機構から,次の4種に分類される(図-8・3).

(a) 上流から急に多量の水を供給する場合(正段波,(8・7) 式の複号は正).

(b) 上流水門の閉塞等により,上流で急に流量を減少させる場合(負段波,(8・7) 式の複号は正)

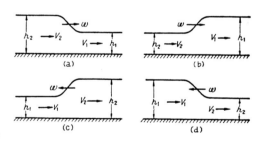

図-8・3

(c) 下流水門の閉塞等により,下流で急に流量を減少させる場合(正段波,(8・7) 式の複号は負).

(d) 下流水門の開放等により,下流で急に流量を増加させる場合(負段波,(8・7) 式の複号は負).

なお,負段波では,しだいに不連続帯の幅が広がり,1度形成された段波は連続的な水面形に移行することが知られている.

例　題 (71)

【8・2】 水深 1.2 m の矩形水路に 1 m 幅当り 2.0 m³/sec の流量が流れている.(i) 上流の水門を急閉塞して上流側で流れを遮断したとき,およ

8・2 段 波 95

び（ii）下流側で水門を急速に閉め切ったときにできる段波の波高および伝播速度を求めよ.

解 （i），（ii）の場合の段波の形およびその進行方向はそれぞれ図-8・3 の（b），（c）ケースにあたる．いずれの場合も流れを完全に遮断するから $q_2 = 0$ である．（8・6），（8・7）式で $q_1 = 2.0$ m³/sec, $h_1 = 1.2$ m, $q_2 = 0$ であって，両式から ω を消去して h_2 の式を解いてもよいが，方程式を解くのがかえって面倒であるから逐次似近法による．

（ i ） の場合:

第1近似　（8・7）式で $h_1 \fallingdotseq h_2$ として〔　〕$^{\frac{1}{2}}$ の項を1とおくと, ω の第 1 近似値は $\omega = V_1 + \sqrt{gh_1} = 1.667 + \sqrt{9.8 \times 1.2} = 5.096$ m/sec. この ω を（8・6）式に代入して h_2 の第1近似値は $h_1 - h_2 = \dfrac{q_1}{\omega} = \dfrac{2.0}{5.096} = 0.393$, $h_2 = 0.807$ m.

第2近似　第1近似値の $h_2 = 0.807$ m を用いて, ω の第2近似値は, （8・7）式より

$$\omega = V_1 + \sqrt{gh_1}\left[\frac{1}{2}\frac{h_2}{h_1}\left(\frac{h_2}{h_1}+1\right)\right]^{\frac{1}{2}}$$

$$= 1.667 + \sqrt{9.8 \times 1.2}\left[\frac{1}{2} \times \frac{0.807}{1.2}\left(\frac{0.807}{1.2}+1\right)\right]^{\frac{1}{2}} = 4.238 \, \text{m/sec}.$$

故に（8・6）式より　$h_1 - h_2 = \dfrac{q_1}{\omega} = \dfrac{2.0}{4.238} = 0.472$ m, $h_2 = 0.728$ m.

以下同様にして近似を進め, 第4近似値で十分で波高 $h_1 - h_2 = 0.499$ m, $\omega = 4.01$ m/sec.

（ ii ） の場合:

（8・4）式および（8・7）式より $\omega - V_2$ の式を求めると直ちに

$$\omega - V_2 = \pm\sqrt{gh_1}\left[\frac{1}{2}\left(1+\frac{h_1}{h_2}\right)\right]^{\frac{1}{2}} \tag{1}$$

となり, 今の場合 $V_2 = 0$ であって,（1）式の方が僅かながら（8・7）式より簡単であるから,（1）式を用いてみる. なお, 段波は上流側に進むから符号は負である.

第1近似:　$\omega = -\sqrt{gh_1} = -3.429$ m/sec,

$$h_1 - h_2 = \frac{q_1}{\omega} = -\frac{2.0}{3.429} = -0.583 \text{ m}, \quad h_2 = 1.783 \text{ m}.$$

第2近似： $\omega = -\sqrt{gh_1}\left[\frac{1}{2}\left(1+\frac{h_1}{h_2}\right)\right]^{\frac{1}{2}}$

$$= -3.429\left[\frac{1}{2}\left(1+\frac{1.2}{1.783}\right)\right]^{\frac{1}{2}} = -3.136 \text{ m/sec},$$

$$h_1 - h_2 = -\frac{2.0}{3.136} = -0.638 \text{ m}, \quad h_2 = 1.838 \text{ m}.$$

第3近似で十分で　$\underline{h_1-h_2 = -0.641 \text{ m}}, \quad \underline{\omega = -3.12 \text{ m/sec}}$ となる．

【8・3】　図-8・4 に示した一様断面形の水路において，段波が到着する以前の流水断面積，流速を A, V，到着後のそれらを $A+\varDelta A, V+\varDelta V$ とするとき，段波の伝播速度が次式

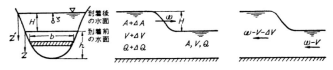

図-8・4

$$\omega - V = \pm\sqrt{g\left(\frac{A}{\varDelta A/H}+\zeta\right)\left(1+\frac{\varDelta A}{A}\right)}, \tag{1}$$

$$\omega = \frac{\varDelta Q}{\varDelta A} \tag{2}$$

で表わされることを示せ．ただし，H は段波の波高，ζ は $\varDelta A$ の図心までの深さである．

解　段波にのってみると現象は定常的であるから

連続の式： $(A+\varDelta A)(\omega-V-\varDelta V) = A(\omega-V).$ 　　　(3)

運動量の式： $\rho A(\omega-V)\{(\omega-V-\varDelta V)-(\omega-V)\}$
$\qquad\qquad$ = 両断面の圧力差 = $-\rho g(AH+\varDelta A\cdot\zeta).$ (註)　　(4)

(3) 式より直ちに　$\omega = \dfrac{V\cdot\varDelta A + A\cdot\varDelta V + \varDelta A\cdot\varDelta V}{\varDelta A} = \dfrac{\varDelta Q}{\varDelta A}$ を得る．

次に (3) 式を書きかえ，$\varDelta V = \dfrac{\omega-V}{1+A/\varDelta A}$ を (4) 式すなわち，
$A(\omega-V)\cdot\varDelta V = g(AH+\varDelta A\cdot\zeta)$ に代入すると直ちに (1) 式が得られる．

(註) 圧力が静水圧に従うとし，z, z' を到着前および到着後の水面から測ると両断面の圧力差は

$$\rho g\left[\int_0^h zbdz - \int_0^{H+h} z'bdz'\right] = \rho g\left[\int_0^h zbdz - \int_0^H z'bdz' - \int_H^{H+h} z'bdz'\right].$$

上の式において

$$\int_0^H z'bdz' = \Delta A \cdot \zeta, \quad \int_H^{H+h} z'bdz' = \int_0^h (z+H)bdz = H\cdot A + \int_0^h zbdz$$

であるから，(4) 式の右辺を得る．

問　題 (33)

(1) 図-8・5 に示すような，台形断面を持つ一様水路における段波の伝播速度は次式

$$\omega = \frac{2(Q_1 - Q_2)}{(B_1 + B_2)(h_2 - h_1)},$$

$$\omega - V_1 = \pm\sqrt{g\frac{(b+B_2)h_2}{B_1+B_2}\left\{1 + \frac{(2B_1+B_2)(h_2-h_1)}{3(b+B_1)h_1}\right\}}$$

で表わせることを証明せよ．ただし，h_1, B_1, Q_1, V_1 はそれぞれ段波が到着しない以前の水深，水面幅，流量，流速とし，h_2, B_2, Q_2 はそれぞれ段波背面の諸量とする．

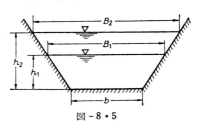

図-8・5

8・3 洪 水 流

流域に降った雨が地表水となって河川に流入し，河川の水位および流量が急激に増加する現象が洪水 (Flood) である．洪水時の水位―時間曲線を示すと，図-8・6 のようであって，一地点では一つの波形を示し，一般に洪水波は前面の上昇が急で後面の下降が緩やかである．また，水位と同様に流量，流速などにも極大値が起るが，各々の極大値の出現する時間的な順序は，水面コウ配の最大が最初に起り，流速，流量がこれに次ぎ，最後に水位の最大が起ることが知られている（例題 8・6）．洪水波の波形は図に示されているように ω なる速度で下

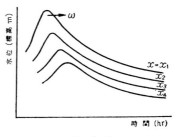

図-8・6

流に伝播し，かつ伝播する間に上流部における鋭いピークがしだいに平坦化され，幅の広い形に変形して行く．

河道の特定点 $x = 0$ における境界条件 $h_{x=0} = h_*(t)$ または $Q_{x=0} = Q_*(t)$ を与えて，下流地点における水深や流量の時間的変化を求めるには，原理的には不定流の基礎方程式 (8・1)，(8・2) を上の境界条件のもとに解けばよいのであるが，すでにのべたように両式の理論解を得ることは極めて困難である．したがって何らかの仮定・近似が必要とされ，現在における研究を大別すると

（1）　微小振幅理論を用い，たとえば水深や流速の増加量が当初の定常流のそれにくらべて著しく小さいと考え，方程式を線形化する方法，

（2）　洪水波の波長や継続時間が長く，運動の変化が緩慢であるから，運動方程式の加速度項を省略したいわゆる擬似定常流としての近似解法，

（3）　特性曲線法による図式解法，

（4）　数値計算法．

これらのうち，(1) についてはデイミー (Deymie) や林教授[*] の研究等多くの解法があるが，実際洪水時の水深が基底流水深の数倍程度に達することを考えると，実用的な意義は少ない．(2) については，わが国にも林教授や田中教授などによる優れた研究があり，洪水流の理解と実用性の上でも適しているので，本節では洪水を擬似定常流とする近似解についてだけ述べる．なお，(3) の特性曲線法については 8・5 節に説明する．(4) の数値計算法は電子計算器の発達した今日では重要性を増しているが，本書では割愛する．

8・3・1　洪水波の伝播速度

洪水を擬似等流と考え，運動方程式

$$i - \frac{\partial h}{\partial x} - \frac{n^2 V^2}{R^{4/3}} = \frac{1}{g}\frac{\partial V}{\partial t} + \frac{V}{g}\frac{\partial V}{\partial x}$$

において，右辺の加速度項を 0 とおく．さらに $\dfrac{\partial h}{\partial x} \fallingdotseq 0$ とみなすと上式は等流の方程式

$$Q = \frac{1}{n} A R^{\frac{2}{3}} i^{\frac{1}{2}} \tag{8・8}$$

に他ならない．いま，k および p を水路の断面形に関する定数として

$$A R^{2/3} = k A^p \tag{8・9}$$

---

[*]　林泰造： Mathematical Study of the Motion of Intumescences in Open Channels of Uniform Slope，土木学会論文集，No. 11，(1951)

$$\frac{8 \cdot 3 \quad 洪 \quad 水 \quad 流}{}$$

とおき，(8・8) 式を連続の式 $\dfrac{\partial A}{\partial t}+\dfrac{\partial Q}{\partial x}=0$ に代入すると

$$\frac{\partial A}{\partial t}+\frac{pk}{n}A^{p-1}i^{\frac{1}{2}}\frac{\partial A}{\partial x}=\frac{\partial A}{\partial t}+p\frac{Q}{A}\frac{\partial A}{\partial x}=0. \qquad (8 \cdot 10)$$

上式 $\dfrac{\partial A}{\partial t}+pV\dfrac{\partial A}{\partial x}=0$ の解は明らかに $A=A\!\left(t-\dfrac{x}{pV}\right)$ であって(註)，

$$t-\frac{x}{pV}=一定 \quad すなわち \quad \frac{dx}{dt}=pV \quad 上では \quad A=一定 \qquad (8 \cdot 10')$$

となる．換言すると，洪水波の波形は $\omega=pV$ なる速度で進む．これを Kleitz-Seddon の法則という．なお，以上のことを式で示すと

$$A=A\!\left(t-\frac{x}{\omega}\right), \quad \omega=pV. \qquad (8 \cdot 11)$$

p は断面形によってきまり，広矩形，広放物線形および三角形水路では，

ω/V の値

$p=\omega/V$ の値は次表に記したようになる（例題 8・4）．なお，同表には Chézy 式を用いたときの値も記してある．

水路断面形	Manning 式	Chézy 式
広 矩 形	1.67	1.50
広放物線形	1.44	1.33
三 角 形	1.33	1.25

(註) $A=A\!\left(t-\dfrac{x}{pV}\right)$ において，$t-\dfrac{x}{pV}=\xi$ とおくと

$$\frac{\partial A}{\partial t}=\frac{\partial A}{\partial \xi}\frac{\partial \xi}{\partial t}=\frac{\partial A}{\partial \xi}, \quad pV\frac{\partial A}{\partial x}=pV\frac{\partial A}{\partial \xi}\frac{\partial \xi}{\partial x}=pV\frac{\partial A}{\partial \xi}\left(\frac{-1}{pV}\right)=-\frac{\partial A}{\partial \xi}.$$

故に，$A=A\!\left(t-\dfrac{x}{pV}\right)$ は $\dfrac{\partial A}{\partial t}+pV\dfrac{\partial A}{\partial x}=0$ の解であることがわかる．

例 題 (72)

【8・4】 広矩形水路，広放物線形水路および三角形水路における洪水波の伝播速度を求めよ．

解 (i) 広矩形水路：水路幅を b として $A=bh$，$R \fallingdotseq h=\dfrac{A}{b}$ より

$$AR^{\frac{2}{3}} = A\left(\frac{A}{b}\right)^{\frac{2}{3}} = \frac{1}{b^{2/3}}A^{\frac{5}{3}},$$

故に，(8・9) 式の p は $p = 5/3$, $\therefore$ $\omega = pV = \dfrac{5}{3}V$.

（ii） 広放物線形水路：(7・13) 式より $A \infty bh$, $h \infty b^2$ であるから $A \infty h^{\frac{3}{2}}$. また $R \fallingdotseq \dfrac{2}{3}h \infty A^{\frac{2}{3}}$,

$$\therefore \quad AR^{\frac{2}{3}} \infty A \cdot A^{\frac{4}{9}} = A^{\frac{13}{9}} \quad \text{より} \quad \omega = pV = \frac{13}{9}V.$$

（iii） 三角形水路：$A \infty h^2$, $R \infty h \infty A^{\frac{1}{2}}$ より $AR^{\frac{2}{3}} \infty A \cdot \left(A^{\frac{1}{2}}\right)^{\frac{2}{3}} = A^{\frac{4}{3}}$,

$$\therefore \quad \omega = \frac{4}{3}V.$$

（註）　進行に伴なって形が変らない波の伝播速度は，例題 8・3 より $\omega = \dfrac{dQ}{dA}$ で与えられた．$Q = AV$ であり，また洪水流のような擬似定常流では $V \fallingdotseq \dfrac{1}{n}R^{\frac{2}{3}}i^{\frac{1}{2}}$ であるから $R^{2/3} = k'A^{p'}$ とおくと

$$\omega = \frac{dQ}{dA} = V + A\frac{dV}{dA} = V(1+p'). \tag{1}$$

(1) 式より ω を求めても同じ結果が得られる．

〔類　題〕　抵抗に Chézy 式を用いた場合の洪水波の伝播速度を広矩形，広放物線形および三角形水路について求めよ．

（ヒント）　$Q = CAR^{\frac{1}{2}}i^{\frac{1}{2}}$ において $AR^{\frac{1}{2}} = k''A^{p''}$ とおくと $\omega = p''V$.

広矩形　$\omega = \dfrac{3}{2}V$, 広放物線形　$\omega = \dfrac{4}{3}V$, 三角形　$\omega = \dfrac{5}{4}V$.

【8・5】　川幅 200 m，底コウ配 1/3200 の河川のある地点で，洪水中の水深が表 - 8・1 のようであった．粗度係数を $n = 0.025$ とし，運動方程式で加速度項は無視されるものとして，水深〜流量曲線を作れ．

表 - 8・1

時刻 (hr)	0	1	2	3	4	5	6	7	8	9	10
水深 h(m)	0.5	0.8	1.6	2.8	4.1	4.9	4.4	3.8	3.4	2.9	2.6

解　広矩形水路の運動方程式で加速度項を無視すると，洪水時の流速・流量は

8・3 洪 水 流

表 - 8・2

	時刻 (hr)	0.5	1.5	2.5	3.5	4.5	5.5	6.5	7.5	8.5	9.5
①	平均水深 h (m)	0.65	1.2	2.2	3.45	4.5	4.65	4.1	3.6	3.15	2.75
②	Δh (m)	0.3	0.8	1.2	1.3	0.8	-0.5	-0.6	-0.4	-0.5	-0.3
③	V_0 (m/s)	0.530	0.798	1.20	1.61	1.93	1.97	1.81	1.66	1.52	1.39
④	$\omega = \dfrac{5}{3} V_0$ (m/s)	0.883	1.33	2.00	2.68	3.22	3.28	3.02	2.77	2.53	2.32
⑤	Q_0 (m³/s)	68.9	192	528	1111	1737	1832	1484	1195	958	764
⑥	$\dfrac{\Delta h}{\Delta t} \times 10^4$ (m/s)	0.833	2.22	3.33	3.61	2.22	-1.39	-1.67	-1.11	-1.39	-0.833
⑦	$\dfrac{1}{i\omega}\dfrac{\Delta h}{\Delta t}$	0.302	0.534	0.533	0.431	0.221	-0.136	-0.177	-0.128	-0.176	-0.115
⑧	Q/Q_0	1.141	1.239	1.238	1.196	1.105	0.930	0.907	0.934	0.908	0.941
⑨	Q (m³/s)	78.6	238	654	1329	1919	1704	1346	1116	870	719

$$V = \frac{1}{n} h^{\frac{2}{3}} \left(i - \frac{\partial h}{\partial x}\right)^{\frac{1}{2}}, \qquad Q = \frac{b}{n} h^{\frac{5}{3}} \left(i - \frac{\partial h}{\partial x}\right)^{\frac{1}{2}}.$$

一方,水深 h の等流状態の流れの流速,流量を V_0, Q_0 とすると

$$V_0 = \frac{1}{n} h^{\frac{2}{3}} i^{\frac{1}{2}}, \qquad Q_0 = \frac{b}{n} h^{\frac{5}{3}} i^{\frac{1}{2}}$$

である.故に同一水深においては

$$\frac{V}{V_0} = \frac{Q}{Q_0} = \left(1 - \frac{1}{i} \frac{\partial h}{\partial x}\right)^{\frac{1}{2}} \tag{1}$$

となる.一方,洪水流では第1近似として (8・10),(8・11) 式より

$\dfrac{\partial h}{\partial t} = -\omega \dfrac{\partial h}{\partial x} = -\dfrac{5}{3} V_0 \dfrac{\partial h}{\partial x}$ が成り立つから,これを (1) 式に代入して

$$\frac{V}{V_0} = \frac{Q}{Q_0} = \left(1 + \frac{1}{i} \frac{3}{5V_0} \frac{\partial h}{\partial t}\right)^{\frac{1}{2}} \fallingdotseq \left(1 + \frac{1}{i} \frac{3}{5V_0} \frac{\Delta h}{\Delta t}\right)^{\frac{1}{2}}. \tag{2}$$

(2) 式より計算は各時間間隔の中点における水深および水位差を用い,表-8・2 のように計算する.得られた h と Q との関係は図-8・7 のようなループをえがく.なお,ピーク $\left(\dfrac{\partial h}{\partial t} = 0\right)$ の水深 $h = 4.9$ m における流量 Q は Q_0 に等しいことに注意されたい.

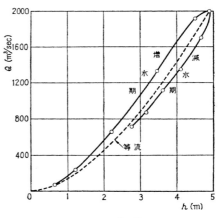

図-8・7

【8・6】 一地点における洪水が,増水し最高水位を経て減水する過程において,最大水深 $h_{\max}$,最大流量 $Q_{\max}$,最大流速 $V_{\max}$ および最大水面コウ配 $I_{\max}$ があらわれる時刻をそれぞれ t_h, t_Q, t_V および t_I とすると,それらの間に次の関係

$$t_I < t_V < t_Q < t_h$$

が存在することを示せ.ただし,$V = \dfrac{1}{n} h^{\frac{2}{3}} \left(i - \dfrac{\partial h}{\partial x}\right)^{\frac{1}{2}} = \dfrac{1}{n} h^{\frac{2}{3}} I^{\frac{1}{2}}$ とする.

8・3 洪　水　流

解 $V = \dfrac{1}{n} h^{\frac{2}{3}} I^{\frac{1}{2}}$ および $Q = AV$ を t で微分すると

$$\frac{\partial V}{\partial t} = \frac{2}{3n} h^{-\frac{1}{3}} I^{\frac{1}{2}} \frac{\partial h}{\partial t} + \frac{1}{2n} h^{\frac{2}{3}} I^{-\frac{1}{2}} \frac{\partial I}{\partial t}. \tag{1}$$

$$\frac{\partial Q}{\partial t} = A \frac{\partial V}{\partial t} + V \frac{\partial A}{\partial t}. \tag{2}$$

また，(8・10) 式より $I = i - \dfrac{\partial h}{\partial x} = i + \dfrac{1}{\omega} \dfrac{\partial h}{\partial t}$. $\tag{3}$

（i） まず，水位（水深）が最高になった状態における諸量について考察する．(3) 式より増水期 $\left(\dfrac{\partial h}{\partial t} > 0\right)$ では $I > i$, ピーク $\left(\dfrac{\partial h}{\partial t} = 0\right)$ で $I = i$, 減水期 $\left(\dfrac{\partial h}{\partial t} < 0\right)$ で $I < i$ であるから，$\dfrac{\partial h}{\partial t} = 0$ のとき $\dfrac{\partial I}{\partial t} < 0$, すなわち水面コウ配は水位が最高に達したとき，すでに減少期に入っていることがわかる．また，(1) 式で $\dfrac{\partial h}{\partial t} = 0$ とおくと $\dfrac{\partial I}{\partial t} < 0$ より $\dfrac{\partial V}{\partial t} < 0$ を得る．これは水位が最高に達したとき，流速はすでに減少状態にあり，したがって水位のピークより流速のピークが早くあらわれることを示す(図-8・8)．次に，(2) 式より $\dfrac{\partial A}{\partial t} = 0$ のときには $\dfrac{\partial V}{\partial t} < 0$ より $\dfrac{\partial Q}{\partial t} < 0$. これは水位が最高に達したとき流量はすでに減少状態にあり，$t_Q < t_h$ なることを意味する．

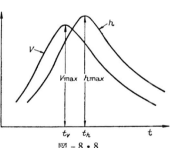

図-8・8

（ii） 流速が最大になった状態 $\dfrac{\partial V}{\partial t} = 0$ を考えると，(i) の考察より V のピークは h のピークに先行するから，$\dfrac{\partial V}{\partial t} = 0$ のとき $\dfrac{\partial h}{\partial t} > 0$ (図-8・8)．故に (1) 式より $\dfrac{\partial V}{\partial t} = 0$ のとき $\dfrac{\partial I}{\partial t} < 0$ となり，$V_{\max}$ があらわれる時には I は減少状態にある．したがって $t_I < t_V$ なることが示された．

さらに (2) 式において $\dfrac{\partial V}{\partial t} = 0$ のとき $\dfrac{\partial A}{\partial t} > 0$ より $\dfrac{\partial Q}{\partial t} > 0$. これは $V_{\max}$ があらわれるときには，流量はなお増加状態にあり，$t_V < t_Q$ なることを示す．以上を総合すると

$t_I < t_V < t_Q < t_h.$

8・3・2　洪水波高およびピーク流量の減衰

運動方程式を近似的に等流でおきかえて得られる洪水波の解 (8・11) 式は，伝播速度 ω については十分実際に近い値を与える反面，波高の減衰がなく最大水深やピーク流量は一定のまま伝播する点で実際と合わない．波高の減衰法則については林教授[*]などの研究があり，速水教授[**]が分り易く解説されている．理論の概要と結果を要約すると次のようである．

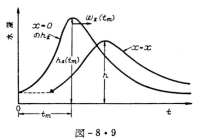

図 - 8・9

簡単のため広矩形水路を考え，運動方程式を次の形

$$\frac{n^2 V^2}{h^{4/3}} - i = -L(x,t), \quad L(x,t) = \frac{1}{g}\frac{\partial V}{\partial t} + \frac{\partial}{\partial x}\left(\frac{V^2}{2g}\right) + \frac{\partial h}{\partial x} \quad (8・12)$$

に書くと $V = \frac{1}{n} h^{\frac{2}{3}} (i-L)^{\frac{1}{2}}$ である．これを連続の式 $\frac{\partial h}{\partial t} + \frac{\partial (hV)}{\partial x} = 0$ に代入すると

$$\frac{\partial h}{\partial t} + \frac{5}{3} V \frac{\partial h}{\partial x} = \frac{hV}{2(i-L)}\frac{\partial L}{\partial x} \quad (8・13)$$

となる．上の式は $\frac{dx}{dt} = \frac{5}{3}V$ なる速度にのって見たときの，h の時間的変化が右辺に等しいことを示すから (上巻 p. 257 註)，

特性曲線：$\frac{dx}{dt} = \frac{5}{3}V$ 上において， $\quad (8・14)$

$$\frac{dh}{dt} = \frac{hV}{2(i-L)}\frac{\partial L}{\partial x} \quad (8・15)$$

が成り立つ．(8・14) 式によって (8・15) 式を変形すると

$$\frac{dh}{dx} = \frac{3}{10}\frac{h}{(i-L)}\frac{\partial L}{\partial x}. \quad (8・16)$$

初期条件 $x = 0$ で $h = h_*(t)$ なることを考慮して積分すると

$$h = h_*(t)\exp\int_0^x \frac{3}{10(i-L)}\frac{\partial L}{\partial x}dx. \quad (8・17)$$

---

[*]　林泰造：Mathematical Theory of Flood Wave, Proc. 1st Japan Nat. Congr. for App. Mech. 1951, (1952)
[**]　速水頌一郎：洪水流について，水工学の最近の進歩，土木学会，昭. 28

8・3 洪 水 流

上の式の右辺には L の中に未知関数 h が含まれているので，上式は解ではない．しかし，L を微小量として無視した場合，第1近似解として (8・11) 式が得られているので，(8・17) 式における被積分関数を h の第1近似解によって表わす方法が考えられる．この方法はとくに水深や流速の変化が少ない洪水波頂付近で近似度が高く，計算の結果，最大水深 h の減衰法則は次のようになる（例題 8・7）．

$$h = h_*(t_m) \exp \frac{3\,\ddot{h}_*(t_m)x}{10 i [\omega_*(t_m)]^2}. \tag{8・18}$$

ここに，$h_*(t_m)$ は境界条件地点 $x=0$ の最大水深，$\ddot{h}_*(t_m)$ は $x=0$ の洪水波頂における曲率，$\omega_*(t_m)$ は $x=0$ における 洪水波頂の伝播速度で $\omega_*(t_m) = \dfrac{5}{3}\dfrac{1}{n}\{h_*(t_m)\}^{\frac{2}{3}} i^{\frac{1}{2}}$ である．

(8・18) 式において $\ddot{h}_*(t_m)$ は常に負であるから，i, $\omega_*(t_m)$ が小さいほど，また $|\ddot{h}(t_m)|$ が大きい（ピークが鋭い）ほど水深の減衰が著るしいことがわかる．

例　　題　(73)

【8・7】※　洪水流における最大水深 h の減衰は (8・18) 式で与えられることを示せ．

解　境界条件地点 $x=0$ において最大水深の起る時間を t_m とすると，第1近似解 (8・11) 式において，$x=0$，$t=t_m$ で $h=h_*(t_m)$ にする解は

$$h = h_*\!\left(t_m + t - \frac{x}{\omega_*}\right), \quad \omega_* = \frac{5}{3}\frac{1}{n}\{h_*(t_m)\}^{\frac{2}{3}} i^{\frac{1}{2}}. \tag{1}$$

ただし，上式の t は $x=0$ において最大水深 $h_*(t_m)$ が起った時刻を基準として，新しく測った時間である．

(1) 式を t_m を中心としてテーラー展開すると，$\dot{h}_*(t_m) = \dfrac{\partial h_*(t_m)}{\partial t} = 0$ なることを考慮して

$$h = h_*(t_m) + \frac{\ddot{h}_*(t_m)}{2!}\left(t - \frac{x}{\omega_*}\right)^2 + \cdots\cdots. \tag{2}$$

また，$V_*(t_m) = \dfrac{1}{n}\{h_*(t_m)\}^{\frac{2}{3}} i^{\frac{1}{2}}$ として

$$V = \frac{1}{n}h^{\frac{2}{3}} i^{\frac{1}{2}} = V_*(t_m)\left[1 + \frac{\ddot{h}_*(t_m)}{2h_*(t_m)}\left(t - \frac{x}{\omega_*}\right)^2 + \cdots\cdots\right]^{\frac{2}{3}}$$

$$= V_*(t_m)\left[1 + \frac{1}{3}\frac{\ddot{h}_*(t_m)}{h_*(t_m)}\left(t - \frac{x}{\omega_*}\right)^2 + \cdots\cdots\right]. \tag{3}$$

一方，最大水深の流路方向の変化は次の式

$$h = h_*(t_m)\exp\int_0^x \frac{3}{10(i-L)}\frac{\partial L}{\partial x}dx \tag{8・17}$$

で表わされるから，右辺の被積分関数に第1近似値 (2) および (3) を代入する．まず

$$L = \frac{\partial h}{\partial x} + \frac{1}{g}\frac{\partial V}{\partial t} + \frac{1}{2g}\frac{\partial V^2}{\partial x} = -\frac{\ddot{h}_*(t_m)}{\omega_*}\left(t - \frac{x}{\omega_*}\right)$$

$$+ \frac{V_*(t_m)}{g}\frac{2\ddot{h}_*(t_m)}{3h_*(t_m)}\left(t - \frac{x}{\omega_*}\right) - \frac{V_*^2}{g}\frac{2\ddot{h}_*(t_m)}{3h_*(t_m)\cdot\omega_*}\left(t - \frac{x}{\omega_*}\right)$$

$$= \left(t - \frac{x}{\omega_*}\right)\left[-\frac{\ddot{h}_*(t_m)}{\omega_*} + \frac{V_*}{g}\frac{2\ddot{h}_*(t_m)}{3h_*(t_m)}\left(1 - \frac{V_*}{\omega_*}\right)\right]$$

$$\fallingdotseq 0 \quad \left(\because\ t - \frac{x}{\omega_*} \fallingdotseq 0\right).$$

$$\frac{\partial L}{\partial x} = \ddot{h}_*(t_m)\left[\frac{1}{\omega_*^2} - \frac{1}{gh_*(t_m)}\frac{V_*}{\omega_*}\frac{2}{3}\left(1 - \frac{V_*}{\omega_*}\right)\right]$$

$$= \frac{\ddot{h}_*(t_m)}{\omega_*^2}\left[1 - \frac{12}{75}\frac{\omega_*^2}{gh_*(t_m)}\right] \quad \left(\because\ \frac{V_*}{\omega_*} = \frac{3}{5}\right).$$

普通の河川では $1 > \dfrac{12}{75}\dfrac{\omega_*^2}{gh_*(t_m)} = \dfrac{4}{9}\dfrac{V_*^2(t_m)}{gh_*(t_m)}$ であるから，$L \fallingdotseq 0$, $\dfrac{\partial L}{\partial x}$

$\fallingdotseq \dfrac{\ddot{h}_*(t_m)}{\omega^2_*}$ を (8・17) 式の被積分関数に入れると，直ちに (8・18) 式が得られる．

　（註）　上の証明からフルード数 $(V/\sqrt{gh})$ の小さい普通河川の洪水流は運動方程式の加速度項を無視し，$V = \dfrac{1}{n}h^{\frac{2}{3}}\sqrt{i - \dfrac{\partial h}{\partial x}}$ によって取り扱ってよいことがわかる．なお，(8・18) 式は $x \to \infty$ で $h \to 0$ となるから，x があまり大きいと用いられない．

〔類　題 1.〕　　抵抗法則に Chézy 式を用いたとき，最大水深の減衰が次式

$$h = h_*(t_m)\exp\frac{\ddot{h}(t_m)}{3i\omega_*^2}x$$

で表わされることを示せ．ただし，広矩形水路とし，加速度項は無視してよい．

〔類　題 2.〕　　ある地点における洪水流のピーク流量を $Q_*(t_m)$，その曲率を $\ddot{Q}_*(t_*)$ とするとき，それより x だけ下流地点のピーク流量は

$$Q = Q_*(t_m)\exp\left[\frac{3h_*(t_m)}{10i\omega_*^2}\frac{\ddot{Q}_*(t_m)}{Q_*(t_m)}x\right] \tag{1}$$

で表わされることを示せ．ただし，広矩形水路とし，加速度項は無視されるとする．

　略解　　単位幅流量 q を用いて運動方程式を書き直すと，加速度項を無視して

$$q = \frac{1}{n}h^{\frac{5}{3}}\left(i - \frac{\partial h}{\partial x}\right)^{\frac{1}{2}}, \quad \text{または} \quad h = \left[nq\left(i - \frac{\partial h}{\partial x}\right)^{-\frac{1}{2}}\right]^{\frac{3}{5}}. \tag{2}$$

連続の式 $\dfrac{\partial h}{\partial t} + \dfrac{\partial q}{\partial x} = 0$ に (2) 式を代入して整理すると

$$\frac{\partial q}{\partial t}+\frac{5}{3}V\frac{\partial q}{\partial x}=-\frac{q}{2\left(i-\dfrac{\partial h}{\partial x}\right)}\frac{\partial}{\partial t}\left(\frac{\partial h}{\partial x}\right).$$

上の式を特性曲線表示し，$x=0$ で $q=q_*(t)$ として積分すると $(8\cdot17)$ 式に対応して

$$q=q_*(t)\exp\int_0^x\frac{-3}{10\left(i-\dfrac{\partial h}{\partial x}\right)V}\frac{\partial}{\partial t}\left(\frac{\partial h}{\partial x}\right)dx. \tag{3}$$

ピーク流量の付近を考え，(3) 式の被積分関数を第 1 近似 $q=q_*\left(t_m+t-\dfrac{x}{\omega_*}\right)$ で表わす．まず

$$q_*=q_*(t_m)+\frac{\ddot{q}_*(t_m)}{2}\left(t-\frac{x}{\omega_*}\right)^2+\cdots\cdots.$$

また $h_*(t_m)=\left\{nq(t_m)i^{-\frac{1}{2}}\right\}^{\frac{3}{5}}$ とおいて

$$h=\left(nqi^{-\frac{1}{2}}\right)^{\frac{3}{5}}=h_*(t_m)\left\{1+\frac{3}{10}\frac{\ddot{q}_*(t_m)}{q_*(t_m)}\left(t-\frac{x}{\omega_*}\right)^2+\cdots\cdots\right\}$$

$$\therefore\ \frac{\partial h}{\partial x}=0,\quad \frac{\partial}{\partial t}\left(\frac{\partial h}{\partial x}\right)=-\frac{3}{5}\frac{h_*(t_m)}{\omega_*}\frac{\ddot{q}_*(t_m)}{q_*(t_m)}. \tag{4}$$

(4) 式および $V\fallingdotseq V_*(t_m)=\dfrac{3}{5}\omega_*$ を (3) 式の右辺に代入し，$Q=bq$ とおくと (1) 式を得る．

【**8・8**】 ある河川の A 地点で洪水中の最大水深 **4.6 m** が午前 8 時にあらわれ，その前後 1 時間における水深はそれぞれ 3.2 m および 4.1 m であった．そこより下流 20 km の B 地点の最大水深およびそれが起る時刻を求めよ．また，同地点のピーク流量を求めよ．ただし，河川の平均幅は 200 m，河川コウ配は 1/2000，粗度係数は 0.028 とする．

解 水位・時間曲線に 2 次式を仮定して曲率を求め，$(8\cdot11)$ 式に適用する．

A 地点で水深のピークが現われた時刻を $t=0$ とし，$h_*=at^2+bt+c$ とおく．$t=0$ において $h_*=4.6\,\mathrm{m}$，$t=-1\,\mathrm{hr}$ で $h_*=3.2\,\mathrm{m}$，$t=1\,\mathrm{hr}$ で $h_*=4.1\,\mathrm{m}$ を代入して，係数 a, b, c を決めると

$$h_*=-0.95\,t^2+0.45\,t+4.6.\quad (h:\mathrm{m},\ t:\mathrm{hr}) \tag{1}$$

(1) 式よりピークにおける曲率は

108 　　　　　　　　第 8 章　開水路の不定流

$$\ddot{h}_*(t_m) = \left(\frac{\partial^2 h}{\partial t^2}\right)_{t=0} = -1.90\,\text{m/hr}^2 = -\frac{1.90}{12.96\times10^6}\,\text{m/sec}^2.\quad(2)$$

$$\omega_*(t_m) = \omega_*(t=0) = \frac{5}{3}V_*(t=0) = \frac{5}{3}\frac{1}{n}\left\{h_*(0)\right\}^{\frac{2}{3}}i^{\frac{1}{2}}$$

$$= \frac{5}{3}\times\frac{1}{0.028}\times(4.6)^{\frac{2}{3}}\times\left(\frac{1}{2000}\right)^{\frac{1}{2}} = 3.68\,\text{m/sec}.\quad(3)$$

$i=1/2000$, $x=20\times10^3$ m および (2), (3) を (8・18) 式に代入すると，B 地点におけるピーク水深は

$$h = h_*(0)\exp\frac{3\,\ddot{h}_*(0)x}{10\,i[\omega_*(0)]^2} = 4.6\exp\frac{-3\times\dfrac{1.90}{12.96\times10^6}\times20\times10^3}{10\times\dfrac{1}{2000}\times(3.68)^2}$$

$$= 4.6\exp(-0.130) = \underline{4.04\,\text{m}}.$$

次に，B 地点のピーク流量 Q は，例題 8・5 の (2) 式より

$$Q = bhV = 200\times4.04\times\frac{1}{0.028}(4.04)^{\frac{2}{3}}\times\left(-\frac{1}{2000}\right)^{\frac{1}{2}}$$

$$= 808\times2.03 = \underline{1638\,\text{m}^3/\text{sec}}.$$

B 地点の洪水波の伝播速度は $\omega = \dfrac{5}{3}V = \dfrac{5}{3}\times2.03 = 3.38\,\text{m/sec}$ である．

故に，20 km 区間内の洪水波の平均伝播速度 ω_m は両端の値の平均値で与えられるとすると

$$\omega_m \fallingdotseq \frac{\omega_*(0)+\omega}{2} = \frac{3.68+3.38}{2} = 3.53\,\text{m/sec}.$$

故に，ピークが起る時刻 T は

$$T \fallingdotseq \frac{20\times10^3}{\omega_m} = \frac{20\times10^3}{3.53}\,\text{sec} = \underline{1.57\,\text{hr}}.$$

〔**類　題**〕　　前の例題の河川で A 地点のピーク流量は 1900 m³/sec，それより前後 1 時間の流量がそれぞれ 1300 m³/sec および 1700 m³/sec とする．下流 20 km の B 地点のピーク流量を求めよ．

　略解　　A 地点のピーク流量時の時刻を $t=0$ として，Q_* を 2 次式で表わすと

$$Q_* = -400\,t^2+200\,t+1900,\quad(Q:\text{m}^3/\text{sec},\ t:\text{hr})$$

$$\therefore\ \ddot{Q}_*(t_m) = \left(\frac{\partial^2 Q_*}{\partial t^2}\right)_{t=0} = -800\frac{\text{m}^3/\text{sec}}{\text{hr}^2} = -\frac{800}{12.96\times10^6}\frac{\text{m}^3}{\text{sec}^3}.$$

例題 8・7 の 類題 2 の (1) 式において

$$h_*(0) = \left\{\frac{nQ_*(0)}{b\sqrt{i}}\right\}^{\frac{3}{5}} = \left\{\frac{0.028 \times 1900}{200\sqrt{1/2000}}\right\}^{\frac{3}{5}} = 4.42 \text{ m},$$

$$V_*(0) = \frac{Q_*(0)}{bh_*(0)} = \frac{1900}{200 \times 4.42} = 2.15 \text{ m/sec}, \quad \omega_* = \frac{5}{3}V_*(0) = 3.58 \text{ m/sec},$$

$i = 1/2000$, $x = 20 \times 10^3$ であるから

$$Q = 1900 \exp\left\{\frac{-3 \times 4.42 \times \dfrac{800}{12.96 \times 10^6} \times 20 \times 10^3}{10 \times \dfrac{1}{2000} \times (3.58)^2 \times 1900}\right\}$$

$$= 1900 \exp(-0.134) = 1662 \text{ m}^3/\text{sec}.$$

8・4 微小振幅理論による感潮河川の流れ

　水位および流速が河口の潮汐の影響を受けて周期的に変化する河川を感潮河川 (Tidal river) という．洪水流などの流れと感潮河川との本質的な差異は，前者が与えられた初期条件と境界条件に応ずる流れであるのに対し，後者の流れは初期条件が与えられず，下流端における河口条件に応ずる定常振動解として表わされることである．

　河川潮汐の研究には，微小振幅理論による楠博士や岡本氏の解および特性曲線法などによる数値計算法がある．数値計算法は河幅や水深が複雑に変化する一般断面形の河川に適用できる反面，計算がきわめて複雑であるから，ここでは感潮河川の特性と微小振幅理論による取扱方法を理解する意味で，岡本氏* の解を紹介する．

　感潮河川の基礎方程式は連続の式 (8・1) および運動方程式 (8・2) であるが，下流端において境界条件が与えられているので，便宜上河口を原点とし上流に向って x 軸をとり，その方向の速度を V とする（図 -8・10）．簡単のため，一

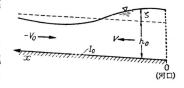

図 -8・10

---

*) 岡本元治郎：河川における潮汐，地球物理，4 巻，(1940)
　野満・瀬野著：新河川学，地人書館，p. 105〜112 に詳しく紹介されている．

様幅の広矩形水路とすると $(8 \cdot 1)$, $(8 \cdot 2)$ 式はそれぞれ次のようになる[*].

$$\frac{\partial h}{\partial t} + \frac{\partial (hV)}{\partial x} = 0. \qquad (8 \cdot 19)$$

$$\frac{\partial V}{\partial t} + V \frac{\partial V}{\partial x} = -gI_0 - g\frac{\partial h}{\partial x} - \frac{g|V|V}{C^2 h}. \qquad (8 \cdot 20)$$

ただし，I_0 は底コウ配であって，後に出る虚数記号 i とまぎらわしくないように本節に限りこの記号を用いる.

ここで，解析的な解を求めるために次のような仮定を設ける．まず，抵抗の項は

$$\frac{g|V|V}{C^2 h} = fV \qquad (8 \cdot 21)$$

とおき，そのための誤差が小さくなるように f の値をきめる.

次に，感潮河川の流れを，固有流速 $-V_0$，水深 h_0 の等流状態に潮汐の振動 v, ζ が加わったものと考え

$$V = v - V_0, \qquad h = h_0 + \zeta \qquad (8 \cdot 22)$$

とおいて，流速，水深を定常流と潮汐の寄与の分とに分ける．さらに，微小振幅理論としての取扱いから，変動部分は定常部分にくらべてかなり小さく，$|v| \ll V_0$, $|\zeta| \ll h_0$ と仮定して微小量の 2 次以上の項を無視する.

これらの仮定のもとに，$(8 \cdot 22)$ 式を $(8 \cdot 19)$, $(8 \cdot 20)$ 式に代入し，定常流では

$$fV_0 = gI_0 \qquad (8 \cdot 23)$$

が成り立つことを考慮すると，基礎方程式は次のようになる.

$$\left.\begin{array}{l} \dfrac{\partial \zeta}{\partial t} + h_0 \dfrac{\partial v}{\partial x} - V_0 \dfrac{\partial \zeta}{\partial x} = 0. \\[2mm] \dfrac{\partial v}{\partial t} - V_0 \dfrac{\partial v}{\partial x} = -g\dfrac{\partial \zeta}{\partial x} - fv. \end{array}\right\} \qquad (8 \cdot 24)$$

境界条件は，河口 $x = 0$ において潮汐の周期 $T = \dfrac{2\pi}{\sigma}$，振幅を a として

$$\zeta_{x=0} = a \cos \sigma t \qquad (8 \cdot 25)$$

---

[*]　流れ方向に x 軸をとった $(8 \cdot 1)$, $(8 \cdot 2)$ 式において $\dfrac{\partial}{\partial x} = -\dfrac{\partial}{\partial x'}$, $V = -V'$ とおくと，上流側に向って x' 軸をとった式となる．x', V' を再び x, V と書きかえたものが $(8 \cdot 19)$, $(8 \cdot 20)$ 式である.

8・4 微小振幅理論による感潮河川の流れ

なる潮汐があり，はるか上流では潮汐は全く減衰して

$$\zeta_{x=\infty} = 0. \tag{8・26}$$

感潮河川の v および ζ は T を周期として振動するから，定常振動解を求めるために解の形を複素数表示で

$$v = R[\phi(x)e^{i\sigma t}], \quad \zeta = R[\varPsi(x)e^{i\sigma t}] \tag{8・27}$$

と書く*．(8・27) 式を (8・24)～(8・26) 式に代入すると $\phi(x)$, $\varPsi(x)$ の満すべき方程式および境界条件は次のようになる．

$$i\sigma\varPsi(x) - V_0\frac{d\varPsi}{dx} = -h_0\frac{d\phi}{dx}. \tag{8・28}$$

$$(f+i\sigma)\phi(x) - V_0\frac{d\phi}{dx} = -g\frac{d\varPsi}{dx}. \tag{8・29}$$

$$\varPsi_{x=0} = a, \quad \varPsi_{x=\infty} = 0. \tag{8・30}$$

(8・28)，(8・29) 式より ϕ を消去して得られる $\varPsi$ に関する微分方程式

$$\frac{d^2\varPsi}{dx^2} + \frac{V_0(f+2\,i\sigma)}{gh_0 - V_0{}^2}\frac{d\varPsi}{dx} + \frac{\sigma^2 - if\sigma}{gh_0 - V_0{}^2}\varPsi = 0$$

から，境界条件 (8・30) 式を満す解を求め，$\varPsi(x)e^{i\sigma t}$ の実数部を計算すると河川潮汐は次の式で与えられる**．

$$\zeta = ae^{-\alpha_1 x}\cos(\sigma t - \beta_1 x). \tag{8・31}$$

ここに，α_1, β_1 は等流のフルード数を $F_0 = \dfrac{V_0}{\sqrt{gh_0}}$ として

$$\left.\begin{aligned}
\alpha_1 &= \frac{1}{2(1-F_0{}^2)}\Bigg[\frac{V_0}{gh_0}f \\
&\quad + \frac{1}{\sqrt{gh_0}}\sqrt{\frac{1}{2}\left\{(F_0{}^2f^2 - 4\,\sigma^2)^2 + (4\,f\sigma)^2\right\}^{\frac{1}{2}} + \frac{1}{2}\left(F_0{}^2f^2 - 4\,\sigma^2\right)}\,\Bigg], \\
\beta_1 &= \frac{1}{2(1-F_0{}^2)}\Bigg[\frac{2\,V_0\sigma}{gh_0} \\
&\quad + \frac{1}{\sqrt{gh_0}}\sqrt{\frac{1}{2}\left\{(F_0{}^2f^2 - 4\,\sigma^2)^2 + (4\,f\sigma)^2\right\}^{\frac{1}{2}} - \frac{1}{2}\left(F_0{}^2f^2 - 4\,\sigma^2\right)}\,\Bigg].
\end{aligned}\right\} \tag{8・32}$$

---

*) (8・27) 式の形式は定常振動解を求める常とう的なもので，$R[\;\prime\prime\;]$ は〔$\prime\prime$〕内の実数部をとることを示す．なお，$e^{i\sigma t} = \cos\sigma t + i\sin\sigma t$ (i：純虚数) であるから $R[e^{i\sigma t}] = \cos\sigma t$.

**) 野満・瀬野：新河川学，p. 107～108　解法は例題12・25 (p. 322) に似ている．

112　　　　　　　第 8 章　開水路の不定流

潮流は Ψ の値を (8・28) 式に代入して ϕ を求めると次式で与えられる.

$$v = \frac{r_1 a}{h_0} e^{-\alpha_1 x} \cos(\sigma t - \beta_1 x + \theta). \tag{8・33}$$

$$\left.\begin{array}{l} r_1 = \sqrt{\left(V_0 + \dfrac{\sigma\beta_1}{\alpha_1{}^2 + \beta_1{}^2}\right)^2 + \left(\dfrac{\sigma\alpha_1}{\alpha_1{}^2 + \beta_1{}^2}\right)^2}, \\[4mm] \theta = \tan^{-1}\dfrac{\sigma\alpha_1/(\alpha_1{}^2 + \beta_1{}^2)}{V_0 + \{\sigma\beta_1/(\alpha_1{}^2 + \beta_1{}^2)\}}. \end{array}\right\} \tag{8・34}$$

例　　題 (74)

【8・9】　川幅 200 m, 底コウ配 1/5000, 粗度係数 $n = 0.025$ の感潮河川に 900 m³/sec の固有流量が流れている. 河口における潮汐の振幅が 0.8 m, 周期が 11.5 時間とするとき, (a) 潮流と潮位の位相差 (時間) および河口における潮流の振幅を求めよ. また, (b) 河口より 10 km 上流の地点における水深・時間曲線, 流速・時間曲線を求めよ.

解　(8・31), (8・33) 式における α_1, β_1, r_1 および θ を計算するために, まず下のような準備計算を行なう.

潮汐がない場合の等流水深 h_0, 固有流速 V_0 は Manning 式を用いて

$$h_0 = \left(\frac{nQ}{b\sqrt{i}}\right)^{\frac{3}{5}} = \left(\frac{0.025 \times 900}{200 \times \sqrt{1/5000}}\right)^{\frac{3}{5}} = 3.47\ \text{m}, \qquad V_0 = \frac{Q}{bh_0} = 1.30\ \text{m/sec}.$$

$$\therefore \quad gh_0 = 34.0, \quad \sqrt{gh_0} = 5.83\ \text{m/sec}, \quad F_0{}^2 = \frac{V_0{}^2}{gh_0} = 0.0497.$$

次に抵抗係数 f は (8・23) 式より

$$f = \frac{gI_0}{V_0} = \frac{9.8 \times 1/5000}{1.30} = 1.51 \times 10^{-3}\ \text{sec}^{-1}.$$

一方, σ は潮汐の周期 $T = 11.5$ hr より

$$\sigma = \frac{2\pi}{T} = \frac{2\pi}{11.5 \times 60 \times 60} = 0.1518 \times 10^{-3}\ \text{sec}^{-1}.$$

以上の数値を (8・32) 式に入れて α_1, β_1 を求める. まず,

$$F_0{}^2 f^2 - 4\sigma^2 = 0.0497 \times 1.51^2 \times 10^{-6} - 4 \times (0.1518)^2 \times 10^{-6}$$
$$= 0.0202 \times 10^{-6}.$$

$$\frac{1}{2}\left\{(F_0{}^2 f^2 - 4\sigma^2)^2 + (4f\sigma)^2\right\}^{\frac{1}{2}} = \frac{1}{2}\left\{(0.0202)^2 \times 10^{-12}\right.$$

$$\left. + (4 \times 1.51 \times 0.1518)^2 \times 10^{-12}\right\}^{\frac{1}{2}} = 0.458 \times 10^{-6}$$

8・4 微小振幅理論による感潮河川の流れ

であるから

$$\alpha_1 = \frac{1}{2(1-0.0497)}\left[\frac{1.30}{34}\times1.51\times10^{-3}+\frac{1}{5.83}\sqrt{0.458\times10^{-6}+0.0101\times10^{-6}}\right]$$

$$= 0.920\times10^{-4},$$

$$\beta_1 = \frac{1}{2(1-0.0497)}\left[\frac{2\times1.3}{34}\times0.1518\times10^{-3}+\frac{1}{5.83}\sqrt{0.458\times10^{-6}-0.0101\times10^{-6}}\right]$$

$$= 0.660\times10^{-4}.$$

（a）　（8・34）式に上に求めた数値を入れる．$\alpha_1{}^2+\beta_1{}^2 = 1.282\times10^{-8}$,

$$\frac{\sigma\beta_1}{\alpha_1{}^2+\beta_1{}^2} = 0.781, \qquad \frac{\sigma\alpha_1}{\alpha_1{}^2+\beta_1{}^2} = 1.089 \text{ であるから}$$

$$r_1 = \sqrt{(1.30+0.781)^2+(1.089)^2} = 2.35 \text{ m/sec}, \qquad \tan\theta = 0.523.$$

故に，位相差は　$\theta = 0.482$ (radian)

したがって，河口 $x=0$ における潮流およびその振幅は

$$v_{x=0} = \frac{r_1 a}{h_0}\cos(\sigma t+\theta) = \frac{r_1 a}{h_0}\cos\left\{\frac{2\pi}{T}(t+t_0)\right\},$$

$$v_0 = \frac{r_1 a}{h_0} = \frac{2.35\times0.8}{3.47} = 0.542 \text{ m/sec}$$

となり，潮流が潮位より進む時間 t_0 は $\dfrac{2\pi t_0}{T} = \theta$ より

$$t_0 = \frac{\theta T}{2\pi} = \frac{0.482\times11.5}{2\pi} = 0.882 \text{ hr.}$$

（b）　10 km 上流地点では（8・31），（8・32）式において $x = 10\times10^3$ m とおくと，

$$\zeta_{x=0} = a\cos\frac{2\pi t}{T} = 0.8\cos\frac{2\pi t}{11.5} \quad (t : \text{hr})$$

に応ずる水深・流量は．$e^{-\alpha_1 x} = \exp(-0.92\times10^{-4}\times10\times10^3) = e^{-0.92} = 0.399$,

$\beta_1 x = 0.66$ であるから

$$h = h_0+\zeta = h_0+ae^{-\alpha_1 x}\cos\left(\frac{2\pi t}{T}-\beta_1 x\right)$$

$$= 3.47+0.8\times0.399\cos\left(\frac{2\pi}{11.5}t-0.66\right)$$

$$= 3.47+0.319\cos(0.5464\,t-0.66),$$

$$V = v-V_0 = \frac{r_1 a}{h_0}e^{-\alpha_1 x}\cos\left\{\frac{2\pi(t+t_0)}{T}-\beta_1 x\right\}-1.30$$

$$= 0.542\times0.399\cos\left\{\frac{2\pi(t+0.882)}{11.5}-0.66\right\}-1.30.$$

ただし，上の両式の左辺における t は (hr) である．$t=$ 0, 1, 2, ……11, 11.5 hr を上の両式に入れて ζ および v を計算し，得られた結果を図-8・11 に図示した．なお，式形および図より明らかなように，上流になるほど潮汐の振幅は小さく，位相も遅れる．また，同一地点においては，潮流の位相は潮位のそれより進む．

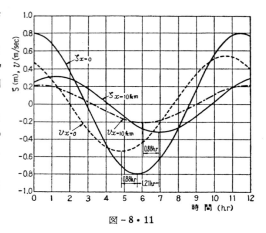

図 - 8・11

8・5 特性曲線法による不定流の図式解法

不定流の基礎方程式に近似を加えて得られる解析的な解は，現象の水理学的な性質を把握するにはきわめて有用であるが，実際の河川に起る現象を詳しく知るためには，運動方程式および連続の式をそのまま用い，個々の場合について数値計算を行なうことが望ましい．不定流の数値計算は一般にきわめて面倒であるが，特性曲線法による図式解法は比較的労力も少なく，しかも厳密解が得られる点で注目すべきものである．

簡単のため，水路断面は一様断面とする．運動方程式および連続の式は

$$\frac{\partial V}{\partial t}+V\frac{\partial V}{\partial x}+g\frac{\partial h}{\partial x}=g(i-I_f), \quad I_f=\frac{n^2V^2}{R^{4/3}}. \tag{8・35}$$

$$\frac{\partial A}{\partial t}+\frac{\partial Q}{\partial x}=0. \tag{8・36}$$

いま，流水断面積が水深の m 乗に比例すると仮定し，W を定数として $A=Wh^m$ とおくと (8・36) 式は次のようになる．

$$m\frac{\partial h}{\partial t}+h\frac{\partial V}{\partial x}+mV\frac{\partial h}{\partial x}=0. \tag{8・37}$$

ここで，水深 h の代りに次式

$$U=\sqrt{gh/m} \tag{8・38}$$

8・5 特性曲線法による不定流の図式解法 115

で定義される U を導入すると，

$$\frac{\partial U}{\partial x} = \frac{1}{2}\sqrt{\frac{g}{mh}}\frac{\partial h}{\partial x} = \frac{g}{2Um}\frac{\partial h}{\partial x}, \quad \frac{\partial U}{\partial t} = \frac{g}{2Um}\frac{\partial h}{\partial t}$$

であるから（8・35），（8・37）式はそれぞれ次のようになる．

$$\frac{\partial V}{\partial t} + V\frac{\partial V}{\partial x} + 2mU\frac{\partial U}{\partial x} = g(i-I_f). \tag{8・35'}$$

$$2m\frac{\partial U}{\partial t} + 2mV\frac{\partial U}{\partial x} + U\frac{\partial V}{\partial x} = 0. \tag{8・37'}$$

（8・35'）式＋（8・37'）式，および（8・35'）式−（8・37'）式 を作ると次式

$$\left\{\frac{\partial}{\partial t} + (V+U)\frac{\partial}{\partial x}\right\}(V+2mU) = g(i-I_f),$$

$$\left\{\frac{\partial}{\partial t} + (V-U)\frac{\partial}{\partial x}\right\}(V-2mU) = g(i-I_f)$$

が得られ，上の両式を特性曲線式で示すと次のようである．すなわち

特性曲線 C_1： $\dfrac{dx}{dt} = V+U$ 上において $\tag{8・39 a}$

$$\frac{d}{Dt}(V+2mU) = g(i-I_f). \tag{8・39 b}$$

特性曲線 C_2： $\dfrac{dx}{dt} = V-U$ 上において $\tag{8・40 a}$

$$\frac{d}{Dt}(V-2mU) = g(i-I_f). \tag{8・40 b}$$

なお，$I_f = n^2V^2/R^{\frac{4}{3}}$ は（8・38）式より R が U の関数であるから

$$I_f = n^2V^2/f(U) \tag{8・41}$$

（8・39），（8・40）式は古くマッソー（Massau）によって導かれたもので，以上のことから，h および V に関する不定流の基礎方程式（8・35），（8・36）を解く代りに，V および U を未知数とする特性曲線表示による2組の連立微分方程式の解を求めればよいことになる．

（8・39），（8・40）式の解は階差法によって，数値的，図式的に求めることが原理的に可能であり，常流すなわち（$V<U$）の場合について説明すると次のようである．

図-8・12に示す $x \sim t$ 面上で，図の P_u および P_d 点における U および V の値は既知として，P_u，P_d を出発した特性曲線 C_1，C_2 が P 点で交わる

ものとする.このとき,P 点の位置およびその点の U, V を求めるために,(8・39),(8・40) 式を階差式に直す.P_u, P_d 点の諸量にそれぞれ添字 u, d をつけ図の記号を用いると (8・39 b) 式は

$$(V+2mU)-(V_u+2mU_u)$$
$$= g\left(i - \frac{I_{fu}+I_f}{2}\right)\Delta t_u$$
$$= K_u \Delta t_u + K\Delta t_u.$$

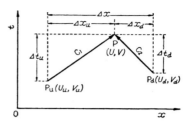

図 - 8・12

ここに $K = (i-I_f)g/2 = \left(i - \dfrac{n^2 V^2}{f(U)}\right)\dfrac{g}{2}$ 　　　　　　(8・42)

で,K_u は P_u 点における K の値,すなわち,$K_u = \left(i - \dfrac{n^2 V_u^2}{f(U_u)}\right)\dfrac{g}{2}$ である.

同様にして (8・39),(8・40) 式を階差式で示すと

$$\Delta x_u = (V_u + U_u + V + U)\Delta t_u/2. \qquad (8・43)$$
$$V + 2mU - K\Delta t_u = V_u + 2mU_u + K_u \Delta t_u. \qquad (8・44)$$
$$\Delta x_d = (V_d - U_d + V - U)\Delta t_d/2. \qquad (8・45)$$
$$V - 2mU - K\Delta t_d = V_d - 2mU_d + K_d \Delta t_d. \qquad (8・46)$$

以上の 4 式の他に,P_u, P_d 点の位置が与えられていることから,$\Delta x = \Delta x_u - \Delta x_d$ (∵ $V<U$ であるから Δx_d は常に負) および ($\Delta t_u - \Delta t_d$) の値が既知である.以上 6 個の関係から P 点の位置を決める Δt_u, Δx_u および P 点における V, U を求めることができる.

この階差式の計算についてはクラヤ (Craya)*,リン (Lin)**,上田博士*** などによっていろいろの技巧が提案され,数値計算の簡単化が試みられている.これらの諸方法のうち,最近提案された上田の方法は境界条件地点以外では試算法を用いる必

---

*) A. Craya: Calcul graphique des régimes variables dans les canaux, La Houille Blanche, No. 1, Nov., 1945, No. 2, March, 1946

**) P. N. Lin: Numerical Analysis of Continuous Unsteady Flow in Open Channel, Trans. A.G.U., Vol. 33, (1952)

***) 上同年比古: 特性曲線法による不定流計算の簡易化,土木学会第 16 回年次学術講演会,昭.36-5

要がなく，計算労力がかなり節減されるので，以下その計算法について述べる．

（1） t 軸上以外の点における U, V の算定法　図-8・12 において，P_u, P_d を同じ時刻の点とすれば，$\Delta t_u = \Delta t_d = \Delta t$，また P_u, P_d 間の距離を Δx とする．
(8・44) 式 − (8・46) 式 より

$$U = \{V_u - V_d + 2m(U_u + U_d) + (K_u - K_d)\Delta t\}/4m. \tag{8・47}$$

(8・43) 式 − (8・45) 式 より

$$\Delta x = \Delta x_u - \Delta x_d = (2U + V_u - V_d + U_u + U_d)\Delta t/2. \tag{8・48}$$

$$\therefore \quad \Delta t = \frac{2\Delta x}{(2U + V_u - V_d + U_u + U_d)}. \tag{8・49}$$

これを (8・47) 式に入れて Δt を消去すれば，U の算定式を得る．

$$U = -\left(\frac{2m-1}{8m}\right)(V_u - V_d)$$
$$+ \frac{1}{2m}\sqrt{\left\{\left(\frac{2m+1}{4}\right)(V_u - V_d) + m(U_u + U_d)\right\}^2 + m\Delta x(K_u - K_d)}. \tag{8・50}$$

次に，(8・49) 式より Δt を求めると，(8・44) 式より V の算定式として次式を得る．ただし，$R = f(U)$ は P 点の値である．

$$V = \frac{R^{4/3}}{gn^2\Delta t}\left[-1 + \sqrt{1 + \frac{2gn^2}{R^{4/3}}\Delta t\left\{V_d + 2m(U - U_d) + \left(\frac{gi}{2} + K_d\right)\Delta t\right\}}\right]. \tag{8・51}$$

P 点の位置は，U, V が分れば (8・43) 式より Δx_u を，(8・49) 式より Δt を，求めて定められる．

（2） t 軸上の V または U の算定法　洪水流等では境界条件として，t 軸すなわち $x = 0$ における水深・時間曲線 $U(t)$ が与えられ，$V(t)$ は未知である．図-8・13 における t_1 点の U および特性曲線 C 上の U, V がすでに計算されているとき，t_1 点の V を求める計算には試算法を用いる，すなわち，まず Δt_d を仮定して，C 線上の P_d 点を求め，この点の U_d, V_d を用いて (8・51) 式より V を求め，(8・45) 式より Δx_d を計算する．Δx_d の計算値と図上の Δx_d とが一致したときの V が求めるものである．なお，V が与えられて U を求める場合にも，U の算定は上と同様である．

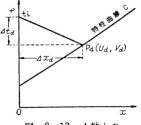

図-8・13　t 軸上の点の算定説明図

（3） 特性曲線による計算法　はじめ等流状態（流速 V_0，水深 h_0 または U_0）の

118   第8章 開水路の不定流

一様断面水路に，上流端から洪水が流入する場合を考え，t 軸上 ($x=0$) の U が与えられているものとする．このとき，前述の (1)，(2) の方法を適用して V および U（水深）を計算する手順を総括して述べる．

まず図 $-8\cdot14$（Ⅰ）の特性曲線 C_0（直線）を引く．この線上およびこの線の下側

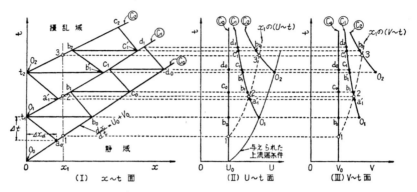

図 $-8\cdot14$ 特性曲線による不定流計算法

では，すべて V_0, U_0 である．図 $-8\cdot14$ の（Ⅱ），（Ⅲ）図の C_0 線はそれぞれ $U=U_0$, $V=V_0$ の直線となる．次に o_1 点 ($x=0$, $t=t_1$) を出発する特性曲線を求めるにあたり，C_0 線上の a_0 点の U, V は分っているから，o_1 点の V は (2) に説明した方法により求められる．ついで o_1 点より横軸に平行な線を引き，C_0 線との交点を b_0 とする．$\overline{o_1 b_0}$ を図上で測りこれを Δx とし，b_0 点の U, V と o_1 点の U, V とを用いて，(1) に説明した方法により C_1 線上の b_1 点の U, V および位置を求める．次に b_1 点より横軸に平行線 $b_1 c_0$ を引き同様にして c_1 点を求める．順次このようにして特性曲線 C_1 上の点が求まり，（Ⅱ），（Ⅲ）図の C_1 曲線が書ける．この曲線は o_2 点を出発する特性曲線 C_2 を求めるために必要な a_1', b_1', c_1', …… 点における U, V を知るのに用いる．このようにして t 軸上の点以外の点は trial なしに算定される．

図 $-8\cdot14$ が作成されれば，任意の地点 x_1 における U, $V \sim t$ 曲線は，（Ⅰ）図の x_1 における各特性曲線上の時刻を読みとり，（Ⅱ），（Ⅲ）図の相当する曲線上のそれぞれの時刻の点 1, 2, 3, ……… を結んで求められる．以上は河道が極めて長くて下流端には境界条件がない場合であるが，感潮河川などのように下流端で水位・時間曲線などの境界条件が与えられる場合にも，ほぼ同様にして求められる．

例 題 (75)

【$8\cdot10$】 幅 2 m，河床コウ配 1.34×10^{-3} の長い矩形断面一様水路が

8・5 特性曲線法による不定流の図式解法

ある．この水路の上流端を図-8・15 に示す実験用洪水波 ($x = 0$ m) が通過するとき，特性曲線法により 200 m 下流地点の水深・時間曲線および流量・時間曲線を求めよ．ただし，洪水の到達前の等流水深は 19.26 cm とし，水路の粗度係数 $n = 0.0208$ とする．

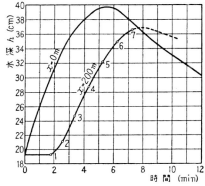

図 - 8・15

解 i) 等流時の V_0, U_0 の計算

$$V_0 = \frac{1}{n} R_0^{\frac{2}{3}} i^{\frac{1}{2}}$$

$$= \frac{1}{n} \left(\frac{bh_0}{b+2h_0} \right)^{\frac{2}{3}} i^{\frac{1}{2}}$$

$$= \frac{1}{0.0208} \left(\frac{2 \times 0.1926}{2 + 2 \times 0.1926} \right)^{\frac{2}{3}} (1.34 \times 10^{-3})^{\frac{1}{2}} = 0.522 \text{ m/sec.}$$

矩形断面であるから $A = Wh^m$ の m は 1 である．故に

$$U_0 = \sqrt{\frac{gh_0}{m}} = \sqrt{9.8 \times 0.1926} = 1.374 \text{ m/sec,}$$

$$\therefore \frac{dx}{dt} = V_0 + U_0 = 0.522 + 1.374 = 1.896 \text{ m/sec.} \tag{1}$$

ii) $x = 0$ における U の値　図-8・15 に $x = 0$ における h の値が与えられているので，$U = \sqrt{gh}$ により U に換算すると表-8・3 の値を得る．

表-8・3　$x = 0$ における U の値

時間 min	0	1	2	3	4	5	6	7	8
h(m)	0.1926	0.258	0.314	0.355	0.380	0.394	0.396	0.380	0.362
U(m/s)	1.374	1.590	1.753	1.866	1.929	1.966	1.970	1.929	1.883

iii) $V, U \sim K$ の計算

(8・41) 式より

$$I_f = \frac{n^2 V^2}{R^{4/3}} = \frac{n^2 V^2}{\left(\dfrac{h}{1+2h/b} \right)^{\frac{4}{3}}} = \frac{n^2 V^2}{\left(\dfrac{U^2}{g+U^2 \cdot 2/b} \right)^{\frac{4}{3}}}.$$

この I_f を $(8・42)$ 式に代入して

$$K = \frac{g}{2}(i-I_f) = \frac{g}{2}i - \frac{g}{2}\frac{n^2V^2}{\left(\dfrac{U^2}{g+U^2\cdot 2/b}\right)^{\frac{4}{3}}}. \qquad (2)$$

(2) 式に各数値を入れると

$$K = 6.57\times 10^{-3} - 2.12\times 10^{-3}V^2\left(\frac{9.8+U^2}{U^2}\right)^{\frac{4}{3}}. \qquad (3)$$

準備計算として (3) 式により，V, U の種々な値に対して K を計算すると図-8・16を得る．

iv) 特性曲線による計算に必要な各式 $m=1$ を入れて計算に用いる式を書き並べると，$(8・43), (8・45), (8・48), (8・49), (8・50), (8・51)$ 式より次の各式となる．

$$\Delta x_u = (V_u+U_u+V+U)\Delta t/2. \qquad (4)$$
$$\Delta x_d = (V_d-U_d+V-U)\Delta t/2. \qquad (5)$$
$$\Delta x = (2U+V_u-V_d+U_u+U_d)\Delta t/2. \qquad (6)$$
$$\Delta t = \frac{2\Delta x}{(2U+V_u-V_d+U_u+U_d)}. \qquad (7)$$

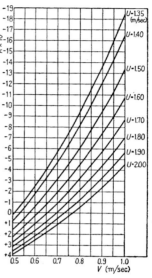

図-8・16

$$U = -\frac{1}{8}(V_u-V_d) + \frac{1}{2}\sqrt{\left\{\frac{3}{4}(V_u-V_d)+(U_u+U_d)\right\}^2 + \Delta x(K_u-K_d)}. \qquad (8)$$

$$V = \frac{R^{4/3}}{gn^2\Delta t}\left[-1+\sqrt{1+\frac{2gn^2}{R^{4/3}}\Delta t\left\{V_d+2(U-U_d)+\left(\frac{gi}{2}+K_d\right)\Delta t\right\}}\right]. \qquad (9)$$

v) C_1 線上の計算　C_1 線上の各点を $x=0$, $t_1=60$ sec の o_1 点から出発して，図-8・14（Ⅰ）の b_1, c_1, d_1, e_1 点を順次求める．

そのまえに，まず o_1 点における V を，t 軸上の V の算定法に従い trial で計算する．表-8・3 より $U=1.590$ m/sec である．$0<\Delta t<t_1=60$ sec の範囲内で Δt をいろいろに変えて，a_0 点（(Ⅰ)図）までの水平距離 Δx_d を図上で実測する．次にこの a_0 点の $U_0=1.374$, $V_0=0.522$ を用いて (9) 式により V を計算し，続いて (5) 式により Δx_d を計算し，これが先に図上で測った値と一致するまで Δt を変えて trial をくり返す．表-8・4 に計算過程を示し，求める V は $V=0.779$ m/sec．

8・5 特性曲線法による不定流の図式解法

表 – 8・4　o_1 点における V の計算

U	Δt	$\|\Delta x_d\|$ の図上読取値	V_d	U_d	(9) 式による V	(5) 式による $\|\Delta x_d\|$
1.590	42.0	38.2	0.522	1.374	0.783	34.8
1.590	43.0	37.5	〃	〃	0.781	35.7
1.590	44.0	36.6	〃	〃	0.779	36.6

次に，o_1 点から水平線を引き，C_0 線との交点を b_0 とする．$\overline{o_1 b_0}$ を図上で測って Δx とし，o_1 点の V_u，U_u，b_0 点の V_d，U_d はいずれも既知であるから，(8) 式により b_1 点の U を，(7) 式により Δt を計算する．次に，(9) 式より b_1 点の V を計算し，(4) 式により Δx_u を求めると，b_1 点の位置および V，U が算定される．以下同様にして c_1，d_1，e_1……… 各点の U，Δt，V，Δx_u を表 – 8・5 (次ページ)に示すように計算する．

表 – 8・4，8・5 の計算結果を図 – 8・17 の $x \sim t$ 面，$U \sim t$ 面，$V \sim t$ 面上に，それぞれ C_1 線上の各点として記入した．

vi)　C_2 線上の計算　　C_2 線上の各点を $x = 0$，$t_2 = 2 \times 60$ sec の o_2 点から出発して，図 – 8・14 (I) の b_2，c_2，d_2……… の順に求める．

その前に，o_2 点における V を trial で表 – 8・6 のように計算する．表 – 8・6 において，V_d，U_d はそれぞれ図 – 8・17 の $V \sim t$ 面，$U \sim t$ 面の C_1 曲線上で，a_1 点((I)図)における t 値に応ずる値を読み取ったものであるから，Δt の変化に応じて値が変る．

表 – 8・6　o_2 点における V の計算

U	Δt	$\|\Delta x_d\|$ の図上読取値	V_d	U_d	(9) 式による V	(5) 式による $\|\Delta x_d\|$
1.753	42.00	41.1	0.731	1.546	0.846	36.2
〃	43.50	37.8	0.735	1.549	0.840	37.6
〃	43.53	37.6	0.735	1.549	0.839	37.6

次に，o_2 点から水平線を引き，C_1 線との交点を $b_1{}'$ とする((I)図)．$\overline{o_2 b_1{}'}$ を図上で測って Δx とし，o_2 点の V_u，U_u は表 – 8・6 に与えられており，$b_1{}'$ 点の V_d，U_d は $V \sim t$ 面，$U \sim t$ 面上の C_1 線から読み取れるから，(8) 式により b_2 点の U を，(7) 式により Δt を計算する．次に，(9) 式により b_2 点の V を計算し，(4) 式により Δx_u を求めると，b_2 点の位置および V，U が算定される．以下，同様にして c_2，d_2……… 点の U，Δt，V，Δx_u を計算して結果を表 – 8・7 に示す．

第8章　開水路の不定流

表－8・5　C_1 線上の計算

点の位置	Δxの読取値	下流側 位置	V_d	U_d	上流側 位置	V_u	U_u	(3)式 K_d	K_u	(8)式 U	(7)式 Δt	(9)式 V	(4)式 Δx_u
b_1	113.76	b_0	0.522	1.374	o_1	0.779	1.590	0	-0.00408	1.509	36.47	0.690	83.30
c_1	99.63	c_0	〃	〃	b_1	0.690	1.509	0	-0.00270	1.461	33.36	0.632	71.59
d_1	91.27	d_0	〃	〃	c_1	0.632	1.461	0	-0.00182	1.430	31.45	0.593	64.72
e_1	86.18	e_0	〃	〃	d_1	0.593	1.430	0	-0.00122	1.410	30.27	0.569	60.57
f_1	83.00	f_0	〃	〃	e_1	0.569	1.410	0	-0.00084	1.397	29.51	0.551	57.94

表－8・7　C_2 線上の計算

点の位置	Δxの読取値	下流側 位置	V_d	U_d	上流側 位置	V_u	U_u	(3)式 K_d	K_u	(8)式 U	(7)式 Δt	(9)式 V	(4)式 Δx_u
b_2	134.0	b_1'	0.646	1.472	o_2	0.839	1.753	-0.00211	-0.00350	1.647	39.93	0.778	100.16
c_2	116.5	c_1'	0.593	1.431	b_2	0.778	1.647	-0.00120	-0.00331	1.566	36.43	0.716	85.76
d_2	103.0	d_1'	0.565	1.407	c_2	0.716	1.566	-0.00076	-0.00273	1.507	33.56	0.666	74.76
e_2	96.5	e_1'	0.545	1.394	d_2	0.666	1.507	-0.00035	-0.00218	1.466	32.42	0.625	69.12

8・5 特性曲線法による不定流の図式解法

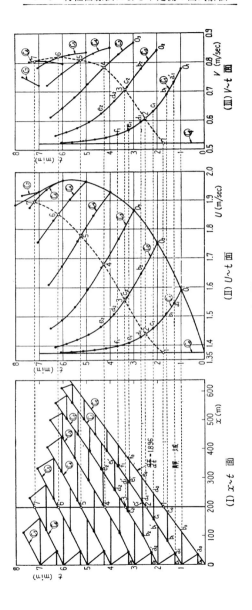

図 - 8・17

表-8・6, 8・7 の計算結果を図-8・17 の $x\sim t$ 面, $U\sim t$ 面, $V\sim t$ 面上にそれぞれ C_2 線の各点として記入した. 以下, 全く同様にして, C_3 線, C_4 線……… 上の各点の U, Δt, V, Δx_u を計算し, 結果だけを図-8・17 に記入した.

vii) 200 m 下流地点の水深・時間曲線, 流量・時間曲線の計算　図-8・18 の (Ⅰ) $x\sim t$ 面において, $x=200$ m の縦線が各特性曲線 C_0, C_1, C_2……… と交わる点を 1, 2, 3, ……… とする. この交点の t の読みに等しい t 値を, (Ⅱ) $U\sim t$ 面, (Ⅲ) $V\sim t$ 面の C_0, C_1, ……… 曲線上にとって, 1, 2, ……… 各点の U, V の値を次の表のように読む. 水深は $h=U^2/g$ により (図-8・16), 流量は $Q=bhV$ により求められる.

表-8・8　$x=200$ m 地点の水深・流量の計算

t (min)	U (m/sec)	h (m)	V (m/sec)	Q (m³/sec)	t (min)	U (m/sec)	h (m)	V (m/sec)	Q (m³/sec)
1.76	1.374	0.1926	0.522	0.201	4.38	1.680	0.288	0.779	0.449
2.52	1.440	0.211	0.607	0.256	5.25	1.777	0.322	0.807	0.520
3.38	1.557	0.247	0.705	0.348	6.23	1.849	0.349	0.816	0.570

8・6　洪水調節池の計算

洪水調節池計算の基礎方程式　洪水調節池では水深が大きく, 運動方程式 (8・2) において非定常項, 速度水頭項および摩擦項はすべて無視され, H を基準水平線から測った水位として

$$i-\frac{\partial h}{\partial x}=-\frac{\partial H}{\partial x}=0$$

となる. すなわち, 貯水池水面は水平を保ったまま昇降するとみなすことができるので, 貯水池の計算は連続の式だけで取り扱うことができる.

時刻 t における貯水池への流入量 (Inflow) を I, 流出量 (Outflow) を O,

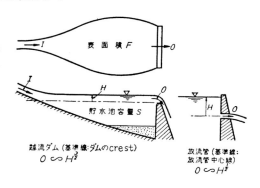

図-8・18

8・6 洪水調節池の計算

貯水池容量を S とすると連続の式は次のようになる.

$$I - O = \frac{dS}{dt}. \tag{8・52}$$

S は H の関数であるから，貯水池の表面積を F として

$$\frac{dS}{dt} = \frac{dS}{dH}\frac{dH}{dt} = F(H)\frac{dH}{dt}$$

となる．流出量 O は一般にダムの越流やオリフィスからの放流によるから，O は水位の関数，すなわち $O = f(H)$ である．したがって，(8・52) 式は次の形

$$I = O + F(H)\frac{dH}{dt} = f(H) + F(H)\frac{dH}{dt} \tag{8・53}$$

と書ける．流入量 I は t の関数として与えられているので，上の式から H と t の関係が分かり，さらに流出量 O の時間的変化が求められる．上の式は Runge-Kutta などの数値積分法によっても解けるが，簡便な図式計算法や数値計算法が考案されている．なお，(8・53) 式より明らかなように $dH/dt = 0$ すなわち貯水池の水位が最大のとき流入量 I と流出量 O とは一致する．一般に H_{max} のとき O_{max} が生ずるから，図-8・19 のように I 曲線および O 曲線を t に対して描くと，両曲線の交点が O_{max} になる．

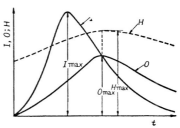

図-8・19

8・6・1 数値計算法（エクダールの解法）

(8・52) 式を差分方程式

$$\Delta S = (I - O)\Delta t, \quad I \cdot \Delta t = \Delta S + O \cdot \Delta t$$

に直し，$t = t_1$ の諸量に添字 1，$t = t_1 + \Delta t$ の諸量に添字 2 をつけると

$$\frac{1}{2}(I_1 + I_2)\Delta t = (S_2 - S_1) + \frac{1}{2}(O_1 + O_2)\Delta t$$
$$= \left(S_2 + \frac{O_2}{2}\Delta t\right) - \left(S_1 - \frac{O_1}{2}\Delta t\right). \tag{8・54}$$

したがって

$$\phi = \frac{S}{\Delta t} + \frac{1}{2}O, \quad \Psi = \frac{S}{\Delta t} - \frac{1}{2}O$$

を導入すると，(8・54) 式は次のようになる．

$$\phi_2 = \frac{1}{2}(I_1+I_2)+\Psi_1. \tag{8・55}$$

一般に $\quad \phi_{n+1} = \frac{1}{2}(I_n+I_{n+1})+\Psi_n. \tag{8・55'}$

Δt を一定にとると，ϕ, Ψ はいずれも貯水位 H だけの関数であるから，ϕ, Ψ を H の関数としてあらかじめ図表にしておく．ある時刻 $t=t_1$ における I_1, Ψ_1 および $t_1+\Delta t$ における I_2 が与えられれば，(8・55) 式より ϕ_2 が計算される．したがって $\phi \sim H$ 曲線より $t_1+\Delta t$ における貯水池の水位 H_2 が求められ，$O \sim H$ 曲線より流出量 O_2 が求まる．この数値計算法をエクダール (Ekdahl) の解法という．

例　題 (76)

【8・11】　図-8・20 のような直径 2.0 m の放流管2門を備える洪水調節用ダムがある．放流管中心より測った貯水位と貯水池容量の関係は，図-8・21 に示すとおりである．この貯水池に図-8・22 の流入量曲線を持つ洪水波が流入したときの，流出量曲線を求めよ．ただし，放水管ゲートは常に全開状態に保つものとし，摩擦損失 (fl/D) を含め，各種損失係数の和を 1.3 とする．

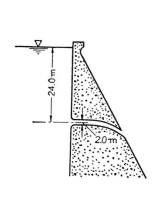

図-8・20

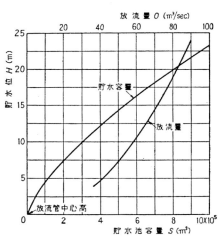

図-8・21

8・6 洪水調節池の計算

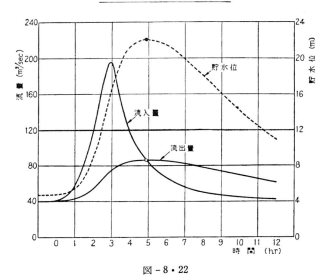

図 - 8・22

解 i） 放流量曲線の計算　放流管中心線より測った貯水位を H，放流管流量を O，放流管断面積を a，各損失係数の和を $\Sigma\zeta$ とする．上巻 p. 149 の (4・17) 式に題意の数値 $a = \dfrac{\pi}{4} \times 2^2 = 3.14 \text{ m}^2$，$\Sigma\zeta = 1.3$ を入れて

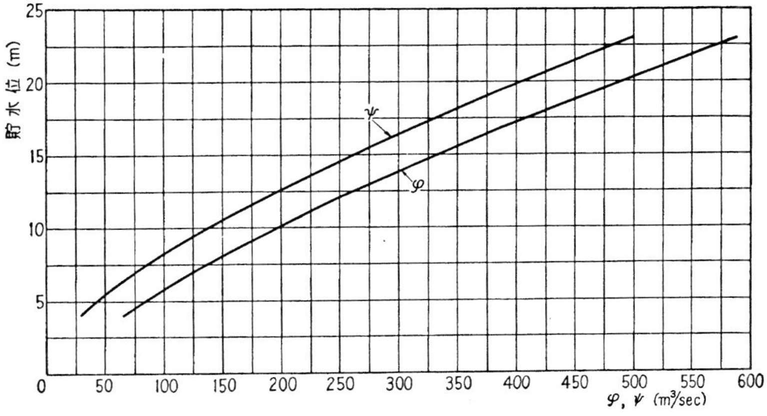

図 - 8・23

128　　　　　　　　第 8 章　開水路の不定流

$$O = 2\,a\sqrt{\frac{2\,gH}{1+\Sigma\zeta}} = 18.34\sqrt{H}. \tag{1}$$

(1) 式より $H \sim O$ 関係を計算し，表 - 8・9 および図 - 8・21 に放流量曲線として記入した．

　ii）Ψ，ϕ 曲線の計算　　$\Delta t = 0.5\,\mathrm{hr} = 1800\,\mathrm{sec}$ に選び，φ，Ψ と H との関係を表 - 8・9 のように計算し，結果を図 - 8・23 に示した．図表において S は図 - 8・21 の貯水容量曲線から読み取ったものである．

表 - 8・9　ϕ, $\Psi \sim H$ 計算表

H (m)	S (m³)	$S/1800$ (m³/sec)	$O/2$ (m³/sec)	$\phi = \dfrac{S}{1800} + \dfrac{O}{2}$	$\Psi = \dfrac{S}{1800} - \dfrac{O}{2}$
4	87×10^3	48.3	18.3	66.6	30.0
6	150	83.3	22.5	105.8	60.8
10	302	167.8	29.0	196.8	138.8
14	487	270.5	34.3	304.8	236.2
18	693	385.0	38.9	423.9	346.1
22	920	511.1	43.0	554.1	468.1

　iii）流出量の計算　　$t = 0.5\,\mathrm{hr}$ おきに計算するので，$t = 0, 0.5, 1, 1.5$ ……… における諸量に添字 1, 2, 3……… をつけ，(8・55′) 式 $\phi_{n+1} = \frac{1}{2}(I_n + I_{n+1}) + \Psi_n$ に基づき，表 - 8・10 に示す表を作って計算する．計算過程を記号的に書くと

のとおりである．なお，題意により放流管は洪水到着前から放流しているので，$t = 0$ においては $I_1 = O_1 = 40\,\mathrm{m^3/sec}$ であり，貯水池の水位は $O_1 = 40\,\mathrm{m^3/sec}$ に応ずる H を図より求めて $H_1 = 4.76\,\mathrm{m}$ である．

　表 - 8・10 に得られた流出量，貯水位・時間曲線を図 - 8・22 に示した．

表-8・10 流出量計算表

時刻 (hr)	① 添字	② I (m³/sec)	③ $\frac{1}{2}(I_n+I_{n+1})$	④ H (m)	⑤ Ψ	⑥ $\phi = \frac{1}{2}(I_n+I_{n+1})+\Psi$	⑦ O (m³/sec)
0	1	40		4.76	40		40
0.5	2	45	42.5	4.9	42	82.5	40.6
1.0	3	57	51	5.4	50	93	42.7
1.5	4	80	68.5	6.6	68	118.5	47.1
2.0	5	120	100	8.8	112	168	54.5
2.5	6	170	145.5	12.3	194	257.5	64.4

8・6・2 図式解法 (チェンの解法)

図式解法は基礎式 (8・54) 式

$$\frac{1}{2}(I_1+I_2)\Delta t + \left(S_1 - \frac{1}{2}O_1 \cdot \Delta t\right) = S_2 + \frac{1}{2}O_2 \cdot \Delta t \qquad (8・54')$$

を満す解を図式的に求めてゆくもので, 物部博士の方法, チェン (Cheng) の方法, 中国地建の方法等多くの方法があるが, ここではチェンの方法を説明する. I_1, I_2 および O_1 を与えて O_2 を作図的に求める手順は次のようである.

準備のための作図：

① 図-8・24 の右半分には縦軸を流量軸, 横軸を時間軸にとって与えられた $I \sim t$ 曲線を描く.

② 左半分には縦軸を流量軸, 横軸を貯水容量軸とし, O と $S+\frac{1}{2}O \cdot \Delta t$ との関係曲線を描く. これをa曲線とする (問題によって Δt を適当に決めると, O, S は H の関数であるから, $O \sim H$, $S \sim H$ 曲線より H に対応する O, S を読みとり, $O \sim S + \frac{1}{2}O \cdot \Delta t$ 曲線を得る).

③ 他に, 流量 Q と $Q \cdot \Delta t$ との関係直線を描く.

$t = t_1$ における既知量から,

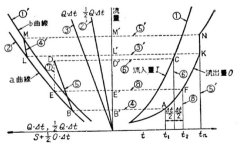

図-8・24

130 　　　　　　第 8 章　開水路の不定流

$t = t_1 + \Delta t$ における流出量 O_2 を求める作図：

④　t_1 時刻におるけ流出量 A 点から水平線をひき，a 曲線との交点を B とする.

⑤　B 点より $Q \cdot \Delta t$ 直線に平行線をひく.

⑥　時刻 $t + \frac{1}{2}\Delta t$ における流入量を与える C 点より水平線をひき，⑤ の平行線との交点を D とする.

⑦　D 点から鉛直線を引き，a 曲線との交点を E とする.

⑧　E 点から水平線を引き，時間軸上 $t + \Delta t$ に立てた鉛直線との交点を F とする. F 点に応ずる流量が $t + \Delta t$ における流出量を与える.

以下，同様な手順をくり返してゆけばよい. 各時刻の貯水位は別の $O \sim H$ 曲線から読み取る.

次に，ゲート操作を行なう場合，時刻 $t = t_n$ において急にゲート開度を変えて，流出量を K 点から N 点に変える場合の作図法：

①′　ゲート操作によって，O と H との関係が変るから，$O \sim H$ 曲線と $S \sim H$ 曲線とから，O と $S + \frac{1}{2}O \cdot \Delta t$ との新しい関係を示す b 曲線を描く.

②′　Q と $\frac{1}{2}Q \cdot \Delta t$ との関係直線を描いておく.

③′　K 点より水平線を引き，a 曲線との交点を L とする.

④′　L 点より $\frac{1}{2}Q \cdot \Delta t$ 線に平行線を引き，b 曲線との交点を M とする.

⑤′　M 点より水平線を引き，$t = t_n$ なる鉛直線との交点を N とする.

N 点が求まれば，以後は b 曲線を用い，A 点から F 点を決めた手順で作図する.

例　　題（77）

【8・12】　チェンの図式解法を証明せよ.

解　図 - 8・24 の諸記号を用いる. すでに説明したような手順で I_1, I_2, O_1 を与えて O_2 を作図した場合，（8・54′）式を満足することを証明すればよい.

B 点の横座標値： $\overline{BB'} = S_1 + \frac{1}{2}O_1 \cdot \Delta t$,

E 点の　〃　：$\overline{EE'} = S_2 + \frac{1}{2}O_2 \cdot \Delta t$,

∴　BD 線の横座標値 $= \overline{EE'} - \overline{BB'}$

$$= \left(S_2 + \frac{1}{2}O_2 \cdot \Delta t\right) - \left(S_1 + \frac{1}{2}O_1 \cdot \Delta t\right). \quad (1)$$

次に，時刻 t_1 と $t_1 + \Delta t = t_2$ との間の流入量 I の変化を近似的に直線的と

8・6 洪水調節池の計算

仮定すると,

$$\text{BD 線の縦座標値} = \overline{\mathrm{D'B'}} = \frac{1}{2}(I_1+I_2)-O_1. \tag{2}$$

BD 線は $Q\cdot\varDelta t$ 線に平行であるから

$$\frac{Q\cdot\varDelta t}{Q} = \frac{\text{BD 線の横座標値}}{\text{BD 線の縦座標値}} = \frac{\left(S_2+\dfrac{1}{2}O_2\cdot\varDelta t\right)-\left(S_1+O_1\cdot\varDelta t\right)}{\dfrac{1}{2}(I_1+I_2)-O_1}.$$

これより

$$\frac{1}{2}(I_1+I_2)\varDelta t-O_1\cdot\varDelta t = \left(S_2+\frac{1}{2}O_2\cdot\varDelta t\right)-S_1-\frac{1}{2}O_1\cdot\varDelta t.$$

これは (8・54′) 式と一致する. 故に, 作図の正しさは証明された.

次に, 時刻 $t=t_n$ においてゲート操作を行ない, 流出量を O_n から急に $O_n{}'$ に変化させた場合を証明する.

$$\overline{\mathrm{LL'}} = S_n+\frac{1}{2}O_n\cdot\varDelta t, \qquad \overline{\mathrm{MM'}} = S_n{}'+\frac{1}{2}O_n{}'\cdot\varDelta t$$

とおけば, $t=t_n$ 時には貯水位は不変であるから, 前述の作図法が $S_n{}'=S_n$ なる条件を満していることを示せばよい.

LM 線の横座標値 $= (S_n{}'-S_n)+\dfrac{1}{2}(O_n{}'-O_n)\varDelta t.$

LM 線の縦座標値 $= O_n{}'-O_n.$

また, LM 線は $\dfrac{1}{2}Q\cdot\varDelta t$ 線に平行であるから

$$\frac{\dfrac{1}{2}Q\cdot\varDelta t}{Q} = \frac{(S_n{}'-S_n)+\dfrac{1}{2}(O_n{}'-O_n)\varDelta t}{O_n{}'-O_n}.$$

これより $S_n{}'=S_n$. 故に, N 点が求める流出量を与えることが示された.

【8・13】 例題 8・11 の貯水池に図-8・25 の流入量曲線を持つ洪水波が流入するときの, 流出量曲線をチェンの図式解法により求めよ.

解 $H\sim Q$ 関係は例題 8・11 の (2) 式 $O=13.84\sqrt{H}$ で, また $H\sim S$ 関係は図-8・21 で与えられるから $\varDelta t=1800\,\mathrm{sec}$ (0.5 hr) に選び, 表-8・11 に示すように $O\sim\left(S+\dfrac{1}{2}O\cdot\varDelta t\right)$ 関係を計算し, これを図-8・25 の左側に記入する.

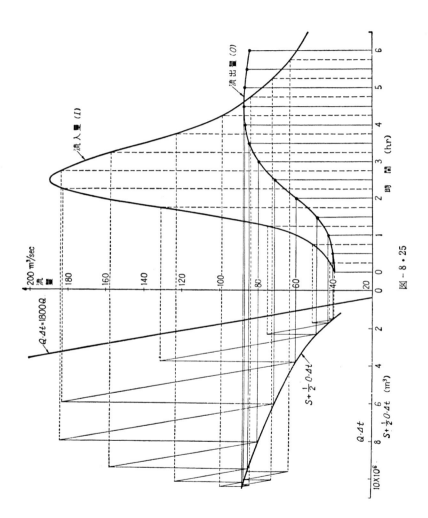

図-8・25

次に，$Q \sim Q \cdot \varDelta t = 1800 \, Q$
直線を図-8・25 の左側に
記入する．$Q \cdot \varDelta t$ 線と $S + \frac{1}{2} O \cdot \varDelta t$ 曲線とは，縮尺はもちろん共通でなければならない．

これで準備作業が終ったので，$t = 0$ の $I = O = 40$ m³/sec から出発して，チ

表-8・11 $O \sim \left(S + \frac{1}{2} O \cdot \varDelta t \right)$ の計算

H (m)	O (m³/sec)	$\frac{1}{2} O \cdot \varDelta t$ (m³)	S (m³)	$S + \frac{1}{2} O \cdot \varDelta t$ (m³)
4	36.7	33.0×10³	87×10³	120.0×10³
6	44.9	40.4	150	190.4
10	58.0	52.2	302	354.2
14	68.6	61.8	487	548.8
18	77.8	70.0	693	763.0
22	86.0	77.4	920	997.4

ェンの図式解法により各時刻の流出量を求めると，図-8・25 の右側のようになる．流出量が決まれば，貯水位は図-8・21 より読み取る．

8・7 河道の洪水追跡

河道の上流 A 地点の洪水流量・時間曲線を与えて，下流各地点の流量・時間曲線を求めることを洪水追跡（Flood routing）という．この場合，運動の方程式と連続の式とを用いて洪水波形を厳密に計算することは困難であるから，実用的な近似計算として，運動方程式の代りにいわゆる貯留方程式を用いる解法がよく用いられる．

図-8・26 に示すように流路から A, B 断面を切りとり，それぞれの流量を I, O，河道貯留量（両断面の間にある水量）を S とすると連続の式は

$$(I - O) \varDelta t = \varDelta S. \qquad (8 \cdot 56)$$

運動方程式を用いずに上の式を解くためには，S を I と O との適当な関数として表わすことが必要であり，それができれば I を与えて O を計算す

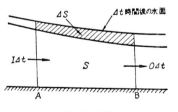

図-8・26

ることができる．それらの関係式を貯留方程式と呼び，S をどのように仮定するかによって，パルス（Puls）法，グッドリッチ（Goodrich）法，マスキンガム（Muskingum）法など多くの方法が提案されている．ここでは，最も代表的なマスキンガム法について説明する．

図-8・27 に示すように S を B 断面の水位で決まる貯留量 S_p (Prism storage) と増減すべき貯留量 S_w (Wedge storage) とに分けると, S_p は主として O に関係し, S_w は $(I-O)$ に関係することが予想される. マスキンガム法はこの関係を簡単に次の形

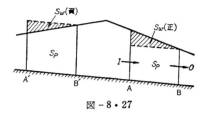

図 - 8・27

$$S = K[O+x(I-O)] = K[xI+(1-x)O] \qquad (8・57)$$

とおいたものである. 水理学的な根拠には乏しいが, 式中の x および K には過去の洪水記録から次のように逆算したものを用いる.

A, B 両地点の既知の Hydrogragh (流量・時間曲線) より, 同時刻の流入量 I および流出量 O を選び, x に 0 から 0.5 までの値 (x の値は貯水池では 0, 自然河川では $0.5>x>0$ の程度で急流河川ほど大きい) を与えて, $[xI+(1-x)O]$ を計算する. また, 水位・時間曲線および河川断面図からその時刻の貯留量 S を求め, $[xI+(1-x)O]$ と S との関係をプロットする. この関係は一般に図のようにループを描くが, このループが最も偏平となるような x の値を採用する. 比例定数 K は時間の次元をもち, S と $[xI+(1-x)O]$ との比であるから, 図上で偏平となったループのコウ配を読んで求められる.

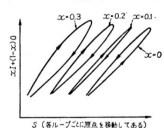

図 - 8・28

このようにして x および K が決められると, 時刻 t における諸量に添字 1, $t+\Delta t$ におけるものに添字 2 をつけると (8・56), (8・57) 式より

$$\frac{I_1+I_2}{2}\Delta t - \frac{O_1+O_2}{2}\Delta t = S_2-S_1 = K[xI_2+(1-x)O_2]$$
$$-K[xI_1+(1-x)O_1].$$

上の式を整理すると, $t+\Delta t$ における流出量 O_2 は次の式で与えられる.

$$O_2 = C_0 I_2 + C_1 I_1 + C_2 O_1. \qquad (8・58)$$

ここに

8・7 河道の洪水追跡

$$C_0 = -\frac{Kx - 0.5\,\Delta t}{K(1-x) + 0.5\,\Delta t},$$

$$C_1 = \frac{Kx + 0.5\,\Delta t}{K(1-x) + 0.5\,\Delta t}, \qquad (8・59)$$

$$C_2 = \frac{K(1-x) - 0.5\,\Delta t}{K(1-x) + 0.5\,\Delta t} = 1 - C_0 - C_1.$$

なお，時間間隔 Δt は K より相当小さいことが望ましい．

例　題　(78)

【8・14】 図 - 8・29 は既往のある洪水について，上流側の A 地点，下流側の B 地点のハイドログラフを示したもので，この洪水期間中の流入量，流出量，全貯留量は下表のとおりであった．この河川の A 地点に図 - 8・30 に示す洪水波が流入するとき，B 地点のハイドログラフを求めよ．ただし，$t=0$ のときの B 地点の流量は 510 m³/sec とする．

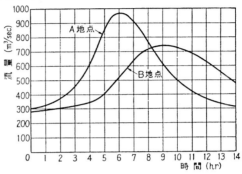

図 - 8・29　既知のハイドログラフ

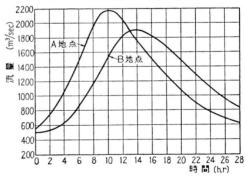

図 - 8・30

表 - 8・12

時刻 (hr)	A 地点の流量 (m³/sec)	B 地点の流量 (m³/sec)	全貯留量 S (m³)	時刻 (hr)	A 地点の流量 (m³/sec)	B 地点の流量 (m³/sec)	全貯留量 S (m³)
0	300	280	4.43×10^6	2	370	303	4.90×10^6
1	320	290	4.65	3	450	320	5.40

136   第8章 開水路の不定流

時刻 (hr)	A 地点 の流量 (m³/sec)	B 地点 の流量 (m³/sec)	全貯留 量 S (m³)	時刻 (hr)	A 地点 の流量 (m³/sec)	B 地点 の流量 (m³/sec)	全貯留 量 S (m³)
4	610	340	6.10×10^6	10	500	721	10.55×10^6
5	850	402	7.60	11	420	690	9.95
6	970	520	9.45	12	370	625	9.00
7	910	636	10.70	13	330	550	7.76
8	750	717	11.36	14	310	480	7.00
9	610	740	11.16				

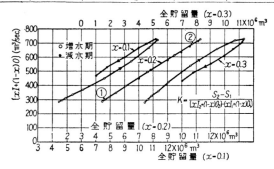

図 - 8・31

解　与えられたデータから，まず x と K を計算する．

$x = 0.1, 0.2, 0.3$ の3とおりを選び，表-8・12の値から $[xI+(1-x)O]$ を計算し，S との関係をプロットすると図-8・31を得る．この図より $x = 0.2$ のときループが最も偏平となるから，$x = 0.2$ を採用する．K はこの偏平線のコウ配として，線上の任意の2点を選び

$$K = \frac{S_2 - S_1}{[xI_2+(1-x)O_2]-[xI_1+(1-x)O_1]} = \frac{10.9 \times 10^6 - 4.65 \times 10^6}{700 - 300}$$
$= 15,600$ sec.

計算時間間隔としては，上に求めた K の値より十分小さい $\Delta t = 1$ 時間 $= 3600$ sec を選び，(8・59) 式より C_0, C_1, C_2 を計算する．

$$C_0 = -\frac{Kx - 0.5 \Delta t}{K(1-x) + 0.5 \Delta t} = \frac{-15600 \times 0.2 + 1800}{15600(1-0.2) + 1800} = -0.092,$$

$$C_1 = \frac{Kx + 0.5 \Delta t}{K - Kx + 0.5 \Delta t} = 0.344,$$

$$C_2 = 1 - C_0 - C_1 = 0.748.$$

8・7　河道の洪水追跡　　　137

故に, (8・58) 式より

$$O_2 = -0.092\,I_2 + 0.344\,I_1 + 0.748\,O_1. \tag{1}$$

（1）式より表 - 8・13 のように計算して，B 地点の流出ハイドログラフを
得るので，これを図 - 8・30 にプロットした.

表 - 8・13　流出量の計算 ($I_{t=0} = 560$ m³/sec, $O_{t=0} = 510$ m³/sec)

時　刻 (hr)	I_1 (m³/sec)	$0.344\,I_1$	I_2 (m³/sec)	$0.092\,I_2$	O_1 (m³/sec)	$0.748\,O_1$	O_2 (m³/sec)
1	560	193	630	58	510	381	516
2	630	217	740	68	516	386	535
3	740	254	900	83	535	400	571
4	900	310	1070	98	571	427	639
5	1070	368	1270	117	639	478	729

（註）　図 - 8・31 の $x = 0.2$ のように，$[xI+(1-x)O] \sim S$ 関係のループが極め
て偏平になる場合は理想的であるが，実際には x をいかに変えても，増水期と減水期
の線が大きく分離することが多い．この場でも，ループをできるだけ偏平にする x を
選べばよい.

第9章 水 文 学

9・1 水 文 統 計

　年最大日雨量や年最大洪水量などの変量 X が N 年間にわたって記録されているものとし，その値を $(x_1, x_2, \ldots\ldots x_i, \ldots\ldots x_N)$ としよう．いま，横軸に x 軸をとり，各標本値 $x_1, x_2, \ldots\ldots x_N$ を中心として各々の面積が $1/N$ であるような矩形柱を立てると，図-9・1のような柱状図が作られる．さらにこれを滑らかな曲線にすると，標本上の確率密度曲線（度数分布曲線）が得られる．また，標本上図-9・1の x_1, x_2 を越える確率（超過確率）は，それぞれ x_1, x_2 より右側の面積で $W(x_1)=1/2N$, $W(x_2)=3/2N$ で与えられ，一般に x_i を越える超過確率は次式で表わされる．

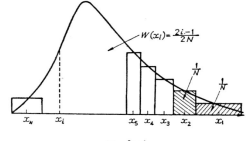

図-9・1

$$W(x_i) = \frac{2i-1}{2N}. \tag{9・1}$$

　上の確率は，あくまでも標本上のものであって，無数の集団（母集団）の中から無作為的に実現された N 個の標本に関するものである（註）．したがって，統計的には母集団について適当な確率密度曲線を見出したうえで，超過確率を推定しなければならない．次に，主な確率密度曲線について述べる．

　(a) 正規分布　　変量 X が x と $x+dx$ との間にある確率が次式

$$f(x)dx = \frac{1}{\sqrt{2\pi}\sigma}e^{-\frac{(x-\bar{x})^2}{2\sigma^2}}dx, \quad \int_{-\infty}^{\infty}f(x)dx = 1$$

で表わされるとき，X は正規分布の法則に従うという．この確率密度関数

$$f(x) = \frac{1}{\sqrt{2\pi}\sigma}e^{-\frac{(x-\bar{x})^2}{2\sigma^2}} \tag{9・2}$$

9・1 水文統計

は観測誤差などのように，作意の入らない偶然量の分布を表わすのに適しており，その形は図-9・2に示すような左右対称のつりがね型である．なお，$\bar{x}$, σ は平均値および標準偏差で，次式

$$\int_{-\infty}^{\infty} x f(x) dx = \bar{x}, \quad \int_{-\infty}^{\infty} (x-\bar{x})^2 f(x) dx = \sigma^2 \tag{9・3}$$

で定義され，σ は変量の平均値 $\bar{x}$ からの分散を示す．

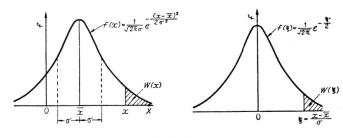

図-9・2

さて，変量 X が特定値 x より大きい値を持つ確率，すなわち超過確率を $W(x)$ とすると[*]，これは図のハッチした部分の面積であるから

$$W(x) = \int_x^{\infty} \frac{1}{\sqrt{2\pi}\,\sigma} e^{-\frac{(x-\bar{x})^2}{2\sigma^2}} dx = 1 - \int_{-\infty}^{x} \frac{1}{\sqrt{2\pi}\,\sigma} e^{-\frac{(x-\bar{x})^2}{2\sigma^2}} dx. \tag{9・4}$$

ここで，

$$\xi = (x-\bar{x})/\sigma \tag{9・5}$$

とおくと

$$W(\xi) = \int_\xi^{\infty} \frac{1}{\sqrt{2\pi}} e^{-\frac{\xi^2}{2}} d\xi = 1 - \int_{-\infty}^{\xi} \frac{1}{\sqrt{2\pi}} e^{-\frac{\xi^2}{2}} d\xi. \tag{9・6}$$

(9・6)式の ξ と $W(\xi)$ との関係は誤差関数表から求めることができ，代表的な値を表-9・1にかかげる．

なお，標本数が有限で N 個の場合には，(9・3)式の $\bar{x}$, σ は (9・3) 式で $f(x)dx = 1/N$ なることを考慮して，標本値 x_i を用い次式で計算すればよい．

---

[*] 明らかに非超過の確率は $1-W(x)$．

表-9・1 正規分布における ξ と超過確率 $W(\xi)$ との関係

ξ	$W(\xi)$		ξ	$W(\xi)$	
3.2905	0.05%	1/2000	1.8808	3.0%	1/33.33
2.5758	0.5	1/200	1.7507	4.0	1/25
2.3263	1.0	1/100	1.6449	5.0	1/20
2.1701	1.5	1/66.67	1.2815	10.0	1/10
2.0537	2.0	1/50	0.8416	20.0	1/5
1.9600	2.5	1/40	0	50.0	1/2

$$\bar{x} = \frac{\sum_{1}^{N} x_i}{N}, \quad \sigma = \sqrt{\frac{\sum_{1}^{N}(x_i-\bar{x})^2}{N}}. \tag{9・7}$$

(b) 対数正規分布 年最大日雨量や年最大洪水量などの水文諸量の度数曲線は，正規分布のように平均値に関して対称ではなく，図-9・1のように非対称の分布をしていることが多い．このような非対称分布を表わすのに，一般に広く用いられているのはスレード(Slade)法*と呼ばれるものであって，これは正規分布の確率変数 x を対数変換量 $\log_{10} x$ でおきかえたものである（図-9・3）．

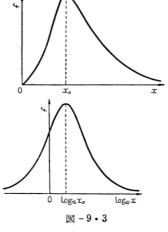

図-9・3

したがって，$\log_{10} x_i\ (i=1,\ 2,\ \cdots\cdots N)$ の平均値および標準偏差を

$$\left. \begin{array}{l} \overline{\log_{10} x_i} \equiv \log_{10} x_0 = \dfrac{\sum_{1}^{N}(\log_{10} x_i)}{N}, \\[2mm] \sigma_0 = \sqrt{\dfrac{\sum_{1}^{N}(\log_{10} x_i - \log_{10} x_0)^2}{N}} \end{array} \right\} \tag{9・8}$$

とし，また，(9・5) 式に対応して

---
*) J. T. Slade: An Asymptotic Probability Function, Trans. A. S. C. E. (1936)

$$\xi = \frac{\log_{10} x - \log_{10} x_0}{\sigma_0} = \frac{\log_{10}(x/x_0)}{\sigma_0}, \quad \text{すなわち,}$$

$$\log_{10} x = \sigma_0 \xi + \log_{10} x_0 \qquad\qquad (9 \cdot 9)$$

とすると, ξ の超過確率 $W(\xi)$ は正規分布と同一の式で表わされ, 表 - 9・1 の関係がそのまま用いられる.

N 個の標本値より与えられた超過確率 (たとえば 50 年に 1 回の年最大日雨量なら $W(\xi) = 1/50$) に応ずる x を求める手順を, 記号的に示すと下のようである.

$$\boxed{N\text{個の標本}} \xrightarrow[\ \ \ (9\cdot6)\text{式または表}-9\cdot1\ \ ]{(9\cdot8)\text{式}} \underset{\xi}{(\log_{10} x_0,\ \sigma_0)} \xrightarrow{(9\cdot9)\text{式}} \log_{10} x \longrightarrow x.$$

$$W(\xi)$$

（c） ヘーズン（Hazen）図上推定法　水文資料が対数正規分布をなしているか否かを判別したいときとか, 上に述べた計算や作業の手間を省きたい場合には, 図 - 9・4 に示す市販のヘーズン紙（対数確率紙）を用いる. ヘーズン紙は横軸が変量 X の対数目盛り, 縦軸が超過確率 $W(\%)$ で, X が対数正規分布に従うとき, 図上に直線で表示されるように目盛られている.

いま, N 年間の水文量を大きい方から, $x_1, x_2 \cdots\cdots x_i \cdots\cdots x_N$ と並べた場合 x_i に対する標本上の超過確率を $W(x_i) = (2i-1)/2N$ （9・1式）より計算し, ヘーズン紙上に各標本点の位置をプロットする. これらの諸点が直線上に配置されておれば, 対数正規分布に従うことが確められ, さらに, 諸点を平分して貫く直線を引いて, 与えられた W に応ずる x の概略値を求めることができる. この直線は目見当で入れるが, 横軸 x の代りに x/x_0（x_0 は 9・8 式の $\log_{10} x_0$ より計算）を用いると, 理論上 $x/x_0 = 1$ で $W = 50\%$ の点を通ることが直線を引く上の目安になるため, 推定値の精度は幾分よくなる.

（d） 積率法（高瀬の方法）[*]　対数確率紙に資料をプロットした場合, 標本点は直線の周りに散らばるのが普通である. 本法は最適な理論直線をきめたもので, その結果, 対数正規法における（9・9）式が次式のように修正された.

---

[*]　高瀬信忠：対数正規分布に関する順序統計学的考察, 土木学会論文集, 第 47 号 (1957)

$$\log_{10} x = \frac{\xi \sigma_0}{\sqrt{2} \sigma_\xi} + \log_{10} x_0. \tag{9・10}$$

上の式で，x_0 および σ_0 は（9・8）式で与えられ，ξ は超過確率 $W(\xi)$ に応ずるもの，σ_ξ は標本数 N によって決まり表-9・2 に示してある.

表-9・2　σ_ξ の表

N	10	15	20	30	40	50	60	70	80	100
σ_ξ	0.6632	0.6778	0.6851	0.6923	0.6960	0.6982	0.6998	0.7007	0.7015	0.7027

（e）　ガンベル・チョー（Gumbel-Chow）の方法　　非対称分布に対してアメリカで盛んに用いられるガンベル法は，毎年の最大日雨量ならば，これを 1/365 の確率で起る量と考え，そのような極値が N 年間観測されたときには，これを 365×N 個のうちから N 個だけ取り出した標本として順序統計学的に取り扱うものである[*]．ガンベル法については，岩井教授の論文[**]に詳しい紹介があり，理論的な厳密性が比較的高い方法である.

一方，チョー[***] は非対称分布に関する取り扱いは，どの方法でも次の形に導かれることを示した.

$$x = \sigma K + \bar{x}. \tag{9・11}$$

ここに，$\bar{x}$ は平均値，σ は標準偏差（9・7 式），K は度数係数と呼ばれ，ガンベル法では洪水年 T（超過確率 $W = 1/T$）と次のような関係にある.

$$K = -\frac{\sqrt{6}}{\pi}\left[0.5772 + \log_e\left(\log_e \frac{T}{T-1}\right)\right]. \tag{9・12}$$

上の式より T と K との関係を求めると，表-9・3 のようになる.

表-9・3　度 数 係 数 K

T（年）	200	100	50	25	20	10	5	2
K	3.683	3.137	2.592	2.043	1.867	1.304	0.720	−0.164

[*]　本間仁：河川工学, p. 49
[**]　岩井重久：米国における水文統計学について（水工学の最近の進歩）, 土木学会 (1953)
[***]　V. T. Chow: A General Formula for Hydrologic Frequency Analysis, Trans. A.G.U., No. 32 (1951)

(註)　水文統計は標本が母集団から無作為に選ばれることを前提としているが，年最大日雨量や洪水量は，長期にわたる気候の周期的な変化の影響を受ける．また，洪水量などは河川の改修とともに，上流区域における氾濫が防止されるという人為的な要因のために，増加する傾向がある．したがって，実際問題に対しては確率洪水量とともに，これらの要素も合わせて考察する必要があり，今後に残された大きな課題となっている．

例　題（79）

【9・1】　木津川の昭和1〜20年にわたる連続20年間の，各年最大日雨量の記録を大きさの順に並べたものが表-9・4（p. 144）の②列である．
（a）　対数確率紙を用いて100年に1度の確率年最大日雨量を推定せよ．
（b）　同じ問題を計算により求めよ．

解（a）　対数確率紙による図上推定法

年最大日雨量が x_i を越える標本上の超過確率 $W(x_i)=(2i-1)/2N$ （9・1

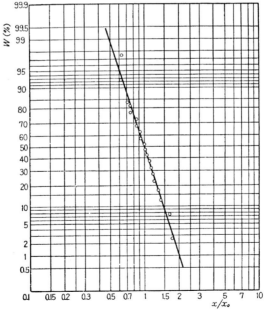

図-9・4　対数確率紙

表-9・4 木津川年最大日雨量 ($N=20$)

① i	② x_i (mm)	③ $\frac{2i-1}{2N}$ (%)	④ $\log_{10} x_i$	⑤ x_i/x_0	⑥ $\log_{10} x_i - \log_{10} x_0$	⑦ $(\log_{10} x_i - \log_{10} x_0)^2$	⑧ $x_i - \bar{x}$	⑨ $(x_i - \bar{x})^2$
1	162.2	2.5	2.2100	1.756	0.2445	0.05978	66.0	4356
2	153.5	7.5	2.1861	1.662	0.2206	0.04866	57.3	3283
3	124.6	12.5	2.0955	1.394	0.1300	0.01690	28.4	807
4	121.3	17.5	2.0838	1.313	0.1183	0.01400	25.1	630
5	111.8	22.5	2.0484	1.210	0.0829	0.00687	15.6	243
6	110.5	27.5	2.0434	1.196	0.0779	0.00607	14.3	205
7	105.3	32.5	2.0224	1.140	0.0569	0.00324	9.1	83
8	102.4	37.5	2.0103	1.109	0.0448	0.00201	6.2	38
9	95.9	42.5	1.9818	1.038	0.0163	0.00027	$-$0.3	0
10	93.8	47.5	1.9722	1.015	0.0067	0.00005	$-$2.4	6
11	93.1	52.5	1.9689	1.008	0.0034	0.00001	$-$3.1	10
12	86.3	57.5	1.9360	0.934	$-$0.0295	0.00087	$-$9.9	98
13	85.3	62.5	1.9309	0.923	$-$0.0346	0.00120	$-$10.9	119
14	79.1	67.5	1.8982	0.856	$-$0.0673	0.00453	$-$17.1	292
15	78.8	72.5	1.8965	0.853	$-$0.0690	0.00476	$-$17.4	303
16	69.1	77.5	1.8395	0.748	$-$0.1260	0.01588	$-$27.1	734
17	68.7	82.5	1.8370	0.744	$-$0.1285	0.01651	$-$27.5	756
18	65.4	87.5	1.8156	0.708	$-$0.1499	0.02247	$-$30.8	949
19	58.6	92.5	1.7679	0.634	$-$0.1976	0.03905	$-$37.6	1414
20	58.3	97.5	1.7657	0.631	$-$0.1998	0.03992	$-$37.9	1436
計	1924		39.310			0.30305		15762

$\bar{x}=96.20$　　$\log_{10} x_0=1.9655$　($x_0=92.36$)　　$\sigma_0=0.1231$　　$\sigma=28.07$

9・1 水 文 統 計

式）に，資料数 $N = 20$，標本を大きさの順にならべた番号 $i = 1, 2, \cdots\cdots N$ を入れ % に直すと，表 - 9・4 の ③ 行に示したようになる．対数確率紙上に $W(x_i)$ と x_i との関係をそのままプロットしてもよいが，ここではすでに述べたように直線を引きやすくするため，W と x/x_0 の関係にしてプロットしよう．④ 行のように $\log_{10} x_i$ を計算すると，（9・8）式より

$$\log_{10} x_0 = \frac{\sum\limits_{1}^{N} \log_{10} x_i}{N} = \frac{39.310}{20} = 1.9655, \quad x_0 = 92.36.$$

この x_0 を用いて，⑤ 列に計算した x_i/x_0 と ③ 列の $W(x_i)$ を対数確率紙上にプロットすると図 - 9・4 を得る．この図で（$W = 50\%$，$x/x_0 = 1$）を通り，諸点を平分する直線を引く．100 年最大日雨量はこの直線上で，$W = 1\%$ に相当する x/x_0 を読んで，

$$x/x_0 = 2.0 \quad \therefore \quad x = 2 \times 92.36 = \underline{184.7 \text{ mm}}.$$

（b）　計算による推定

（i）　対数正規法　　標本より $\log_{10} x$ の平均値 $\log_{10} x_0$ およびその標準偏差 σ_0 を求めるために，④，⑥，⑦ 列を作り

$$\log_{10} x_0 = 1.9655,$$

$$\sigma_0{}^2 = \frac{\sum\limits_{1}^{N} (\log_{10} x_i - \log_{10} x_0)^2}{N} = \frac{0.30305}{20} = 0.01515, \quad \sigma_0 = 0.1231.$$

100 年最大日雨量（超過確率 1%）に対する ξ は表 - 9・1 より，$\underline{\xi = 2.326}$ であるから，（9・9）式より

$$\log_{10} x = \sigma_0 \xi + \log_{10} x_0 = 0.1231 \times 2.326 + 1.9655 = 2.2519$$

$$\therefore \quad x = \underline{178.6 \text{ mm}}.$$

（ii）　積率法　　表 - 9・2 より，標本数 $N = 20$ に対する σ_ξ を読み取って，$\sigma_\xi = 0.6851$．故に（9・10）式より

$$\log_{10} x = \frac{\xi \sigma_0}{\sqrt{2}\,\sigma_\xi} + \log_{10} x_0 = \frac{2.326 \times 0.1231}{\sqrt{2} \times 0.6851} + 1.9655 = 2.2609$$

$$\therefore \quad x = \underline{182.3 \text{ mm}}.$$

（iii）　ガンベル・チョー法　　x_i の平均値 $\bar{x}$，標準偏差 σ は ②，⑧，⑨ 列より

$$\bar{x}=\frac{\sum\limits_{1}^{N} x_i}{N}=\frac{1924}{20}=96.20, \quad \sigma=\sqrt{\frac{\sum\limits_{1}^{N}(x_i-\bar{x})^2}{N}}=\sqrt{\frac{15762}{20}}=28.07.$$

また，100 年最大日雨量 ($T=100$) については，表-9・3 より度数係数は $K=3.137$ である．故に，(9・11) 式より

$$x=\sigma K+\bar{x}=28.07\times3.137+96.20=\underline{184.2\ \text{mm}}.$$

以上の計算で 100 年最大日雨量の値は公式による差異が少なく，179〜185 mm と推定される．

〔類題 1.〕 前の例題において，50 年最大日雨量を推定せよ．
(ヒント) 図式解：図-9・4 で $W=2\%$ に応ずる $x/x_0=1.84$, $x=\underline{169.9\ \text{mm}}$. 対数正規法：$W=2\%$ に応ずる $\xi=2.0537$, $x=\underline{165.3\ \text{mm}}$．確率法：$x=\underline{168.4\ \text{mm}}$. ガンベル・チョー法：$K=2.592$, $x=\underline{168.9\ \text{mm}}$.

〔類題 2.〕 木津川の昭和 1〜25 年にわたる連続 25 年間の，各年最大洪水量の記録は次のとおりである．これから，50 年に 1 度，100 年に 1 度の超過確率を持つ洪水流量を求めよ．

790 m³/sec	920 m³/sec
630	1180
960	1570
1790	950
2470	1980
870	3000
1030	1250
820	780
570	1080
1090	370
1560	4720
880	1430
1600	

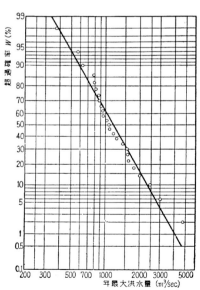

図-9・5

9・2 雨量と流出量

解	50 年洪水流量	100 年洪水流量
正規分布法	3521 m³/sec	4074 m³/sec
積 率 法	3622	4206
ガンベル・チョー法	3708	4199

なお，横軸に x 軸をとって，対数確率紙にプロットすると図–9・5 となる．

9・2 雨 量 と 流 出 量

9・2・1 面積平均雨量の算定

河川の流域に降った一群の降雨により，流域下流端にどのような流量・時間曲線（Hydrograph）が生ずるかを推定することは，水文学の最も重要な分野である．この場合，流域内の降雨分布を計算にとり入れることは困難であるため，流域の平均雨量を用いることが多い．広い流域の中に幾つかの雨量計があり，その記録から平均雨量を求めるには，次のような方法が用いられる．

（a）ティーセン法（Thiessen method）　　図–9・7（p. 148）のように，流域内の全部および流域近傍の雨量観測点を結んで三角形の網目を作る．この三角網の各辺に垂直二等分線を引き，この二等分線と流域境界とによって流域を分割し，それぞれの区域を一つの雨量計で代表させる．各区域の面積および雨量を $A_1, A_2, \cdots\cdots, A_n$ および $R_1, R_2, \cdots\cdots, R_n$ とすると，全流域の平均雨量 R は

$$R = \frac{\Sigma A_i R_i}{\Sigma A_i} = \frac{A_1 R_1 + A_2 R_2 + \cdots\cdots + A_n R_n}{A_1 + A_2 + \cdots\cdots + A_n} \qquad (9・13)$$

で与えられる．この方法をティーセン法とよび，現在最も広く用いられる．

（b）等雨量線法（Isohyetal method）　　各雨量計の記録から，図–9・8 のような等雨量線図（Isohyetal map）を描く．相隣れる等雨量線 R_i，R_{i+1} 間の面積を測って A_i とし，その間の雨量 $A_i(R_i+R_{i+1})/2$ を求める．同様にして全流域の雨量を計算し，流域面積で割って平均雨量を求める．この方法は地形の影響が考慮されているため合理的であるが，面倒な上に個人誤差がさけられない欠点がある．

例　　題　（80）

【9・2】　図–9・6 に示すような流域がある．記入してある数字は日雨

量 (mm) とするとき，この流域の平均雨量を求めよ．

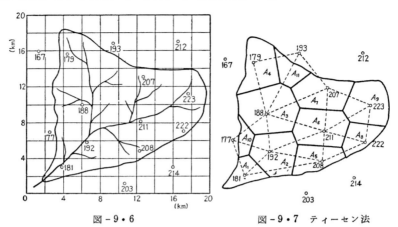

図-9・6　　　　　　　　図-9・7　ティーセン法

解　（i）ティーセン法：流域をティーセン法によって多角形に分割すると図-9・7 を得る．流域内の日雨量 $R_1, R_2, \ldots, R_9$ の他に，流域境界近傍の $R_{10} = 177$ mm, $R_{11} = 193$ mm も用い，流域を 11 個に分割する．$R_1, R_2, \ldots, R_{11}$ に対応する多角形の面積 $A_1, A_2, \ldots, A_{11}$ をプラニメーターで測ると，表-9・5 を得る．

表-9・5

雨量計番号	1	2	3	4	5	6	7	8	9	10	11	計
区分面積 A_i (km²)	8.4	20.2	27.3	18.1	13.0	22.3	20.2	8.8	20.6	4.6	7.1	170.6
雨量 R_i (mm)	181	192	188	179	208	211	207	222	223	177	193	—
$A_i R_i$	1520	3878	5132	3240	2704	4705	4181	1954	4594	814	1370	34092

故に（9・13）式より

$$R = \frac{\Sigma A_i R_i}{\Sigma A_i} = \frac{34092}{170.6} = \underline{199.8 \text{ mm}}.$$

（ii）等雨量線法：10 mm おきの等雨量線を引くと，図-9・8 のように流域は 6 地帯に分かれる．各地帯の面積 A_i をプラニメーターで測り，各地帯の平均雨量 $\overline{R_i}$ を用いて，地帯ごとの雨量 $A_i\overline{R_i}$ を求めると表-9・6 を得る．

9・2 雨量と流出量

表-9・6

地帯番号	1	2	3	4	5	6	計
地帯平均雨量 $\overline{R}_i$ (mm)	222	215	205	195	185	178	
A_i (km²)	22.7	21.4	33.2	37.0	39.9	16.4	170.6
$A_i \overline{R}_i$	5039	4601	6806	7215	7381	2919	33961

故に,平均雨量は

$$R = \frac{\Sigma A_i \overline{R}_i}{\Sigma A_i} = \frac{33961}{170.6}$$

$$= 199.1 \text{ mm}.$$

(註) 最も簡単に,流域内の雨量観測値を算術平均すると, $R = \sum_{1}^{9} R_i / 9 =$ 201.2 mm となる.本例のように雨量計が多く,かつ比較的均一に配置されているときには,簡単な算術平均もよい結果を与える.

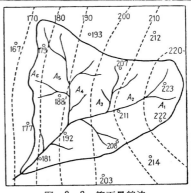

図-9・8 等雨量線法

〔類 題〕 図-9・9 の流域において,a, b, c は時間雨量観測所,X は日雨量観測所である.某日某時の観測値は下表のようであったとすると,これらの資料を使ってティーセン法により,流域平均1時間雨量を求めよ.

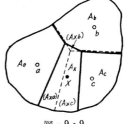

図-9・9

解 X観測所の日雨量を捨てないで使うために,建設省の一部で試みられているティーセン法の変形を用いる.

観測所 雨量	a	b	c	X
日雨量 R (mm)	85	91	102	93
1時間雨量 r (mm)	20	22	26	—

時間雨量観測所 a, b, c と日雨量観測所 X を用いて第1次のティーセン多形角(図の実線)を作り,分割面積を A_a, A_b, A_c, A_x とする.次に a, b, c だけを用いて第2次ティーセン多角形(図

の点線）を作り，X の第1次多角形面積 A_x が点線によって分割されたときの a, b, c に属する部分の面積を A_{xa}, A_{xb}, A_{xc} とする．全面積を A とすると，図で明らかなように，

$$\left.\begin{array}{l} A = A_a + A_b + A_c + A_x, \\ A_x = A_{xa} + A_{xb} + A_{xc}. \end{array}\right\} \tag{1}$$

ここで，A_{xa} 部分については，日雨量は X の値で，その時間分布 $\left(= \dfrac{時間雨量\, r}{日雨量\, R} \right)$ は A_a 部分と同じ値を持つものと仮定すると，1時間雨量は $R_x(r_a/R_a)$ となる．A_{xb}，A_{xc} 部分についても同様に考えると，流域平均の時間雨量 r は次式で与えられる．

$$r = r_a\left(\frac{A_a}{A} + \frac{R_x}{R_a}\frac{A_{xa}}{A}\right) + r_b\left(\frac{A_b}{A} + \frac{R_x}{R_b}\frac{A_{xb}}{A}\right) + r_c\left(\frac{A_c}{A} + \frac{R_x}{R_c}\frac{A_{xc}}{A}\right). \tag{2}$$

プラニメーターで各多角形の面積を測定した値 $A_a = 5.7$，$A_b = 5.8$，$A_c = 4.3$，$A_{xa} = 0.9$，$A_{xb} = 0.1$，$A_{xc} = 1.8$，$A = 18.6\ \mathrm{km^2}$ および題意の数値を (2) 式に入れて

$$r = \left\{20\left(5.7 + \frac{93}{85} \times 0.9\right) + 22\left(5.8 + \frac{93}{91} \times 0.1\right) + 26\left(4.3 + \frac{93}{102} \times 1.8\right)\right\} \Big/ 18.6$$

$$= 22.5\ \mathrm{mm}.$$

（註）　大河川の流域には，時間雨量が分る自記雨量計と日雨量計が混然と配置されている．ここに述べた方法は，日雨量計の記録をも使用し得る点で実用価値が大きい．

9・2・2　DAD 解　析

流域内にいくつかの雨量計があれば，その記録から雨量累加曲線（Mass curve），時間雨量曲線（Hyetgraph），等雨量曲線などが作られる．これらを利用してある面積内の平均雨量 R (mm) や，ある時間内の平均雨量強度 r (mm/hr) などが求められるが，これらの量は考える面積の大きさや降雨の継続時間によって変ってくる．とくに，洪水流出には流域面積が小さければ短期間の降雨が，面積が大きければ長期間の降雨が問題となるから，降雨量（Depth）と流域（Area）および雨の継続時間（Duration）との関係が重要となる．求められた記録から，これらの関係を調べることを，DAD 解析（Depth area duration analysis）という．

（a）　継続時間と雨量強度との関係　　一連の降雨についての雨量累加曲線を図 - 9・10 のように作るとき，T 時間（たとえば $T = 24\ \mathrm{hr}$, $4\ \mathrm{hr}$）内の連続雨量が最大となるようにとった雨量を，T 時間最大雨量 R_T（たとえば 24

9・2 雨量と流出量

時間雨量, 4 時間雨量) と呼び, T 時間連続最大雨量強度 r_T は次式

$$r_T = R_T/T$$

(mm, hr 単位または mm, min 単位)

(9・14)

で与えられる. r_T と T との関係については, 一般に次の形で表わされている.

$$r_T = \frac{a}{T+b} \quad (a, b \text{ は定数}),$$

(9・15)

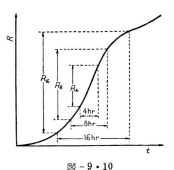

図 - 9・10

$$r_T = c/T^n \quad (c, n \text{ は定数}), \quad (9・16)$$

$$r_T = d - e \log_{10} T \quad (d, e \text{ は定数}). \quad (9・17)$$

(註) リンスレー (Linsley)* によれば, (9・15) 式は 5〜120 分の継続時間 T に適し, (9・16) 式は 2 hr 以上の T に適するという. わが国諸都市の下水道計画には (9・15) 式を用いるものが多く, r_T に min/hr, T に min を用いて a, b は次のようになっている.

	東京	静岡	福岡	宮崎	仙台	熊本
a	5000	5500	5100	7150	2535	5800
b	40	50	50	70	27	56

(b) 面積と平均雨量との関係 単位面積当たりの時間雨量, 日雨量などは考える面積の大きさによって異なり面積が大きい程小さい. ホートン** はこの経験的な法則に対して次式を提案した.

$$\overline{R} = R_0 e^{-kA^n}. \quad (9・18)$$

ここに, $\overline{R}$ は面積 A についての平均雨量, R_0 は豪雨中心における最大雨量, n, k は雨によって異なる定数である.

例 題 (81)

【9・3】 ある流域内に Ⅰ, Ⅱ, Ⅲ, Ⅳ, Ⅴ なる五つの自記雨量計がおかれている. ある降雨について, これらの雨量計の累加雨量曲線は図 - 9・11 のようであった. 2 時間ごとの流域平均雨量およびその累加曲線を求めよ.

---

*) Linsley, Kohler and Paulhus: Applied Hydrology, p. 91
**) Horton: Discussion on Distribution of Intense Rainfall, Trans. A. S. C. E., Vol. 87, (1924)

ただし，流域をティーセン多角形に分割したとき，各雨量計に属する面積は次のようである．

雨量計	I	II	III	IV	V	計
面積 A_i (km²)	32	43	27	51	18	171

解 ある時刻までの累加雨量を ΣR で表わし，各観測点の値には添字 1, 2, …, 5 をつけると，その時刻までの流域全体の累加雨量は

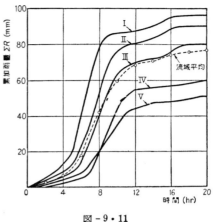

図-9・11

$$\Sigma R = \frac{\sum_{i}^{5}(A_i \Sigma R_i)}{A} = T_1 \cdot \Sigma R_1 + T_2 \cdot \Sigma R_2 + T_3 \cdot \Sigma R_3 + T_4 \cdot \Sigma R_4 + T_5 \cdot \Sigma R_5$$

(T_i：ティーセン係数 $= A_i/A$)

で与えられる．したがって，表-9・7のように計算して R を求め，2時間雨量は各時刻の累加雨量値から2時間前の累加雨量値を差引いて求まる．

表-9・7 (R：2時間雨量 (mm)，ΣR：累加雨量 (mm))

観測所	I		II		III		IV		V		流域平均	
ティーセン係数 T_i	32/171 =0.187		43/171 =0.252		27/171 =0.158		51/171 =0.298		18/171 =0.105			
時刻 (hr)	ΣR_1 (mm)	$T_1\Sigma R_1$ (mm)	ΣR_2 (mm)	$T_2\Sigma R_2$ (mm)	ΣR_3 (mm)	$T_3\Sigma R_3$ (mm)	ΣR_4 (mm)	$T_4\Sigma R_4$ (mm)	ΣR_5 (mm)	$T_5\Sigma R_5$ (mm)	ΣR (mm)	R (mm)
2	5.2	1.0	4	1.0	2.6	0.4	0	0	1.5	0.2	2.6	2.6
4	13	2.4	8.3	2.1	6	0.9	2.5	0.7	4.3	0.5	6.6	4.0
6	40.5	7.6	23	5.8	14	2.2	5.2	1.5	8.2	0.9	18.0	11.4
8	79	14.8	52.6	13.3	40	6.3	20	6.0	21	2.2	42.6	24.6
10	86	16.1	66.3	16.7	63.5	10.0	44	13.1	35	3.7	59.6	17.0

【9・4】 0時から雨が降り始め，その後の2時間雨量が下表のようであった．3時間最大雨量強度を推定せよ．

9・2 雨量と流出量

時　刻 (hr)	2	4	6	8	10	12	14	16	18	20	22
2時間雨量 (mm)	0.8	4.0	11.4	24.6	17.0	9.2	2.1	3.2	5.6	3.2	1.3

解　T 時間最大雨量を R_T, T 時間連続最大雨量強度を $r_T = R_T/T$ とすると，表より

2時間最大雨量 $R_2 : R_2 = 24.6 \text{ mm}, \ r_2 = 24.6/2 = 12.3 \text{ mm/hr.}$

$R_4 : R_4 = R_2 + 17.0 = 41.6 \text{ mm}, \ r_4 = 41.6/4 = 10.4 \text{ mm/hr.}$

$R_8 : R_8 = 11.4 + R_4 + 9.2 = 62.2 \text{ mm}, \ r_8 = 62.2/8 = 7.78 \text{ mm/hr.}$

$R_{16} : R_{16} = 4.0 + R_8 + 2.1 + 3.2 + 5.6 = 77.1 \text{ mm},$

$r_{16} = 77.1/16 = 4.82 \text{ mm/hr.}$

T と r_T との値を対数紙上にプロットして，直線的関係があれば (9・16) 式が成り立つことになるが，本例は直線とはみなし難い．一方，片対数紙上にプロットしたものが図-9・12であるが，ほぼ直線関係が成り立っている．故に，(9・17) 式によることにし，図中の実線を引けば次式を得る．

$$r_T = 15.2 - 8.4 \log_{10} T.$$
$(r_T : \text{mm/hr}, \ t : \text{hr})$

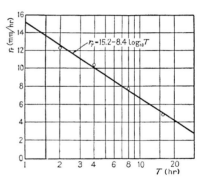

図 - 9・12

$T = 3 \text{ hr}$ に対する r_T を読んで $r_3 = 11.2 \text{ mm/hr.}$

〔**類　題**〕　東京都の下水道計画において，20分間継続の降雨強度およびその間の降雨量を求めよ．

解　(9・15) 式の定数 a, b に註の値および $T = 20 \text{ min}$ を入れて

20分間の降雨強度 $r_{20} = \dfrac{5000}{T+40} = \dfrac{5000}{20+40} = 83.3 \text{ mm/hr,}$

20分間の降雨量 $R_{20} = r_{20} \times (T/60) = 27.8 \text{ mm.}$

【**9・5**】例題9・2の図-9・8における点線および数値は，24時間連続最大雨量の分布を示した等雨量線とする．この図から面積と単位面積当りの平均雨量との関係を求めよ．

解　図-9・8および表-9・6より，例題9・2の記号を用いて

A_1 面積の平均雨量：$\overline{R}_1 = 222$ mm　$(A_1 = 22.7 \text{ km}^2)$.

$\sum_1^2 A_i = (A_1 + A_2)$ 面積の平均雨量：$\overline{R}_{1 \to 2} = (A_1 \overline{R}_1 + A_2 \overline{R}_2)/(A_1 + A_2)$
$= (5039 + 4601)/(22.7 + 21.4) = 219$ mm　$(A_1 + A_2 = 44.1 \text{ km}^2)$.

同様にして，$\sum_1^n A_i = (A_1 + A_2 + \cdots\cdots + A_n)$ 面積の平均雨量
$\overline{R}_{1 \to n} = \sum_1^n A_i \overline{R}_i / \sum_1^n A_i$ を求めると，

$\overline{R}_{1 \to 3} = 213$ mm $(\sum_1^3 A_i = 77.3 \text{ km}^2)$,　$\overline{R}_{1 \to 4} = 207$ mm $(\sum_1^4 A_i = 114.3 \text{ km}^2)$,

$\overline{R}_{1 \to 5} = 201$ mm $(\sum_1^5 A_i = 154.2 \text{ km}^2)$,　$\overline{R}_{1 \to 6} = 199$ mm $(\sum_1^6 A_i = 170.6 \text{ km}^2)$.

$\sum_1^n A_i$ と $\overline{R}_{1 \to n}$ との関係をプロットすると図-9・13 を得る．図中の実線はホートン型の式（9・18）の定数を決めたもので，A を km², R を mm 単位として，$n = 0.96$, $k = 0.00099$，豪雨中心の 24 時間雨量 R_0 は $R_0 = 227$ mm である．

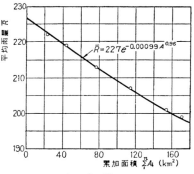

図 - 9・13

9・2・3　有効雨量と直接流出量

図 - 9・14 は降雨の時間雨量柱状図（$R \sim t$ 曲線）と，流域末端における時間流量曲線（$Q \sim t$ 曲線）を示したものである．$Q \sim t$ 曲線の立ち上がり

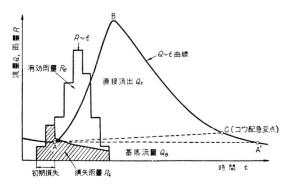

図 - 9・14

の点 A より前の降雨量は，雨が森林や草葉等に遮断されたり，土に湿潤を与えあるいは地下水帯に入りこんだもので，洪水流出には関係しないので初期損失雨量という．A 点より後の降雨は

（1） 地表面を流れて河川に流出し，$Q \sim t$ 曲線の主要部をしめる表面流出（Surface runoff）となるもの．

（2） いったん地中に浅く浸透して多孔質の表層を流れ，表面流出よりおくれて河川に流出する中間流出（Interflow）となるもの．

（3） 地中深く浸透して地下水位を上昇させ，徐々に河川に流出する雨量で，蒸発量を除いた初期損失雨量とともに，河川の基底流量（Base flow）となるもの．

以上のうち，洪水では表面流出と中間流出とが問題となり，両者を合わせて直接流出（Direct runoff）Q_e という．また，雨量 R（mm）のうち，直接流出となるものを有効雨量 R_e と呼び，次式の R_l を損失雨量，f を流出係数（Runoff coefficient）と呼ぶ．

$$R - R_e = R_l, \qquad R_e = fR. \tag{9・19}$$

なお，一つの継続豪雨による総有効雨量 $\sum R_e$（mm）と，その雨による直接流出量の総量 $\sum Q_e$（m³）との間には，流域面積を A（km²）とするとき，次の関係が成り立つ．

$$\sum R_e \times \frac{1}{10^3} \cdot A \times 10^6 = \sum Q_e \qquad \therefore \quad \sum R_e = \frac{\sum Q_e}{10^3 A}. \tag{9・20}$$

（a） 直接流出と基底流出との分離 　与えられたハイドログラフについて，直接流出と基底流出を厳密に分離することは極めて困難であるが，洪水期間中における基底流量の変化はあまり問題とならないので，次のような簡単な分離法が常用されている．

（1） 水平直線分離法：図 - 9・14 の流量図において，流量の上昇起点 A から水平線を引き，下降曲線との交点を A′ とする．AA′ 線より上部を直接流出，下部を基底流出とみなす．

（2） コウ配急変点法：流量図における減水曲線は主要な降雨が終った後で起るものである．したがって，その曲線形は河谷にたまった水の引き方を示し，流域の特性をあらわすものと考えられ，減少部の変曲点（$t = t_0$ で Q

$= Q_0$）以後の流量に対しては，次の形

$$Q = Q_0\, e^{-\alpha(t-t_0)}, \qquad Q = Q_0\, K^{t-t_0}, \atop e^{-\alpha} = K \left.\right\} \tag{9・21}$$

で表わされる*. K は減水定数 (Recession constant) と呼ばれ，直接流出
と地下水流出における K の値は，流出機構の差異のために一般にかなり異
なる．したがって，$\log_{10} Q$ と t との関係を片対数紙上にプロットし，その
不連続点を C 点とするとき（図－9・17 参照），図－9・14 の直線 AC 線の
上部を直接流出，下部を基底流出とみなす．

（b）　有効雨量と損失雨量の分離　　損失雨量を初期損失とその後の損失
雨量とに分けて考える方法と，両者を一括して取り扱う方法とがある．

（1）　一定比損失雨量法：初期損失としては流量図の立ち始めまでの降雨
量をとり，その後は流出係数 f を常に一定として，$R_e = fR$ より有効雨量
を求める．なお，f の値は（9・20）式の関係から決められる（図－9・18）.

（2）　一定量損失雨量法：初期損失のとり方は前と同様とし，その後は降
雨強度に無関係に一定値の損失雨量を考える（図－9・19）.

（3）　$\sum R \sim \sum R_l$ 曲線を利用する方法：初期損失とそれ以後の損失と
を同時に考え，総雨量 $\sum R$ と総損失雨量 $\sum R_l = \sum R - \sum R_e = \sum R -$
$\sum Q_e/10^3 \cdot A$（9・19，9・20 式）との関係を，既往の多くの雨量・流量記録から
図－9・20 のように求めておく．この関係が各時刻までの降雨積算量と累加
損失量との関係を表わすものとみなして，有効雨量を算出してゆく．この方
法は前2者のほぼ中間値を与え，合理性に富むが，図－9・20 のグラフを作
るのに少なくとも 10 個程度の洪水記録が必要である．

（4）　浸透能曲線を用いる方法：浸透能 (Infiltration capacity)，すなわ
ち降雨による単位時間当たりの地下浸透量（ほぼ単位時間当たりの損失雨量
mm/hr）i は，降雨が続くにつれて減少して，遂にはほぼ一定値 i_f（最終浸透能）
に収束する．この時間的変化について，ホートン (Horton) は次の関係式
を与えている．

$$i = i_f + (i_0 - i_f)e^{-kt}. \tag{9・22}$$

ここに，i_0 は初期浸透能で降雨開始時における土地湿潤の状態で変わる．ま

---

*)　流量の減少割合がその時刻における流量に比例する，すなわち，$dQ/dt = -\alpha Q$
　　より導かれる．

た，k, i_f は流域の定数である．

損失雨量を求めるには，(3) の場合と同様に洪水記録から総損失雨量 $\sum R_l$ を求める．一方，$\sum R_l$ は (9・22) 式を降雨の継続時間 T の間で積分して

$$\sum R_l = \int_0^T i \, dt = i_f T + \frac{i_0 - i_f}{k}(1 - e^{-kT}). \qquad (9 \cdot 23)$$

したがって，多くの洪水記録より，各洪水についての T と $\sum R_l$ との値を (9・23) 式に入れ，最小自乗法などで上の式の係数を決める．この場合，降雨前の無降雨日数のグループ毎に分けて，i_0 を図-9・15 のように無降雨日数の関数とし，i_f, k は i_0 に独立な共通値として取り扱う[*]．有効時間雨量 r_e (mm/hr) は各時刻における 1 時間雨量 r (mm/hr) と i とを用いて，$r_e = r - i$.

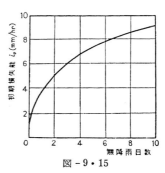

図-9・15

例 題 (82)

【9・6】 ある洪水の時間・流量関係は表-9・8 のようであった．直接流出量と基底流量とを分離せよ．

表-9・8

時 間 (hr)	0	2	4	6	8	10	12	14	16	18	20
流量(m³/sec)	330	320	308	302	300	530	1200	1840	1660	1460	1270

時 間 (hr)	22	24	26	28	30	32	34	36	38	40	42
流量(m³/sec)	1100	950	830	720	640	570	520	470	455	440	420

時 間 (hr)	44	46	48	50	52	54	56	58	60	62	64
流量(m³/sec)	400	380	365	355	340	330	320	310	300	295	290

解 表-9・8 の流量図を図示すると，図-9・16 の実線となる．流量図の上昇起点 A は 8 時で，その流量は 300 m³/sec である．

---

[*] 石原・田中・金丸：わが国における単位図の特性について，土木学会誌，41 巻 3 号 (1956)

158   第9章 水　文　学

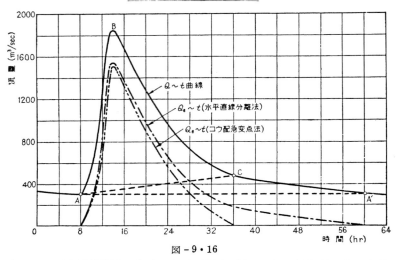

図 - 9・16

（1）　水平直線分離法：A 点より水平線を引き，図の AA′ 線より上を直接流出量とする（同図の1点鎖線）．

（2）　コウ配急変点法：流量図の流量減少部が（9・21）式に従うものとし，図 - 9・17 のように片対数紙上にプロットする．図の C 点を境として，減水定数 K の値が異なり，$t = 36\,\mathrm{hr}$ がコウ配急変点に当たる．AC 線より上部が直接流出量 Q_e を与える．

$$Q_e = Q - 6.07\,t - 251.4 \quad (Q:\mathrm{m^3/sec},\ t:\mathrm{hr}).$$

計算値は同図に2点鎖線で示した．

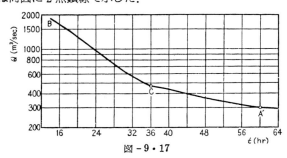

図 - 9・17

【9・7】　前の例題の洪水について，流域平均の降雨量は表 - 9・9 のようであった．これより有効雨量と損失雨量を分離せよ．ただし，直接流出量

は図-9・16のコウ配急変点法によるものとし，流域面積は $510\,\text{km}^2$ とする．また，過去の洪水記録より求めた総雨量と総損失雨量との関係は 図-9・20 のようであり，さらに（9・22）式で最終浸透能 $i_c = 0.9\,\text{mm/hr}$, $k = 0.2\,\text{hr}^{-1}$ とする．

表-9・9

時　　間 (hr)	4〜5	5〜6	6〜7	7〜8	8〜9	9〜10	10〜11	11〜12
雨　量 R(mm)	1.6	3.4	8.9	8.0	14.2	19.5	36.0	32.5
時　　間 (hr)	12〜13	13〜14	14〜15	15〜16	16〜17	17〜18	計	
雨　量 R(mm)	18.6	13.1	4.3	4.0	2.5	1.9	168.5	

解　直接流出量の全量 $\sum Q_e$ と総有効雨量 $\sum R_e$ は
$$\sum Q_e = \sum R_e \cdot 10^3 A \quad (9\cdot20\text{ 式})$$
の関係を満さねばならない．$\sum Q_e$ は図-9・16のコウ配急変点法による Q_e の全量をシンプソンの公式で求めて，$\underline{\sum Q_e = 59.67\times 10^6\,\text{m}^3}$ を得る．

（1）一定比損失雨量法：初期損失雨量 $\sum R_{li}$ は，流量図の立ち上り始め8時までの雨量累計であるから，表-9・9 より
$$R_{li} = 1.6 + 3.4 + 8.9 + 8.0 = 21.9\,\text{mm}.$$

8時以後の雨に対して，流出係数 f が一定であるとすれば，（9・20）式より

$$\sum Q_e = \sum_{8}^{18} f \cdot R \times 10^3 A,$$
$$\therefore\ 59.67\times 10^6 = f(14.2 + 19.5 + 36.0 + 32.5 + 18.6 + 13.1 + 4.3 + 4.0 + 2.5 + 1.9)\times 10^3 \times 510.$$

上の式より求めた $f = 0.798$ を各時間雨量に掛けて，有効雨量 R_e および損失雨量 $R_l = R - R_e$ を得る（図-9・18）．
なお，
　総有効雨量 $\sum_{8}^{18} R\cdot f = \underline{117.0\,\text{mm}},$
　総損失雨量 $= 168.5 - 117.0 = \underline{51.5\,\text{mm}},$

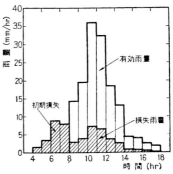

図-9・18

直接流出期間中の損失雨量 = $\sum_{8}^{18} R(1-f)$ = <u>29.6 mm.</u>

(2) 一定量損失雨量法：(1)で求めた直接流出期間中の損失雨量 29.6 mm を $18-8=10$ 時間で割ると，1 時間当たりの損失雨量は 2.96 mm/hr となる．ところが 16～17 時，17～18 時の降雨量は 2.96 mm 以下であるから，この時間では降雨量は全部損失量と考えると

直接流出期間中の1時間損失雨量 = $\dfrac{29.6-(2.5+1.9)}{8}$ = 3.15 mm/hr.

3.15 mm を降雨量から引いて，図-9・19 の有効雨量を得る．

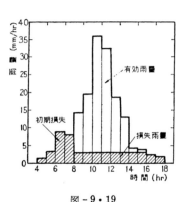

図-9・19

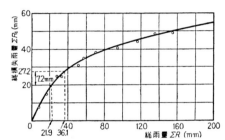

図-9・20

(3) $\sum R \sim \sum R_l$ 曲線を用いる方法：表-9・10 のように ③ 行に累加雨量を記入し，図-9・20 の $\sum R \sim \sum R_l$ 曲線より対応する損失雨量を読んで ④ 行に記す．次に，時間損失雨量をたとえば8～9 時では $R_l = (\sum R_l)_{8～9} - (\sum R_l)_{7～8} = 27.2 - 20.0 = 7.2$ mm より求めて ⑤ 行に示す．表-9・10 に計算の一部を，図-9・21 に分離した結果を示した．

(4) 浸透能曲線を用いる方法：本例題では無降雨日数や初期浸透能 i_0 の値が与えられていないので，ここでは6時までの浸透能は降雨強度より大きく

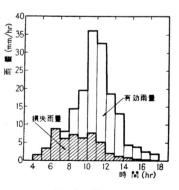

図-9・21

表 - 9・10

① 時間 (hr)	② 雨量 R (mm)	③ 累加雨量 $\sum R$(mm)	④ 累加損失雨量 $\sum R_l$(mm)	⑤ 損失雨量 R_l(mm)	⑥ 有効雨量 R_e(mm)
4〜5	1.6	1.6	1.6	1.6	0
5〜6	3.4	5.0	5.0	3.4	0
6〜7	8.9	13.9	13.9	8.9	0
7〜8	8.0	21.9	20.0	6.1	1.9
8〜9	14.2	36.1	27.2	7.2	7.0
9〜10	19.5	55.6	33.5	6.3	13.2

それまでの降雨量 (1.6+3.4) = 5.0 mm はそのまま損失雨量になるものとし，6時の浸透能を i_0 とおく．したがって6時以後の雨について，

$$\sum R_l = i_f T + \frac{i_0 - i_f}{k}(1 - e^{-kT}) \qquad (9・23)$$

を用い，題意の数値 $\sum R_l = 51.5 - 5.0 = 46.5$ mm，$T = 12$ hr，$k = 0.2$ hr^{-1}，$i_f = 0.9$ mm を入れると $i_0 = 8.75$ mm．したがって，6時を $t = 0$ hr にとって (9・22) 式は次のようになる．

$$i = 0.9 + 7.85\, e^{-0.2t} \quad (\text{mm/hr}) \tag{1}$$

i の計算結果および有効1時間雨量 $r_e = r - i$ (本例題では $R = r$) を図 - 9・22 に示した．

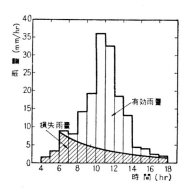

図 - 9・22

(註) 以上4通りの計算法をあげたが，十分な洪水記録があれば，(3) または (4) の計算法を用いるのが望ましい．資料不足あるいは簡単に計算する場合には，(1) より (2) の方法がよく用いられる．

9・3 ピーク流量の算定

9・3・1 ラショナル式による河川のピーク流量

模型的に図のような矩形流域を考え，この流域に一様強度 r_I(mm/hr) の

雨が T 時間降るものとする。いま，流域の最上流端 C に降った雨が地表および河道を流れて，流域末端の D に到着するに要する時間（到達時間）を T_a とし，T_a は降雨強度に無関係な流域の定数とすると，D 地点における流量図

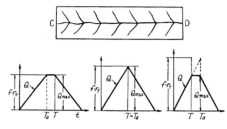

図 - 9・23

のモデルは $T \gtreqless T_a$ によって図 - 9・23 のようになる。

同図において，$T \geqq T_a$ のときには，全流域に降った雨が D 点に集まり，ピーク流量は

$$Q_{max} = f \frac{r_T}{3600 \times 1000} A \times 10^6 = \frac{1}{3.6} f r_T A \qquad (9 \cdot 24)$$

で表わされる。ここに，r_T は降雨強度 (mm/hr)，A は流域面積 (km²)，f は流出係数である。また，$T < T_a$ のときには，流域の一部の雨が集まるにすぎないから，Q_{max} は上の式の A の代りに近似的に $A(T/T_a)$ とおいたものとなる。

一方，DAD 解析によると r_T は T が短かい程大きいから，図 - 9・23 からも明らかなように，流域において Q_{max} を最大ならしめる降雨は $T = T_a$ の継続時間を持つ降雨であることが分かる。実際の洪水流出では，f や T_a は定数ではなく，降雨の分布，流域の形状などによって左右されるが，一連の豪雨によるピーク流量 Q_p は，図 - 9・24 の雨量図において $T = T_a$ 時間についての最大雨量強度 r_{Ta} を用いて，次の式

$$Q_p = \frac{1}{3.6} f r_{Ta} A \quad (m/sec) \qquad (9 \cdot 25)$$

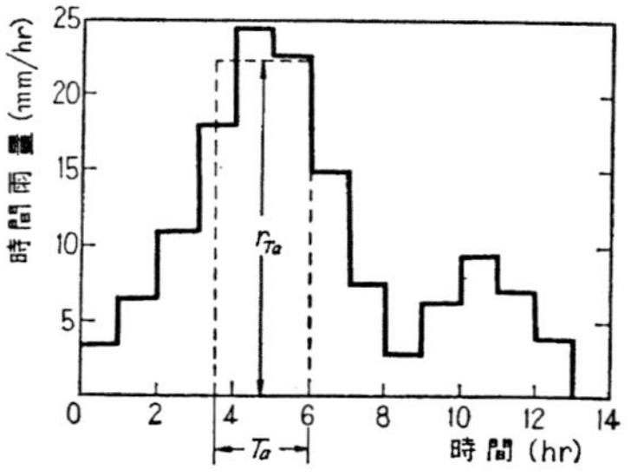

図 - 9・24

で表わされるとみなすのが合理的であろう。この意味で上式を，ラショナル（合理）式と呼び慣わしているが，かなり粗い近似法であって，次節に述べる単位図法などの方が合理的である。

9・3 ピーク流量の算定

（9・25）式に含まれる T_a, r_{Ta}, f などは既往の洪水記録を用いて決めることが望ましいが，次のような式や値が常用されている.

（a）到達時間 T_a ルチハ（Rziha）の式

$$\left.\begin{array}{l} T_a = \dfrac{l}{\omega_1} = l \Big/ 20\Big(\dfrac{h}{l}\Big)^{0.6} \quad \text{(m/sec 単位)}, \\[3mm] T_a = \dfrac{l}{\omega_2} = l \Big/ 72\Big(\dfrac{h}{l}\Big)^{0.6} \quad \text{(km/hr 単位)} \end{array}\right\} \tag{9・26}$$

ここに，l：常時河谷をなす最上流点（5 万分の 1 の地図で河川記号の終点）より流域末端までの水平距離，h：その落差，ω_1, ω_2：洪水の伝播速度.

が最も普通に用いられ，とくに山地河川に対しては適合性がよいといわれる.また，平地部の河川に対しては，次の Kraven の値も用いられる.

$h/l = 1/100$ 以上　　$1/100 > h/l > 1/200$　　$1/200$ 以下

$\omega_1 = 3.5\ \text{m/sec}$　　　$3.0\ \text{m/sec}$　　　$2.1\ \text{m/sec}$

（b）雨量強度 r_T 時間雨量の観測値がなく，日雨量 R_{24}(mm) だけが与えられている場合，T 時間最大雨量強度 r_T を求めるには次の物部博士の式がある.

$$r_T(\text{mm/hr}) = \frac{R_{24}}{24}\Big(\frac{24}{T}\Big)^{2/3} \quad (T:\text{hr}) \tag{9・27}$$

（c）流出係数 f 物部博士によると表 – 9・11 のようである.

表 – 9・11　洪水時流出係数表

流 域 の 状 況	f	流 域 の 状 況	f
急　峻　な　山　地	0.75〜0.90	かんがい中の水田	0.7〜0.8
三　紀　層　山　丘	0.7〜0.8	山　　地　　川	0.75〜0.85
起伏のある土地・森林	0.5〜0.75	平　地　小　河　川	0.45〜0.75
平　た　ん　な　耕　地	0.45〜0.60	流域の半ば以上が平地の大河川	0.50〜0.75

例 題 (83)

【9・8】 量水標地点で流域面積 280 km²，流路延長 38 km を持つ中河川に日雨量 336 mm の豪雨が降った．ピーク流量を算定せよ．ただし，常時河谷をなす最上流点より量水標地点までの流路延長と標高との関係を図 – 9・25 に示す．また，流出係数は 0.75 とする.

解 図 – 9・25 より河川区間が山地河川である AB 区間と，平地河川の

BC 区間に分れるので，到達時間 T_a の計算は分割して行ってみよう．

AB 区間：流路延長 $l_{AB}=15\times10^3$ m，標高差 $h_{AB}=440-50=390$ m を (9・26) 式に入れて

$$\omega_2 = 72\left(\frac{390}{15\times10^3}\right)^{0.6} = 8.06 \text{ km/hr},$$

$$T_a = \frac{l}{\omega_2} = \frac{15}{8.06} = \underline{1.86 \text{ hr}}.$$

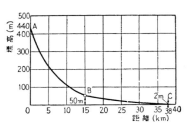

図 - 9・25

BC 区間：平地であるから，山地河川に基づく Rziha の式には疑点があるので Kraven の値を適用すると，$\dfrac{h_{BC}}{l_{BC}} = \dfrac{50-2}{23\times10^3} = \dfrac{1}{479}$.

したがって ω_1 は表より 2.1 m/sec となるが，コウ配が緩やかであるから若干修正して $\omega = 2.0$ m/sec $= 7.2$ km/hr を用いる．B 点より C 点に洪水が到達するに要する時間は $T_a = l/\omega = 23/7.2 = \underline{3.19 \text{ hr}}.$

したがって上流端 A より末端 C までの到達時間は

$$T_a = 1.86 + 3.19 \fallingdotseq 5.1 \text{ hr}.$$

降雨強度 r_{Ta} は (9・27) 式より

$$r_{Ta} = \frac{R_{24}}{24}\left(\frac{24}{T_a}\right)^{\frac{2}{3}} = \frac{336}{24}\left(\frac{24}{5.1}\right)^{\frac{2}{3}} = 39.3 \text{ mm/hr}.$$

ピーク流量は (9.25) 式より

$$Q_p = \frac{1}{3.6} f r_{Ta} A = \frac{1}{3.6}\times0.75\times39.3\times280 = \underline{2293 \text{ m}^3/\text{sec}}.$$

なお，河川区間を分割せず，1 区間として取り扱ってみよう．

$l=38$ km, $h=0.440-0.002=0.438$ km より

$$\omega = 72\left(\frac{0.438}{38}\right)^{0.6} = 4.95 \text{ km/hr}. \quad T_a = \frac{l}{\omega} = 7.68 \text{ hr},$$

$$r_{Ta} = \frac{336}{24}\left(\frac{24}{7.68}\right)^{0.6} = 29.9 \text{ mm/hr}.$$

$$\therefore \quad Q_p = \frac{1}{3.6}\times0.75\times29.9\times280 = \underline{1744 \text{ m}^3/\text{sec}}.$$

(註) 本例題のように，河川区間を分割するか否かで結果がかなり異なることが多い．いずれが適しているかを，既往の洪水について検討しておく必要がある．

9・3 ピーク流量の算定　165

〔類 題 1.〕　　前の例題の流域において，50 年に 1 度の生起確率を持つ年最大日雨量 420 mm を河川計画の対象とする．計画洪水流量を求めよ．

答　分割法によると　$Q_p = 2864$ m³/sec.

〔類 題 2.〕　　前例題の流域に図 - 9・24 の降雨があった．ピーク流量を求めよ．

（ヒント）　分割法によると，$T_a = 5.1$ hr にわたる連続最大雨量 $R_{5.1}$ は，図 - 9・24 より，$R_{5.1} = 113.8$ mm．　∴　$r_{Ta} = R_{5.1}/5.1 = 22.3$ mm/hr.

答　1300 m³/sec

9・3・2　都市下水道のピーク流量

（a）　ラショナル式

$$Q_p = \frac{1}{360} f r_{Ta} A = \frac{1}{360} f \frac{a}{T_a + b} A \quad \text{(m³/sec)} \qquad (9・28)$$

ここに，f：流出係数，r_{Ta}：降雨強度（mm/hr），T_a：到達時間（min），A：排水面積（ヘクタール）．

河川では r_{Ta} が数時間～十数時間程度の降雨強度であるのに対し，下水道の r_{Ta} は数分～数 10 分間程度のものである点で性格が異なり，T 分連続最大雨量強度に対して（9・15）式の形

$$r_T \text{(mm/hr)} = \frac{a}{T + b} \quad (T：\text{min})$$

を用いたものである．到達時間 T_a は 雨水が下水渠に流入するまでの流入時間（5～10分）と，下水渠内の流下時間との和で表わされ，流出係数 f の標準値は表 - 9・12 のようである．

（b）　滞流式　（9・28）式と同じ記号および単位を用いて

$$Q_p = \frac{1}{360} f \frac{a}{\alpha T_a + b} \phi_m A \quad \text{(m³/sec)}$$

$$(9・29)$$

ラショナル式は一般に過大な流量を与える傾向があるので，上の式は平たんな土地の雨水渠には貯留能力がある点を考

表 - 9・12　下水道の流出係数

	f
商 業 地 域	0.6
住宅地区（密）	0.5
〃 （粗）	0.3
工 業 地 区	0.4
緑 　 地	0.1

慮して，降雨強度式に滞流係数 $\alpha \fallingdotseq 1.27$ (1.25～1.30) を導入し[*]，さらに降雨の場所的な分布が一様でないことから，降雨平均強度係数

───────────────
[*]　板倉　誠：滞流式雨水流出量算定方法の研究，土木学会論文集，28 号，1955

$$\phi_m = 1 - 0.043 \sqrt[4]{A} \tag{9.30}$$

を導入したものである. a, b は（9・15）式の値をそのまま用いる.

例　題 (84)

【9・9】　排水面積 120 ha の都市域があり，そのうち 1/3 は商業地区，1/2 は密な住宅地区，1/6 は緑地である．降雨強度公式は $r_T = 5100/(T+50)$ で与えられるとき，雨水流出のピーク値を求めよ．ただし，雨水の下水渠への流入時間は 7 min，下水渠の最長延長は 2376 m，管内流速は 2.4 m/sec とする.

解　排水面積の平均流出係数は，表 - 9・12 を参照して

$$f = \frac{1}{3} \times 0.6 + \frac{1}{2} \times 0.5 + \frac{1}{6} \times 0.1 = 0.47.$$

流達時間：$T_a =$ 流入時間＋流下時間 $= 7 + \dfrac{2376}{2.4 \times 60} = 23.5$ min.

23.5 分間連続の降雨強度 r_{Ta} は

$$r_{Ta} = \frac{a}{T_a + b} = \frac{5100}{23.5 + 50} = 69.4 \text{ mm/hr.}$$

また，降雨平均強度係数は

$$\phi_m = 1 - 0.043 \sqrt[4]{A} = 1 - 0.043(120)^{\frac{1}{4}} = 0.858.$$

（ⅰ）ラショナル式　（9.28）式より

$$Q_p = \frac{1}{360} f r_{Ta} A = \frac{1}{360} \times 0.47 \times 69.4 \times 120 = \underline{10.9 \text{ m}^3/\text{sec.}}$$

（ⅱ）滞流式　（9・29）式より

$$Q_p = \frac{1}{360} f \frac{a}{\alpha T_a + b} \phi_m A = \frac{1}{360} \times 0.47 \times \frac{5100}{1.27 \times 23.5 + 50}$$

$$\times 0.858 \times 120 = \underline{8.6 \text{ m}^3/\text{sec.}}$$

9・4　単 位 流 量 図 法

9・4・1　ユニットグラフと流量配分図

（a）単位図法　単位図法（Unit hydrograph method）は 1932 年，シャーマン（Sherman）によって唱えられたもので，有効雨量と直接流出量との関係について，次のような基本仮定の上に成り立っている.

9・4 単位流量図法

（1） 基底長一定：図-9・26に示すように，継続時間の等しい有効雨量によるピーク流量の出現時刻 t_p および直接流出の期間 T は，降雨強度の大小にかかわらず一定である．

（2） 比例仮定：継続時間が等しく，降雨強度の異なる有効降雨による直接流出量 Q は降雨強度に比例する（図-9・26）．

（3） 合成仮定：図-9・27のように前後するA，Bの有効雨量による合成流出量は，各単独の降雨による直接流出量，すなわち，A，Bハイドログラフの縦座標を加え合わせたものである．

既往の洪水を解析して，単位有効雨量 R_0 (mm)，単位時間 t_0 (hr) の降雨による

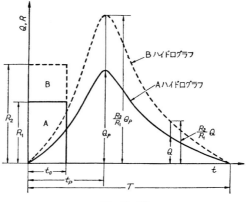

図-9・26

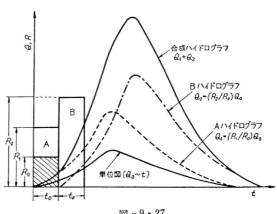

図-9・27

直接流出量時間曲線 $Q_0 \sim t$（これを単位図という）が求められているものとする．前述の仮定に従えば，いま，n 単位時間 nt_0 (hr) にわたって，各 t_0 (hr)ごとにそれぞれ $R_1, R_2 \cdots\cdots R_n$ (mm) の有効雨量があった場合，流出曲線は，単位図の縦距をそれぞれ $R_1/R_0, R_2/R_0 \cdots\cdots R_n/R_0$ の比に拡大するとともに，1単位時間ずつずらせて重ね合わせ（図-9・27），その縦距の和を求める手順によって，迅速かつ容易に求められる．

単位時間 t_0 としては米国では流域の広狭に応じて $t_0=$ 数時間〜1日，わが国では $t_0=1$〜数 hr にとり，単位有効雨量 R_0 は米国では1インチ，わが国では 1 mm または 10 mm にとられることが多い．

（註） 単位図の形は一つの流域においても，降雨の強さとその分布などに影響されて，上の基本仮定は厳密には成り立たない．とくに，降雨強度が大きくなると，ピーク到達時間 t_p は減少し，ピーク流量は比例関係以上に増す傾向があるので，これら点の改良について各種の研究が進められている（次節参照）．なお，実際問題としては，いろいろな既往洪水について単位図を作製しておき，目的に応じて適当な単位図を選定するというような便法がとられている．

(b) 流量配分図 単位時間 t_0 (hr)，単位有効雨量 R_0 (mm) の降雨に対して，図-9・28 の折線を単位図とすると流量配分図は $(0 \sim t_0)$，$(t_0 \sim 2t_0)$，$(2t_0 \sim 3t_0)$ ……間の平均流量を，それぞれ配分率(%) p_1, p_2, p_3 …… を用いて柱状図で示したものである．したがって，$(0 \sim t_0)$，$(t_0 \sim 2t_0)$ …… の平均流量 (m³/sec) は，

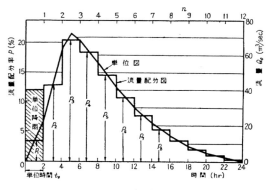

図-9・28

次に述べる Q_0^* を用いて，$p_1Q_0^*$，$p_2Q_0^*$，…… で与えられる．ここに，Q_0^* (m³/sec) は全流出量 $1000R_0A$ (m³) (R_0: mm, A: km²) が $\sum p_i Q_0^* \times 3600 t_0 = 100 Q_0^* \times 3600 t_0$ に等しいことから，

$$Q_0^* = \frac{R_0 A}{3.6 t_0} \times \frac{1}{100} \quad \text{(m³/sec)} \tag{9・31}$$

で与えられ，R_0，t_0 の単位降雨に対して 1% の配分率に相当する流量である．このように，単位図を作る代りに，配分率を与える方法をバーナード[*] (Bernard) の流量配分図法 (Distribution graph method) とよび，任意

---

[*] M. M. Bernard: An Approach to Determine Stream Flow, Trans. A. S. C. E., Vol. 100, 1935

9・4 単位流量図法

の降雨に対しては単位図法と同様に合成して，流出量曲線を求めることができる.

例　　題 (85)

【9・10】　ある流域に単位時間 ($t_0 = 2\,\mathrm{hr}$) の間に $R_0 = 20\,\mathrm{mm}$ の降雨があったときの直接流出量 Q_0 は，表–9・13 の ①，② 行に示すようであった．これより流量配分図を作れ．

解

表 – 9・13　($R_0 = 20\,\mathrm{mm}$, $t_0 = 2\,\mathrm{hr}$)

題意		0	2	4	(5)	6	8	10	12	14	16	18	20	22	24	計
	① 時　刻 (hr)	0	2	4	(5)	6	8	10	12	14	16	18	20	22	24	
	② 流　量 Q_0 (m³/sec)	0	22.4	63.2	(72.0)	68.0	55.2	41.6	30.0	21.2	14.4	8.8	4.8	2.4	0	
	③ 平均流量 (m³/sec)		11.2	42.8	68.8		61.6	48.4	35.8	25.6	17.8	11.6	6.8	3.6	1.2	335.2
	④ p_i (%)		3.3	12.8	20.5		18.4	14.4	10.7	7.6	5.3	3.5	2.0	1.1	0.4	100

図 – 9・28 の単位図（折線）は題意の数値 ①，② 行を記入したものである．各時刻の間で流量は直線的に変化するとみなし，各単位時間 (2 hr) の平均流量を算定すると ③ 行のようになり，その合計 $\left(\dfrac{R_0\,A}{3.6\,t_0}\ \text{を示す}\right)$ は 335.2 m³/sec である．したがって 1% の配分率に相当する流量は $Q_0{}^* = 335.2/100 = 3.352\,\mathrm{m^3/sec}$ となる．故に ③ 行の平均流量を $Q_0{}^*$ で割って，④ 行の配分率を得る（図–9・28 の柱状図）．なお，上の表において，4〜6 hr の平均流量 $= \left(\dfrac{63.2+72.0}{2} + \dfrac{72.0+68.0}{2}\right)\Big/ 2 = 68.8\,\mathrm{m^3/sec}$ とした．

【9・11】　前の例題の流域に下の表のような連続有効降雨が降ったとき流出量ハイドログラフを（ⅰ）単位図を用いて，（ⅱ）流量配分図を用いて計算せよ．

時　刻 (hr)	0〜1	1〜2	2〜3	3〜4	4〜5	5〜6	6〜7	7〜8
降雨量 (mm)	3.2	6.8	13.2	22.8	45	35	17.6	6.4

解　（ⅰ）　与えられている単位図（表–9・13）は単位時間 $t_0 = 2\,\mathrm{hr}$，雨量 20 mm のものであるから，まず題意の表から 2 時間連続雨量 $R = 10$, 36, 80, 24 mm に直し，表–9・14 の左端に示す．参考のため，$R_0 = 20\,\mathrm{mm}$

に対する単位図を第①行に記し，②〜⑤行に各時刻の Q を $Q = Q_0 \times (R/R_0)$ より求め，単位時間（2 hr）ずつずらしたものを記入する．各時刻ごとに ②〜⑤ 行を合計して ⑥ 行に記入する．

表 - 9・14 単位図法による計算（単位 m³/sec）

	雨量 R(mm)	時刻	0	2	4	6	8	10	12	14	16	18	20	22	24	26	28	30
①	$R_0=20$	Q_0	0	22.4	63.2	68.0	55.2	41.6	30.0	21.2	14.4	8.8	4.8	2.4	0			
②	10	$Q_0 \times \frac{10}{20}$	0	11.2	31.6	34.0	27.6	20.8	15.0	10.6	7.2	4.4	2.4	1.2	0			
③	36	$Q_0 \times \frac{36}{20}$		0	40.3	113.8	122.4	99.4	74.9	54.0	38.2	25.9	15.8	8.6	4.3	0		
④	80	$Q_0 \times \frac{80}{20}$			0	89.6	252.8	272.0	220.8	166.4	120.0	84.8	57.6	35.2	19.2	9.6	0	
⑤	24	$Q_0 \times \frac{24}{20}$				0	26.9	75.8	81.6	66.2	49.9	36.0	25.4	17.3	10.6	5.8	2.9	0
⑥		計	0	11.2	71.9	237.4	429.7	468.0	392.3	297.2	215.3	151.1	101.2	62.3	34.1	15.9	2.9	0

（ii） 各時刻における t_0 時間平均流量は各降雨（R：mm，t_0：hr）による流量

$$\frac{p_i AR}{3.6\, t_0} = \frac{p_i A R_0}{3.6\, t_0} \frac{R}{R_0} = p_i \frac{R}{R_0} Q_0^* \tag{1}$$

を t_0 時間ずつ遅らせて加え合わせたものであるから，例題 9・10 の p_i および $Q_0^* = 3.352$ m³/sec を用いて，表 - 9・15 のように計算する．（i），（ii）の結果を図 - 9・29 に示した．

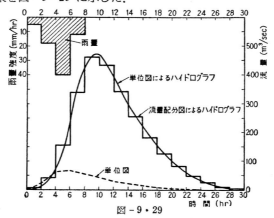

図 - 9・29

$$9 \cdot 4 \quad 単 位 流 量 図 法$$

表 − 9・15　流量配分図法による計算

時間			0～2	2～4	4～6	6～8	8～10	10～12	12～14	14～16	16～18
①	雨量 R(mm)	$p(\%)$	3.3	12.8	20.5	18.4	14.4	10.7	7.6	5.3	3.5
②	10	$p \times \dfrac{10}{20}$	1.7	6.4	10.3	9.2	7.2	5.3	3.8	2.7	1.7
③	36	$p \times \dfrac{36}{20}$		5.9	23.0	36.9	33.1	25.9	19.3	13.7	9.5
④	80	$p \times \dfrac{80}{20}$			13.2	51.2	82.0	73.6	57.6	42.8	30.4
⑤	24	$p \times \dfrac{24}{20}$				4.0	15.4	24.6	22.1	17.3	12.8
⑥	計		1.7	12.3	46.5	101.3	137.7	129.4	102.8	76.5	54.4
⑦	流量 = ⑥×$Q_0{}^*$ (m³/sec)		5.6	41.2	155.9	339.6	461.6	433.7	344.6	256.4	182.7

9・4・2　単 位 図 の 作 成

　単位図法を適用するには，まず既往の洪水記録から単位降雨に対する単位図を作らねばならない．ところが，ちょうど単位時間だけ一定強度の豪雨が降った記録は見当らないであろうから，かなり複雑な降雨分布に対する流量曲線から単位図を求める必要がある．単位図の作成法にはいろいろあるが，ここではコリンズ（Collins）* の方法を説明しよう．

　（1）　対象流域にできるだけ一様に降り，比較的継続時間の短い雨を選ぶ．なお，雨量および流量記録の信頼性が高いものでなければならないことは当然である．

　（2）　有効雨量と直接流出量を抽出する．

　（3）　直接流出量を単位時間ごとに平均して，図 − 9・30 のように柱状図で表わす．

　（4）　単位降雨に対する流量配分率 $\{p_0\}$ を仮定して，これを最大降雨を除くすべての有効降雨に適用する．

　（5）　直接流出量の実測柱状図から，（4）の方法で合成した柱状図を差し引く．その残余は最大降雨による流出に対応するから，これを流量配分率 $\{p_0{}^*\}$ に換算する．もし，当初仮定の $\{p_0\}$ が正しければ，残余からの $\{p_0{}^*\}$ と一致するはずである．し

---

*)　D. Johnstone and W. P. Cross：Elements of Applied Hydrology, The Ronald Press Co., p. 143

かし，始めから一致することは望めないので，次の計算に移る．

(6) $\{p_0\}$ と $\{p_0{}^*\}$ との中間値を適当に選定し新流量配分率 $\{p_1\}$ を作る．この選定方法には明確なルールはないが，配分図のピーク付近では $\{p_0{}^*\}$ の方を重視した方がよいようである．なお，$\{p_1\}$ はその総和が 100 になるように適当に調節する．

(7) 新流量配分率 $\{p_1\}$ を用い，(4) から以下の計算を反復し，仮定配分率と最大降雨に応ずる残余配分率とが許容誤差の範囲で一致するまで繰返す．

最初の仮定配分率が適当であれば，2 回ぐらいの試算で収束するようである．

例　題　(86)

【9・12】　ある流域で 3 時間を単位時間にとって，下の表のような有効雨量および直接流出量の実測値（3 時間平均値）を得た（図-9・30）．これより 10 mm を単位雨量とする流量配分図および単位図を求めよ．

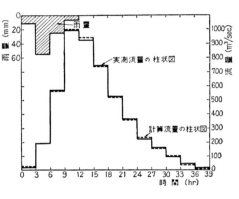

図-9・30

表-9・16

時　間 (hr)	0〜3	3〜6	6〜9	9〜12	12〜15	15〜18	18〜21	21〜24	24〜27	27〜30	30〜33	33〜36	36〜39
有効雨量 (mm)	10.8	50.0	22.4	6.0									
直接流出量 (m³/sec)	20	195	570	992	925	743	526	364	225	160	97	48	18

解　コリンズの試算法に従い，表-9・17 のような表式計算を行なう．

表の説明

①，②，③ 欄：題意

④ 欄：雨量合計 89.2 mm による直接流出量の合計は 4883 m³/sec であるから，そのうち，(0〜3)hr の雨 10.8 mm による流出量の計は，4883×(10.8/89.2) = 591 m³/sec．したがって，その 1% 配分率の流量は 5.91 m³/sec．同様にして，(3〜6)hr の 50.0 mm に対する 1% 配分率流量は，4883×(50.0/89.2)×1/100 = 27.37 m³/sec などを記入．

⑤ 欄：仮定配分率（$\{p_0\}$）3，10，25，……2 を記入し，これと ④ 欄の値を掛けて

表 - 9・17　第 1 次 試 算

① 期間 (hr)	② 有効雨量 (mm)	③ 流出量 (m³/sec)	④ p 1%の流量 (m³/sec)	⑤ 仮定流量配分率 {p_0} (%)										⑥ 和 (m³/sec)	⑦ 残余 (m³/sec)	⑧ {$p_0{}^*$} (%)	⑨ {p_0} (%)	⑩ {p_1} (%)
				3	10	25	20	15	10	7	5	3	2					
0～3	10.8	20	5.91	18										18	+2	+0.1		
3～6	50.0	195	27.37	—	59									59	+136	+5.0	3	4
6～9	22.4	570	12.26	37	—	148								185	+385	+14.1	10	12.5
9～12	6.0	992	3.28	10	123	—	118							251	+741	+27.1	25	26.5
12～15		925			33	307	—	89						429	+496	+18.2	20	19
15～18		743				82	245	—	59					386	+357	+13.0	15	14
18～21		526					66	184	—	41				291	+235	+8.6	10	9.2
21～24		364						49	123	—	30			202	+162	+5.9	7	6.5
24～27		225							33	86	—	18		137	+88	+3.2	5	4
27～30		160								23	61	—	12	96	+64	+2.3	3	2.5
30～33		97									16	37	—	53	+44	+1.6	2	1.8
33～36		48										10	25	35	+13	+0.5		
36～39		18											7	18	+11	+0.4		
計	89.2	4883												2149	+2734	100.0	100.0	100.0

最大雨量 50 mm を除く各雨によって，各時間に配分される流量を左上から右下に向って書きこむ．たとえば，10.8 mm の雨によるものは

$$5.91×3≒18, \quad 5.91×10≒59, \quad 5.91×25≒148, …….$$

22.4 mm の雨によるものは

$$12.26×3≒37, \quad 12.26×10≒123, \quad 12.26×25 = 307, ……$$

である．なお，最大雨量 50 mm に対するか所は空白で — で示す．

⑥ 欄： 最大雨量を除く，各雨による流出量の和で ⑤ 欄の横の総和．

⑦ 欄： ③ 欄より ⑥ 欄を引いたもので，最大雨量による流出量を示す．

⑧ 欄： ⑦ 欄の値を ⑦ 欄の総計 2734 m³/sec で割り，100 倍して最大雨量に応ずる流量配分率 {$p_0{}^*$}.

⑨ 欄： {$p_0{}^*$} との対比のため当初仮定の {p_0} を記入．

⑩ 欄： ⑧ 欄と ⑨ 欄の中間の適当な値を採用して，流量配分率の第1近似値 {p_1} とする．だいたい平均値をとっているが，ピーク付近は ⑧ 欄の方を重視し，⑩ 欄の和は 100.0 になるように調整してある．

以上で第1次試算を終り，表-9・17 と全く同じ手順で第2次試算を行なう．結果を示すと下表のようである．

単位時間番号	1	2	3	4	5	6	7	8	9	10	計
{p_1} (%)	4	12.5	26.5	19	14	9.2	6.5	4	2.5	1.8	100
{$p_1{}^*$} (%)	4.4	13.3	26.1	17.4	13.5	9.3	6.6	3.7	2.9	1.9	100
{p_2} (%)	4.3	13.0	26.3	18.2	13.7	9.3	6.6	3.9	2.8	1.9	100

$\{p_2\}$ は $\{p_1\}$ とほとんど違わないのでこの値をもって求める流量配分図とし，図-9・31 に記入した．また，図-9・30 には検算として $\{p_2\}$ に基づいた流出量計算を行ない点線で記入してあるが，実測流量とよく一致している．検算においては表-9・17 の型式を用い，⑤ 欄に 50 mm の雨による配分率も記入して，⑥ 欄の総和を計算すれば，これが求める流出量である（⑦〜⑩ 欄不要）．

終りに，図-9・31 の流量配分率より単位図を作るには，柱状図の面積と同じ面積を囲むように滑らかな曲線を引く．単位雨量は 10 mm であるから，流量配分率 1% は $\dfrac{10}{89.2} \times 4883 \times \dfrac{1}{100} = 5.47$ m³/sec に当たり，この値を用いて p 値を流量に換算すると，図-9・31 の単位図を得る．

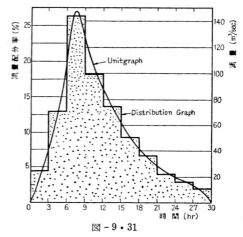

図-9・31

9・4・3 単位図の単位時間変換

$t_0 = \alpha$ 時間を単位時間として作成した単位図から，$t_0 = \beta$ 時間を単位時間とする単位図に変換することは実際にしばしば必要であるが，次に述べる S ハイドログラフ（以下 S 曲線と略称する）を用いて変換すれば極めて便利である．S 曲線は単位図の一種の累加曲線であって，単位図から S 曲線を作るには次のようにする．まず，$t_0 = \alpha$ (hr) を単位時間とする単位図の $\alpha, 2\alpha, \cdots\cdots, n\alpha$ 時間における縦座標値を図-9・28 のように，流量配分率 $p_1, p_2, \cdots\cdots p_n$ で表わす．これより累加値を求めると，S 曲線の縦座標は図-9・32 に示すように次の値で与えられる．

時　間　(hr)	α	2α	……	$(n-1)\alpha$	$n\alpha$ 以後
S 曲線の縦座標 (%)	p_1	p_1+p_2	……	$\sum_{1}^{n-1} p_i$	$\sum_{1}^{n} p_i$

S 曲線は図-9・32 から分るとおり，単位図を α 時間ずつずらして無限に並べたときの，各時間における流量配分率の総和になるから，一定降雨強度

9・4 単位流量図法

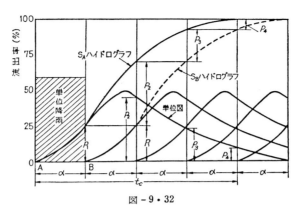

図-9・32

を持つ雨が，降り始め $t=0$ より永久に降り続くと想定した場合の流出率 % を与えることになる．したがって，S 曲線は単位時間 α に無関係となる．

このS曲線から，$t_0=\beta$ 時間を単位時間とする単位図を作成するには次のようにする．図-9・33 に示すように，β 時間だけ離れた A, B 両時間から出発する2本のS曲線 S_A, S_B を引く．S_A は $t=0$ 以後永久に降り続く一定降雨強度を持つ雨による各時刻の流出率であり，S_B は $t=\beta$ 以後永久に降り続く同じ一定降雨強度を持つ雨による各時刻の流出率であるから，($S_A - S_B$) は $t=(0 \sim \beta)$ 間の雨による流出率を与えることになる．すなわち，($S_A - S_B$) が求める β 時間を単位時間とする単位図 (%) である．

例　題 (87)

【9・13】 例題 9・12 に得られた流量配分図より，単位時間を4時間とするときの単位図を求めよ．ただし，単位雨量強度は 5 mm/hr とする．

解 例題 9・12 に求めた3時間単位の流量配分図より，S曲線を表-9・18 のように計算す

第 9 章 水 文 学

る.

表 – 9・18

時間(hr)	0〜3	3〜6	6〜9	9〜12	12〜15	15〜18	18〜21	21〜24	24〜27	27〜30
p_i	4.3	13.0	26.3	18.2	13.7	9.3	6.4	3.9	2.8	1.9
$\sum p_i$	4.3	17.3	43.6	61.8	75.5	84.8	91.4	95.3	98.1	100.0

表 – 9・18 の $\sum p_i$ の値を図 – 9・33 にプロットすると，階段状の上昇曲線を得る．この階段線下の面積と等しい面積を持つ滑らかな S_A 曲線を引く．次に，S_A 曲線を 4 時間右にずらして S_B 曲線を引き，両曲線の間にはさまれる縦距を表 –

9・19 のように計算すると，④欄に 4 時間を単位時間とする単位図の流量配分率 p_i' $(\%)$ が求まる．これを流量に換算するには，単位雨量が題意により 5 mm × 4 = 20 mm であるから，例題 9・12 の終りに求めた値により，

表 – 9・19

① 時 間 (hr)	② S_A 曲 線 (%)	③ S_B 曲 線 (%)	④ (S_A-S_B) $= p_i'(\%)$	⑤ 単位図の縦座 標 (m³/sec)
0	0	0	0	0
4	15	0	15	164
8	46	15	31	339
12	70	46	24	263
16	83	70	13	142
20	92.5	83	9.5	104
24	97.5	92.5	5.0	55
28	100	97.5	2.5	27
32	100	100	0	0

流量配分率 $1\% = 5.47 \times \dfrac{20}{10} = 10.94\,\mathrm{m^3/sec}$ として，⑤欄に単位図の縦座標値を求めた．

9・5 流 出 関 数 法

近年，流出に関する研究が盛んに行われ，前節の単位図法の他に，流出関数法，貯留関数法，特性曲線法など，各種の優れた研究が発表されている．いずれも多くの示唆に富み今後の発展が期待されているのであるが，本書では取扱いが簡便で，かつ実際問題にもしばしば適用されている，佐藤博士らの流出関数法および中安博士の総合単位図について簡単に説明する．

9・5・1 流出関数法（佐藤・吉川・木村の方法*）

面積 A の流域に単位強さの雨が短時間 $d\tau$ の間降ったとして，この雨による流出量 dQ の時間的変化を次式

$$dQ = A\,at\,e^{-\alpha t} \quad (9・32)$$

で表わす（図-9・34）．ここに，a と α は定数である．流出係数を f として，有効雨量 $1\cdot f$ が流出になることから次式を得る．

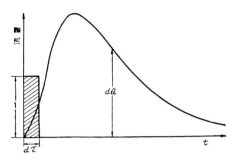

図-9・34

$$f\cdot A\cdot 1\cdot d\tau = \int_0^\infty dQ\cdot dt = Aa\frac{1}{\alpha^2} \quad \text{より} \quad a = f\cdot 1\cdot \alpha^2\cdot d\tau. \quad (9・33)$$

(9・33) 式を (9・32) 式に代入し，降雨強度に (mm/hr)，面積に (km²)，流量に (m³/sec) の単位を用いると，(9・32) 式は

$$dQ = \frac{1}{3.6} f A \alpha^2 t\, e^{-\alpha t} d\tau. \quad (9・34)$$

いま，強さ r(mm/hr) の雨が t_0 時間 (hr) 降ったとすると，この雨による直接流出量は図-9・35 の微小帯状部分，すなわち，強さ r mm/hr，微小時間 $d\tau$ の降雨による流量

$$dQ' = \frac{frA}{3.6}\alpha^2(t-\tau)e^{-\alpha(t-\tau)}d\tau$$

を合成したものであるから，$t \geqq t_0$ に対して次式のようになる**.

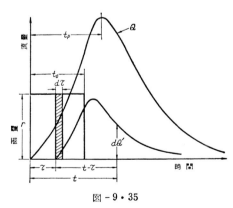

図-9・35

---

* 佐藤清一・吉川秀夫・木村俊晃： 雨から流出量を推定する一方法, 建設省土木研究所報告 87 号 (1954)
** $0 \leqq t < t_0$ の流出量は $0\sim t$ までの微小帯状部分の合成であるから，(9・35) 式の積分の上限は t_0 の代りに t となり，(9・35) 式で $t' = 0$ となる．

178　　　　　　　第9章　水　文　学

$$Q = \int_0^{t_0} dQ' d\tau = 0.2778 frA\{e^{-\alpha t'}(\alpha t'+1)-e^{-\alpha t}(\alpha t+1)\}. \Bigg\}$$

$$t' = t-t_0.$$

(9・35)

　雨の降り初めよりピーク流量の現われるまでの時間 t_p は，上式で $\partial Q/\partial t$ $=0$ とおいて

$$t_p = \frac{t_0\, e^{\alpha t_0}}{e^{\alpha t_0}-1}$$

(9・36)

となり，α は t_p および t_0 によって決まる．したがって，流出関数（9・35）式による流量図は，雨の継続時間 t_0 およびピークの到達時間 t_p によって規定される．

　任意の降雨に対しては，降雨を単位時間 t_0，降雨強度 r_i (mm/hr) （$i=1$, $2, \cdots\cdots$）なる雨の集合と考え，（9・35）式により各降雨による流出量を求める．流出量は単位図法と同様に各流出量を合成すればよい．

　（註）（9・35）式による単位図は図-9・36 に示すように，到達時間 t_p によってその形およびピーク流量 Q_p がかなり大きく変化する．したがって過去の記録から，t_p と降雨あるいは流量との相関を求めておき，たとえば t_p と，Q_p に対応する最大時間降雨 r_p との間に相関があれば，降雨強度のある範囲ごとに t_p を変え，したがって単位図を変えて流量を算出した方がよい（例題 9・15）.

　また，流出係数 f については，初期損失雨量を除いた時間雨量曲線に前述の方法を適用して，流量の計算値 Q_{cal} を求め，流量の実測値 Q_{obs} との比 $Q_{cal}/Q_{obs}=f$ を各時刻について求める．f の値は洪水の初期および末期においては誤差が著しいが，ピーク付近ではだいたい一定値をとる．このように本法を適用するときには，既往の記録から t_p および f の値を決めておくことが望ましい．

例　　　題　（88）

【9・14】　流域面積 430 km² の河川において，ピーク流量の到達時間が $t_p=2,3,4,5$ hr であるときの単位図を求めよ．ただし，単位時間は 1 hr 単位降雨強度は 10 mm/hr，流出係数は 0.7 とする．

　解　　まず，各 t_p に応ずる α を計算する．（9・36）式に，$t_0=1$ hr を入れると

$$t_p = \frac{e^\alpha}{e^\alpha-1} \quad \text{より} \quad \alpha = 2.30 \log_{10}\!\left(\frac{t_p}{t_p-1}\right),$$

(1)

$$\therefore \quad \begin{array}{lcccc} t_p(\text{hr}) & 2 & 3 & 4 & 5 \\ \alpha(\text{hr}^{-1}) & 0.693 & 0.405 & 0.288 & 0.223 \end{array} \Bigg\}.$$

(2)

次に，（9・35）式の配分率（%）

9・5 流出関数法

$$p = [e^{-\alpha(t-t_0)}\{\alpha(t-t_0)+1\} - e^{-\alpha t}(\alpha t+1)] \times 100 (\%)$$

に題意の数値 $t_0 = 1$ hr および各 t_p に応ずる α（(2)式）を入れて計算した結果は，表-9・20，図-9・36 のようになる．流量は $Q = 0.2778 \, frAp \times \dfrac{1}{100}$ より，p の値を $0.2778 \, frA \times \dfrac{1}{100} = 0.2778 \times 0.7 \times 10 \times 430 \times (1/100) = 8.362$ 倍すればよい．

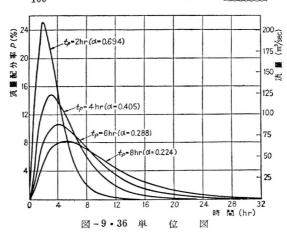

図-9・36 単 位 図

表-9・20 流出関数法による単位図（p 表）

t (hr)	p_2 (%) $t_p = 2$ hr	p_3 (%) $t_p = 3$ hr	p_4 (%) $t_p = 4$ hr	p_5 (%) $t_p = 5$ hr
0	0.0	0.0	0.0	0.0
1	15.3	6.3	3.4	2.2
2	25.0	13.2	8.0	5.3
3	21.2	14.8	10.0	7.1
4	14.9	13.9	10.6	8.0
5	9.6	11.9	10.2	8.2
6	5.9	9.7	9.4	8.0
7	3.5	7.7	8.3	7.6
8	2.0	5.9	7.2	7.0
9	1.1	4.5	6.1	6.4
10	0.6	3.3	5.1	5.7
11	0.4	2.5	4.2	5.0
12	0.2	1.8	3.5	4.4
13	0.1	1.3	2.8	3.8
14	0.1	1.0	2.3	3.3
15	0.0	0.7	1.9	2.8
16		0.5	1.5	2.4
17		0.3	1.2	2.1

180　　　　　　　　第9章　水　文　学

t(hr)	p_2 (%) $t_p = 2$ hr	p_3 (%) $t_p = 3$ hr	p_4 (%) $t_p = 4$ hr	p_5 (%) $t_p = 5$ hr
18		0.2	0.9	1.8
19		0.2	0.7	1.5
20		0.1	0.6	1.3
21		0.1	0.5	1.1
22		0.1	0.4	0.9
23		0.0	0.3	0.7
24			0.2	0.6
25			0.2	0.5
26			0.1	0.4
27			0.1	0.4
28			0.1	0.3
29			0.1	0.2
30			0.1	0.2
31			0.0	0.2
32				0.1
33				0.1
34				0.1
35				0.1

【9・15】　前の例題の流域に，初期損失雨量を控除して下表のような連続降雨があった．直接流出量のハイドログラフを求めよ．ただし，既往の記録より，ピーク到達時間 t_p と降雨強度 r_p との間に図-9・37のような相関が存在するものとする．

時　間　(hr)	0〜1	1〜2	2〜3	3〜4
雨　量　(mm)	8.0	19.0	36.5	11.0

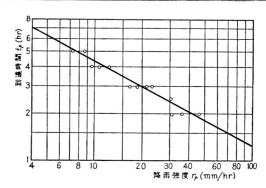

図-9・37

9・5 流出関数法

解　図-9・37 より雨量と t_p との関係を求めると，おおよそ次のよう
になる．

雨　量 (mm/hr)	8.0	19.0	36.5	11.0
t_p　　　(hr)	5	3	2	4

したがって，8.0，19.0，……mm/hr の降雨に対しては，$t_p = 5, 3, ……$ の
単位図 p_5, p_3, ……（表-9・20）を用い，各 Q 値すなわち，$Q_5 = 8.362 p_5 \times$
$\dfrac{8}{10}$, $Q_3 = 8.362 p_3 \times \dfrac{19}{10}$, ……（10：単位雨量強度）を計算し，表-9・21 の
ように1時間ずつずらせて累計する．同表には計算の一部を掲げ，$Q \sim t$ 曲
線の図示は省略した．

表-9・21　流　出　量　計　算

雨　量 (mm)	t_p (hr)	時刻　　Q	0	1	2	3	4	5	6	7	8	9	10	11	12	13	14	15	16	17
8.0	5	$8.362 p_5 \times \dfrac{8}{10}$	0	14	35	47	54	55	54	51	47	43	38	34	30	26	22	18	16	14
19.0	3	$8.362 p_3 \times \dfrac{19}{10}$		0	101	209	236	220	190	154	122	93	72	53	40	29	21	15	11	8
36.5	2	$8.362 p_2 \times \dfrac{36.5}{10}$			0	467	763	646	456	292	179	106	62	33	18	11	7	4	4	0
11.0	4	$8.362 p_4 \times \dfrac{11}{10}$				0	31	74	92	98	94	87	76	66	56	47	39	34	25	21
ΣQ (m³/sec)			0	14	136	723	1084	995	792	595	442	329	248	186	144	113	89	71	56	43

9・5・2　総合単位図（中安の方法）

単位図の形を規定する要素として，ピーク流量 Q_p，ピーク到達時間 t_p お
よび減水定数 K（9・21 式）などがあげられるが，t_p および K は降雨特性よ
りもむしろ流域の特性に規定される．したがって，これらを流域特性の関数
として表わしておけば，単位図法を過去の洪水記録が不十分な河川に対して
も近似的に適用することができるであろう．このような考えから，米国では
シュナイダー[*]（Snyder）によってアパラチアン山脈地方の河川について総
合配分図が作られ，わが国の河川については中安博士[**]の総合単位図が提案
されている．

---

[*]　Snyder: Synthetic Unit-hydrograph, Trans. A.G.U., (1938)
[**]　中安米蔵：本邦河川の単位図について，建設省直轄工事第7回技術研究会，1956

中安博士は多くの河川の単位図について検討した結果，単位時間 t_0 をピーク到達時間 t_p の 1/2 程度にとるときの単位図の形を，次のような関数形で表わしている．

上昇曲線
$$\frac{Q}{Q_p} = \left(\frac{t}{t_p}\right)^{2.4}. \qquad (9 \cdot 37\mathrm{a})$$

減水曲線

$$1 \geqq \frac{Q}{Q_p} \geqq 0.3 \ : \ \frac{Q}{Q_p} = 0.3^{\frac{t-t_p}{t_k}}. \qquad (9 \cdot 37\mathrm{b})$$

$$0.3 \geqq \frac{Q}{Q_p} \geqq 0.3^2 \ : \ \frac{Q}{0.3\,Q_p} = 0.3^{\frac{t-(t_p+t_k)}{1.5t_k}}. \qquad (9 \cdot 37\mathrm{c})$$

$$0.3^2 \geqq \frac{Q}{Q_p} \qquad : \ \frac{Q}{0.3^2\,Q_p} = 0.3^{\frac{t-(t_p+t_k+1.5t_k)}{2.0t_k}}. \qquad (9 \cdot 37\mathrm{d})$$

ここに，Q_p(m³/sec) は単位時間 t_0(hr)，有効雨量 R_0(mm) によるピーク流量，t_k*，$1.5\,t_k$，$2.0\,t_k$ は，それぞれ，Q_p が $0.3\,Q_p$ に，$0.3\,Q_p$ が $0.3^2 Q_p$ に，$0.3^2 Q_p$ が $0.3^3 Q_p$ に減少するに要する時間を表わしている（図 - 9・38）．

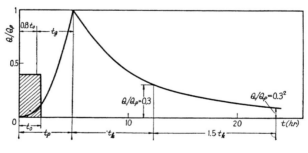

図 - 9・38

この分布を用いると，総流出量は $\int_0^\infty Q\,dt \fallingdotseq Q_p(0.3\,t_p + t_k)$ であるから，これを有効総雨量に等しいとおいてピーク流量は

$$Q_p = \frac{0.2778\,A\,R_0}{0.3\,t_p + t_k} \quad (A: \mathrm{km}^2;\ t, t_p: \mathrm{hr}) \qquad (9 \cdot 38)$$

で与えられる．したがって，単位図の形は t_p と t_k によって規定される．

次に，洪水記録において，時間幅 t_0 を持つ最盛豪雨によるピーク流量の

---

*) 減水定数を K として $Q = Q_p K^{(t-t_p)}$ とすると，t_k と K との間に，$t_k = \dfrac{-1.2}{\log_e K}$.

9・5 流出関数法

遅れを $0.8 t_0$ の時刻より測って t_g とする（図-9・38）. t_g および流域内にたまった水量が流出し去る時間関係を表わす t_k は，いずれも流路延長，流域形状，地勢，コウ配，雨量強度，流速などのきわめて複雑な関数となることが予想される．しかし，中安博士によると，本邦の河川のように山間部より流出する河川については，多少の誤差を許せば，最大流路延長を L (km)，流域面積 A (km²) として，ほぼ次の式が成立する．

$L < 15$ km　　$t_g = 0.21 L^{0.7}$. (hr)　　　　　　　　(9・39 a)

$L > 15$ km　　$t_g = 0.4 + 0.058 L$. (hr)　　　　　　(9・39 b)

$t_k = 0.47(AL)^{0.25}$.　　　　　　　　　　　　　　　(9・40)

以上のことから，$t_p = 0.8 t_0 + t_g$ （図-9・38）を考慮し，t_0 を $t_0 = (0.5 \sim 1.0) t_g$ にとると，流域特性から単位図が作られ，洪水記録の乏しい河川に対しても単位図法を適用することができる．

（註） 中安博士はこの方法をさらに次のように発展させている[*]．すなわち，流域を図-9・39 に示すように，等流達時間線で分割して流達時間－面積図を求め，各分割地帯に上記の各式を若干改訂した式を適用して，地帯ごとの単位図を計算する．流域全体の単位図は各地帯の単位図を合成して得られる．

この地帯分割法によれば，降雨の地理的分布および流域形状の影響が考慮できるから合理性が高い．反面，流路の平均流速を仮定して等流達時間線を引くのが少し厄介であろう．

図 - 9・39

例　題 (89)

【9・16】 最大流路延長 50 km，流域面積 1250 km² の河川がある．単位時間 2 hr，単位雨量 10 mm の単位図を作れ．

解　$L = 50$ km > 15 km であるから，(9・39 b)，(9・40) 式より

$t_g = 0.4 + 0.058 L = 0.4 + 0.058 \times 50 = 3.3$ hr．

$t_k = 0.47(AL)^{0.25} = 0.47(1250 \times 50)^{0.25} = 7.44$ hr．

題意により，単位時間 $t_0 = 2$ hr であるから（註），ピーク到達時間は

$t_p = 0.8 t_0 + t_g = 1.6 + 3.3 = 4.9$ hr．

---

[*]　中安米蔵：分割地帯流出分布図による流出曲線の算定，第 1 回水理研究会講演会前刷，1956

184 第9章 水 文 学

また $Q/Q_p = 0.3$, $Q/Q_p = 0.3^2$ の起る時刻 $t_{0.3}$, $t_{0.3^2}$ は（9・37b），（9・37c）式より

$$t_{0.3} = t_p + t_k = 12.34 \text{ hr}, \quad t_{0.3^2} = t_p + t_k + 1.5 \, t_k = 23.50 \text{ hr}.$$

したがって，（9・37a）～（9・37d）式に上の数値を入れて

$$0 \leqq t(\text{hr}) \leqq 4.9 \qquad \frac{Q}{Q_p} = \left(\frac{t}{4.9}\right)^{2.4}. \tag{1}$$

$$4.9 \leqq t(\text{hr}) \leqq 12.34 \qquad \frac{Q}{Q_p} = 0.3^{\frac{t-4.9}{7.44}}. \tag{2}$$

$$12.34 \leqq t(\text{hr}) \leqq 23.50 \qquad \frac{Q}{Q_p} = 0.3\left[0.3^{\frac{t-12.34}{11.18}}\right] = 0.3^{\frac{t-1.16}{11.18}}. \tag{3}$$

$$23.50 \geqq t(\text{hr}) \qquad \frac{Q}{Q_p} = 0.3^2\left[0.3^{\frac{t-23.50}{14.88}}\right] = 0.3^{\frac{t+6.26}{14.88}}. \tag{4}$$

(1)～(4) 式中の t に対して，上昇期では $t = 1, 2, 3, 4, 4.5$，減水期では $t = 6, 8, 10, \cdots\cdots$ を与えて計算した結果は表-9・22 のようになり，図-9・38 に示したものである．

表 - 9・22

$t(\text{hr})$	0	1	2	3	4	4.5	4.9	6	8	10	12	14	16	20	24
式番号				(1) 式					(2) 式				(3) 式		(4) 式
Q/Q_p	0	0.022	0.117	0.308	0.614	0.815	1.00	0.836	0.605	0.438	0.317	0.252	0.202	0.131	0.087

次に（9・38）式より $t_0 = 2 \text{ hr}$, $R_0 = 10 \text{ mm}$ に応ずる Q_p は

$$Q_p = \frac{0.2778 \, AR_0}{0.3 \, t_p + t_k} = \frac{0.2778 \times 1250 \times 10}{0.3 \times 4.9 + 7.44} = 389 \text{ m}^3/\text{sec}$$

であるから，求める単位図は表-9・22 の Q/Q_p を $Q_p = 389 \text{ m}^3/\text{sec}$ 倍すればよい．

（註）　単位時間 $t_0 = 2 \text{ hr}$ は $t_0 = 0.606 \, t_g$ で $t_0 = (0.5 \sim 1.0) t_g$ の範囲内にある．

第10章 流　　　砂

　水が水路または河川を流れると，その底面には流水による剪断応力 τ_0 が働く．したがって，底面が砂礫で構成されているときには，河床表面の砂粒に τ_0 に比例する流体力が働き，砂粒をおし流そうとするから，流砂の問題においては底面に働く剪断応力を掃流力と呼んでいる．実験の結果によると，掃流力が一定の限界値を越えると砂粒の移動が初まる．この限界値を限界掃流力とよび，τ_c で表わす．

　水の流れによって河床砂が移動している場合，その運動形式は掃流によるものと，浮流によるものとに大別される．前者の形式は砂粒が河床上を転動，滑動あるいは小跳躍をしながら移動するもので，その運動の要因となっているものは掃流力の直接の作用である．これに反して，後者は乱れの拡散作用によって，砂粒が断面全体を浮流しながら輸送されるものをいう．

　本章においては，流砂およびそれと関連した問題を取り扱うが，流砂現象はきわめて複雑であって，現在においても理論的展開が不充分な点が多い．また，実際の河川は各河川に特有な河相をもつので，本章にあげた公式を適用した計算結果は，大部分そのオーダーを示すものと考えねばならない．

10・1　限界掃流力

10・1・1　掃　　流　　力

　等流状態の河川において，流水断面積を A，潤辺を S，水面コウ配を I，潤辺における平均の剪断応力を τ_0 とすると，図 -10・1 に示す力の釣合いより，$\tau_0 = wRI$ なる摩擦力が水体に対して流れと逆向きに作用する．したがって，逆に流れは潤辺に対して，単位面積当たり

$$\tau_0 = wRI \tag{10・1}$$

なる掃流力（Tractive force）を流れの方向に及ぼす．ここに，$w(=\rho g)$ は

図 – 10・1

186　　　　　　　　第 10 章　流　　　砂

水の単位重量で，重量キログラム kgf を用いて1000kgf/m³，Rは径深（A/S）であって，普通の河川では水深 h とみなして差支えない．なお，流砂の問題では掃流力の代りに次式

$$u_* = \sqrt{\tau_0/\rho} = \sqrt{gRI} \qquad\qquad (10 \cdot 2)$$

で定義される摩擦速度（Shear velocity）を用いることが多い．また，流れが等流でないときの掃流力は（10・1）式における水面コウ配の代りに，（7・2）または（8・3）式で定義されるエネルギーコウ配 I_e を用いる．

　　例　　　題　（90）

【10・1】　　水深が 1.2 m，水面コウ配が 0.9×10^{-3} の河川の掃流力および摩擦速度を求めよ．ただし，流れは等流とする．

　　解　　（10・1），（10・2）式より，$w = 1000$ kgf/m³（$= 9.8$ kN/m³：SI単位）を用い

$$\tau_0 = wRI \fallingdotseq whI = 1000 \times 1.2 \times 0.9 \times 10^{-3} = 1.08 \text{ kgf/m}^2. \quad（工学単位）$$
$$= 9.8 \times 10^3 \times 1.2 \times 0.9 \times 10^{-3} = 10.58 \text{ N/m}^2 \qquad（SI単位）$$
$$u_* = \sqrt{\tau_0/\rho} = \sqrt{ghI} = \sqrt{9.8 \times 1.2 \times 0.9 \times 10^{-3}} = 0.103 \text{ m/sec.}$$

【10・2】※　　幅 60 cm の矩形水路に 82 cm/sec の速度で水が流れ，水面コウ配は 1/850，水深は 32 cm であった．底面に働く掃流力を求めよ．ただし，水路の底コウ配は 1/800，側壁の粗度係数は $n_s = 0.012$ とする．

　　解　　この例題では底コウ配 i と水面コウ配 I とが一致していないから，流れは不等流であり，コウ配としてはエネルギーコウ配 I_e を用いる．また，側壁および底面の粗度係数は異なるのが普通であるから，アインシュタインの方法（p. 21）により底面の掃流力を求める．

　　まず，I_e は（7・2）式より

$$I_e = I + (i - I)\frac{V^2}{gh} = \frac{1}{850} + \left(\frac{1}{800} - \frac{1}{850}\right)\frac{(0.82)^2}{9.8 \times 0.32}$$
$$= (1.176 + 0.016) \times 10^{-3} = 1.192 \times 10^{-3}.$$

　　次に，水路幅を b，底面および側壁における剪断応力をそれぞれ τ_0，τ_s とすると，流れ方向の釣合関係は

$$wbhI_e = \tau_0 b + 2h\tau_s.$$

$\tau_s = wR_sI_e$ とおき，側壁については Manning 式が成り立つものとすると，

$$V = \frac{1}{n_s}R_s^{\frac{2}{3}} I_e^{\frac{1}{2}} \text{ と書ける．}$$

10・1 限界掃流力

ゆえに　$\tau_0 = whI_e\left(1 - 2\dfrac{R_s}{b}\right)$,　$R_s = \left(\dfrac{Vn_s}{\sqrt{I_e}}\right)^{\frac{3}{2}}$.　(m・sec 単位)

題意の数値を入れると

$$R_s = \left(\dfrac{0.82 \times 0.012}{\sqrt{1.192 \times 10^{-3}}}\right)^{\frac{3}{2}} = 0.152 \text{ m},$$

$$\tau_0 = 1000 \times 0.32 \times 1.192 \times 10^{-3}\left(1 - \dfrac{2 \times 0.153}{0.6}\right) = 0.187 \text{ kgf/m}^2.$$

10・1・2 限界掃流力

(a) シールズ (Shields) の無次元量　限界掃流力 (Critical tractive force) については，古くから多くの実験が行なわれ，実験的に見出した限界掃流力と河床砂の粒径，砂の粒度分布などに基づいて数多くの実験公式 (例題 10・3) が提案されてきたが，これらの式形はまちまちで信頼性に乏しいものであった．しかし，シールズ* が次のような考え方より限界掃流力を無次元的に表示して以来，最近では理論的な裏付けをもつ実験公式が作られている．

図 - 10・2 のように河床表面上におかれた1個の砂粒に働らく流体力 F は，砂の粒径を d，断面積を $\alpha_1 d^2$，砂粒に当たる代表流速を v，砂粒の抵抗係数を C_x (レイノルズ数 $\dfrac{vd}{\nu}$ の関数) として，次の式

$$F = C_x \alpha_1 d^2 \dfrac{\rho v^2}{2}$$

$$= \phi_1\left(\alpha_1, \dfrac{vd}{\nu}\right)\rho v^2 d^2$$

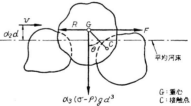

図 - 10・2

で表わされる (上巻, p. 108, 3 式)．ここに，α_1 は砂粒の形状を示す係数である．また，上式において，v は平均河床から粒径 d に比例する距離 $y = \alpha_2 d$ における流速であるから，流速の対数分布公式 (3・49) (上巻, p. 117) を用いて

---

*)　Shields, A: Anwendung des Ähnlichkeitsmechanik und Turbulenzforshung auf die Geshiebebewegung, Mitteilungen der Preussischen Versuchsanstalt für Wasserbau und Schiffbau, Berlin, Heft 26, (1936)

$$v = u_* \left[A\left(\frac{u_* d}{\nu}\right) + 5.75 \log_{10} \frac{\alpha_2 d}{d} \right] = u_* \phi_2\left(\alpha_2, \frac{u_* d}{\nu}\right)$$

となる．ここに，u_* は摩擦速度で掃流力を τ_0 とすると，$u_* = \sqrt{\tau_0/\rho}$ で定義されている．上の両式より，砂粒に働らく流体力は次の形をもつ．

$$F = \tau_0 d^2 \phi_3\left(\alpha_1, \alpha_2, \frac{u_* d}{\nu}\right). \tag{10・3}$$

一方，砂粒の抵抗力 R は砂粒の密度を σ，体積を $\alpha_3 d^3$，水中における砂の摩擦係数を μ として

$$R = \mu \alpha_3 (\sigma - \rho) g d^3 = \alpha_4 (\sigma - \rho) g d^3. \tag{10・4}$$

砂粒が移動するためには，$F > R$ となることが必要であって，砂移動の限界は $F = R$ で与えられる．したがって，限界掃流力を τ_c，限界摩擦速度を $u_{*c} = \sqrt{\tau_c/\rho}$ として

$$\tau_c d^2 \phi_3(\alpha_1, \alpha_2, u_{*c} d/\nu) = \alpha_4 (\sigma - \rho) g d^3.$$

上の式において，α_1, α_2 および α_4 は定数とみなされるから，τ_c および u_{*c} は砂粒レイノルズ数 $u_{*c} d/\nu$ の関数となる．すなわち，$(\sigma - \rho)/\rho = s$（砂の水中比重≒1.65）として

$$\frac{\tau_c}{(\sigma - \rho) g d} = \frac{u_{*c}^2}{sgd} = \phi\left(\frac{u_{*c} d}{\nu}\right). \tag{10・5}$$

シールズは広範な実験資料を用いて，上の関係が成立することを確かめ，図-10・3 の実験曲線を提案した．

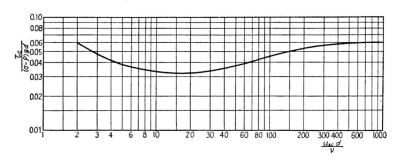

図-10・3　限界掃流力（Shields の公式）

（b）　栗原公式　　(10・5)式の関数関係は次のような考え方によっても導くことができる．河床表面上における砂粒の数を単位面積について n と

10・1 限界掃流力

すると，n は次元的に $n = \eta/d^2$ で表わされ，1個の砂粒に働く力 F は $F = \tau_0/n = \tau_0 d^2/\eta$ となる．砂粒を近似的に球とみなし，砂粒の接触点 C のまわりのモーメントを考えると，図-10・2 において，平衡条件は

$$\frac{\tau_c d^2}{\eta} \cdot d \cos\theta = (\sigma - \rho)\frac{\pi}{6}gd^3 \cdot d \sin\theta \quad \text{より} \quad \frac{\tau_c}{(\sigma - \rho)gd} = \frac{\pi}{6}\eta \tan\theta.$$

ホワイト (White) によると $\eta \fallingdotseq 0.4, \tan\theta \fallingdotseq 1.0$ であるから，$\tau_c/(\sigma-\rho)gd$ の数値は 0.209 となるが，一方実験によると，その値は $u_{*c}d/\nu$ によって変わり，0.03～0.10 の範囲にある．これは，砂粒が乱れの中におかれているため，上の平均的な力の他に刻々に変化する乱れによる付加的な力を受け，実際に砂粒が動き出すのは平均の力より大きな瞬間的な力によるものと考えられる．

栗原教授[*]はこの乱れによる付加的な力を解析して，(10・5) の関係式を理論的に導いた．また，与えられた粒径に応ずる τ_c を求めるのに，実用上便利なように (10・5) の関係式を書き直して（註参照），次のような実験式を提案している．

$$\left.\begin{array}{l} \dfrac{\tau_c}{\beta(\sigma-\rho)gd} = \dfrac{u_{*c}^2}{\beta sgd} = \phi\left(\dfrac{u_{*c}d}{\beta\nu}\right) = \phi'(X), \\[4pt] \phi'(X) = -0.047 \log_{10} X - 0.023, \quad \log_{10} X < -1.0 \\[2pt] = 0.01 \log_{10} X + 0.034, \quad -1.0 < \log_{10} X < -0.6 \\[2pt] = 0.0517 \log_{10} X + 0.057, \quad -0.6 < \log_{10} X, \\[4pt] X = \left\{\dfrac{g/980}{(100\nu)^2} \cdot \dfrac{s}{\beta}\right\}^{\frac{1}{3}} \cdot d \fallingdotseq \left(\dfrac{s}{\beta}\right)^{\frac{1}{3}} \cdot d. \end{array}\right\} \quad (10 \cdot 6)$$

ここに，β は河床砂の混合状態を表わす境氏の係数で，砂礫の重量累加百分率を図-10・4 のように表わすとき，β はクラマー (Kramer) の均等係数

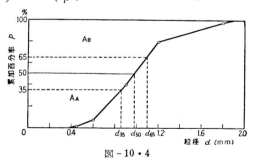

図-10・4

---

[*]) 栗原道徳：限界掃流力について，九大流体工学研究所報告，4巻3号，(1948)

$$M = \sum_{p=0}^{50} d\Delta p \Big/ \sum_{p=50}^{100} d\Delta p = A_A/B_B$$

と，$\beta = (2+M)/(1+2M)$ の関係にある．いうまでもなく，均一な砂では $M=1,\ \beta=1$ である．また，(10・6) 式や後述の (10・7) 式における d は平均粒径であって，次の式

$$d = \sum_{p=0}^{100} d\Delta p \Big/ \sum_{p=0}^{100} \Delta p = (A_A+A_B)/100$$

で定義されている．なお大切な注意として，X の近似式 $X \fallingdotseq (s/\beta)^{1/3} \cdot d$ を用いるときには，無次元量でなくなるので，d を使用するに当って cm 単位を用いる．

(c) **岩垣公式** 最近岩垣博士[*]は栗原博士とは別な方法で(10・5)式の関係を導き，閉管路において実験を行なうとともに，今までの実験資料の内，ほぼ均一な砂とみなされる資料を用い，$u_{*c}{}^2/sgd$ と $R_* = \sqrt{sgd^3}/\nu$ の関数として表わす実験式を求めた．さらに，混合砂の場合にも，その式がほぼ成り立つことを示している．

砂の場合には，(10・5) 式などの関係式における，$\sigma(s),\ \rho,\ g$ および ν の値はほぼ一定であるから，実用上には $\tau_c(u_{*c}{}^2)$ は粒径 d だけできまると考えられる．いま，$\sigma/\rho = 2.65(s=1.65)$，$\nu = 0.01\ \text{cm}^2/\text{sec}$，$g = 980\ \text{cm/sec}^2$ を用い，岩垣博士の式を書き直したものは，$u_{*c}{}^2 = \tau_c/\rho$ を cm²/s²，d を cm

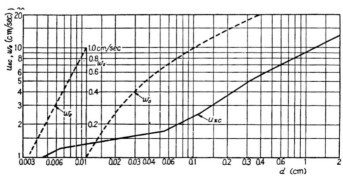

図-10・5 限界摩擦速度 u_{*c}（岩垣公式）および
沈降速度 w_0(Rubey 式) と粒径との関係

[*]) 岩垣雄一：限界掃流力の流体力学的研究，土木学会論文集，第 41 号，(1956)

10・1 限界掃流力

で表わして，次の式および図 - 10・5 の実線のようになる.

$$d \geqq 0.303 \text{ cm} \qquad u_{*c}{}^2 = 80.9 \, d$$
$$0.118 \, \leqq d \leqq 0.303 \qquad = 134.6 \, d^{31/22}$$
$$0.0565 \leqq d \leqq 0.118 \qquad = 55.0 \, d$$
$$0.0065 \leqq d \leqq 0.0565 \qquad = 8.41 \, d^{11/32}$$
$$d \leqq 0.0065 \qquad = 226 \, d$$

$$(10 \cdot 7)$$

（註 1.）　(10・5) 式の関係より τ_c を求めるには，両辺に τ_c が入っているので計算が甚だ面倒である．しかし，$u_{*c}{}^2/sgd = \phi(u_{*c}d/\nu) = \phi(u_{*c}/\sqrt{sgd} \cdot d\sqrt{sgd}/\nu)$ と書きかえれば明らかなように，$u_{*c}{}^2/sgd$ は $\sqrt{sgd^3}/\nu = R_*$ の関数とみなすことができる．また，R_* は (10・6) 式の X と R_* の $X^{\frac{3}{2}}$ の関係にあるから，$u_{*c}{}^2/sgd$ は R_* あるいは X の関数である．この表示法によると，粒径に応ずる $u_{*c}{}^2(\tau_c)$ が直ちに求められる．

（註 2.）　限界掃流力の概略値を求めるには，$u_{*c}{}^2/sgd$ の $u_{*c}d/\nu$（または，X, R_*）による変化を無視して一定値をとるとみなせばよい．ほぼ，平均の値として，$u_{*c}{}^2/sgd$ $\fallingdotseq 0.045$ とすると，$s = 1.65$ として

$$u_{*c}{}^2 = 72.8 \, d \text{ (cm・sec 単位)}.$$

例　題 (91)

【10・3】　表 - 10・1 に示した組成をもつ河床砂の平均粒径，クラマーの M および限界掃流力 $\tau_c/\rho = u_{*c}{}^2$ を求めよ．ただし，砂の水中比重 $s = 1.65$ とする．

解　（a）表 - 10・1 から累加百分率 p を計算し，p と d とをプロットすると図 - 10・4 のようになる．この図から外挿して，$p = 0$ は $d = 0.38$ mm に，$p = 100\%$ は $d = 1.9$ mm になり，また，$p = 50\%$ に対応する粒径（中央粒径）d_{50} は図より 0.98 mm となる．平均粒径 d_m および M

表 - 10・1

d(mm)	$\Delta p(\%)$	$p(\%)$
$d > 1.8$	2.4	100
$1.8 > d > 1.2$	17.8	97.6
$1.2 > d > 0.9$	40.2	79.8
$0.9 > d > 0.6$	32.0	39.6
$0.6 > d > 0.45$	5.8	7.6
$0.45 > d$	1.8	1.8

の値を求めるには，面積を計算しなければならないが，簡単に台形法則を用いると

$$A_B = \int_{50}^{100} d\Delta p = \left(\frac{1.8 + 1.9}{2}\right) \times 2.4 + \left(\frac{1.8 + 1.2}{2}\right) \times 17.8$$

$$+\left(\frac{1.2+0.98}{2}\right)\times(50-2.4-17.8)=63.62.$$

同様に，$A_A=\displaystyle\int_0^{50}d\varDelta p=37.57,$

$$\therefore\quad M=A_A/A_B=\underline{0.590},\quad d_m=(A_A+A_B)/100=\underline{1.012\,\mathrm{mm}}.$$

（b）　限界掃流力の計算　　岩垣公式（10・7）によると，　$0.0565<d=$ $0.1012\,\mathrm{cm}<0.118$　であるから，上から3番目の式を用いて

$$u_{*c}{}^2=55.0\,d=55.0\times0.1012=5.57\,\mathrm{cm^2/sec^2}.$$

なお，図 - 10・5 より $d=0.101\,\mathrm{cm}$ に応ずる $u_{*c}=2.35\,\mathrm{cm/sec}$ を読みとってもよい．τ_c も計算してみると重量グラム gf を用いて

$$\tau_c=\rho u_{*c}{}^2=1.02\times10^{-3}\times5.57=5.68\times10^{-3}\,\mathrm{gf/cm^2}.\left(\rho=\frac{w}{g}=\frac{1}{980}\frac{\mathrm{gf\cdot sec}}{\mathrm{cm^4}}\right)$$

栗原の公式（10・6）では，$\beta=(2+M)/(1+2M)=1.14,$ $X\fallingdotseq(s/\beta)^{\frac{1}{3}}\cdot d$ $=(1.65/1.14)^{1/3}\times0.1012=0.1144$ で，$-1.0<\log_{10}X<-0.6$ であるから

$$u_{*c}{}^2/\beta\,sgd=0.01\log_{10}X+0.034=-0.0094+0.034=0.0246,$$

$$\therefore\quad u_{*c}{}^2=0.0246\,\beta\,sgd=0.0245\times1.14\times1.65\times980\times0.1012$$
$$=4.59\,\mathrm{cm^2/sec^2}.$$

限界掃流力については，以上の合理的な式の他に多数の実験式が提案されている．参考のため，その代表的なものについて，$g=980\,\mathrm{cm/sec^2}$ の数値を用いて公式を書きかえ，本例について計算すると次のようになる．ただし，単位は cm, sec である．

クレイ（Krey）:

$$u_{*c}{}^2=124.4(s/1.65)d=124.4\times0.1012=12.59\,\mathrm{cm^2/sec^2}.$$

クラマー（Kramer）:

$$u_{*c}{}^2=\frac{26.95}{M}\left(\frac{s}{1.65}\right)d=\frac{26.95}{0.590}\times0.1012=4.62\,\mathrm{cm^2/sec^2}.$$

インドリー（Indri）:

$$u_{*c}{}^2=\frac{21.5}{M}\cdot\frac{s}{1.65}d+1.19.\quad(d<0.1\,\mathrm{cm})$$
$$=\frac{88.7}{M}\cdot\frac{s}{1.65}d-7.70=7.51\,\mathrm{cm^2/sec^2}.\quad(d>0.1\,\mathrm{cm})$$

チャング（Chang）:

10・1 限界掃流力

$$u_{*c}^2 = 35.4\left(\frac{s}{1.65} \cdot \frac{d}{M}\right) = 6.07 \text{ cm}^2/\text{sec}^2 \quad \left(\frac{s}{1.65} \cdot \frac{d}{M} > 0.121\right)$$

$$= 12.3\left(\frac{s}{1.65} \cdot \frac{d}{M}\right)^{\frac{1}{2}} \quad \left(\frac{s}{1.65} \cdot \frac{d}{M} < 0.121\right).$$

〔**類 題**〕 コウ配が 1/800 で，底面砂の平均粒径が 4.2 mm の水路がある．この水路で砂が移動し初める限界の水深を求めよ．

ヒント 岩垣公式を用いると

$u_{*c}^2 = (ghI)_c = 80.9\,d.$ (cm・sec 単位) 答 $h_c = 27.7$ cm

【**10・4**】 河幅 b が 120 m の河川に $Q = 600$ m³/sec の流量が $I = 1/800$ の水面コウ配で流れている．河床砂の平均粒径を $d = 1.8$ cm とすると，河床砂は移動しているか否かを判定せよ．ただし，流速公式としては Manning-Strickler の式 (7・7′) を用い，相当粗度は $k = 3.35\,d$ とする．

解 まず，流れの掃流力を求める．

$$Q = bhV, \quad V = 7.66\left(\frac{h}{k}\right)^{\frac{1}{6}}\sqrt{ghI}$$

において，$k = 3.35\,d = 3.35 \times 1.8 \times 10^{-2} = 0.0603$ m であるから

$$h = \left[\frac{Q/b \cdot (k)^{\frac{1}{6}}}{7.66\sqrt{gI}}\right]^{\frac{3}{5}} = \left[\frac{5 \times (0.0603)^{\frac{1}{6}}}{7.66\sqrt{9.8 \times (1/800)}}\right]^{\frac{3}{5}} = 2.19 \text{ m}.$$

故に流れの掃流力は

$$\tau_0/\rho = ghI = 9.8 \times 2.19 \times (1/800) = 0.0268 \text{ m}^2/\text{sec}^2.$$

一方，1.8 cm の砂の限界掃流力は (10・7) 式を用いて

$$\tau_c/\rho = 80.9\,d = 80.9 \times 1.8 = 146 \text{ cm}^2/\text{sec}^2 = 0.0146 \text{ m}^2/\text{sec}^2.$$

$\tau_0 > \tau_c$ であるから，河床砂は移動している．

【**10・5**】※ 図 - 10・6 のように，コウ配 1 : 2 の河川堤防の斜面に径 10 cm の礫がしきならべてある．この斜面上における礫の限界掃流力を求めよ．

解 まず，理論式を求める．礫の水中における重さを W とすると，斜面上の1個の礫を動かそうとする力は，重さの成分 $W\sin\theta$ と礫に働らく流体力 $\alpha\tau_s$ (τ_s は掃流力，α は比例係数) とのベクトル和 $\sqrt{W^2\sin^2\theta + \alpha^2\tau_s^2}$

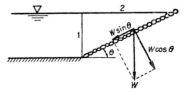

図 - 10・6

に等しい．一方，抵抗力は $\mu = \tan\phi$ を摩擦係数として，$W\cos\theta\cdot\tan\phi$ で与えられる．限界時においては両者は釣り合うから，限界掃流力 τ_{sc} は次のようになる．

$$\sqrt{W^2\sin^2\theta+\alpha^2\tau_{sc}^2} = W\cos\theta\tan\phi. \tag{1}$$

次に，水平面上におかれた礫の限界掃流力 τ_c は上の式で $\theta=0$ とおいて

$$\alpha\tau_c = W\tan\phi. \tag{2}$$

(1)，(2) 式よりレーン（Lane）とカールソン（Carlson）[*] が導いた次の式が得られる．

$$K = \frac{\tau_{sc}}{\tau_c} = \cos\theta\sqrt{1-\frac{\tan^2\theta}{\tan^2\phi}}. \tag{3}$$

題意の数値を入れる．限界掃流力に関する諸公式がこのような大粒径の礫にまで適用できるかどうかは明らかでないが，一応 (10・7) 式が成り立つものとすると，

$$\tau_c/\rho = 80.9\,d = 809\ \mathrm{cm^2/s^2},\quad \tau_c = 102\times8.09\times10^{-2} = 8.25\ \mathrm{kgf/m^2}.$$

また，(3) 式における $\tan\phi$ は普通 1.0 の程度であるから

$$\tau_{sc} = K\tau_c = \frac{2}{\sqrt{5}}\sqrt{1-\left(\frac{1}{2}\right)^2}\times8.25 = 0.775\times8.25 = 6.39\ \mathrm{kgf/m^2}.$$

10・2 掃 流 砂 量

デュボア（du-Boys）が河床の砂礫は掃流力のために層状をなして滑動すると考え，掃流砂量（Bed load）に対して次の関係式

$$q_B = c\tau_0(\tau_0-\tau_c)$$

を導いて以来，水路実験の結果に基づいて，この型の実験式が数多く提案されてきた．ここに，q_B は単位幅，単位時間あたりの掃流砂量の容積，τ_0, τ_c はそれぞれ流れの掃流力および限界掃流力，c は砂礫の性質に関する係数である．それらの公式の多くは次元的に正しいものではなく，水路実験と実際河川との間の相似律について疑問の点が少なくないので，ここでは掃流砂量を規定する無次元量をあげ，次元的に正しい 2, 3 の実験式および半理論式について簡単に説明しよう．

---

[*] E. W. Lane and E. J. Carlson : Some Factor Affecting the Stability of Canals Constructed in Coarse Granular Materials, I. A. H. R. (1953)

10・2 掃流砂量

（a）掃流砂量を規定する無次元量　河床の単位幅を単位時間に通過する砂粒の数を N とし，河床表面の単位面積内にある n 個の砂の内 P 割が平均速度 v_s で移動すると考えると

$$N = nPv_s$$

v_s は河床砂に作用する代表流速 $v(\infty u_*)$ に比例することを考慮して，$n \infty 1/d^2$，$N \infty q_B/d^3$ を代入すると，上式は

$$q_B/u_* d \infty P$$

となる．また，右辺の移動確率 P は砂の動き易さを示すものであるから，流れが砂粒におよぼす流体力（10・3）式と砂粒の抵抗力（10・4）式との比を表わす次のパラメーター

$$\Psi = \frac{\tau_0}{(\sigma - \rho)gd} = \frac{u_*^2}{sgd} = \frac{RI}{sd} \qquad (10\cdot 8)$$

に規定されると考えられる．

したがって，掃流砂量の無次元表示

$$\Phi_B' = \frac{q_B}{u_* d} \quad \text{あるいは} \quad \Phi_B = \frac{q_B}{\sqrt{sgd^3}} \; (= \Phi_B' \Psi^{\frac{1}{2}}) \qquad (10\cdot 9)$$

は掃流力の無次元表示 Ψ の関数として表わされる．

このように，掃流砂量と掃流力との関係は基本的には，Φ_B（または Φ_B'）と Ψ との関係に帰せられるが，河川あるいは開水路では，多くの場合砂の移動とともに河床に砂の波（Sand wave）が発生して流れに対して大きな粗度を形成する（図-10・7）．面倒なことには，底面粗度は流砂量に反作用をおよぼし，砂波の発達が著るしい程同一の Ψ の値に対して掃流砂量 Φ_B の値が小さくなることが知られている．この影響を表わす

図 - 10・7

ために，（10・8）式の τ_0 の代りに，有効掃流力 $\tau_e (\leqq \tau_0)$ を用いたり，式中に粗度係数 n が導入されている式が多い．

（b）デュボア型の指数式

（a）シールズ（Shields）：q を単位幅流量，s を砂粒の水中比重 $(s = (\sigma - \rho)/\rho)$ として

$$\frac{q_B}{q} = \frac{10(\tau_0 - \tau_c)I}{\sigma sgd}. \qquad (10\cdot 10)$$

(b) ブラウン（Brown）： $\Phi_B' = q_B/u_* d = 10\Psi^2$. (10・11)

上の両式は水路実験の結果に基づいて作られたもので，掃流砂の他に浮流砂とみなすべきものも含んでいる．なお，両式を（10・8），（10・9）式の無定次元量 Φ, Ψ で書きなおすと，それぞれ

シールズ： $\Phi_B = 10\{s/(s+1)\}\varphi\Psi^{1.5}(\Psi - \Psi_c)$. (10・10′)

ここに，φ は流速係数で，V を平均流速として

$$\varphi = V/u_*.$$ (10・12)

Ψ_c は限界掃流力の無次元表示で

$$\Psi_c = u_{*c}^2/sgd.$$ (10・13)

ブラウン： $\Phi_B = 10\Psi^{2.5}$. (10・11′)

(c) 篠原教授および椿[*]は浮流砂の濃度分布をきめるパラメーター $z = w_0/0.4u_* = w_0\Psi^{-\frac{1}{2}}/0.4\sqrt{sgd}$ （w_0：砂粒の沈降速度）〔次節参照〕の値が 1.5 より大きいときには，浮流砂は河床付近に集中して，浮流砂をも含めた流砂量 Φ_B が Ψ の関数として表わされることに注目し，掃流力 Ψ の値が図 - 10・8 に示される Ψ_s より小さい領域に対して，次の式

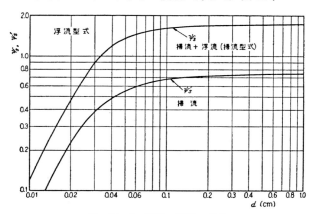

図 - 10・8 掃流，浮流の境界

$$\left.\begin{array}{l} \Phi_B = 25\Psi_e^{1.3}(\Psi_e - 0.8\Psi_c), \\ \Psi_e = \dfrac{\tau_e/\rho}{sgd} = \dfrac{\varphi}{\varphi_0}\Psi, \quad \varphi = \dfrac{V}{u_*}, \quad \varphi_0 = 6.0 + 5.75\log_{10}\dfrac{h}{d}. \end{array}\right\}$$ (10・14)

---

[*]　篠原，椿：九大応力研英文報告，Vol. Ⅶ, No. 25, (1959)

を提案している．上式で $\tau_0'/\rho = (\varphi/\varphi_0)\tau_0/\rho$ は砂波の影響を補正する有効掃流力である．なお，図-10・8 の Ψ_s は $z = 1.5$ に対応する Ψ であって，実用上では粒径 d (cm) の関数である．また，図中の Ψ_s' は浮流砂の影響がやや明瞭に認められる境界を示している．

（c）佐藤・吉川・芦田の式 佐藤博士[*]らは乱れによる揚圧力により流体が河床砂に与える運動量は重力が砂粒に与える運動量に等しいという考え方に基づき，実験結果を整理して次式を導いている．

$$\left.\begin{array}{l}\dfrac{q_{BS}g}{u_*^3 f(\tau_c/\tau_0)} = 0.623\left(\dfrac{1}{40\,n}\right)^{3.5} \quad (n \leqq 0.025) \\ \qquad\qquad\quad = 0.623. \quad (n \geqq 0.025)\end{array}\right\} \quad (10\cdot15)$$

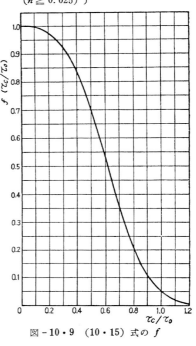

図-10・9 (10・15) 式の f

ここに，n はマンニングの粗度係数，$f(\tau_c/\tau_0)$ は図-10・9 に示すように，$\tau_c/\tau_0 = \Psi_c/\Psi$ の関数である．$\varPhi_B$ および Ψ を用いて上の式を変形すると

$$\left.\begin{array}{l}\varPhi_B = 0.623\left(\dfrac{1}{40\,n}\right)^{3.5} f(\Psi_c/\Psi)\Psi^{1.5} \\ \qquad (n \leqq 0.025) \\ \quad = 0.623 f(\Psi_c/\Psi)\Psi^{1.5} \\ \qquad (n \geqq 0.025)\end{array}\right\} \quad (10\cdot15')$$

（d）アインシュタインの掃流砂関数

アインシュタイン（Einstein）[**]は河床表面の砂粒に働く流体力が抵抗力をこえると運動を初め，動きだした砂は平均的に一定距離移動した後再び河床に落着くという考えのもとに，砂粒の移動確率を求め，次のよ

---

[*] 佐藤清一・吉川秀夫・芦田和男：河床砂礫の掃流運搬に関する研究，土木研究所報告，(1957)

[**] H. A. Einstein : The Bed—load Function for Sediment Transportation in Open Channel Flows, U. S. Department of Agriculture, Soil Conservation Service, Technical Bulletin, No. 1026, (1950)

うな掃流砂関係を導いている.

$$1-\frac{1}{\sqrt{\pi}}\int_{-\frac{0.143}{\Psi_{e'}}-2}^{\frac{0.143}{\Psi_{e'}}-2} e^{-t^2} dt = \frac{43.5\,\Phi_B}{1+43.5\,\Phi_B},$$

$$\Psi_e = \frac{\tau_{e'}/\rho}{sgd} = \frac{u_*'^2}{sgd}.$$

(10・16)

上の式における $\tau_{e'} = \rho g R'I$ は砂波などの河床の凹凸のために,砂を流すのに有効な掃流力 $\tau_{e'}$ が τ_0 より減少することを示すもので, R' は砂面上における流速の対数分布法則 (3・50) 式における径深 R を形式的に R' でおきかえた次の式

$$V/\sqrt{gR'I} = 5.75\log_{10}(12.27\,xR'/d_{65}) \quad (10・17)$$

よりきめる.ここに,d_{65} は累加百分率65%に対応する粒径(図-10・4 参照),x は砂の相当粗度 d_{65} に対し,粗領域からのはずれを補正する係数で d_{65}/δ_L ($\delta_L = 11.6\nu/\sqrt{gR'I}$,層流底層の厚さ) の関数として,図-10・10 のようである.

なお,(10・16)式の計算は面倒であるから,Φ_B と $\Psi_{e'}$ との関係を図-10・11 に示し,さらに前述の諸公式を Φ_B と Ψ (または Ψ_e) との関係として図示しておく.

(註) (10・16)式の導き方は興味深いが,紙数の関係上省略した.原論文あるいは

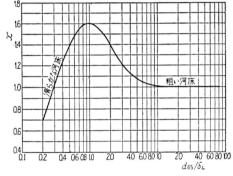

図-10・10 (10・17) 式の x

応用水理学,中の 1, p. 28〜31 を参照されたい.なお,アインシュタインは混合砂礫についての実験結果から,粒度分布や層流底層の影響を示す補正係数を求め,掃流砂量を粒度ごとに計算できるようにしている.しかし,この詳しい方法をわが国の河川や実験水路の資料に適用した結果は,簡単に平均粒径あるいは中央粒径の一様砂とみなしたものより精度が低いようである.疑点が多く残されているので,本書では均一粒径とし,層流底層の影響を無視した場合にとどめる.

例　題　(92)

【10・6】　河床がほぼ均一な粒径 $d = 1.02$ mm の砂からなる河川に,

10・2 掃流砂量

320 m³/sec の流量が平均水深 $h = 1.52$ m で流れているときの掃流砂量を求めよ．ただし，河幅 b は 120 m，水面コウ配は 0.82×10^{-3} とする．

解 各式による計算結果を比較する便宜上，流砂量を Φ_B の形で求めてみよう．まず，基本的な量を計算しておく．

（i）砂の性質：
$sgd = 1.65 \times 9.8 \times 0.102 \times 10^{-2}$
$\quad = 1.65 \times 10^{-2}$ m²/sec².
$\sqrt{sgd^3} = 1.31 \times 10^{-4}$ m²/sec

（ii）流れの計算：

平均流速 $V = \dfrac{Q}{bh} = 1.75$ m/sec

摩擦速度 $u_* = \sqrt{ghI}$
$\quad = \sqrt{9.8 \times 1.52 \times 0.82 \times 10^{-3}}$
$\quad = 0.1105$ m/sec.

流速係数 $\varphi = V/u_* = 15.9$.

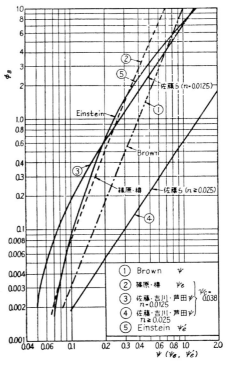

図-10・11 掃流砂量公式

掃流力の無次元表示は $\Psi = u_*^2/sgd = (0.1105)^2/1.65 \times 10^{-2} = 0.740$.

また，河床砂の限界摩擦速度は岩垣公式（10・7）を用いて，
$$u_{*c}^2 = 55.0\,d = 55.0 \times 0.102 = 5.61 \text{ cm}^2/\text{sec}^2 = 5.61 \times 10^{-4} \text{ m}^2/\text{sec}^2,$$
$\Psi_c = u_{*c}^2/sgd = 0.034$.

（iii）掃流砂量の計算

（a）ブラウンの式：（10・11′）式で
$$\Phi_B = q_B/\sqrt{sgd^3} = 10\Psi^{2.5} = 10 \times (0.740)^{2.5} = 4.71.$$

故に，1 m 幅，1 sec 当りの掃流砂量は $q_B = 4.71\sqrt{sgd^3} = 4.71 \times 1.31 \times 10^{-4} = 6.17 \times 10^{-4}$ m²/sec．また，河川断面を 1 sec 間に流れる掃砂量は $Q_B = bq_B = 120 \times 6.17 \times 10^{-4} = 7.40 \times 10^{-2}$ m³/sec.

第 10 章 流 砂

（b） 篠原・椿の式： （10・14）式において

$$\Psi_e = \Psi \frac{\varphi}{\varphi_0} = 0.740 \times \frac{15.9}{(6.0+5.75 \log_{10} 1.52/1.02 \times 10^{-3})} = 0.485.$$

なお， $\Psi = 0.740$ は図 - 10・8 において， $d = 0.102$ cm に対応する $\Psi_s = 1.6$ より小さいから，浮流砂をも含めた流砂量に対して（10・14）式は適用できる．

$$\therefore \quad \Phi_B = 25 \Psi_e{}^{1.3}(\Psi_e - 0.8 \Psi_c) = 25 \times (0.485)^{1.3}(0.485 - 0.8 \times 0.034)$$
$$= 4.47,$$

$$q_B = 4.47 \times 1.31 \times 10^{-4} = 5.85 \times 10^{-4} \text{ m}^2/\text{sec}^2, \quad Q_B = 7.02 \times 10^{-2} \text{ m}^3/\text{sec}.$$

（c） 佐藤・吉川・芦田の式： まず n および $f(\tau_c/\tau_0)$ を求める． n の値は $V = (1/n)h^{2/3}I^{1/2} = \varphi\sqrt{ghI}$ より $n = h^{1/6}/(\varphi\sqrt{g}) = (1.52)^{1/6}/(\sqrt{9.8} \times 15.9) = 0.021$ となり， $n < 0.025$ であるから（10・15′）式の上の式を用いる． また， $\tau_c/\tau_0 = \Psi_c/\Psi = 0.034/0.740 = 0.046$ となり，図 - 10・9 より $f(\tau_c/\tau_0) \fallingdotseq 1.00$． 故に

$$\Phi_B = 0.623\left(\frac{1}{40 n}\right)^{3.5} \Psi^{1.5} = 0.623\left(\frac{1}{40 \times 0.021}\right)^{3.5} (0.740)^{1.5} = 0.730,$$

$$\therefore \quad q_B = 0.956 \times 10^{-4} \text{ m}^2/\text{sec}, \quad Q_B = 1.15 \times 10^{-2} \text{ m}^3/\text{sec}.$$

（d） アインシュタインの式： まず，（10・17）式より R' および有効掃流力 $\tau_e' = \rho g R'I$ を求める．（10・17）式 $V/\sqrt{gR'I} = 5.75 \log_{10}(12.27 xR'/d_{65})$ に題意の数値を入れて整理すると， R' に関する式は

$$3.39/\sqrt{R'} = 4.08 + \log_{10} x + \log_{10} R'.$$

x は図 - 10・10 に示されるように， $d/\delta_L = \sqrt{gR'I}d/(11.6\nu)$ の関数であるから，まず， $x = 1$（粗領域）にあるとして試算法で R' を求めると， $R' = 0.738$m. この値を用いて $\tau_e'/\rho = gR'I = 9.8 \times 0.738 \times 0.82 \times 10^{-3} = 5.93 \times 10^{-3}$ m²/sec²， $\sqrt{gR'I} = 7.7 \times 10^{-2}$ m/sec， $d/\delta_L = 6.72$（水温 20°C として $\nu = 1.007 \times 10^{-6}$ m²/sec を用いた）をうる． 次に，再び図 - 10・10 で $d/\delta_L = 6.72$ に応ずる x をよむと $x \fallingdotseq 1$ であるからこの近似で十分で $\tau_e'/\rho = 5.93 \times 10^{-3}$ m²/sec².

（10・16）式の代りに，図 - 10・11 の $\Phi_B \sim \Psi_e'$ 曲線を用い， $\Psi_e' = gR'I/sgd = 5.93 \times 10^{-3}/1.65 \times 10^{-2} = 0.359$ に応ずる Φ_B を読んで

$$\Phi_B = 1.98, \quad q_B = 2.60 \times 10^{-4} \text{ m}^2/\text{sec}^2, \quad Q_B = 3.12 \times 10^{-2} \text{ m}^3/\text{sec}.$$

10・2 掃 流 砂 量

（註） 本例題では Ψ が図 – 10・8 の $\Psi_{s'}$ をこえ, 若干の浮流砂が河床付近に集中して流れていることが予想される. 佐藤らの式およびアインシュタインの式は掃流砂だけに関するものであるから, 別に浮流流砂量を計算する必要があり, 全流砂量は両者の和となる. ブラウン, 篠原・椿の式は河床付近にだけ集中するときの浮流砂を含むが, 浮流砂を主とする $\Psi > \Psi_s$ のような河川には適用できない.

【10・7】 幅 4 m の灌漑用矩形水路の入口から, 粒径 1.45 mm の河床砂が 1 日当り 13.82 m³/day の割合で流入する. 1.28 m³/sec の流量でこの流入土砂量を輸送するために必要なコウ配を求めよ. ただし, 水路底面は流入した砂で覆われ流速係数 $\varphi = V/u_*$ は $\varphi = 10$ とする. また, 簡単のため側壁の影響は無視されるものとし, 流砂量式としては佐藤らの式 (10・15) を用いる.

解 $Q = bh\varphi\sqrt{ghI}$ より $h = (Q/b\varphi\sqrt{gI})^{2/3}.$ (1)

いまのところ, 水深がわからず, 粗度係数 n の値は不明であるが, 一応 $n \geqq 0.025$ と仮定すると, 断面を通れる流砂量 Q_B は (10・15) 式より

$$Q_B = bq_B = \frac{b(ghI)^{\frac{3}{2}}f(\tau_c/\tau_0)}{sg} \times 0.623.$$

上の式に (1) 式を代入して h を消去すると, Q_B を流すのに必要なコウ配 I は次のようになる.

$$I = sQ_B\varphi/0.623\, Q\, f(\tau_c/\tau_0).\qquad(2)$$

題意の数値 $Q = 1.28$ m³/sec, $Q_B = 13.82/24 \times 3600 = 1.60 \times 10^{-4}$ m³/sec, $s = 1.65$, $b = 4$ m を入れると, (1), (2) 式は

$$h = (0.32/\varphi\sqrt{9.8\,I})^{2/3}.\qquad(1')$$

$$I = (1.65 \times 1.60 \times 10^{-4}\,\varphi)/0.623 \times 1.28\, f(\tau_c/\tau_0)$$
$$= 3.31 \times 10^{-4}\,\varphi/f(\tau_c/\tau_0).\qquad(2')$$

となる. （本例では φ の値は与えられているが, 次の類題のため残した）.

(2′) 式において f は (τ_c/τ_0) の関数であり, さらに $n \geqq 0.025$ と仮定しているので, 計算は逐次近似法による. まず, 題意の $\varphi = 10$ を入れ, f の値は 1 に近いと予想されるので $f = 1$ とおくと (2′) 式より $I = 3.31 \times 10^{-3}$. この値を (1′) 式に入れて $h = 0.316$ m, $\tau_0/\rho = ghI = 1.025 \times 10^{-2}$ m²/sec² をうる. 一方 $d = 1.45$ mm の砂に対する限界掃流力 $\tau_c/\rho = u_{*c}{}^2$ は図 – 10・5

を用いて $\tau_c/\rho = (2.95\times10^{-2})^2 = 8.7\times10^{-4}$ m²/sec² であるから $\tau_c/\tau_0 = 0.085$ となり，図-10・9 より仮定したように $f(\tau_c/\tau_0) = 1$ とおいてよいことがわかる．次に粗度係数は $n = h^{\frac{1}{6}}/\sqrt{g}\varphi = (0.316)^{\frac{1}{6}}/\sqrt{9.8}\times10 = 0.0264$ となり，$n \geqq 0.025$ の流砂量式を用いてよいことも確かめられる．以上のことから，$I = 3.31\times10^{-3}$ を求める答とする．

（註）　流量を与えて水深を求めるときには，n または φ の値を知る必要がある．流砂河川の流速法則については，今のところ未解決の点が多いが，大略の傾向をのべると次のようである．

（1）　砂利河川の相当粗度 k は $2\sim4\,d$（d：平均粒径）の程度で，流速法則はほぼ固定床河川と同一であるとみなしてよい．

（2）　河床砂が粗く掃流形式で砂が輸送される河川では，河床に形成された砂漣が Ψ の増すとともに発達するため，相当粗度が急激に大きくなり，φ の値は Ψ が増すとかえって減少する傾向がみられる．図-10・12 は粒径が $0.6\sim2.0$ mm の斐伊川など数河川における実測値の平均曲線を示したものである．

（3）　河床砂が細かく浮流形式の河川では，砂漣は Ψ が増すと崩壊してゆくため，φ は Ψ が増すと急激に大きくなる傾向がみられる．粒径が $0.1\sim0.4$ mm の河川では米国の河川における実測結果に基づくアインシュタインの実験曲線[*]（図-10・16）が

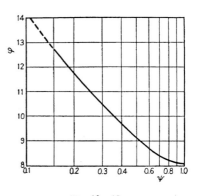

図-10・12

適しているようである．わが国の例では白川（$d \fallingdotseq 0.2$ mm）の観測結果はほぼその曲線にのる．

〔類　題〕　例題 10・7 において，水路床に砂漣が発生するため，流速係数 φ は $\Psi = u_*^2/sgd$ によって図-10・12 のように変化するものとし，その他は前の例題と同一であるとする．流入土砂量を輸送するために必要なコウ配を求めよ．

略解　　例題 10・7 の (1′)，(2′) 式において，φ は u_*^2/sgd の関数であるから，$\varphi = 10$ とおいた解 $I = 3.31\times10^{-3}$，$h = 0.316$ m，$\Psi = hI/sd = 0.437$ は第 1 近似解

---

[*]　H. A. Einstein and B. R. Banks : Fluid Resistance of Composite Roughness, Trans. A. G. U., Vol. 31, No. 4, (1950)

とみなす.次に,$\Psi = 0.437$ に応ずる φ を図 - 10・12 より読んで $\varphi = 9.45$ であるから,(1′),(2′) 式より第2近似値 $I = 3.31 \times 10^{-4} \varphi f = 3.13 \times 10^{-3}$,$h = 0.334$ m,$\Psi = 0.437$ をうる.第2近似でも $f \fallingdotseq 1$,$n \geqq 0.025$ なることは明らかである.

10・3 浮流砂量

図 - 10・8 に示すように,掃流力が大きくなると,河床を構成する土砂は乱れに捕えられて浮流し,Ψ が Ψ_c を越えると断面全体に拡散して全流砂量の内,浮流砂量(Suspended load)の占める割合いが大きくなる.浮流砂の濃度分布およびその量は粒径によって著しく異なるので,混合砂の場合,計算は粒度ごとに分けて行なわねばならない.

(a) 浮流砂の濃度分布 水の単位体積中に含まれる砂の数(容積または重さ)を濃度(Concentration)とよび c で表わす.河床より y の高さに単位面積を考えると,平衡状態においては,砂の沈降速度 w_0 によって単位時間内にこの面を下方に運ばれる量 $w_0 c$ は,乱れによる拡散のために濃度の高い方から低い方(上方)に運ばれる量

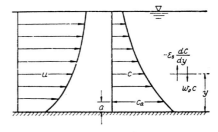

図 - 10・13

$-l'\sqrt{\overline{v'^2}}\,dc/dy$ に等しい(上巻,p. 109,(3・39)式).ここに,$\sqrt{\overline{v'^2}}$:乱れの強さ,l':混合距離).したがって,拡散係数 $\varepsilon_s = l'\sqrt{\overline{v'^2}}$ を導入して

$$w_0 c = -l'\sqrt{\overline{v'^2}}\,dc/dy = -\varepsilon_s\,dc/dy.$$

上の式を積分し,$y = a$ における濃度を c_a とすると,濃度分布は次のようになる.

$$\frac{c}{c_a} = \exp\left(-\int_a^y \frac{w_0}{\varepsilon_s}dy\right). \tag{10・18}$$

ラウス(Rouse)は ε_s として運動量の拡散係数,すなわち,渦動粘性係数

$$\varepsilon_m = \kappa u_* y(h-y)/h \tag{10・19}$$

を用い(註),(10・18)式を積分して次の式を得た.

$$\frac{c}{c_a} = \left(\frac{h-y}{y} \cdot \frac{a}{h-a}\right)^z, \quad z = \frac{w_0}{\kappa u_*}. \tag{10・20}$$

上の式をラウスの分布とよぶ. 式中の κ はカルマンの定数で $\kappa \fallingdotseq 0.4$ である.

次に, (10・18) 式において, $\varepsilon_s \fallingdotseq \varepsilon_m$ の y による変化を無視して平均の値 $\varepsilon_s = (1/h)\displaystyle\int_0^h \varepsilon\,dy = \kappa u_* h/6$ を用いると, 精度は多少低くなるが, 濃度分布は簡単に次のようになる.

$$\frac{c}{c_a} = \exp\left\{\frac{-15w_0}{u_*}\left(\frac{y}{h} - \frac{a}{h}\right)\right\}. \tag{10・21}$$

なお, 両式を用いて c を計算するときには沈降速度 w_0 の値を知る必要があるが, 砂粒の w_0 についての実験式としては次のルベイ (Rubey) の式

$$\frac{w_0}{\sqrt{sgd}} = \sqrt{\frac{2}{3} + \frac{36\,\nu^2}{sgd^3}} - \sqrt{\frac{36\,\nu^2}{sgd^3}} \tag{10・22}$$

の精度がよいようである. 計算の便宜のために $s = 1.65, \nu = 0.01\,\mathrm{cm^2/sec}$, $g = 980\,\mathrm{cm/sec^2}$ とすると, $w_0\,(\mathrm{cm/sec})$ と $d\,(\mathrm{cm})$ との関係は図 - 10・5 の点線のようになる.

（b） 浮流砂量 浮流砂量を求めるには, 濃度と流速との積を土砂が浮流形式の運動に入る底面付近の限界点から水表面まで積分すればよい. レーン (Lane) とカリンスク (Kalinske)[*] は濃度分布として (10・19) 式, 流速分布として対数分布式

$$\frac{u}{V} = 1 + \frac{2.5}{\varphi}\left(1 + \log_e \frac{y}{h}\right), \quad \varphi = \frac{V}{u_*}$$

を用い (V : 平均流速), 浮流限界点は河床 ($y = 0$) にあるとして, 次のような浮流砂の輸送量式を導いた.

$$\left.\begin{array}{l} q_s = \displaystyle\int_0^h cu\,dy = e^{\frac{15w_0}{u_*}\cdot\frac{a}{h}} qc_a P, \\[3mm] P = \displaystyle\int_0^1 \left[1 + \frac{2.5}{\varphi}(1 + \log_e \eta)\right] e^{-\frac{15w_0}{u_*}\eta}\,d\eta. \end{array}\right\} \tag{10・23}$$

---

[*]　E. W. Lane and A. A. Kalinske : Engineering Calculation of Suspended Sediment, Trans. A. G. U., Vol. 22, (1941)

ここに, q は単位幅あたりの流量, P は w_0/u_* および φ の関数であって, 図-10·14 は P を求めるための図表である. (10·23)式より流れの中の一点における濃度を測定すると, 単位幅を流れる浮流砂量が計算できる.

計算だけによって浮流砂量を求めるために, レーンとカリンスク[*]は河床砂が鉛直方向の乱れ v' ($\sqrt{\overline{v'^2}} \sim u_*$) に捕えられて上方に運ば

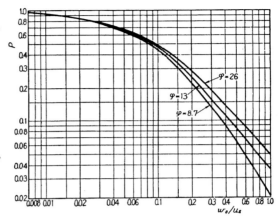

図-10·14 (10·23), (10·25) 式の P

れる量が沈降速度のために底面に達する量に等しいと考え, さらに, 米国の河川における実測結果と一致するように理論を修正して, 河床濃度 c_0 に対して次の式を提案している.

$$\frac{c_0}{\Delta F(w_0)} = 5.55 P_*^{1.61}, \quad P_* = \frac{1}{2}\frac{u_*}{w_0}e^{-\frac{w_0^2}{u_*^2}}. \tag{10·24}$$

上の式において, c_0 は p.p.m. 単位 (1 p.p.m. = 1 gf/m³), $\Delta F(w_0)$ は沈降速度 w_0 なる砂が底質中にしめる割合 (%) である.

c_0 が分かると, 浮流砂量は (10·23) 式より

$$q_s = q c_0 P \tag{10·25}$$

より求まる.

(註 1.) 3·8 節でのべたように, 剪断応力は $\tau = \rho \varepsilon_m du/dy = \tau_0(h-y)/h$. 一方, 流速分布が対数法則に従うとすると, $u/u_* = (1/\kappa)\log_e y/y_0$ より $du/dy = u_*/\kappa y$.

$$\therefore \varepsilon_m = \frac{u_*^2\left(1-\frac{y}{h}\right)}{du/dy} = \kappa u_* y \left(1-\frac{y}{h}\right).$$

(註 2.) 浮流砂量の計算式には他にアインシュタイン (前出論文) の方法がある

---

[*] Lane and Kalinske: Trans. of A.G.U., (1939)

206 　　　　　　　第 10 章 流　　　　砂

が，紙数の関係で省略した．原論文または応用水理学，中の I（p. 25〜26）や水理公
式集（p. 47）を参照されたい．

例　　題　（93）

【10・8】　　　水深 2.30 m，水面コウ配 0.56×10⁻³，平均流速 1.69 m/sec
の河川において，河床より 52 cm の点で浮流砂の濃度を測定したところ，1l
中 0.24 gf でその組成は表 - 10・2 の ①，② 欄のようであった．

（a）　粒度ごとの濃度分布を求めよ．

（b）　幅 1 m 当たりの浮流砂量を求めよ．

解　（a）　　　ラウス分布および簡略式を用いて計算し，両者を比較してみ
る．

ラウス分布　　$\dfrac{c}{c_a} = \left(\dfrac{h-y}{y} \cdot \dfrac{a}{h-a} \right)^z, \quad z = \dfrac{w_0}{\kappa u_*}.$ 　　　(10・20)

簡　略　式　　$\dfrac{c}{c_a} = \exp\left\{ -\dfrac{15\,w_0}{u_*} \left(\dfrac{y}{h} - \dfrac{a}{h} \right) \right\}.$ 　　　(10・21)

において，$h = 230$ cm, $a = 52$ cm, $u_* = \sqrt{ghI} = \sqrt{980 \times 230 \times 0.56 \times 10^{-3}}$
$= 11.22$ cm/sec，$\kappa = 0.4$ であるから，各粒度ごとに c_a, w_0, w_0/u_* およ
び z を計算して表 - 10・2 をつくる．

表 - 10・2

粒径の範囲 (mm)	組成 (%)	c_a (gf/l)	平均径 (mm)	w_0 (cm/s)	w_0/u_*	z
①	②	③	④	⑤	⑥	⑦
$d \geqq 0.48$	2.5	0.0036				
$0.48 > d \geqq 0.24$	6.0	0.0144	0.339	4.60	0.410	1.025
$0.24 > d \geqq 0.12$	26.3	0.0631	0.170	2.02	0.180	0.450
$0.12 > d \geqq 0.06$	45.7	0.1097	0.0848	0.605	0.0539	0.135
$0.06 > d \geqq 0.02$	18.5	0.0444	0.0346	0.107	0.0095	0.0238
$d < 0.02$	2.0	0.0048				

　　0.48 > $d \geqq$ 0.24 mm の粒度範囲について表を説明する．①，②：題意．
③：測定濃度 1 l 中 0.24 gf のうち，0.48 > $d \geqq$ 0.24 (mm)砂のしめる濃度
は 0.24×(6.0/100) = 0.0144 gf/l．④：幾何平均を用いると $\sqrt{0.48 \times 0.24}$
= 0.339 mm．　⑤：w_0　の計算にはルベイの式を用い，　図 - 10・5　で

$d = 0.0339\,\mathrm{cm}$ に応ずる w_0 を読んで $w_0 = 4.60\,\mathrm{cm/sec}$. ⑥：$w_0/u_* = 4.60/11.22 = 0.41$. ⑦：$z = w_0/\kappa u_* = 0.41/0.4 = 1.025$.

以上の数字を (10・20), (10・21) 式に代入する. たとえば, $0.48 > d \geqq 0.24$ (mm) 砂に対しては

$$\frac{c}{0.0144} = \left(\frac{230-y}{y}\right)^{1.025}\left(\frac{52}{230-52}\right)^{1.025}, \qquad (\mathrm{gf}/l)$$

$$\frac{c}{0.0144} = \exp\left\{-15 \times 0.41\left(\frac{y}{230} - \frac{52}{230}\right)\right\}. \qquad (\mathrm{gf}/l)$$

$y = 20, 40, \cdots\cdots$ のように, 水深 20 cm おきに計算した結果* を図-10・15 に示した. 同図において, 実線はラウス分布, 点線は簡略式による計算結果である.

なお, この図から明らかなように, 粒径の大きい砂 (w_0/u_*, z が大) の濃度分布は河床付近に集中し, 粒径 (z) が小さくなるほど水表面の方に広がる. とくに, 微細な砂の濃度分布は底より水表面ま

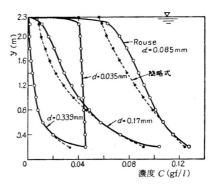

図-10・15

でほぼ一様とみなして差支えないようになる. また, 簡略式はラウス分布より幾分小さめの値を与えるが, 充分実用に役立つ精度をもつことがわかる.

(b) 浮流砂量　　レーン・カリンスクの式

$$q_s = qc_a Pe^{\frac{15\,aw_0}{hu_*}} \qquad 10\cdot 23)$$

において, $a = 0.52\,\mathrm{m}$, $h = 2.30\,\mathrm{m}$, $q = hV = 2.30 \times 1.69 = 3.89\,\mathrm{m^2/sec}$, $\varphi = V/u_* = 1.69/0.1122 = 15.1$ である. 浮流砂量の計算は表-10・3 のように各粒度ごとに行ない, 最後にそれを合計すればよい.

$0.48 > d \geqq 0.24$ mm 砂 ($w_0 = 4.60\,\mathrm{cm/sec}$) に対して表を説明する (m, sec 単位を用いる). ①, ②, ③ および ④：表-10・2 に前出. ⑤：図-10・

---

*) $\exp a = e^a$ の数値は付録 1 (双曲線関数表) に記載してある. 詳しい数表としては, 林桂一：高等関数表 (岩波) などがある.

表 - 10・3

ΔF (%)	c_a (gf/m³)	w_0 (cm/sec)	w_0/u_*	P	$A = \dfrac{15aw_0}{hu_*}$	e^A	q_s (gf/m・sec)
①	②	③	④	⑤	⑥	⑦	⑧
6.0	14.4	4.60	0.410	0.125	1.39	4.01	28.1
26.3	63.1	2.02	0.180	0.29	0.611	1.84	131
45.7	11.0	0.605	0.0539	0.64	0.183	1.20	329
18.5	44.4	0.107	0.095	0.93	0.0322	1.030	166

14 より $\varphi = 15.1$, $w_0/u_* = 0.41$ に対応する P を読んで $P = 0.125$. ⑥ : $(15\,a/h)(w_0/u_*) = (15 \times 0.52/2.30) \times 0.41 = 1.39$. ⑦ : $e^{1.39}$ を付録 - 1 より読み，$e^{1.39} = 4.01$. ⑧ : $q_s = qc_aPe^A = 3.89 \times 14.4 \times 0.125 \times 4.01 = 28.1$ gf/m・sec.

全浮流砂量は各粒度の q_s を合計して，$\Sigma q_s = 654$ gf/m・sec となる．ただし，この計算では $d \geqq 0.48$ mm, $d < 0.02$ mm の砂の浮流砂量は無視している．

【10・9】※　河床砂が表 - 10・4 に示す粒度分布をもつ河幅 222 m の河川に，1280 m³/sec の流量が 0.265×10^{-3} なる水面コウ配で流れている．この河川は河床砂が細かく，浮流形式の輸送が多いので，流速法則はアインシュタインの式に従い (p. 198 註)，$V/\sqrt{gR''I}(R'' = h - R')$ は $1.68\,d_{35}/R'I$ の関数として図 - 10・16 のように表わされるものとする．浮流砂量および

表 - 10・4

d(mm)	ΔF(%)
$d \geqq 0.6$	1.8
$0.6 > d \geqq 0.4$	14.7
$0.4 > d \geqq 0.24$	33.2
$0.24 > d \geqq 0.16$	36.3
$0.16 > d \geqq 0.09$	12.7
$d < 0.09$	1.3

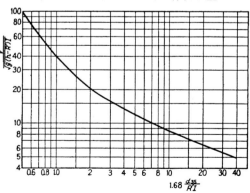

図 - 10・16

10・3 浮 流 砂 量 209

全流砂量を求めよ. なお, R' は (10・17) 式で与えられる有効掃流力の径深である.

解　(10・24)式より河床濃度 c_0 を求め, $q_s = qc_0P$ (10・25式) より浮流砂量を計算するのであるが, 式中の $u_* = \sqrt{ghI}$ などを求めるために, まず水深等を計算する.

（ i ）　水理量の計算：図 10-16 の $V/\sqrt{g(h-R')I}$ と $1.68\,d_{35}/R'I$ との関係曲線および R' の式

$$V/\sqrt{gR'I} = 5.75\log_{10}(12.27\,xR'/d_{65}) \tag{10・17}$$

より, $Q = 1280\,\mathrm{m^3/sec}$ に対する $V,\ R'$ および水深 h を求めるには試算法による他はない. すなわち, R' をいろいろ仮定して表 - 10・5 のように Q を計算し, ちようど $Q = 1280\,\mathrm{m^3/sec}$ になるときの水深 $h = 2.57\,\mathrm{m}$ をもって解とする.

例として, $R' = 2.00\,\mathrm{m}$ の場合について計算過程を説明しておく.

①：R' を仮定する $(R' = 2.00\,\mathrm{m})$. ②：$u_{*e}' = \sqrt{gR'I} = \sqrt{9.8 \times 2.00 \times 0.265 \times 10^{-3}} = 0.072\,\mathrm{m/sec}$. ③：層流底層の厚さ $\delta_L = 11.6\,\nu/u_{*e}' = 11.6 \times 1 \times (10^{-6})/0.072 = 1.61 \times 10^{-4}\,\mathrm{m}$. ④：$d_{65}/\delta_L = 0.03 \times 10^{-2}/1.61 \times 10^{-4} = 1.86$. ($d_{65}$ および d_{35} は例題 10・3 の図 - 10・4 のように累加百分率曲線を書いてきめる). ⑤：図 - 10・10 より $d_{65}/\delta_L = 1.86$ に応ずる x を読んで $x = 1.42$. ⑥：(10・17) 式の右辺を計算する. すなわち, $V/\sqrt{gR'I} = 5.75 \times \log_{10}\{12.27 \times 1.42 \times (2.00/0.03 \times 10^{-2})\} = 29.1$. ⑦：$V = 29.1\sqrt{gR'I} = 29.1 \times 0.072 = 2.10\,\mathrm{m/sec}$. ⑧：図 - 10・16 の横座標を計算する. $1.68\,d_{35}/R'I = 1.68 \times 0.0204 \times 10^{-2}/(2.00 \times 0.265 \times 10^{-3}) = 0.647$. ⑨：図 - 10・16 より $1.68\,d_{35}/R'I = 0.647$ に対応する $V/\sqrt{g(h-R')I} = 69$ を読む. ⑩：$\sqrt{g(h-R')I} = \dfrac{2.10}{69}$ より $h - R' = 0.356\,\mathrm{m}$. ⑪：$h = R' + 0.36 = 2.36\,\mathrm{m}$. ⑫：$Q = bhV = 222 \times 2.36 \times 2.1 = 1100\,\mathrm{m^3/sec}$.

（ ii ）　浮流砂量の計算：(i) で求めた水理計算の結果, $b = 222\,\mathrm{m}$, $I = 0.265 \times 10^{-3}$, $Q = 1280\,\mathrm{m^3/sec}$, $h = 2.57\,\mathrm{m}$ および $V = 2.25\,\mathrm{m/sec}$ における浮流砂量を, 次の式

$$q_s = qc_0P, \tag{10・24}$$

表 – 10・5 Einstein の流速法則を用いた水理量の計算

R' (m)	u_{*e}' (m/sec)	$10^4\delta_L$ (m)	d_{65}/δ_L	x	V/u_{*e}'	V (m/sec)	$\dfrac{1.68 d_{35}}{R'I}$	$\dfrac{V}{\sqrt{g(h-R')I}}$	$h-R'$ (m)	h (m)	Q (m³/sec)
①	②	③	④	⑤	⑥	⑦	⑧	⑨	⑩	⑪	⑫
2.00	0.0720	1.61	1.86	1.42	29.1	2.10	0.647	69	0.356	2.36	1100
2.20	0.0755	1.54	1.96	1.40	29.3	2.21	0.588	77	0.316	2.52	1233
2.40	0.0790	1.47	2.25	1.34	29.5	2.33	0.539	89	0.264	2.66	1380
2.26	0.0766	1.51	1.98	1.38	29.4	2.25	0.573	80	0.304	2.57	1280

表 – 10・6 浮流砂量の計算

粒径範囲 (mm)	組成 $\Delta F(w_0)$	平均径 (mm)	w_0 (cm/sec)	w_0/u_*	P	P_*	c_0 (gf/m³)	q_s (gf/m・sec)
①	②	③	④	⑤	⑥	⑦	⑧	⑨
0.6 $>d>$0.4	14.7	0.49	6.1	0.748	0.069	0.382	17.3	6.89
0.4 $>d>$0.24	33.2	0.31	4.2	0.515	0.10	0.743	114	65.8
0.24$>d>$0.16	36.3	0.196	2.48	0.304	0.18	1.50	388	404
0.16$>d>$0.09	12.7	0.12	1.14	0.140	0.385	3.51	532	1180

10・3 浮 流 砂 量

$$
\left.\begin{array}{l}
c_0 = 5.55\, \Delta F(w_0) P_*{}^{1.61} \quad (c_0 : \text{p. p. m}, \; \Delta F(w_0) : \%) \\[2mm]
P_* = \dfrac{1}{2} \dfrac{u_*}{w_0} e^{-\frac{w_0{}^2}{u_*{}^2}}
\end{array}\right\} \qquad (10 \cdot 25)
$$

より粒度ごとに求めるのであるが，表 - 10・4 の組成のうち，$d \geqq 0.6\,\mathrm{mm}$ のものは無視され，$d < 0.09\,\mathrm{mm}$ の砂は底質中僅か 1.3% をしめるにすぎず，wash load（註）とみなされるので計算から除く．

粒度に無関係な水理量は $q = Q/b = 5.77\,\mathrm{m^2/sec}$, $u_* = \sqrt{ghI} = 0.0816$ m/sec および $V/u_* \equiv \varphi = 27.6$ であって，粒度ごとの計算結果は表 - 10・6 のようになる．

念のため，$0.24 > d > 0.16\,\mathrm{mm}$ 砂について計算過程を説明しておく．

①～⑥：前例題 10・8 の表 - 10・3 と全く同様な計算．⑦：$P_* = (1/2) \cdot$ $(u_*/w_0) \exp\{-(w_0/u_*)^2\} = (1/2) \times (1/0.304) \times e^{-(0.304)^2} = 1.50$．⑧：p. p. m. $= \mathrm{gf/m^3}$ であるから，$c_0 = 5.55 \times 36.3 \times (1.50)^{1.61} = 388\,\mathrm{gf/m^3}$．⑨：$q_s = q c_0 P = 5.77 \times 388 \times 0.18 = 404\,\mathrm{gf/m \cdot sec}$．

故に，$\Sigma q_s = 1180 + 404 + 66 + 7 = 1657\,\mathrm{gf/m \cdot sec}$ で，断面全体の浮流砂量 $Q_s = b\Sigma q_s$ は $Q_s = 222 \times 1657 = 3.68 \times 10^5\,\mathrm{gf/sec} = 368\,\mathrm{kgf/sec} = 368/2650 = 0.139\,\mathrm{m^3/sec}$（$2650\,\mathrm{kgf/m^3}$ は空気中における砂粒の単位重量）．

(iii) 全流砂量：掃流砂量をアインシュタイン公式すなわち図 - 10・11 の Φ_B と $\Psi_e{}'$ との関係図表を用い，簡単に計算しておく．

粒径として d_{50} を用いると，$d_{50} = 0.024 \times 10^{-2}\,\mathrm{m}$, $u_{*e}{}'$ は表 - 10・5 の最下列② 欄より $u_{*e}{}' = 0.0766\,\mathrm{m/sec}$. 故に，$\Psi_e = (u_{*e}{}')^2/sgd = (0.0766)^2/(1.65 \times 9.8 \times 0.024 \times 10^{-2}) = 1.52$ となる．この値は図 - 10・11 の範囲外にあるが，図を外挿して $\Phi_B = q_B/\sqrt{sgd^3} = 11.3$ をうる．

∴ $q_B = 11.3 \times 0.149 \times 10^{-4} = 1.68 \times 10^{-4}\,\mathrm{m^3/sec}$, $Q_B = bq_B = 0.037\,\mathrm{m^3/sec}$.

したがって，全流砂量は $Q_T = Q_B + Q_s = 0.037 + 0.139 = 0.176\,\mathrm{m^3/sec}$ となる．なお，この例のように，粒径の小さい河川に大流量が流れるときには，掃流砂量の方が少ない．

（註） 浮流砂の中には，河床にはほとんど存在しないような微細な土砂が多量に含まれていることが多い．このように，上流の流域から河川に供給された土砂が河床に無関係に流下するものを wash load という．一方，河床を構成する砂礫の輸送量

はその点の水理量によって規定される．これを bed material load という．c_0 の算定式 (10・25) 式は当然 wash load には適用できない．

10・4 安定河道

　河川に人為的あるいは自然的な変化が加えられると，河床は当然変化するが，時間の経過とともに，流れの水理特性と流出土砂との間に適当な釣合関係が成立して，遂にはいわゆる安定河道 (平衡コウ配) が形成される．したがって，河川の改修においては，所定の洪水流量を安全に流しうるだけでなく，改修によってもたらされる新しい釣合関係を推定して，適当な河川断面を選ばねばならない．

　安定河道の条件すなわち流路にそって洗掘も推積も起らないための条件は，各断面を流れる流砂量が一定に保たれることであるから，掃流砂を主とする河川では流量 Q および流砂量 Q_B を与えると，河幅を b，摩擦速度を u_* として，

　　流砂量式　　　　　$Q_B = b q_B = b \sqrt{sgd^3}\, \Phi(\Psi = u_*{}^2/sgd)$．

　　流れの連続の式　$Q = bhV = bh\varphi\, u_*$,　　$(V/u_* \equiv \varphi)$．

また，流れの運動方程式は Z を基準水平面から測った河床高，$-dZ/dx$ を河床コウ配，I_e をエネルギーコウ配とすると

$$u_*{}^2 = ghI_e,\quad I_e = -\frac{dZ}{dx} - \frac{dh}{dx} - \frac{d}{dx}\left(\frac{V^2}{2g}\right). \tag{10・26}$$

　上の3式より I_e を消去すると，河床が安定なるための条件式として，h が b の関数として与えられる．この関係を再び不等流の式

$$\frac{dh}{dx}\left(1 - \frac{Q^2}{gb^2h^3}\right) + \frac{dZ}{dx} - \frac{Q^2}{gb^2h^3}\cdot\frac{h}{b}\cdot\frac{db}{dx} + \frac{Q^2}{gb^2h^3\varphi^2} = 0 \tag{10・27}$$

に代入すると，河床コウ配 $-\dfrac{dZ}{dx}$ は b の関数となり，b が流路にそって与えられれば原理的には安定な河床高 Z を求めることができる．また，現在の河床高 Z を与えれば，現況河床のままで安定するための河幅 b が求まる．実際問題としては，流砂量式の精度にも疑点があり，また，φ の性質がよく分らないので，精密な取扱は今後の研究にまつことにし，簡単な場合について取扱の方針を示そう．

10・4 安定河道

例　題　(94)

【10・10】※　河口より 9 km のとこに低い取水堰のある河川があり，その点の上下流で河床高は不連続となっている(図-10・17)．この河川には最近流量 2000〜4000 m³/sec 程度の洪水が頻発し，3650 m³/sec の出水時における水面幅は表-10・7 に示すようであった．また，10〜10.8 km の区間の流れはほぼ等流であって，その間の平均コウ配は 1.22 ×10⁻³ であった．河床砂の平均粒径を 1.02 cm，取水堰のすぐ上流点（9 km 地点）の河床高を 7.9 m として，$Q = 3650$ m³/sec に対する堰より上流の安定コウ配を求めよ．ただし，粗度係数を $n = 0.023$ とし，流砂量式として佐藤らの式(10・15)を用いる．なお，簡単のため，同式において $\tau_0 \gg \tau_c$ として $f(\tau_c/\tau_0) = 1$ とみなしうるものとする．

図-10・17

表-10・7

河口よりの距離 (km)	水面幅 (m)	距離 (km)	水面幅 (m)
9.0	333	11.2	374
9.2	333	11.4	444
9.4	365	11.6	499
9.6	421	11.8	413
9.8	510	12.0	305
10.0	439	12.2	267
10.2	437	12.4	289
10.4	409	12.6	331
10.6	411	12.8	355
10.8	442	13.0	389
11.0	412		

解　河川断面を幅 b，水深 h の矩形断面とみなして理論式を導く．

エネルギーコウ配を I_e とすると，連続の式

$$Q = bh(1/n)h^{2/3}I_e^{1/2}$$

より

$$I_e = \left(\frac{Qn}{bh^{5/3}}\right)^2.$$

断面全体の流砂量 Q_B は (10・15) 式において $f(\tau_c/\tau_0) = 1$ とおき，上の I_e を代入して次のようになる．

$$Q_B = \frac{b(ghI_e)^{\frac{3}{2}}}{sg} \times 0.623\left(\frac{1}{40 n}\right)^{3.5} = \frac{\sqrt{g}\,Q^3}{s} \times 0.623\left(\frac{1}{40}\right)^{3.5}\frac{1}{\sqrt{n}}\frac{1}{b^2 h^{7/2}}.$$

214 　第 10 章 　流 　　　砂

　安定河道は流路にそって $Q_B =$ 一定の河道であるから，上の式において n の変化を無視すると，安定条件は $b^2 h^{\frac{7}{3}} =$ 一定となる．あるいは，等流状態とみなされる地点の河幅，水深をそれぞれ b_0，h_0 とすると

$$h/h_0 = (b_0/b)^{4/7}. \tag{1}$$

　次に，流れの運動方程式（10・27 式）

$$-\frac{dZ}{dx} = \frac{dh}{dx}\left(1 - \frac{Q^2}{gb^2 h^3}\right) - \frac{Q^2}{gb^2 h^3}\cdot\frac{h}{b}\cdot\frac{db}{dx} + \frac{Q^2 n^2}{b^2 h^{10/3}}$$

に（1）式を代入し，等流状態における河床コウ配 $I_0 = \left(-\dfrac{dZ}{dx}\right)_0$ は $I_0 = Q^2 n^2 / b_0^2 h_0^{10/3}$ なることを考慮して整理すると，河幅 b と河床高 Z との関係は次のようになる．

$$-\frac{dZ}{dx} = \frac{I_0}{\left(\dfrac{b}{b_0}\right)^{\frac{2}{2}\frac{1}{1}}} - \frac{4}{7}\frac{h_0}{b_0}\frac{db}{dx}\left\{\frac{1 + \dfrac{3}{4}\cdot\dfrac{Q^2}{gb_0^2 h_0^3}\left(\dfrac{b}{b_0}\right)^{-\frac{2}{7}}}{\left(\dfrac{b}{b_0}\right)^{\frac{1}{7}\frac{1}{}}}\right\}. \tag{2}$$

　（2）式では流れ方向に x 軸をとっているが，この例題では下流端（9 km 地点）の河床高が与えられ，計算は下流から上流に向って行なう．したがって，x 軸を流れと逆方向に上流に向けてとる．また，この河では b は x によって不規則に変化し，簡単な関数で表わすことができない．したがって，河川の背水計算と同様に，（2）式を差分方程式に書きなおすと

$$\Delta Z = \Delta Z_1 + \Delta Z_2 = I_0\left\{\left(\frac{b}{b_0}\right)^{-\frac{2}{2}\frac{1}{1}}\right\}_m \Delta x + \frac{4}{7}h_0\frac{\Delta b}{b_0}\left\{\frac{1 + \dfrac{3}{4}\dfrac{Q^2}{gb_0^2 h_0^3}\left(\dfrac{b}{b_0}\right)^{-\frac{2}{7}}}{\left(\dfrac{b}{b_0}\right)^{\frac{1}{7}\frac{1}{}}}\right\}_m$$

$$\tag{3}$$

となる．ここに，$\{\ \}_m$ は Δx へだてた両地点における量の平均をとることを示し，Δb の符号は上流に向って河幅が拡がるとき正，狭まるとき負である．

　（3）式から Δx へだてた河床高の差 ΔZ を順次計算してゆくことができる．また，河床高は右辺の第 1 項で示される単調な基本形状 ΔZ_1 の上に，第 2 項の河幅の変化に応ずる凹凸 ΔZ_2 が重畳したものであることがわかる．

　具体的な計算に入る．題意より等流とみなされる 10.0〜10.8 km の区間における平均の河幅は $b_0 = 427.6$ m である．故に，この区間の水深 h_0 およ

10・4 安定河道

び流速 V_0 は

$$h_0 = \left(\frac{nQ}{bI_0^{\frac{1}{2}}}\right)^{\frac{3}{5}} = \left(\frac{0.023 \times 3650}{427.6\sqrt{1.22 \times 10^{-3}}}\right)^{\frac{3}{5}} = 2.83 \text{ m}, \quad V_0 = 3.01 \text{ m/sec}.$$

これらの数値を (3) 式に代入すると，$\varDelta x = 200$ m おきに b が与えられているので，m 単位で

$$\varDelta Z = \varDelta Z_1 + \varDelta Z_2 = 0.244\left\{\left(\frac{b}{b_0}\right)^{-\frac{2}{21}}\right\}_m + 1.619\, \varDelta\left(\frac{b}{b_0}\right)\left\{\frac{1 + 0.245\left(\frac{b}{b_0}\right)^{-\frac{2}{7}}}{\left(\frac{b}{b_0}\right)^{\frac{11}{7}}}\right\}_m$$

(4)

となる．b は x の関数として表-10・7 に与えられているので，計算は容易であって，9.0〜11.0 km 間の計算過程を表-10・8 (216 頁) に，13.0 km までの計算結果を河幅ともにプロットしたものが図-10・18 である．河幅が安定河床形状に対して大きな影響をもつことがわかる．

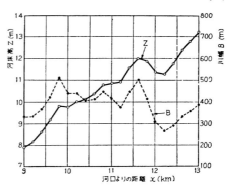

図 - 10・18

表 -10・8　安定河床形状の計算過程

$$\Delta Z = \Delta Z_1 + \Delta Z_2 = ⑥ + ⑩$$

$$\Delta Z_1 = 0.244\left\{\left(\frac{b}{b_0}\right)^{-\frac{2}{21}}\right\}_m,\qquad \Delta Z_2 = 1.619\,\Delta\left(\frac{b}{b_0}\right)A_m,\qquad A = \frac{1 + 0.245\left(\dfrac{b}{b_0}\right)^{-\frac{2}{7}}}{(b/b_0)^{\frac{11}{7}}}$$

$$Z_{x=9\cdot0\,\mathrm{km}} = 7.9\,\mathrm{m},\qquad b_0 = 427.6\,\mathrm{m}$$

x (km)	b (m)	b/b_0	$(b/b_0)^{-\frac{2}{21}}$	$\left\{(b/b_0)^{-\frac{2}{21}}\right\}_m$	ΔZ_1 (m)	A	A_m	$\Delta\left(\dfrac{b}{b_0}\right)$	ΔZ_2 (m)	ΔZ (m)	Z (m)
①	②	③	④	⑤	⑥	⑦	⑧	⑨	⑩	⑪	⑫
9.0	333	0.779	1.024		0	1.87	1.87	0.0	0	0	7.90
9.2	333	0.779	1.024	1.024	0.250	1.87	1.74	0.075	0	0.250	8.15
9.4	365	0.854	1.015	1.020	0.249	1.62	1.45	0.131	0.210	0.459	8.61
9.6	421	0.985	1.002	1.009	0.246	1.28	1.11	0.208	0.307	0.553	9.16
9.8	510	1.193	0.983	0.992	0.242	0.94	0.97	−0.166	0.374	0.616	9.78
10.0	439	1.027	0.998	0.990	0.242	0.99	1.00	−0.005	−0.261	−0.019	9.76
10.2	437	1.022	0.999	0.999	0.244	1.01	1.17	−0.065	−0.008	0.236	10.00
10.4	409	0.957	1.004	1.002	0.244	1.33	1.33	0.004	−0.123	0.121	10.12
10.6	411	0.961	1.004	1.004	0.245	1.33	1.25	0.073	0.008	0.253	10.37
10.8	442	1.034	0.997	1.000	0.244	1.17	1.25	−0.070	0.148	0.392	10.76
11.0	412	0.964	1.003	1.000	0.244	1.32	1.44	−0.089	−0.140	0.104	10.86
11.2	374	0.875	1.013	1.008	0.246	1.55			−0.207	0.039	10.90

217

第11章　波と海岸の水理

11・1　波動の一般的性質

（a）　波動方程式　　ある特別な形態が一つの場所から他の場所に移動する現象を波動という．いま，一つの形態が $y = f(x)$ によって表わされるとき，次の式

$$y = f(x-ct) \tag{11・1}$$

はこの形態が c なる速度で x の正の方向に移りゆくことを示す．なぜなら y は $(x-ct)$ の関数であるから，$x-ct = $ 一定，すなわち，$dx/dt = c$ 上では y は同じ値をもつからである．同様に，

$$y = F(x+ct) \tag{11・2}$$

は $y = F(x)$ なる形態が x の負の方向に c なる速度で進むことを表わしている．$y = f(x-ct)$ を進行波，$y = F(x+ct)$ を後退波と呼び，c を波速（Wave velocity）という．同じ波速 c をもつ進行波と後退波とが同時に存在するときには，状態は一般に

$$y = f(x-ct)+F(x+ct) \tag{11・3}$$

で表わされる．なお上の式は容易に1次元の波動方程式

$$\frac{\partial^2 y}{\partial t^2} = c^2 \frac{\partial^2 y}{\partial x^2} \tag{11・4}$$

の解であることが分かる（註 1.）．

（b）　正弦波　　正弦曲線で表わされる状態がきまった速度で x 軸の正の方向に進む場合には，状態は次の式

$$y = a \sin(kx-nt+\varepsilon) \tag{11・5}$$

で表わされる．波速 c は明らかに $dx/dt = c = n/k$ である．また，時間 t を一定にしたとき，相隣れる二つの山の間の距離は $2\pi/k$ であるが，これを波長（Wave length）と呼び L で表わす．さらに，同じ場所では，$2\pi/n$ の時間ごとに同じ状態がくり返される．故に，周期（Period）は $T = 2\pi/n$ である．これらをまとめて書くと

$$c = \frac{n}{k}, \quad L = \frac{2\pi}{k}, \quad T = \frac{L}{c} = \frac{2\pi}{n}. \tag{11・6}$$

また，a を振幅，ε を位相という．

（**c**）　**重複波**　　振幅・波長・周期がすべて等しく，ただその伝播の方向が逆であるような二つの正弦波が同時に存在する場合を考えると，状態は

$$y = a \sin(kx - nt) + a \sin(kx + nt) = 2a \cos nt \sin kx \tag{11・7}$$

で与えられる．上の式は時間 t とともに周期的に変化する振幅 $2a \cos nt$ をもつ正弦曲線と考えられる．$\sin kx = 0$ を満すような場所では，時間に関係なく常に $y = 0$ になっている．このような場所を節（node）とよぶ．また，相隣れる二つの節の中間では $\sin kx = \pm 1$ であるが，このような場所を腹（loop）とよぶ．このように，進行も後退もしない波を重複波（Clapotis）という．

（**d**）　**群速度**　　$x = -\infty$ より $+\infty$ まで連続した純粋正弦波でなく，波群の各波がほぼ $L_0 = 2\pi/k_0$ の波長をもつ波の群を考えると，群中の各波は各々その固有の波速をもって進行するが，群そのものの移動速度は，一般には，各波の波速とは一致しない（註 2.）．そこで，群の速度を振幅が一定な点の速度として定義する．この群全体の移動速度を群速度（Group velocity）と呼び，次式で与えられる（例題 11・2）．

$$c_G = c - L\frac{dc}{dL}. \tag{11・8}$$

（**註 1.**）　$y = f(x - ct)$ において，$x - ct = \zeta$ とおくと

$$\frac{\partial y}{\partial t} = \frac{\partial y}{\partial \zeta} \cdot \frac{\partial \zeta}{\partial t} = -c\frac{\partial y}{\partial \zeta}, \quad \frac{\partial^2 y}{\partial t^2} = \frac{\partial}{\partial \zeta}\left(-c\frac{\partial y}{\partial \zeta}\right) \cdot \frac{\partial \zeta}{\partial t} = c^2\frac{\partial^2 y}{\partial \zeta^2}.$$

同様に　$c^2\dfrac{\partial^2 y}{\partial x^2} = c^2\dfrac{\partial^2 y}{\partial \zeta^2}, \qquad \therefore \quad \dfrac{\partial^2 y}{\partial t^2} = c^2\dfrac{\partial^2 y}{\partial x^2}.$

故に，$y = f(x - ct)$ が波動方程式（11・4）を満すことは明らかである．後退波についても同様である．

（**註 2.**）　　群速度 c_G と波の固有速度 c とが異なるのは，（11・8）式から明らかなように $dc/dL \neq 0$，すなわち，波速 c が波長 L の関係であるような，いわゆる，分散性の媒質においておこる．

例　　題 （95）

【**11・1**】　　波高 1.2 m，周期 7 sec，波速 6 m/sec の正弦進行波を表わす式を求めよ．

11・1 波動の一般的性質 219

解 (11・5) 式において

振幅 $a =$ 波高$/2 = 0.6\,\mathrm{m}$, $\quad n = 2\pi/T = 2\pi/7$, $\quad L = cT = 6\times7 = 42\,\mathrm{m}$, $k = 2\pi/L = 2\pi/42$.

故に，x の正方向に進む波は

$$y = 0.6 \sin 2\pi\left(\frac{x}{42} - \frac{t}{7}\right). \qquad \text{(m・sec 単位)}$$

【11・2】※　波群を構成する各波の波長がほぼ L_0 に等しいとき，波群の速度が (11・8) 式で与えられることを示せ.

解※　波群を正弦波の集合とみなすと，フーリエの定理より，波群は次の形

$$y = \sum_{k\sim k_0} a(k) \sin(kx - nt), \qquad k_0 = \frac{2\pi}{L_0} \qquad (1)$$

と書ける．題意により，各波の k は k_0 に近いから，波の位相 $(kx - nt)$ を平均の位相 $(k_0 x - n_0 t)$ のまわりにテーラー展開すると，n は k の関数 $n = n(k) = n(k_0 + \varDelta k)$ として

$$\begin{aligned}
kx - nt &= (k_0 + \varDelta k)x - n(k_0 + \varDelta k)t \\
&= k_0 x + \varDelta k \cdot x - \left\{ n(k_0)t + \left(\frac{\partial n}{\partial k}\right)_0 \varDelta k \cdot t \right\} \\
&= k_0 x - n_0 t + (k - k_0)\left[x - \left(\frac{\partial n}{\partial k}\right)_0 t \right]. \qquad (2)
\end{aligned}$$

(2) を (1) に入れると

$$\begin{aligned}
y = {}& \sin(k_0 x - n_0 t) \sum_{k\sim k_0} a(k) \cos(k - k_0)\left[x - \left(\frac{\partial n}{\partial k}\right)_0 t \right] \\
&+ \cos(k_0 x - n_0 t) \sum_{k\sim k_0} a(k) \sin(k - k_0)\left[x - \left(\frac{\partial n}{\partial k}\right)_0 t \right]. \qquad (3)
\end{aligned}$$

上の式を簡単化すると

$$\begin{aligned}
y &= \sin(k_0 x - n_0 t) F(x, t) + \cos(k_0 x - n_0 t) G(x, t) \\
&= R(x, t) \sin\{ k_0 x - n_0 t + \alpha(x, t) \}.
\end{aligned}$$

ここに，

$$F = \sum a(k) \cos(k - k_0)\left[x - \left(\frac{\partial n}{\partial k}\right)_0 t \right],$$

※)　ここでは，群速度の物理的な意味を明確にするため，水理学書に普通のっている解法とは若干異なる方法を示した．

$$G = \sum a(k) \sin (k-k_0)\left[x - \left(\frac{\partial n}{\partial k}\right)_0 t\right],$$

$$R = \sqrt{F^2 + G^2}, \qquad \tan \alpha = G/F. \tag{4}$$

上の式で重要なことは，波形 $y(x, t)$ が周期 $2\pi/n_0$，波長 $L_0 = 2\pi/k_0$ を もつ一つの正弦波として表わされているが，その振幅 $R(x, t)$ および位相 $\alpha(x, t)$ は $\left[x - \left(\frac{\partial n}{\partial k}\right)_0 t\right]$ なる量を通して時間 t および場所 x の関数となっ ていることである．したがって，x 軸にそって

$$\frac{dx}{dt} = c_G = \left(\frac{\partial n}{\partial k}\right)_0$$

なる速度で動く観測者からみると，$\left[x - \left(\frac{\partial n}{\partial k}\right)_0 t\right] = x - c_G t$ は一定値を保 ち，波群は一定の振幅，位相をもった単一の正弦波的な波形として表わされ る．このように，c_G なる速度にのってみると，波群の振幅は一定であるか ら，c_G は群速度に他ならない．

$$\therefore \quad c_G = \frac{\partial n}{\partial k} = \frac{\partial(kc)}{\partial k} = c + k\frac{\partial c}{\partial k} = c + \frac{2\pi}{L}\frac{\partial c}{\partial L}\frac{dL}{dk} = c - L\frac{\partial c}{\partial L}$$

〔類 題〕 水深 h なる海面上におけ波長 L の波の波速は

$$c = \sqrt{\frac{gL}{2\pi}\tanh\frac{2\pi h}{L}} \qquad \text{(p. 222)}$$

で与えられる．群速度を求めよ．

略解 波速の式より $\log c$ を作って，L で微分すると

$$\frac{1}{c}\frac{\partial c}{\partial L} = \frac{1}{2L} - \frac{\pi h}{\left(\tanh\frac{2\pi h}{L}\right)\left(\cosh^2\frac{2\pi h}{L}\right)L^2}, \quad \frac{\partial c}{\partial L} = c\left\{\frac{1}{2L} - \frac{2\pi h}{L \cdot \sinh\frac{4\pi h}{L}}\right\}$$

$$\therefore \quad c_G = c - L\frac{\partial c}{\partial L} = \frac{c}{2}\left\{1 + \frac{4\pi h}{L} \cdot \frac{1}{\sinh\frac{4\pi h}{L}}\right\}.$$

11・2 表 面 波

海の波は主として風の作用によって発生・発達するが，風の作用がなくなった後に おいても，重力の作用によって周期的な運動を継続する．それ故，海の波を重力波ま たは表面波 (Gravity wave or Surface wave) という．波の性質は水深 h と波長 L

11・2 表面波

との関係によって変化するので，水深と波長との関係によって

深海波 (Deep water wave): $h \geq L/2$,

浅海波 (Shallow water wave): $\dfrac{L}{2} > h \geq \left(\dfrac{1}{20} \sim \dfrac{1}{25}\right)L$,

長　波 (Long wave): $h < \left(\dfrac{1}{20} \sim \dfrac{1}{25}\right)L$

の三つに大別される．また，理論的な取扱いの上で微小振幅波と有限振幅波とに分かれる．

11・2・1 浅海波と深海波

（a）**浅海波**　波がない場合の水表面に原点をとり，波の進行方向に x 軸，鉛直上方に z 軸をとる．静止の状態から重力のようなポテンシャルをもつ力によって起される運動は，水の粘性を無視する限り無渦運動であるから，速度ポテンシャル Φ が存在し，ラプラスの式が成り立つ（上巻，3・3節）．すなわち，

$$\partial^2\Phi/\partial x^2 + \partial^2\Phi/\partial z^2 = 0. \quad (11\cdot 9)$$

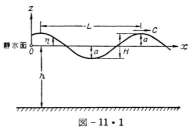

図 - 11・1

境界条件は，

（i）底面においては，それに垂直な速度成分はないから

$$z = -h \text{ において，} \partial\Phi/\partial z = 0. \quad (11\cdot 10)$$

（ii）水表面においては，圧力が大気圧（0）に等しいことが条件である．波の場合には，水表面の形があらかじめ与えられていないので，厳密な取扱いは困難であるから，静水面からの昇り η は小さいとして（微小振幅波の仮定），水面条件は近似的に $z = 0$ において成り立つものとする．ベルヌイの定理は（3・14）式より

$$\dfrac{\partial\Phi}{\partial t} + \dfrac{p}{\rho} + gz + \dfrac{1}{2}V^2 = 0 \quad (11\cdot 11)$$

であるが*，波によって誘起される水の流速は小さいため $V^2/2$ は無視され，水表面 $z = \eta (\fallingdotseq 0)$ において $p = 0$ である．したがって，上の式は

---

*) (3・14) 式（上巻，p. 71）$\dfrac{1}{2}V^2 + p/\rho + \Omega + \partial\Phi/\partial t = F(t)$ において $\Omega = gz$, また，$\Phi - \displaystyle\int^t F(t)dt = \Phi'$ とおくと，Φ' はやはりラプラスの式を満す．したがって，Φ' を再び Φ とおきもどす．

222　第 11 章　波と海岸の水理

$z = 0$ において，　$\eta = -\dfrac{1}{g}\dfrac{\partial \Phi}{\partial t}$　　　　　(11・12)

と書かれる．また，水表面における鉛直速度 w は

$z = 0$　において，　$w = \partial\Phi/\partial z = \partial\eta/\partial t$　　　　(11・13)

であるから，(11・12)，(11・13) 式より η を消去すると，水表面で満すべき Φ の条件は次のようになる．

$z = 0$　において，　$\dfrac{\partial^2\Phi}{\partial t^2}+g\dfrac{\partial\Phi}{\partial z} = 0.$　　　(11・14)

上の境界条件を満し，振幅を a，波高を $H = 2a$ として，波形

$$\eta = a \sin (kx-nt) = (H/2) \sin (kx-nt)\qquad(11・15)$$

に応ずるラプラスの式の解および波速 $c = n/k$ は次式で与えられる（例題 11・3）．

$$\Phi = -\frac{an}{k}\frac{\cosh k(h+z)}{\sinh kh}\cos(kx-nt),\qquad(11・16)$$

$$c = \frac{n}{k} = \sqrt{\frac{g}{k}\tanh kh} = \sqrt{\frac{gL}{2\pi}\tanh\frac{2\pi h}{L}}.\qquad(11・17)$$

次に，(11・15)〜(11・17) 式より，表面波の主な特性を求めることができる．結果を列挙すると

（a）　水分子の軌道　　ある水分子の静止の位置を $(\bar{x},\ \bar{z})$ とすると，波によって水分子の動く軌道は閉じた楕円を描き，次式で表わされる（例題 11・4）．

$$\frac{(x-\bar{x})^2}{\left(a\dfrac{\cosh k(h+\bar{z})}{\sinh kh}\right)^2}+\frac{(z-\bar{z})^2}{\left(a\dfrac{\sinh k(h+\bar{z})}{\sinh kh}\right)^2} = 1.\qquad(11・18)$$

（b）　1 波長間の波のもつ位置のエネルギーを E_p，運動のエネルギーを E_k，全エネルギーを E とすると（p. 228　類題 1.），

$$E_p = E_k = \frac{1}{16}\rho g H^2 L,\quad E = \frac{1}{8}\rho g H^2 L.\qquad(11・19)$$

（c）　群速度 c_G は（前出．p. 220　類題）

$$c_G = \frac{1}{2}c\Big(1+\frac{2kh}{\sinh 2kh}\Big).\qquad(11・20)$$

（d）　波の進行方向に伝えられるエネルギーは単位幅・単位時間について（p. 229　類題 2.），

$$W = \frac{1}{8}\rho g H^2 \cdot \frac{c}{2}\left(1 + \frac{2\,kh}{\sinh 2\,kh}\right) = \frac{E}{L} \cdot c_G. \tag{11・21}$$

（e）　水深・周期と波長との関係　　$c = L/T$ および（11・17）式より

$$\frac{L}{T} = \sqrt{\frac{gL}{2\pi}\tanh\frac{2\pi h}{L}}. \tag{11・22}$$

上の式より，h および T を与えると L が求められる．この計算は面倒であるから，表 - 11・1（p. 224, 225）を利用するのが簡便である．

（b）　**深海波**　　浅海波の各式において，$kh = 2\pi h/L \to \infty$ の極限値を求めると，（11・16）〜（11・22）式はそれぞれ深海波の場合に帰着する．結果を記すと，波形 $\eta = a\sin(kx - nt)$ に対応して

$$\varPhi = -\frac{an}{k}e^{kz}\cos(kx - nt)\cdots\cdots(11・16'), \quad c = \sqrt{\frac{gL}{2\pi}}\ \cdots\cdots(11・17')$$

$$(x - \bar{x})^2 + (z - \bar{z})^2 = a^2 e^{2k\bar{z}}\ \cdots\cdots(11・18'), \quad c_G = \frac{1}{2}c\ \quad\cdots\cdots(11・20')$$

$$W = \frac{1}{16}\rho g H^2 c \qquad\cdots\cdots(11・21')$$

となる（註 1.）．また，$c = L/T$ と（11・17'）式より，深海波の波長と周期との関係は次のようである．

$$L = gT^2/2\pi = 1.56\,T^2. \text{ (m・sec 単位)} \tag{11・22'}$$

なお，（11・17）式において，$\tanh\pi$ の値はほとんど 1.0 に等しく，その誤差は 1% をこえない．したがって，$kh = 2\pi h/L \geqq \pi$，すなわち，$h \geqq L/2$ であれば，この波は深海波とみなして差支えないことが分かる．浅海波と深海波の限界として $h = L/2$ が用いられる．

（**註 1.**）　双曲線関数は

$$\sinh kh = \frac{e^{kh} - e^{-kh}}{2}, \quad \cosh kh = \frac{e^{kh} + e^{-kh}}{2}$$

で定義されるから，たとえば，

$$\lim_{kh\to\infty}\tanh kh = \lim_{kh\to\infty}\frac{\sinh kh}{\cosh kh} = \lim_{kh\to\infty}\frac{e^{kh}}{e^{kh}} = 1$$

$$\lim_{kh\to\infty}\frac{\cosh k(h+z)}{\sinh kh} = \lim_{kh\to\infty}\frac{e^{k(h+z)} + e^{-k(h+z)}}{e^{kh} - e^{-kh}} = e^{kz}$$

となる．

（**註 2.**）　波の計算には双曲線関数の値が必要であり，簡単なものを巻末の付録 1. に示した．詳しい数表としては，林桂一著，高等関数表（岩波書店）などがある．なお，数表が手許にないときには付録 1. から内挿する．

224　　　　　　　　　第 11 章　波と海岸の水理

表 - 11・1　水深—周期—波長の表

h (m) \ T (sec)	3	4	5	6	7	8	9	10
0.5	6.39	8.68	10.95	13.14	15.40	17.60	19.80	22.10
1.0	8.70	12.00	15.25	18.42	21.63	24.80	27.99	31.10
1.5	10.20	14.36	18.40	22.38	26.25	30.16	34.11	38.00
2.0	11.30	16.20	20.95	25.62	30.17	34.64	39.24	43.70
2.5	12.10	17.72	23.10	28.32	33.46	38.56	43.65	48.60
3.0	12.70	19.00	24.95	30.78	36.40	42.00	47.61	53.10
3.5	13.10	20.00	26.55	32.82	39.06	45.12	51.21	57.20
4.0	13.40	20.88	27.90	34.74	41.44	48.00	54.54	60.90
4.5	13.60	21.60	29.20	36.48	43.61	50.64	57.51	64.40
5.0	13.70	22.20	30.30	38.04	45.50	53.20	60.57	67.80
6	13.90	23.16	32.25	40.86	49.00	57.44	65.70	73.60
7		23.76	33.70	43.26	52.50	61.52	70.29	79.00
8		24.24	34.85	45.18	55.09	64.88	74.43	83.90
9		24.52	35.80	46.92	57.61	68.08	78.12	88.20
10		24.68	36.50	48.42	59.85	70.88	81.63	92.30
12		24.84	37.60	51.12	63.42	75.84	87.75	99.70
14			38.20	52.44	66.64	79.92	93.24	106.10
16			38.55	53.58	68.67	83.28	97.65	111.70
18			38.75	54.18	70.49	86.24	101.16	116.70
20				55.02	71.89	88.64	105.12	121.00
23					73.43	93.12	109.53	127.00
25					74.20	94.96	111.96	130.30
28					75.04	95.92	115.02	134.70
30					75.53	97.52	116.73	137.20
35							120.24	142.40
40							122.22	146.40
45								149.10
50								151.20
55								152.70
60								153.70
65								154.40
70								
75								
80								
90								
100								
120								
深海波	14.04	24.96	39.00	56.16	76.44	99.84	126.34	156.00

11・2 表　面　波

（波長： m）

11	12	13	14	15	16	18	20
74. 91	82. 08	89. 18	96. 3	103. 5	110. 4	124. 6	138. 8
81. 84	89. 64	97. 37	105. 1	113. 0	120. 6	136. 3	151. 8
87. 78	96. 00	104. 8	113. 5	122. 0	130. 4	146. 9	163. 8
93. 28	102. 5	111. 9	120. 5	129. 5	139. 2	156. 8	174. 8
98. 23	107. 9	117. 7	127. 1	137. 0	146. 4	166. 0	185. 0
102. 9	113. 0	123. 6	133. 6	144. 5	154. 7	174. 2	194. 8
111. 3	122. 8	136. 6	146. 2	156. 9	168. 0	190. 3	212. 6
118. 8	131. 5	143. 9	156. 2	168. 2	181. 0	204. 8	228. 6
125. 3	139. 0	152. 4	165. 5	179. 1	192. 0	217. 8	243. 8
131. 7	145. 9	160. 0	174. 7	188. 4	202. 1	230. 0	257. 6
137. 0	152. 4	167. 6	182. 7	197. 3	212. 5	241. 4	270. 6
143. 9	160. 9	177. 3	193. 5	209. 6	225. 8	257. 4	288. 0
148. 2	165. 7	183. 2	200. 6	217. 4	233. 8	267. 1	300. 0
153. 8	172. 8	191. 4	211. 4	227. 9	245. 8	280. 8	310. 8
157. 3	177. 0	196. 4	215. 2	234. 0	253. 0	289. 3	325. 6
164. 5	186. 1	207. 1	228. 2	248. 9	269. 1	309. 1	348. 6
170. 2	193. 4	216. 6	239. 1	261. 6	283. 4	326. 7	369. 4
174. 7	199. 7	224. 4	248. 6	272. 6	296. 2	342. 5	388. 2
178. 0	204. 7	231. 1	256. 9	282. 5	307. 8	356. 9	405. 4
181. 0	208. 9	236. 6	264. 2	291. 3	317. 9	370. 1	421. 2
182. 8	212. 0	241. 2	270. 2	298. 8	326. 9	382. 1	436. 0
184. 4	214. 8	245. 4	275. 7	305. 6	335. 0	392. 9	449. 6
185. 5	217. 0	248. 7	280. 3	311. 7	342. 4	402. 8	462. 2
186. 3	218. 8	251. 6	284. 3	316. 8	349. 0	412. 0	473. 8
	220. 0	253. 9	287. 8	321. 6	355. 0	420. 5	484. 6
		257. 1	293. 0	329. 3	365. 0	435. 4	504. 2
		259. 5	296. 9	335. 0	373. 0	447. 7	521. 2
		262. 0	301. 7	342. 6	383. 8	466. 7	548. 8
188. 76	224. 64	263. 64	305. 76	351. 0	399. 4	505. 4	624. 0

226　　　　　　　　　　第 11 章　波と海岸の水理

（註3.）　　波のエネルギー，波圧，波力はいずれも水の単位重量wに比例する．海の水は塩分などを含むため，その比重は1.02〜1.03程度である．本書の計算には，海水の単位重量として主として次の値を用いる．

$$w = 1030 \text{ kgf/m}^3 \ (=1.03 \times 9.8 \text{ kN/m}^3 : \text{SI単位})$$

例　　題　（96）

【11・3】　　ラプラスの式を解き，浅海波 $\eta = a \sin(kx - nt)$ の速度ポテンシャルの式（11・16）および波速の式（11・17）を導け．

解　　正弦形の波が x 軸の正の方向に伝わる場合を考え，速度ポテンシャル Φ を次のように仮定する．

$$\Phi = f(z) \cos(kx - nt).$$

$f(z)$ を求めるために，上の式をラプラスの式（11・9）に代入すると

$$\frac{\partial^2 \Phi}{\partial x^2} + \frac{\partial^2 \Phi}{\partial z^2} = \left(\frac{d^2 f}{dz^2} - k^2 f \right) \cos(kx - nt) = 0.$$

したがって，関数 f は $d^2 f/dz^2 - k^2 f = 0$ を満し，その解は，A, B を定数として

$$f(z) = Ae^{kz} + Be^{-kz}$$

となる．また，$\partial \Phi / \partial z = (kAe^{kz} - kBe^{-kz}) \cos(kx - nt)$ であるから，水底の条件（11・10）式より

$$Ae^{-kh} = Be^{kh}.$$

これを $C/2$ で表わすと，Φ は次のようになる．

$$\Phi = \frac{C}{2} \{ e^{k(h+z)} + e^{-k(h+z)} \} \cos(kx - nt) = C \cosh k(h+z) \cos(kx - nt).$$

$$(1)$$

次に，上の式を水表面の条件（11・14）式に代入すると，若干の計算の後

$$n^2 = kg \tanh kh \tag{2}$$

なる関係が得られる．$c = n/k,\ L = 2\pi/k$ を用いて書きなおすと，(2) 式は波速の式（11・17）となる．

水表面の上昇量 η と Φ との関係は（11・12）式で与えられる．同式に (1) を代入すると

$$\eta = -\frac{Cn}{g} \cosh kh \sin(kx - nt)$$

となり，これから C が波の振幅 a によって表わされる．すなわち，波形が

$\eta = a \sin (kx - nt)$ のときには

$$C = -\frac{ag}{n}\frac{1}{\cosh kh} = -\frac{an}{k}\frac{1}{\sinh kh} \quad ((2) \text{式より})$$

であるから，この波の速度ポテンシャルは（11・16）式となる．

【11・4】 $\eta = a\sin(kx-nt)$ なる浅海波によって誘起される流れの模様をしらべ，水分子の運動軌跡が（11・18）式で表わされることを示せ.

解 水分子の x 方向の速度成分 u は

$$u = \frac{\partial \Phi}{\partial x} = an\frac{\cosh k(h+z)}{\sinh kh}\sin(kx-nt). \tag{1}$$

上の式と $\eta = a\sin(kx-nt)$ とから

$$\frac{u}{\eta} = n\frac{\cosh k(h+z)}{\sinh kh} > 0.$$

したがって，$\eta > 0$ ならば $u > 0$，$\eta < 0$ ならば $u < 0$ である．すなわち，水表面が静止の状態より上昇しているところでは，水分子は波の進行方向に動き，低下しているところでは反対方向に動く．

次に，水分子の静止の位置を $(\bar{x}, \bar{z})$ とし，それが波によって時刻 t に (x, z) なる点に来たとする．変位は $(x-\bar{x})$，$(z-\bar{z})$ であり，速度成分 $d(x-\bar{x})/dt$，$d(z-\bar{z})/dt$ はそれぞれ $\partial\Phi/\partial x$，$\partial\Phi/\partial z$ に等しい．したがって

$$\frac{d}{dt}(x-\bar{x}) = an\frac{\cosh k(h+z)}{\sinh kh}\sin(kx-nt),$$

$$\frac{d}{dt}(z-\bar{z}) = -an\frac{\sinh k(h+z)}{\sinh kh}\cos(kx-nt).$$

上の式を解いて，x, z を t の関数として求めればよいが，これは容易でない．しかし，微小量を無視すると，右辺の x, z は $\bar{x}, \bar{z}$ で置きかえることができる．この近似を用いると

$$x-\bar{x} = a\frac{\cosh k(h+\bar{z})}{\sinh kh}\cos(k\bar{x}-nt),$$

$$z-\bar{z} = a\frac{\sinh k(h+\bar{z})}{\sinh kh}\sin(k\bar{x}-nt).$$

両式より t を消去すると，水分子の軌道は（11・18）式で表わされ，$(\bar{x}, \bar{z})$ 点に中心をもち，長軸および短軸の半分の長さがそれぞれ

$$a\frac{\cosh k(h+\bar{z})}{\sinh kh},$$

$$a\frac{\sinh k(h+\bar{z})}{\sinh kh}$$

なる楕円である（図-11・2）．$\bar{z}<0$ であるから，$|\bar{z}|$ がます程軸の長さは小さくなり，$\bar{z}=-h$ なる底面では短軸の長さは0となる．

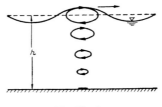

図-11・2

〔**類題 1.**〕 波形が $\eta = a\sin(kx-nt)$ で与えられる浅海波のエネルギーを求めよ．

解 1波長間の位置のエネルギー E_p は単位幅当たり

$$E_p = \int_0^L dx \int_{-h}^{\eta} \rho gz dz - \int_0^L dx \int_{-h}^0 \rho gz dz = \frac{1}{2}\rho g \int_0^L \eta^2 dx$$

$$= \frac{1}{2}\rho g a^2 \int_0^{2\pi/k} \sin^2(kx-nt) dx = \frac{1}{4}\rho g a^2 L = \frac{1}{16}\rho g H^2 L. \quad (H:\text{波高}=2a)$$

また，1波長当たりの運動のエネルギー E_k は，x,z 方向の速度成分を u,w として

$$E_k = \frac{1}{2}\rho \int_0^L \int_{-h}^{\eta} (u^2+w^2)dxdz = \frac{1}{2}\rho \int_0^L \int_{-h}^{\eta}\left\{\left(\frac{\partial\Phi}{\partial x}\right)^2+\left(\frac{\partial\Phi}{\partial z}\right)^2\right\}dxdz.$$

この面積積分はグリーンの定理（註）により，図-11・3の境界 I，II，III および IV にそう線積分

$$E_k = \frac{\rho}{2}\oint \Phi \frac{\partial\Phi}{\partial n}ds$$

にかえられる．ただし，s は境界にそう長さ，n は境界に外向きの法線であって，I，III 線上では $dn=\mp dx$，底面 II では $dn=-dz$，水表面 IV では近似的に $y=\eta\doteqdot 0$ で $dn=dz$ である．I と III 線上での積分は互いに消し合い，II 線上では $\partial\Phi/\partial n=0$ であるから，結局水表面にそっての積分だけが残る．すなわち

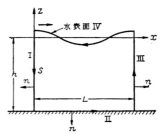

図-11・3

$$E_k = \frac{\rho}{2}\int_0^L \left(\Phi\frac{\partial\Phi}{\partial z}\right)_{z=0}dx = \frac{1}{2}\rho g a^2 \int_0^L \cos^2(kx-nt)dx = \frac{1}{4}\rho g a^2 L.$$

したがって，単位幅，単位時間当りのエネルギーは

$$E = E_p + E_k = \frac{1}{2}\rho g a^2 L = \frac{1}{8}\rho g H^2 L.$$

（**註**）（グリーンの定理） 閉曲線でかこまれた面積積分を線積分に変換する公式

$$11\cdot2 \quad \text{表} \quad \text{面} \quad \text{波} \qquad 229$$

で, U, V を x, z の関数とすると

$$\iint\left[\left\{\frac{\partial U}{\partial x}\cdot\frac{\partial V}{\partial x}+\frac{\partial U}{\partial z}\cdot\frac{\partial V}{\partial z}\right\}+V\left\{\frac{\partial^2 U}{\partial x^2}+\frac{\partial^2 U}{\partial z^2}\right\}\right]dxdz=\oint V\frac{\partial U}{\partial n}ds.$$

ここに, n は境界外向きの法線, s に境界にそう長さである. いまの場合, 上の式で $U=V=\varPhi$ とおけばよい.

〔**類 題 2.**〕 波形 $\eta=a\sin(kx-nt)$ なる浅海波によって波の進行方向に伝えられるエネルギーは単位幅・単位時間当りについて, (11·21) 式で表わされることを示せ.

解 波形が前方に伝えられるときには, 単位体積について次の式

$$\frac{1}{2}\rho(u^2+w^2)+\rho gz+p=-\rho\frac{\partial\varPhi}{\partial t}\quad(\because\quad 11\cdot11\ \text{式})$$

で与えられる力学的なエネルギーをもつ流体部分が $u=\partial\varPhi/\partial x$ なる速度で動く. したがって, 一つの鉛直面を通って輸送されるエネルギーは単位幅・単位時間当り

$$W=\int_{-h}^{0}\left\{\frac{1}{2}\rho(u^2+w^2)+\rho gz+p\right\}udz=\int_{-h}^{0}\left(-\rho\frac{\partial\varPhi}{\partial t}\right)\left(\frac{\partial\varPhi}{\partial x}\right)dz.$$

(11·16) 式の $\varPhi$ を用いて右辺を計算すると

$$W=\frac{1}{2}\rho ga^2\frac{n}{k}(1+2kh\operatorname{cosech}2kh)\sin^2(kx-nt).$$

1 周期についての平均をとると (11·21) 式が得られる.

【**11·5**】 水深 6.2 m のところにおかれた浮標が, 波のために上下運動を 1 分間に 12 回くり返し, 観測波高は 1.2 m であった. この波の波長・波速・群速度およびエネルギーの伝達量を求めよ.

解 (11·22) 式に題意の数値 $h=6.2$ m, $g=9.8$ m/sec² および $T=60/12=5$ sec を入れると

$$\frac{L}{5}=\sqrt{\frac{9.8L}{2\pi}\tanh\frac{2\pi\times6.2}{L}}.$$

上の式を解くには, 逐次計算法または図式計算法によらねばならず面倒なので, 表-11·1 を利用する. $T=5$ sec, $h=6.2$ m に応ずる L は表にないから, $T=5$ sec で $h=5$, 6 および 7 m に対する L の値 30.30, 32.25 および 33.70 m を読み, $h=6.2$ m の値を内挿して $\underline{L=32.6\ \text{m}}$ をうる.

波速: $c=L/T=32.6/5=\underline{6.52\ \text{m/sec}}.$

群速度: $kh=2\pi h/L=2\pi\times6.2/32.6=1.194$, $c=6.52$ m/sec を (11·20) 式に入れて

$$c_G=\frac{1}{2}c\left(1+\frac{2kh}{\sinh2kh}\right)=\frac{6.52}{2}\left(1+\frac{2.386}{\sinh2.386}\right)=\underline{4.70\ \text{m/sec}}.$$

エネルギー伝達量：（11・21）式より

$$W = \frac{E}{L} \cdot c_G = \frac{1}{8}\rho g H^2 c_G = \frac{1}{8} \times 1.03 \times (1.2)^2 \times 4.70 = 0.871\text{tf/sec}.$$

（ρg：海水の単位重量で重量トン tf を用いて，1.03tf/m^3）

〔**類題**〕　周期 5 秒，波高 1.2 m の深海波について，波長・波速・群速度およびエネルギー伝達量を求めよ．

略解　波長 $L = 1.56\,T^2 = 39.0$ m（11・22′ 式），$c = L/T = 7.8$ m/sec，$c_G = \frac{1}{2}c = 3.9$ m/sec（11・20′ 式），$W = \frac{1}{8}\rho g H^2 \cdot c_G = 0.723$ tf/sec.

【**11・6**】　例題 11・5 の波によって海底（水深 6.2m）に誘起される流速の振幅および波による圧力変動の振幅を求めよ．

解（a）　$\eta = a\sin(kx - nt)$ なる波による x 方向の速度 u は，例題 11・4 の（1）式で与えられるから，海底における速度 u_b は $z = -h$ とおいて

$$u_b = an\frac{1}{\sinh kh}\sin(kx - nt).$$

故に，流速の振幅は

$$an\frac{1}{\sinh kh} = \frac{H}{2} \cdot \frac{2\pi}{T}\frac{1}{\sinh\dfrac{2\pi h}{L}} = \frac{\pi H}{T} \cdot \frac{1}{\sinh\dfrac{2\pi h}{L}}$$

$$= \frac{\pi \times 1.2}{5} \times \frac{1}{\sinh 1.194} = 0.503 \text{ m/sec.}$$

また，海底であるから垂直方向の速度成分はない．

（b）　ベルヌイの式 $\partial\Phi/\partial t + p/\rho + gz + V^2/2 = 0$（11・11 式）において，$V^2/2$ は小さいから無視して

$$p = -\rho gz - \rho\partial\Phi/\partial t. \tag{1}$$

上の式の第 1 項は静水圧を示すから，波による圧力変動は $-\rho(\partial\Phi/\partial t)$ に等しい．Φ は（11・16）式で与えられるから

$$-\rho\frac{\partial\Phi}{\partial t} = \rho\frac{an^2}{k}\frac{\cosh k(h+z)}{\sinh kh}\sin(kx - nt).$$

海底 $z = -h$ における圧力変動の振幅は（11・17）式を考慮し，海水の単位重量を $w = \rho g = 1.03$ tf/m³（$= 1.03 \times 9.8$ kN/m³：SI単位）とすると

$$\rho \frac{an^2}{k} \cdot \frac{1}{\sinh kh} = \rho ag \frac{1}{\cosh kh} = \frac{\rho g H}{2} \cdot \frac{1}{\cosh \dfrac{2\pi h}{L}}$$

$$= \frac{1.03 \times 1.2}{2} \cdot \frac{1}{\cosh 1.194}$$

$$= 0.343 \text{ tf/m}^2 \ (= 3.36 \text{ kN/m}^2 : \text{SI単位})$$

【11・7】※　例題 11・5 の波によって，水深 6.2 m における海底の砂が移動しているか否かを判定せよ．ただし，底質は粒径 $d = 0.4$ mm，水中比重 1.65 の砂とする．

解　波の水分子運動によって，底質砂が移動する条件を求める．水深 h の海底における水分子の最大速度は例題 11・6 より

$$u_{b\max} = \frac{\pi H}{T} \cdot \frac{1}{\sinh \dfrac{2\pi h}{L}}. \tag{1}$$

一方，河川の流れにおいて，底質が移動を始める限界の剪断応力（限界掃流力）τ_c と粒径 d との間には，10・1 節でのべたように

$$\tau_c / \rho s g d \fallingdotseq \text{一定}\ (= \mu)$$

が成り立つ．また，河床砂の移動を規定する代表底流速を u_b とすると，底面の剪断応力 τ との間に $\tau / \rho = k u_b{}^2$ の関係があるから，底質が移動し始める限界底速度 u_{bc} は

$$u_{bc} / \sqrt{sgd} = \sqrt{\mu / k} = \alpha. \tag{2}$$

佐藤・岸博士* は波の場合水分子は往復運動をするので，$u_{b\max}/2$ を水底の砂に作用する代表流速とみなし，また α は実験結果を参照して，$\alpha = 5.03$ の数値を与えている．したがって，底質が移動するための条件は次のようになる．

$$\frac{u_{b\max}}{2} = \frac{\pi H}{2T} \cdot \frac{1}{\sinh \dfrac{2\pi h}{L}} > u_{bc} = 5.03 \sqrt{sgd}. \tag{3}$$

(3) 式に題意の数値を入れる．$u_{b\max}$ はすでに例題 11・6 で計算されており，$u_{b\max}/2 = 0.252$ m/sec．一方，

$$u_{bc} = 5.03 \sqrt{sgd} = 5.03 \sqrt{1.65 \times 9.8 \times 0.4 \times 10^{-3}} = 0.405 \text{ m/sec}.$$

---

*)　佐藤清一，岸力：漂砂に関する研究 (7)，土木研究所報告，第85号の 6，(昭．27)

$u_{b\max}/2 < u_{bc}$ であるから，水深 6.2 m 地点の底質は移動していないと判定される．

（c） 重複波　たとえば直立堤防に波が当たるときには，固体壁に垂直な速度成分は存在しないという境界条件を満すために，進行の方向だけが逆であるような反射波が発生し，堤防前面の波は両者が合成した重複波となる．重複波は進行波と後退波を重ね合わせたもので，その速度ポテンシャルも各々を合成したものであるから，重複波の取扱いの方法は進行波と本質的に異なるところはない．

例　題（97）

【11・8】　直立堤防の前面に作られる重複波では，静止時 $(\bar{x}, \bar{z})$ 点にあった水分子は

$$\frac{z-\bar{z}}{x-\bar{x}} = -\tanh k(h+\bar{z})\cot k\bar{x}$$

なる直線上を運動することを示せ．

解　図-11・4 のように，堤防の位置を原点として沖側に x 軸をとる．沖側から堤防に来襲する $\eta_1 = a\sin(kx+nt+\varepsilon)$ の波と反射波 $\eta_2 = a\sin(kx-nt+\varepsilon)$ とが合成して

$$\eta = \eta_1 + \eta_2$$
$$= 2a\sin(kx+\varepsilon)\cos nt \quad (1)$$

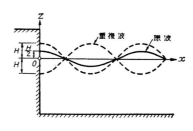

図-11・4

なる重複波を作る．また，(1) 式の波形に応ずる速度ポテンシャル Φ は，η_1, η_2 の波の速度ポテンシャル Φ_1, Φ_2 を合成したもので，(11・16) 式より

$$\Phi = \Phi_1 + \Phi_2 = \frac{an}{k}\frac{\cosh k(h+z)}{\sinh kh}\{\cos(kx+nt+\varepsilon) - \cos(kx-nt+\varepsilon)\}$$

$$= -\frac{2an}{k}\frac{\cosh k(h+z)}{\sinh kh}\sin(kx+\varepsilon)\sin nt. \quad (2)$$

境界条件として，堤防の前面 $x=0$ では $u=0$ でなければならないから

$$u_{x=0} = \left(\frac{\partial \Phi}{\partial x}\right)_{x=0} = -2an\frac{\cosh k(h+z)}{\sinh kh}\cos\varepsilon\cdot\cos nt = 0.$$

を満すためには，$\cos \varepsilon = 0$ より $\varepsilon = \left(\dfrac{1}{2}+j\right)\pi$ （j：整数）なることが必要である.

したがって，重複波の波形および速度ポテンシャルはそれぞれ次の式

$$\left.\begin{array}{l} \eta = a \cos kx \cos nt, \\[2mm] \Phi = -\dfrac{2\,an}{k}\,\dfrac{\cosh k(h+z)}{\sinh kh}\cos kx \sin nt \end{array}\right\} \qquad (3)$$

で表わされ，壁面 $x=0$ が loop にあたる.

波がないとき，$(\bar{x},\ \bar{z})$ 点にあった水分子が波のとき，時刻 t に $(x,\ z)$ 点にきたとすると

$$\frac{d}{dt}(x-\bar{x}) = u = \frac{\partial \Phi}{\partial x} = 2\,an\frac{\cosh k(h+z)}{\sinh kh}\sin kx \sin nt,$$

$$\frac{d}{dt}(z-\bar{z}) = w = \frac{\partial \Phi}{\partial z} = -2\,an\frac{\sinh k(h+z)}{\sinh kh}\cos kx \sin nt.$$

上の両式の右辺における x, z の代りに，$\bar{x},\ \bar{z}$ で代用すると直ちに積分され

$$x-\bar{x} = -2\,a\frac{\cosh k(h+\bar{z})}{\sinh kh}\sin k\bar{x}\cos nt,$$

$$z-\bar{z} = a\frac{\sinh k(h+\bar{z})}{\sinh kh}\cos k\bar{x}\cos nt.$$

両式をわると，直ちに題意の水分子軌跡をうる. なお，堤防前面における重複波の波高は原波の波高の 2 倍になることに注意を要する.

〔類 題〕　直立堤防の前面における重複波の波圧を求めよ.

略解　$p = -\rho gz - \rho(\partial \Phi/\partial t)$ （例題 11・6 の (1) 式）に重複波の速度ポテンシャル（前の例題の (3) 式）を代入すると，H を原波の波高として

$$\frac{p}{\rho} = \frac{Hn^2}{k}\,\frac{\cosh k(h+z)}{\sinh kh}\cos kx \cos nt - gz.$$

上の式の右辺第二項は静水圧であるから，堤防壁 $x=0$ における波圧 p' は，$n^2 = kg\tanh kh$ （例題 11・3 の (2) 式）を考慮して

$$\frac{p'}{\rho g} = H\frac{\cosh k(h+z)}{\cosh kh}\cos nt, \quad \left|\frac{p'}{\rho g}\right|_{\max} = H\frac{\cosh k(h+z)}{\cosh kh}. \quad (1)$$

なお，(1) 式より堤防基部 $z=-h$ における最大波圧（水柱）は $H/\cosh kh$ となる.

11・2・2　有限振幅波と砕波条件

海岸工学や港湾工学において対象となる波は主として水深が 10 数メートル以下の浅い海において，波高が 2 m から数 m に達する大きな波である. したがって，浅海

における波の質量輸送や砕波（Breaker）に近い性質を考える場合には，微小振幅波による取り扱いでは不充分である．

有限振幅波の非回転的な波*については，古くストークス（Stokes）が深海波の波形やその性質を無限級数の形で求めたが，最近，その理論は浜田博士，佐藤博士などによって浅海波に拡張されている．この理論は波形が進行とともに変化しない，いわゆる，Permanent type の波を仮定して得られたものであるが，水深が波長の 1/10 程度になると，波形の変形が著しく対称性も失なわれてくる．このような波については，孤立波の理論が近似的に用いられることが多い．

（a） パーマネント型の浅海波　ここでは詳しい式形は省略して**，微小振幅波との主な相違点をあげる．

（1） 波形は図-11・5 のように，正弦波にくらべて峯がとがり谷が扁平になる．また，波高の中分面は静水面より

$$\delta_0 = (\pi H^2/4L)\coth kh \tag{11・23}$$

だけ上昇する．

（2） 水粒子の速度は波の峯での前進速度が波の谷での後退速度より大きく，波の進行方向に残留速度

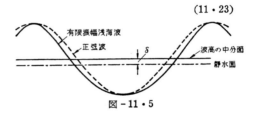

図-11・5

$$\overline{U} = \frac{\pi^2 H^2}{2LT} \frac{\cosh 2k(h+z)}{(\sinh kh)^2} \tag{11・24}$$

をもつ．そのために，水分子の軌道は図-11・6 のようになり微小振幅波のような閉曲線を描かない．なお，波形コウ配（Wave steepness）H/L の値が小さくなると，有限振幅波の諸式は微小振幅波の式にもどる．

（b） トロコイド波　静止時 (x_0, z_0) 点にあった水分子が，波のときには (x, z) 点にあるものとし，次式のようなトロコイド曲線

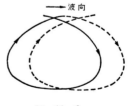

図-11・6

---

*）非回転的な波とは無渦運動の速度ポテンシャルをもつ波．
**）たとえば佐藤清一：水理学（森北），p. 328～332 を参照されたい．

11・2 表面波

$$x = x_0 - r \sin(kx_0 - nt),$$
$$z = z_0' + r' \cos(kx_0 - nt)$$
(11・25)

で表わされる運動を考える．ここに，

$$z_0' = z_0 + \frac{krr'}{2},$$
(11・26)

$$r = \frac{H \cosh k(h+z_0)}{2 \sinh kh}, \quad r' = \frac{H \sinh k(h+z_0)}{2 \sinh kh}.$$
(11・27)

この運動は明らかに，波長 $L = 2\pi/k$ をもち，波速 $c = n/k$ をもって進行する波を表わしている．また，(11・25)式より t を消去すると，水分子の軌道は (x_0, z_0') を中心とし，長軸および短軸の長さの半分が r, r' なる楕円であることが分かる．さらに，これらの式はラグランジュ(Lagrange)の運動方程式および連続の式(註)を近似的に満し，浅海波としての存在が裏づけられる(例題11・9).

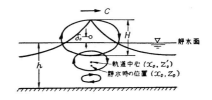

図-11・7

この波は渦度 $\omega = (\partial w/\partial x) - (\partial u/\partial z)$ をもつ点で物理的な難点をもち*，また水分子の軌道が閉じるために，進行方向の残留速度をもたない欠点などがあるが，有限波高の波の性質をかなりの程度まで説明できる利点がある．トロコイド波は無渦運動の有限振幅波理論が導かれる前には，盛んに用いられた波である．

（c） **孤立波**　一つの隆起した波形が形をかえずに進む波を孤立波(Solitary wave)という．その水容積およびエネルギーは波の峯付近に集中しているので，浅海部とくに，$h/L < 0.1$ において砕波しようとする進行波の性質の一部を説明するのに都合がよい．孤立波の性質をあげると**，図-11・8 の記号を用いて

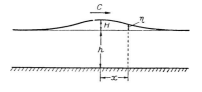

図-11・8

---

*) 粘性を省略する限り波は無渦運動である．
**) 式の誘導については佐藤：水理学 p. 337〜344 など参照．

x 軸の正方向に進む波形　　$\eta = H \operatorname{sech}^2 \left\{ \dfrac{(x-ct)}{h} \sqrt{\dfrac{3H}{4h}} \right\}$,　　(11・28)

波　速　　　　　　　　　　$c = \sqrt{g(h+H)}$,　　(11・29)

孤立波の全エネルギー　　　$E = \rho g h^3 \left(\dfrac{4H}{3h} \right)^{\frac{3}{2}}$.　　(11・30)

(d) 砕波条件

砕波は波の峯における表面水分子の最大水平速度成分が，波速 c に等しいような波の一つの極限の形であって，浅海波については，砕波における波形コウ配 H_b/L_b と砕波水深の無次元表示 h_b/L_b との間に，図-11・9 のよう

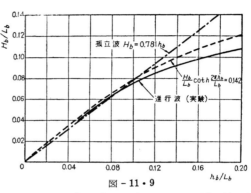

図-11・9

な実験曲線が見出されている．また，半理論的な式としては，浜田博士[*]らによる次の式

$$(H_b/L_b) \coth(2\pi h_b/L_b) = 0.142 \qquad (11・31)$$

などがある．一方，孤立波については

$$\left. \begin{array}{l} \text{マカワン (McCowan)}: \quad H_b = 0.781\, h_b, \\ \text{クーリガン (Keulegan)}: \quad H_b = 0.731\, h_b \end{array} \right\} \quad (11・32)$$

などがあり，$h_b/L_b < 0.1$ の範囲では図-11・9 の実験曲線とほぼ一致する．

　(註)（ラグランジュの方程式）　流体の運動をしらべるには2通りの方法がある．一つはオイラー (Euler) の方法で，空間の一定点に注目してそこを通る実質部分の速度の大きさや方向をしらべるもので，最も普通の方法である（上巻 3・1 節）．他の一つは流体の各々の実質部分に注目して，それの運動をしらべる方法であり，これをラグランジュ (Lagrange) の方法という．2次元流れを考え，ある一つの実質部分が時刻 $t=0$ にしめる位置を (x_0, z_0) とし，任意時刻 t にしめる位置を (x, z) とす

---

[*]　T. Hamada: Breakers and Beach Erosion, Rep. Trans. Tech. Res. Inst., Rep. No. 1, (1951)

11・2 表面波

る．水分子の速度成分は $(\partial x/\partial t, \partial z/\partial t)$，加速度成分は $(\partial^2 x/\partial t^2, \partial^2 z/\partial t^2)$ であるから，x, z 方向の質量力を X, Z として，運動の方程式は

$$\frac{\partial^2 x}{\partial t^2} = X - \frac{1}{\rho}\frac{\partial p}{\partial x}, \quad \frac{\partial^2 z}{\partial t^2} = Z - \frac{1}{\rho}\frac{\partial p}{\partial z}.$$

ラグランジュ流の立場では，x_0, z_0, t を独立変数とするから，上の式に，$\partial x/\partial x_0$，$\partial z/\partial z_0$ を掛け

$$\frac{\partial p}{\partial x_0} = \frac{\partial p}{\partial x}\frac{\partial x}{\partial x_0} + \frac{\partial p}{\partial z}\frac{\partial z}{\partial x_0}$$

などの関係を用いると，運動の方程式は次のようになる．

$$\left.\begin{array}{l}\left(X - \dfrac{\partial^2 x}{\partial t^2}\right)\dfrac{\partial x}{\partial x_0} + \left(Z - \dfrac{\partial^2 z}{\partial t^2}\right)\dfrac{\partial z}{\partial x_0} = \dfrac{1}{\rho}\dfrac{\partial p}{\partial x_0}, \\ \left(X - \dfrac{\partial^2 x}{\partial t^2}\right)\dfrac{\partial x}{\partial z_0} + \left(Z - \dfrac{\partial^2 z}{\partial t^2}\right)\dfrac{\partial z}{\partial z_0} = \dfrac{1}{\rho}\dfrac{\partial p}{\partial z_0}.\end{array}\right\} \quad (1)$$

次に，時刻 $t = 0$ に図-11・10 のように $\Delta x_0, \Delta z_0$ の稜をもつ微小矩形 $A_0B_0C_0D_0$ を考えると，$A_0B_0C_0D_0$ にあった実質部分は，時刻 t には ABCD のように変形する．A_0 点の座標を (x_0, z_0)，A 点の座標を (x, z) とすると，B，C 点の座標は図に示すようになり，ABCD の面積は次の式

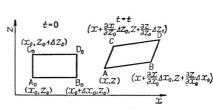

図-11・10

$$\left|\begin{array}{cc}\dfrac{\partial x}{\partial x_0} & \dfrac{\partial z}{\partial x_0} \\ \dfrac{\partial x}{\partial z_0} & \dfrac{\partial z}{\partial z_0}\end{array}\right| \Delta x_0 \Delta z_0 = \frac{\partial(x, z)}{\partial(x_0, z_0)}\Delta x_0 \Delta z_0$$

で与えられる．y 方向に単位長さを考えると，ABCD に含まれる流体の質量は $A_0B_0C_0D_0$ に含まれる流点の質量に等しいことから，2 次元非圧縮性流体の連続の式は次のようになる．

$$\frac{\partial(x, z)}{\partial(x_0, z_0)} = \frac{\partial x}{\partial x_0}\frac{\partial z}{\partial z_0} - \frac{\partial z}{\partial x_0}\frac{\partial x}{\partial z_0} = 1. \quad (2)$$

(1)，(2) 式がラグランジュの運動方程式ならびに連続の式である．

例　題　(98)

238　　　　　　　　第 11 章　波と海岸の水理

【11・9】※　　トロコイド波（11・25）式がラグランジュの方程式を満すことを示せ.

解　　（11・25）式が (x_0, z_0') を中心とし，楕円軌道を描く進行波であることはすでにのべてあるので，ここでは同式がラグランジュの方程式を近似的に満し，流体運動として成立ち得るものであることを示そう.

まず，（11・25）式をラグランジュの連続の式に代入すると，（11・27）式より $dr/dz_0 = kr'$, $dr'/dz_0 = kr$ が成り立つことを考慮して

$$\frac{\partial x}{\partial x_0}\frac{\partial z}{\partial z_0'} - \frac{\partial x}{\partial z_0'}\frac{\partial z}{\partial x_0}$$
$$= \{1 - kr\cos(kx_0 - nt)\}\{1 + kr\cos(kx_0 - nt)\} - \{-kr'\sin(kx_0 - nt)\}^2$$
$$= 1 - k^2\{r^2\cos^2(kx_0 - nt) + r'^2\sin^2(kx_0 - nt)\}.$$

上の式において，$kr(kr') \backsim H/L \ll 1$ なることを考慮すると ｛ ｝ の項は無視され，（11・25）式は連続の式をほぼ満すものとみなされる.

次に，（11・25）式がラグランジュの運動方程式を満すかどうかをしらべる.（註）の（2）式で $X = 0$, $Z = -g$ とおいた式に（11・25）式を代入し，1 に対して kr より高次の項を省略すると次のようになる.

$$\frac{\partial}{\partial x_0}\left(\frac{p}{\rho} + gz\right) = -\left[\frac{\partial^2 x}{\partial t^2}\frac{\partial x}{\partial x_0} + \frac{\partial^2 z}{\partial t^2}\frac{\partial z}{\partial x_0}\right] \tag{1}$$
$$\fallingdotseq -r\sigma^2\sin(kx_0 - nt),$$

$$\frac{\partial}{\partial z_0'}\left(\frac{p}{\rho} + gz\right) \fallingdotseq r'\sigma^2\cos(kx_0 - nt). \tag{2}$$

（2）式を積分して

$$\frac{p}{\rho} + gz = \frac{\sigma^2}{k}r\cos(kx_0 - nt) + f(x, t). \tag{3}$$

（3）式を x で微分し，（2）式と比較すると $f(x, t) = f(t)$ であることが分かり，右辺の z に（11・25）式を代入すると

$$\frac{p}{\rho g} = -z_0' + \left(\frac{r\sigma^2}{kg} - r'\right)\cos(kx_0 - nt) + f(t).$$

ところで運動中水表面にある水分子は $z_0' = 0$ のものであるから，$z_0' = 0$ で $p = 0$ となるためには，$f(t) = 0$ とともに波速の関係式

$$n^2 = gk(r'/r)_{z_0=0} = gk\tanh kh \tag{4}$$

が得られる.したがって，圧力分布は（11・27）式および（4）式を代入して

$$\frac{p}{\rho g} = -z_0' + \frac{H}{2}\left\{ \frac{\cosh k(h+z_0)}{\cosh kh} - \frac{\sinh k(h+z_0)}{\sinh kh} \right\} \cos(kx_0 - nt) \tag{5}$$

となり，理論上の不合理なしに圧力が求められるので，（11・25）式は運動方程式を満す．

終りに，軌道中心点 z_0' と静止時の位置 z_0 との関係を求める．静止面は波の平均水面であるから，波の幾何学的な性質から

$$z_0 = \frac{1}{L}\int_0^L z\,dx = \frac{1}{L}\int_0^L z\frac{\partial x}{\partial x_0}\,dx_0 = z_0' - \frac{rr'k}{2}. \tag{6}$$

したがって，（11・26）式が示され，軌道中心は静止時の座標より $rr'k/2$ だけ上方にある．とくに水表面の軌道中心は静止時の水表面より

$$\delta_0 = \left(\frac{rr'k}{2}\right)_{z_0=0} = \frac{\pi H^2}{4L}\coth\frac{2\pi h}{L}$$

だけ昇る（図 - 11・7）．この値は非回転的な波における（11・23）式と一致する．

〔類 題〕 トロコイド波の砕波条件を求めよ．

解 （11・25）式より水平速度成分は

$$u = \partial x/\partial t = nr\cos(kx_0 - nt).$$

水表面における最大速度は $z_0 = 0$, $\cos(kx_0 - nt) = 1$ とおいて

$$u_{\max} = n\frac{H}{2}\cdot\frac{\cosh kh}{\sinh kh}.$$

したがって，砕波条件 $u = c = n/k$ より

$$k_b\frac{H_b}{2} = \tanh kh_b \qquad \therefore\quad \frac{H_b}{L_b}\coth\frac{2\pi h_b}{L_b} = \frac{1}{\pi}.$$

トロコイド波の砕波条件は（11・31）式と同型ではあるが，同じ h_b/L_b の値に対して実験よりかなり大きい H_b/L_b を与える．

【11・10】 波が 4.0 m の水深のところで砕波し，観測した砕波高は，3.2 m であった．砕波波長 L_b，波形コウ配 H_b/L_b および波高中分面の上昇量 δ_{0b} を求めよ．

解 砕波条件は H_b/L_b が h_b/L_b の関数として（11・31）式または図 - 11・9 の実験曲線で与えられるが，ここでは実験曲線を用いる．縦，横座標ともに未知の L_b が入っているので，計算は逐次近似法による．いま，$L_b = 40$ m と仮定すると，$h_b/L_b = 4.0/40 = 0.1$ となり，これに応ずる H_b/L_b の値は図 - 11・9 より $H_b/L_b = 0.076$. 故に，L_b の第一近似値は $L_b = 3.2/0.076 =$

42.1 m. 次に，この L_0 の値を用いて同様の計算を行なうと，$h_b/L_0 = 0.095$，$H_b/L_0 = 0.075$，$L_0 = 3.2/0.075 = 42.7$ m をうる．さらに近似を進めても，数値は変らないので　$\underline{L_0 = 42.7\text{ m}}$，　$\underline{H_b/L_0 = 0.075}$．

波高中分面の上昇量 δ_{0b} は（11・23）式が砕波点まで適用できるものとすると

$$\delta_{0b} = \frac{\pi H_b{}^2}{4\,L_0}\coth\frac{2\,\pi h_b}{L_0} = \frac{\pi\times 3.2^2}{4\times 42.7}\coth\frac{2\,\pi\times 4}{42.7} = 0.356\text{ m}.$$

【11・11】　　海岸に来襲した波が水深 4.0 m のところで砕波し，波の周期は 10 sec であった．孤立波理論を適用して H_b および L_b を求めよ．

解　　クーリガンの砕波条件を用いると

$$H_b = 0.731\,h_b = 0.731\times 4.0 = 2.92\text{ m}.$$

また，波速 $c_b = \sqrt{g(h_b+H_b)} = \sqrt{9.8(4.0+2.92)} = 8.23$ m/sec であるから，$L_b = c_bT = 8.23\times 10 = 82.3$ m.

なお，$h_b/L_b = 0.0486$ であるから，この砕波は孤立波理論で近似できる範囲にある．

11・3　長 波 と 津 波

11・3・1　長　　波

浅海波の式において $kh = 2\,\pi h/L \to 0$ とおくと，波速の式（11・17）は

$$c = \sqrt{gh} \tag{11・33}$$

となる．このように水深にくらべて波長が大きく，$(1/20\sim1/25)L > h$ の波を長波という．なお，長波はオイラーの運動方程式において，鉛直加速度を無視した波にあたり，その基礎式は波動方程式

$$\partial^2\eta/\partial t^2 = c^2(\partial^2\eta/\partial x^2) \tag{11・34}$$

である（例題 11・12）．

セイシュと副振動　　周囲の閉じられた湖や入口の狭い湾などでは，内部の水が一定の周期をもった自己振動を起す．これをセイシュという．また，湾の一端が外海に通じ海水が自由に出入できる場合，低気圧や津波などの外力に伴なって海面に卓越して現われる振動を副振動という．これらは長波性の定常振動であって，その周期は長波の基礎式（11・34）を与えられた境界

11・3 長 波 と 津 波

条件のもとに解いて求められる.

例　題　(99)

【11・12】[※]　断面積 A が $A = Wh^m$ (h は水深，W, m は断面形による定数) で表わされる水路がある，波がないときの水深を h_0 とするとき，この水路を伝わる長波の波速を求めよ.

解　波がないときの水表面を座標原点とし，鉛直上方に z 軸をとり，静水面からの水面の高まりを η とする (図 - 11・11). オイラーの運動方程式 (3・8) (上巻, p. 58) で，$X = 0$, $Z = -g$ とおくと

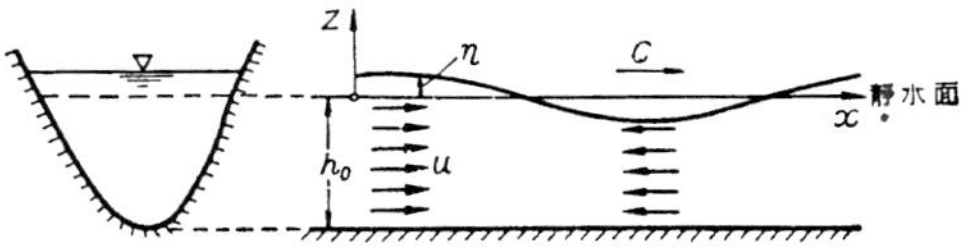

図 - 11・11

$$\frac{Du}{Dt} = \frac{\partial u}{\partial t} + u\frac{\partial u}{\partial x} + w\frac{\partial u}{\partial z} = -\frac{1}{\rho}\frac{\partial p}{\partial x},$$

$$\frac{Dw}{Dt} = \frac{\partial w}{\partial t} + u\frac{\partial w}{\partial x} + w\frac{\partial w}{\partial z} = -g - \frac{1}{\rho}\frac{\partial p}{\partial z}.$$

長波は鉛直加速度を無視した表面波であるから (註参照)，上の第二式は $(1/\rho)(\partial p/\partial z) = -g$ となり，水表面 $z = \eta$ で $p = 0$ なることを考慮して積分すると

$$p = \rho g(\eta - z) \tag{1}$$

となる. すなわち，長波の圧力は静水圧分布に従う.

次に，水平方向の運動方程式において，波によって誘起される流速は微小であるから，2 次の微小量を省略すると $Du/Dt = \partial u/\partial t$ となり，さらに (1) 式より $\dfrac{1}{\rho}\dfrac{\partial p}{\partial x} = g\dfrac{\partial \eta}{\partial x}$ である. したがって，運動の式は

$$\frac{\partial u}{\partial t} = -g\frac{\partial \eta}{\partial x}. \tag{2}$$

右辺の η は x と t との関数で z には関係しない. したがって，右辺の u も x と t だけの関数となり，z には無関係，すなわち，一つの鉛直線上では u は一様であることが分かる.

一方，連続の式 $\partial A/\partial t + \partial(Au)/\partial x = 0$ (8・1 式) において，微小振幅波とする次の近似式

$$A = Wh^m = W(h_0+\eta)^m \fallingdotseq Wh_0{}^m\left(1+\frac{m\eta}{h_0}\right), \quad \frac{\partial Au}{\partial x} \fallingdotseq A_0\frac{\partial u}{\partial x}$$

を用いて (h_0, $A_0 = Wh_0{}^m$ はそれぞれ波がないときの水深，断面積)

$$\frac{m}{h_0}\frac{\partial \eta}{\partial t}+\frac{\partial u}{\partial x} = 0. \tag{3}$$

(2), (3) 式より u を消去すると，次の波動方程式

$$\frac{\partial^2 \eta}{\partial t^2} = c^2\frac{\partial^2 \eta}{\partial x^2}, \quad c = \sqrt{\frac{gh_0}{m}} \tag{4}$$

が得られ，波速 c が求まる．矩形水路では $m=1$, $c=\sqrt{gh_0}$ である．なお，(4) 式の解 $\eta = f(x-ct)$ を (2) 式に入れて積分すると

$$u = \frac{g}{c}f(x-ct) = \frac{g}{c}\eta = \sqrt{\frac{mg}{h_0}}\eta. \tag{5}$$

（註） 鉛直加速度 $\partial w/\partial t$ と g とのオーダーを比較してみる．波高を H, 周期を T とすると w は H/T のオーダー，$\partial w/\partial t$ は $H/T^2 = Hc^2/L^2$ のオーダーである．長波では $c = \sqrt{gh_0}$ であるから

$$\frac{\partial w}{\partial t}\bigg/g = O\left(\frac{Hc^2}{gL^2}\right) = O\left(\frac{Hh_0}{L^2}\right).$$

故に，h_0/L が小さい波に対しては鉛直加速度は無視される．

〔**類 題**〕 波高 0.8 m の波が水深 10 m の運河に発生し，波の周期は 1 min であった．水分子の最大速度を求めよ．

解 周期が大きいので波は長波であるとすると

波速 $c = \sqrt{gh_0} = \sqrt{9.8\times10} = 9.9$ m/sec ($11\cdot33$式), $L = cT = 594$ m.

したがって，$h_0/L = (1/59.4) < (1/25)$ より長波であることが確かめられた．水分子の最大速度は前の例題の (4) 式より

$$u_{max} = \sqrt{\frac{g}{h_0}}\eta_{max} = \sqrt{\frac{9.8}{10}}\times\frac{0.8}{2} = 0.396 \text{ m/sec}.$$

【$11\cdot13$】 平均水深 $h = 17$ m, 奥行 $l = 25$ km の矩形湖におけるセイシュの振動周期 T を求めよ．

解 長波の基礎式 ($11\cdot34$) 式において，η が定常振動解

$$\eta = X(x)\sin nt \quad (n = 2\pi/T, \ X \text{ は } x \text{ だけの関数})$$

をもつものとする．波形を ($11\cdot34$) 式に代入すると，α, β を積分定数として

$$\frac{d^2X}{dx^2}+\frac{n^2}{c^2}X = 0 \quad \text{より} \quad X = \alpha\cos\frac{n}{c}x+\beta\sin\frac{n}{c}x.$$

11・3 長波と津波

$$\therefore \eta = \left\{ \alpha \cos \frac{n}{c}x + \beta \sin \frac{n}{c}x \right\} \sin nt. \tag{1}$$

上の η を連続の式 $\partial\eta/\partial t = -h(\partial u/\partial x)$ (前の例題 (3) 式) に代入して積分すると，直ちに

$$u = -\frac{n}{h}\left\{ \alpha \frac{c}{n} \sin \frac{nx}{c} - \beta \frac{c}{n} \cos \frac{nx}{c} \right\} \cos nt. \tag{2}$$

岸の境界条件はそこで流速が0となることである．湖の場合，岸 $x=0$ において $u=0$ となるためには，(2) 式で $\beta=0$ でなければならない．次に湖奥 $x=l$ で $u=0$ となるためには

$$\sin \frac{nl}{c} = 0 \quad \therefore \quad \frac{nl}{c} = m\pi \ (m = 1, 2, 3 \cdots). \tag{3}$$

したがって，セイシュの周期および波形は

$$\left. \begin{aligned} T &= \frac{2l}{mc} = \frac{2l}{m\sqrt{gh}}. \quad (m = 1, 2, \cdots) \\ \eta &= \Sigma \alpha_m \cos \frac{\pi m x}{l} \sin \frac{2\pi t}{T}. \end{aligned} \right\} \tag{4}$$

なお，m は節の数を示し，いずれの型が発達するかは初期条件や外力などによって異なるが，単節 ($m=1$) および双節 ($m=2$) (図-11・12) の場合がほとんどである．

(4) 式に題意の数値
$c = \sqrt{gh} = \sqrt{9.8 \times 17} = 12.91$ m/sec
$= 46.5$ km/hr, $l = 25$ km を入れると
　$T = 1.076/m$ (hr) $(m = 1, 2, 3, \cdots)$
故に，単節，双節，3節振動…… の周期はそれぞれ $T = 1.076$ hr $(m=1)$,
$T = 0.538$ hr $= 32.3$ min $(m=2)$,
$T = 21.5$ min $(m=3)$……．

〔類題〕　平均水深 $h = 17$ m，奥行 $l = 25$ km の開口矩形湾における副振動の振動周期を求めよ．

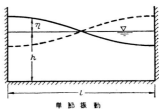
単節振動

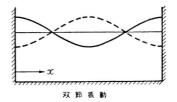
双節振動

図-11・12

略解　開口部 $x=0$ における境界条件は $\eta=0$ であるから，前の例題の (1) 式で

$\alpha = 0$, 湾奥 $x = l$ にある岸の条件 $u_{x=l} = 0$ より

$$\cos \frac{nl}{c} = 0,$$

$$\therefore \frac{nl}{c} = \frac{(2m-1)\pi}{2}.$$

$$(m = 1, 2, \cdots\cdots)$$

したがって,周期,波形は

$$T = \frac{4l}{(2m-1)\sqrt{gh}},$$

$$\eta = \Sigma \beta_n \sin \frac{(2m-1)\pi x}{l} \sin \frac{3\pi t}{T}.$$

ここに,m は節の数を示す(図-11・13).
題意の数値を入れて

$$T = 2.15/(2m-1) \text{ (hr)},$$

$\therefore T = 2.15$ hr $(m=1)$, 0.72 hr $(m=2)$, 0.43 hr $(m=3)$, …….

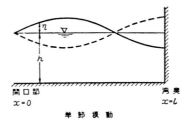
単節振動

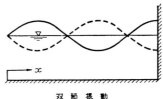
双節振動

図-11・13

11・3・2 津　　波

　海底地震などの地殻変動により海底が局部的に変位すると,これが上部海面に垂直方向の変位をうながし,周期が大きく(普通10~40分),波長の長い波を発生してほぼ長波の速度で海岸に来襲する.これを津波(Tsunami)とよぶ.

　津波による海面上昇は海の深いところでは小さいが,岸に押寄せるにおよんで水深の影響をうけ,浅くなるに従って次第に波高をます.さらに,湾に浸入すると地形の影響をうけ,とくにV字形の湾奥では異常な高さとなる.

　津波または長波の湾形および水深による変化については,次のグリーン(Green)の公式がある(例題11・14).

$$\frac{H}{H_0} = \left(\frac{b_0}{b}\right)^{\frac{1}{2}} \left(\frac{h_0}{h}\right)^{\frac{1}{4}}. \tag{11・35}$$

ここに,H は幅 b,水深 h のところの波高,H_0 は幅 b_0,水深 h_0 における波高である.

例　　題 (100)

【11・14】　幅 b,水深 h がゆるやかに変わる水道を長波(津波)が進むとき,波高 H がグリーンの公式によって変化することを示せ.ただし,

波によって進行方向に伝えられるエネルギーは保存されるものとする．

解 幅 b の断面を波の進行方向に伝えられるエネルギーは，(11・21) 式より

$$W_b = \frac{E}{L} c_G b = \frac{1}{8} \rho g H^2 c_G b.$$

長波であるから群速度 c_G は波速 $c=\sqrt{gh}$ に等しい．したがって，伝達エネルギーが保存されるとすると $H^2 b\sqrt{h} = $ 一定．これは (11・35) 式に他ならない．

〔類 題〕 図-11・14 のような台形の湾があり，湾口 AA' の水深は 5 m，湾奥 BB' の水深は 3.2 m である．津波の湾口における波高が 2.5 m のとき，湾奥における波高を求めよ．

略解 $H = H_0 \left(\dfrac{b_0}{b}\right)^{\frac{1}{2}} \left(\dfrac{h_0}{h}\right)^{\frac{1}{4}}$

$= 2.5 \left(\dfrac{2400}{800}\right)^{\frac{1}{2}} \left(\dfrac{5}{3.2}\right)^{\frac{1}{4}} = 4.61$ m.

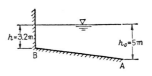

図 - 11・14

【11・15】 1946 年 ハワイ島を襲った津波は水深約 4200 m の太平洋上で約 60 cm，その周期はヒロで約 15 min であった．(a) 水深 1000 m，100 m および 10 m の地点における津波の波高，波長を求めよ．(b) カプラン (Kaplan)* の実験によると，津波の陸岸への遡上高 R_c (波のはい上り高) は浜コウ配 1/60 のとき

$$\frac{R_c}{H} = 0.206 \left(\frac{H}{L}\right)^{-0.315} \tag{1}$$

で与えられる．ハワイの浜コウ配が 1/60 として，この津波による遡上高を求めよ．

解 水深 h における波高 H はグリーンの公式より

$H/H_0 = (h_0/h)^{\frac{1}{4}}.$

---

*) K. Kaplan: Tsunami Run up on a Beach, Beach Erosion Board, Tech. Mem. No. 60. (1950)

246　　　　　　　　　第 11 章　波と海岸の水理

題意の数値：

$H_0 = 0.6$ m,
$h_0 = 4200$ m を入れ
$h = 1000,\ 100$ およ
び 10 m における H
を求めると表-11・2
の ② 列のようにな
る．次に，津波の波

表 - 11・2

h(m)	H(m)	c(m/s)	L(m)	H/L	R_c(m)
①	②	③	④	⑤	⑥
4200	0.60	202.9	1.826×10^5	3.29×10^{-6}	6.59
1000	0.842	99.0	8.91×10^4	9.45×10^{-6}	6.64
100	1.528	31.3	2.82×10^4	5.42×10^{-5}	6.95
10	2.716	9.9	8.91×10^3	3.05×10^{-4}	7.17

速は $c = \sqrt{gh}$ であり，周期 T はほぼ一定とみなされるから，

$$L = cT = \sqrt{gh}\ T.$$

$T = 15 \times 60 = 900$ sec であるから，たとえば，$h = 100$ m のところでは
$L = \sqrt{9.8 \times 100} \times 900 = 2.82 \times 10^4$ m となる．計算の結果は表の ④ 列に示
す．

（b）　カプランの実験式は津波の波高，波長を求める場所を指定していな
いので，それぞれの場所における H と L とを代入してみると，表の⑤列の
ようになる．水深によっていくらか R_c の値は変るが，ほぼ一致している．
念のため，$h = 100$ m のときの計算を示すと

$$R_c = 1.528 \times 0.206 \left(\frac{1.528}{2.82 \times 10^4} \right)^{-0.315} = 6.95 \text{ m}.$$

11・4　風による波の発達

　海の波には大別して風波（Wind wave）と　うねり（Swell）とがある．前
者は風域内で発生あるいは発達しつつある波であって，種々の波高，波長，
周期が組み合わされた複雑な波形を示し，一般に波形コウ配 H/L の値が大
きい．後者は発達した風波が風域以外に遠く伝わったもので，波長が増大し
て波形が一様化され，一般に波形コウ配が小さい．

　風と波との関係は，従来波高が風速のほぼ 2 乗に比例するとして，各地で
その比例係数を求め，あるいは，ある風速の風が吹く時間（吹送時間，Dura-
tion）および風の吹く距離（吹送距離または対岸距離，Fetch）を考えに入れ，各
種の実験式が求められてきたが，最近にいたって，風と波とのエネルギー授

11・4 風による波の発達

受の関係を考え，理論的にもしっかりした公式が提案されている．

（a）S-M-B法　　この方法は海洋の波の発達に対して，スベルドラップ（Sverdrup）およびマンク（Munk）が提案した方法[*]を，ブレットシュナイダー（Bretschneider）[**]が比較的小さい湖湾で行なった観測結果から補正したもので，その解析には次のような特徴がある．

（1）有義波　　発生域において，対象とする波は，有義波（Significant wave），すなわち，1/3 最大波で，約 20 分間の観測時間内における波の中で波高の大きいものから数えて全体の 1/3 をとり，それらの波高および周期の平均値を波高および周期とする波である．有義波の波高が与えられると，20 分間の最大波高 H_{max}，1/10 最大波高 $H_{1/10}$（最大の波から数えて全数の 1/10 の平均波高），有義波高 $H_{1/3}$，平均波高 H_m の間には統計的に次の関係がある．

$$\frac{H_{1/10}}{H_{1/3}} = 1.29(1.3), \quad \frac{H_{1/3}}{H_m} = 1.57(1.4), \quad \frac{H_{max}}{H_{1/3}} = 1.87(1.9).$$

$$(11 \cdot 36)$$

これらの値は米国の太平洋岸での実測結果から求められた平均値，カッコ内はわが国の沿岸の平均値である．なお，海岸の波で通常単に波高，周期といえば有義波についてのものと思ってよい．

（2）　　波高 H や波長 L を考えるのに，それらを単独に考えないで波形コウ配 H/L なる量を通じて考え，波速 c については波速と風速 V との比，すなわち，波令（Wave age）c/V を通じて考えるというように，徹底的に無次元量で論じた．また，H と V との間に密接な関係があることから H/L と c/V との間に関数関係が存在することを指摘した．

（3）　　充分広い海域に一定風速の風が吹くと，波高および波長は場所的には一様で，時間とともに増加し吹送時間 t および風速 V に応じた波となる（過渡状態）．これに反して，狭い海域に風が長時間吹き続けると，任意の場所における波高は風上からの距離すなわち吹送距離と風速とに応じた波となる（定常状態）．

---

[*]　Sverdrup-Munk: Wind, Sea and Swell; Theory of Relations for Forecasting, U.S. Hydrographic Office, Pub. No. 601, (1947)

[**]　Bretschneider: The Generation and Decay of Wind Waves in Deep Water, Trans. A.G.U. Vol. 33, No. 3, (1952)

実際の海では吹送距離も吹送時間も有限であるから，一定風速の風に対する波高の分布は図-11・15 のようになる．すなわち，風が吹き出して t_1 時間後には，風上から OC_1 の区間は定常状態に達し，C_1C_∞ の区間は過渡状態にあって C_1 点の波高と同一の波高を示し，時間の経過とともに波高分布は OA_2B_2, OA_3B_3 ……のようになる．したがって，吹送距離

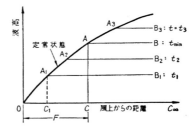

図-11・15

$OC = F$ が与えられている所では，ある時間以後は定常状態に達して波高が増加しないような最小の吹送時間 t_{min} が考えられる．また，逆に一定の吹送時間に対して波が定常状態に達している範囲が考えられ，これを F_{min} とする．図-11・15 を参照すると，与えられた吹送距離 F，吹送時間 t の風に対して

① : $t > t_{min}$, $F < F_{min}$ のときには定常状態で，波は吹送距離 F によってきまる．

② : $t < t_{min}$, $F > F_{min}$ のときには過渡状態で，波は吹送時間 t によってきまる．

スベルドラップおよびマンクは風と波とのエネルギー授受を表わす基礎式および $H/L = f(c/V)$ の関係曲線を用い，波の性質 gH/V^2, H/L および c/V を定常状態については gF/V^2 の関数として，過渡状態については gt/V の関数として示している*．また，最小吹送時間 $t_{min} V/F$ を gF/V^2 の関数として求めた．なお，吹送距離，吹送時間がいずれも極めて大きいときには波高は風速だけによってきまり次のようなる．

$$H \fallingdotseq 0.26 V^2/g, \quad c/V \fallingdotseq 1.37. \tag{11・37}$$

これらの無次元的な関係に定数値を入れて求めた風波の予報曲線が，図-11・16 である**．この図表は風速 $V(m)$，吹送時間 $t(hr)$，吹送距離 F (km) が与えられたとき，波高 $H(m)$，周期 $T(sec)$（または，波長 $L = 1.56$

---

*) 応用水理学，中-II，p. 506〜513 および永井：港湾工学，p. 73〜78 に理論の概要が紹介されている．
**) 海岸保全施設設計便覧（土木学会），昭．32, p. 6

11・4 風による波の発達

$\times T^2$(m)) を求めるもので,静かな海面に突然一定風速の風が吹き初めた場

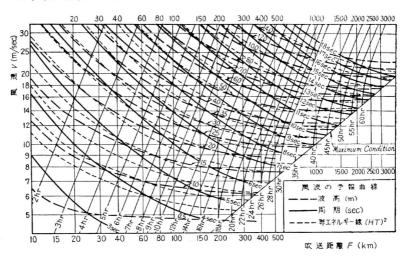

図 - 11・16　風波の予報曲線

合を原則とするが,風速が緩慢に変化するときや,すでに海面に波が存在しているときには,図中の等エネルギー線（点線）$H^2L \infty H^2T^2 = $ 一定の曲線を利用して補正できるようになっている.なお,風速は海面上 $10 \sim 15$ m の高さにおける風速であることおよびこの図表は水深が $L/2$ より大きく,深海波とみなされる場合に適用されることに注意を要する.

（b）モリター（Molitor）の公式　　浅海部における風による波の発達は,水底摩擦などによるエネルギー損失のために,同一の風の条件では深海部における波よりも波高が小さい.この場合の推定法としては,定常状態に対して Thiejsse の図表[*] などが発表されているが,実測による裏づけを欠くので,わが国では次のモリター公式で計算されることが多い.

$$\left. \begin{array}{l} F < 72.5 \text{ km} \quad H = 0.0612\sqrt{VF} + 0.762 - 0.27\sqrt[4]{F}, \\ 1000 > F > 72.5 \quad H = 0.0612\sqrt{VF}. \end{array} \right\} \quad (11\cdot38)$$

(V: m/sec, 　F: km, 　H: m)

なお,最近永井博士は浅海部における波高変化と S-M-B 法とを組み合せ

---

[*]　海岸保全設計便覧,p. 9,図 - 1・5

250　　　　　　　　第 11 章　波と海岸の水理

た推定法を導いている[*].

例　　題　（101）

【11・16】　　A 港の吹送距離は S 方向に 40 km, SE 方向に 100 km である．風速 12 m/sec の風が S および SE 方向から 6 時間吹くときの波高，周期および波形コウ配を S-M-B 法により求めよ．

解　（S 方向）　　波の予報図 - 11・16 において，横軸 $F = 40$ km と縦軸 $V = 12$ m/sec の交点は $H = 1.5$ m と 2.0 m との間にあり $H ≒ 1.8$ m，周期は 5 sec と 6 sec との間にあり $T ≒ 5.3$ sec と推定される．また，この交点は $t = 3$ hr と 4 hr との間で，$t_{min} ≒ 3.8$ hr となり，$t = 6$ hr $> t_{min}$ であるから，この場合の波は定常状態で F によってきまる．なお念のため，もし過渡状態にあるとして $t = 6$ hr と $V = 12$ m/sec との交点を求めると，$H ≒ 2.2$ m, $T ≒ 6.1$ sec, $F_{min} ≒ 75$ km となり $F_{min} > F$ であるから過渡状態にないことが確かめられる．結局，図 - 11・16 で F および t によってきめられる波のうち小さい方を採ればよく，$H = 1.8$ m, $T = 5.3$ sec を答とする．

波長は（11・22′）式より，$L = 1.56 T^2 = 43.8$ m，波形コウ配は $H/L = 1.8/43.8 = 0.041$.

（SE 方向）　　過渡状態にあるとすると，$t = 6$ hr, $V = 12$ m/sec の交点に対応する $F_{min} ≒ 75$ km，実際の吹送距離 $F = 100$ km $> F_{min}$. したがって，この場合波は吹送距離できまり $H = 2.2$ m, $T = 6.1$ sec, $L = 58.1$ m, $H/L = 0.0379$.

（註）　　モリターの式（11・38）より　S 方向の風による波を求めると，$V = 12$ m/sec, $F = 40$ km として

$$H = 0.0612\sqrt{12 \times 40} + 0.762 - 0.27\sqrt[4]{40} = 1.42 \text{ m}$$

となり，S-M-B 法による値 $H = 1.8$ m にくらべてかなり小さい．なお，S-M-B 法が適用できるためには，海域の平均水深が $L/2 = 21.9$ m より大きいことが必要である．

〔**類　題**〕　　日本海に面した某港にシベリアから風速 8 m/sec の季節風が 2 昼夜にわたって吹いた．波高・波長および 20 分間の最大波高，1/10 最大波高を求めよ．ただし，対岸距離を 850 km とする．

解　　図 - 11・16 において，$V = 8$ m/sec と $F = 850$ km との交点および $V = 8$

---

[*]　永井荘七郎：土木学会誌，45 巻 5 号，昭. 35 および永井：港湾工学，p. 78～89

m/sec と $t = 48$ hr との交点はいずれも極限状態を示す線の右下方にあり，波は風速だけに規定されることが分かる．$V = 8$ m/sec と極限状態を示す線との交点を読んで $H \fallingdotseq 1.7$ m，$T = 7.0$ sec をうる．あるいは，(11・37) 式より

$H = 0.26 \times 8^2/9.8 = 1.697$ m，$C/V = L/VT = 1.56 T/V = 1.37$ より $T = 7.03$ sec.

上に求めた波は有義波であるから，(11・36) 式でわが国沿岸の平均値を用い

$H_{1/10} = 1.3 H_{1/3} = 1.3 \times 1.7 = 2.21$ m，$H_{max} = 1.9 H_{1/3} = 3.23$ m．

【11・17】※ 午前 0 時における風速が 12 m/sec で，この風は 6 時間前から吹いており，吹送距離は 100 km であった．午前 10 時には風向が変って吹送距離は 200 km，風速は 20 m/sec に達し，20 時には風速は 16 m/sec に下がり吹送距離は 150km になった．各時刻における波高と周期を求めよ．

解 風の観測資料は 10 時間毎であるから，図 - 11・17 のように，風の吹き初めから午前 5 時までの間は $V = 12$ m/sec の風，5 時において急に風速および吹送距離 F が変化してこれが 5 時から 15 時まで続き，15 時において V および F がまた変化するものと考えて計算する．

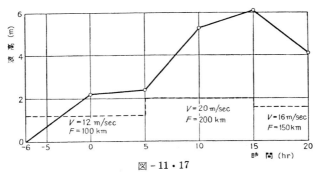

図 - 11・17

(i) 午前 0 時の波は吹送時間 $t = 6$ hr，吹送距離 $F = 100$ km，風速 $V = 12$ m/sec であるから，例題 11・16 と同一で，t によってきまり 0 時では $H = 2.2$ m，$T = 6.1$ sec.

(ii) 0 時から 5 時までは $V = 12$ m/sec の風が吹き続けるとするから，$t = 6+5 = 11$ hr，$F = 100$ km．したがって，図 - 11・16 を用い吹送時間より $H = 2.8$ m，$T = 7.4$ sec．吹送距離より $H = 2.4$ m，$T = 6.6$ sec となる．5 時における波は両者のうち小さい方をとって $H = 2.4$ m，$T = 6.6$ sec.

(iii) 5 時に風は (V_1, F_1) より (V_2, F_2) に変わる．このとき海面にお

ける波のエネルギーは $H_1 = 2.4\,\mathrm{m}$, $T = 6.6\,\mathrm{sec}$ の座標より等エネルギー線を示す図の点線に平行な曲線と横軸 $V_2 = 20\,\mathrm{m/sec}$ との交点に対応する縦座標と斜線とを読んで, $F_{\min} = 34\,\mathrm{km} < F_2 = 200\,\mathrm{km}$, $t = 2.7\,\mathrm{hr}$ に相当している. すなわち, 午前5時における海面状態は $V_2 = 20\,\mathrm{m/sec}$ の風が $= 2.7\,\mathrm{hr}$ 吹いた後 の波と同等であるとみなすことができる.

したがって, 10 時（風の変化後 5 hr）の波は $V_2 = 20\,\mathrm{m/sec}$, $t = 5+2.7 = 7.7\,\mathrm{hr}$, $F_2 = 200\,\mathrm{km}$ であって, 吹送時間より $H_2 = 5.3\,\mathrm{m}$, $T_2 = 9.3\,\mathrm{sec}$. 一方吹送距離より $H_2 = 6.1\,\mathrm{m}$, $T_2 = 10.1\,\mathrm{sec}$. 故に, 波の小さい方をとり, 10 時の波は $\underline{H = 5.3\,\mathrm{m}}$, $\underline{T = 9.3\,\mathrm{sec}}$.

(iv) 15 時の波は $t = 10+2.7 = 12.7\,\mathrm{hr}$, $F = 200\,\mathrm{km}$, $V = 20\,\mathrm{m/sec}$ で F によってきまり $\underline{H = 6.1\,\mathrm{m}}$, $\underline{T = 10.1\,\mathrm{sec}}$.

(v) 15 時において $V_1 = 20\,\mathrm{m/sec}$, $F_1 = 200\,\mathrm{km}$ の風が急に $V_2 = 16\,\mathrm{m/sec}$, $F_2 = 150\,\mathrm{km}$ の風に変り, 15 時より 20 時までは V_2, F_2 の風が吹く. (iii) と同様に, 15 時の波 $H_1 = 6.1\,\mathrm{m}$, $T = 10.1\,\mathrm{sec}$ の座標から等エネルギー線に平行に $V_2 = 16\,\mathrm{m/sec}$ の線まで下がると, $F_{\min} = 480\,\mathrm{km}$, $t = 21\,\mathrm{hr}$ に当たる. しかしながら $F = 150\,\mathrm{km} < F_{\min}$ であるから, 20 時の波は吹送時間に無関係で F によってきめられる. すなわち, $F = 150\,\mathrm{km}$, $V = 16\,\mathrm{m/sec}$ より $\underline{H = 4.1\,\mathrm{m}}$, $\underline{T = 8.3\,\mathrm{sec}}$.

以上の波高の変化は図-11・17 に示されている.

（註） 風速が変化したとき海面にある波を (H_1, T_1) 変化後の風を (V_2, F_2) として, それより z 時間後における波 (H_2, T_2) を求める (iii), (iv) の手順を総括して述べると次のようである. まず, 図-11・16 において, (H_1, T_1) の座標を通り, 点線（等エネルギー線）に平行な曲線と横軸 V_2 との交点に応ずる吹送時間 t を求め, V_2 の線と吹送時間 $(t+z)$ の線との交点における波 (H_2', T_2') を読む. 一方, V_2 と F_2 との交点に応ずる波 (H_2'', T_2'') を読み, 2組の値の内小さい方を (H_2, T_2) とする（図-11・18）. なお, この操作は風速の増加に対してよい結果を与えるが, 減衰時には精度が低いといわれている.

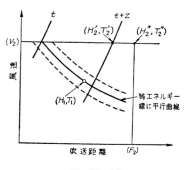

図-11・18

11・5 海岸における波の変形

深海で発生した波が海岸に接近すると,水深の減少につれて海底地形の影響を受け,遂には砕波となって運んできたエネルギーを一時に放出する(図-11・19).また,波が等深線に斜めに入射すれば屈折現象を起す.

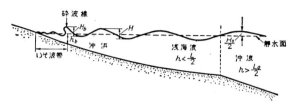

図 - 11・19

海岸における波の変形および砕波の性質は,波の周期が一定に保たれることおよび波によって輸送されるエネルギーが保存されるという条件から求められる.

11・5・1 浅海域における波の変形と砕波

(a) 波の変形 波の幾何学的模様を波の峯線とそれに直交する直交線で表わし,波高を H,波長を L,図-11・20 のように相隣る直交線間の間隔を S とし,沖波(深海波)に添字 0,砕波に添字 b,浅海波には添字なしとする.相隣る直交線間を単位時間に輸送されるエネルギーが保存されることから,11・2 節の記号および (11・21) 式を用いて

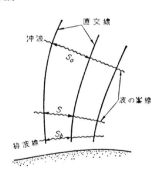

図 - 11・20

$$(E_0/L_0)c_{G0}S_0 = (E/L)c_G S = (E_b/L_b)c_{Gb}S_b. \qquad (11・39)$$

ここに

$$\frac{E_0}{L_0} = \frac{1}{8}\rho g H_0^2, \quad \frac{E}{L} = \frac{1}{8}\rho g H^2.$$

$$c_G = cn = \sqrt{\frac{gL}{2\pi}\tanh\frac{2\pi h}{L}} \cdot n, \quad n = \frac{1}{2}\left[1 + \frac{4\pi h/L}{\sinh(4\pi h/L)}\right].$$

254　　　　　　　　　　第 11 章　波と海岸の水理

$$c_{G0} = c_0 n_0 = \sqrt{\frac{gL_0}{2\pi}} \cdot n_0, \quad n_0 = \frac{1}{2}.$$

また，周期一定の条件から

$$T = L_0/c_0 = L/c = L_b/c_b. \tag{11・40}$$

これらの式から直ちに次の式が得られる．

$$\frac{c}{c_0} = \frac{L}{L_0} = \tanh\frac{2\pi h}{L}. \tag{11・41}$$

$$\frac{H}{H_0} = \sqrt{\frac{1}{2n} \cdot \frac{c_0}{c}}\sqrt{\frac{S_0}{S}}. \tag{11・42}$$

$$\frac{H/L}{H_0/L_0} = \sqrt{\frac{1}{2n}}\left(\frac{c_0}{c}\right)^{\frac{3}{2}}\sqrt{\frac{S_0}{S}}. \tag{11・43}$$

上の式における $2\pi h/L$ は $2\pi h/L = (2\pi h/L_0) \cdot (L_0/L)$ とかけるから，(11・41) 式は $L/L_0 = c/c_0$ と h/L_0 との関係を表わすものであり[*]，また，$n = n(h/L)$ も h/L_0 の関数なる．したがって，

$$\sqrt{\frac{S_0}{S}}H_0 = K_r H_0 \equiv H_0', \quad K_r = \sqrt{\frac{S_0}{S}} \tag{11・44}$$

とおくと，波長比 L/L_0，波高比 H/H_0' および波形コウ配比 $(H/L)/(H_0'/L_0)$ はすべて h/L_0 の関数とみなすことができる．　図 - 11・21 の実線はこれらを求めるための計算図表である．なお，K_r を屈折係数（Coefficient of refraction）とよぶ．

（b）**砕波高と砕波水深**　　　　砕波点付近の波は変形が著しく微小振幅波の理論を適用するのは無理であるが，砕波の特性を規定する要素を求める意味において，微小振幅波理論が近似的に成り立つものとしよう．砕波点における諸量に添字 b をつけると，(11・41) 式より $L_b/L_0 = c_b/c_0$ は h_b/L_0 の関数，(11・42) 式より H_b/H_0' $(H_0' = H_0\sqrt{S_b/S_0})$ も h_b/L_0 の関数となる．また，(11・43) 式における H_b/L_b は砕波条件 (11・31) 式または図 - 11・9 より $h_b/L_b = (h_b/L_0) \cdot (L_0/L_b)$ の関数であるから，(11・43)式は H_0'/L_0 と h_b/L_0 との関係式とみなされる．したがって，砕波の性質 L_b/L_0，H_b/H_0' およ

――――――――――――――――――――――

[*]　L/L_0 と h/L_0 との関係曲線を求めるには，$2\pi h/L$ に特定の値 a を与えると，(11・41) 式より $L/L_0 = b$ が求められる．故に

$$\frac{2\pi h}{L_0} \cdot \frac{L_0}{L} = \frac{2\pi h}{L_0} \cdot \frac{1}{b} = a$$

より $L/L_0 = b$ に応ずる h/L_0 が分かる．

11・5 海岸における波の変形

び砕波の波形コウ配 H_0'/L_0 はすべて砕波水深 h_b/L_0 の関数となることが期待される．図 - 11・21 における点線は実験結果および海岸における砕波の実

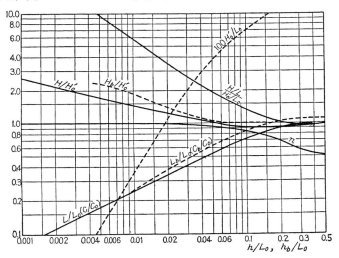

図 - 11・21 波 の 変 形 と 砕 波 指 標

測結果の平均曲線と h_b/L_0 との関係を示すもので，砕波指標（Breaker index）とよばれる．

とくに，波の峯線が海岸の等深線に平行で屈折が起らない場合には，$K_r = \sqrt{S_0/S} = 1$，$H_0' = H_0$ であるから，沖波の性質 H_0 および L_0 を与えると，図 - 11・21 の実線より各水深における波高・波長が求められ，点線を用いて砕波の性質が分かる．屈折を伴なう場合は 11・4・2 にゆずり，まず $K_r = 1$ のときの例題をあげよう．

例　題 （102）

【11・18】 波高 1.2 m，周期 10 sec の沖波について，(1) 水深 50, 25, 12, 6, 3 および 2 m の水深における波高，波長．(2) 砕波高および砕波水深を求めよ．

解　(1) 各水深と沖波波長 $L_0 = 1.56 T^2 = 156$ m より，図 - 11・21 の横軸は既知であるから，h/L_0 に応ずる $H/H_0' = H/H_0$ および L/L_0 の値を読む．結果を表にすると，表 - 11・3 のようである．

沖波が浅海域に入ると，波長は単調に減少するが，波高は初め減少して $h/L_0 ≒ 0.12$ で最小値に達した後増加する．なお，表の内，水深 2 m の位置は後に示すように砕波線より陸側にあり，表の計算値は用いられない．

表-11・3 ($H_0 = 1.2$ m, $L_0 = 156$ m)

h (m)	h/L_0	H/H_0	H (m)	L/L_0	L (m)
沖 波		1.0	1.20	1.0	156
50	0.320	0.94	1.13	0.97	151
25	0.160	0.91	1.09	0.84	131
12	0.077	0.95	1.14	0.64	99.8
6	0.0385	1.07	1.28	0.47	73.3
3	0.0192	1.24	1.49	0.33	51.5
2	0.0128	1.35	1.62	0.27	42.1

（2） 沖波の波形コウ配は $H_0/L_0 = 1.2/156 = 0.00769$．故に，図-11・21 の点線を用い $100 H_0'/L_0 = 100 H_0/L_0 = 0.769$ に応ずる h_b/L_0 および H_b/H_0' を読むと，

$$h_b/L_0 = 0.0161, \quad H_b/H_0' = H_b/H_0 = 1.50.$$

∴ $H_b = 1.5 \times 1.2 = \underline{1.8 \text{ m}}$，砕波水深 $h_b = 0.0161 \times 156 = \underline{2.51 \text{ m}}$．

【11・19】 図-11・22 のような実験水槽の終端に 1/20 コウ配の模型海

図 11・22

浜を作り，他端の造波機で周期 1.5 sec の波を送る．一様水深 35 cm の部分における波高が 10 cm のとき，(1) 沖波の波高，波長 (2) 砕波点の位置を求めよ．

解 （1） 沖波の波長は (11・21') 式より $L_0 = 1.56 T^2 = 3.51$ m，$h/L_0 = 0.35/3.51 = 0.0997$．故に図-11・21 より

$$H/H_0' = H/H_0 = 0.92 \quad \therefore \quad H_0 = 0.1/0.92 = 0.109 \text{ m}.$$

（2） 沖波の波形コウ配 $H_0/L_0 = 0.031$ より同図の点線を用いて $h_b/L_0 = 0.042$，∴ $h_b = 0.147$ m．したがって，砕波点は汀線より $0.147 \times 20 = 2.94$ m の位置にある．なお，砕波高は $H_b/H_0 = 1.10$，∴ $H_b = 0.12$ m．

【11・20】 沖から砕波点まで，周期 T および伝えられるエネルギーが保存されものとし，さらに，砕波点における波の性質が孤立波理論で近似さ

11・5 海岸における波の変形

れるものとすると，砕波高は沖波と次の関係にあることを示せ．

$$\frac{H_b}{H_0} = \frac{1}{3.3\sqrt[3]{H_0/L_0}}. \tag{1}$$

ただし，孤立波の砕波条件としてはマカワンの式 $H_b/h_b = 0.781$ (p. 236) を用い，屈折はないものとする．

解　砕波点における孤立波の有効波長を L_0 とすると，題意により
$$T = L_0/c_0 = L_b/c_b.$$
また，1 波長のもつ波のエネルギーを E とすると，エネルギー保存の法則は孤立波の群速度 c_G が波速 $c = \sqrt{g(h+H)}$ (11・29 式) に等しいことから

$$\frac{1}{2}c_0\frac{E_0}{L_0} = c_{Gb}\frac{E_b}{L_b} = c_b\frac{E_b}{L_b} \quad \therefore \quad \frac{1}{2}E_0 = E_b. \tag{2}$$

上の式において，$E_0 = (1/8)\rho g H_0^2 L_0$，また，孤立波のエネルギーは (11・30) 式で与えられるから，E_b は砕波条件 $H_b = 0.781\,h_b$ を代入して

$$E_b = \rho g h_b^3 \left(\frac{4}{3}\frac{H_b}{h_b}\right)^{\frac{3}{2}} = \rho g (1.28\,H_b)^3 \left(\frac{4}{3}\times 0.781\right)^{\frac{3}{2}} = 2.23\,\rho g H_b^3.$$

E_0, E_b を (2) 式に代入して
$$(1/16)\rho g H_0^2 L_0 = (1/16)\rho g H_0^3 \cdot (L_0/H_0) = 2.23\,\rho g H_b^3.$$

上の式より直ちに (1) 式をうる．図 - 11・23 の点線は (1) 式を実験結果と比較したもので，沖波の H_0/L_0 が小さいとき精度がよい．

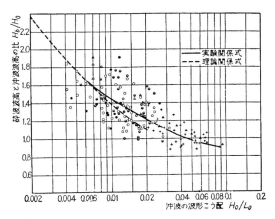

図 - 11・23

11・5・2 波 の 屈 折

浅海領域における波速 $c = \sqrt{(gL/2\pi)\tanh(2\pi h/L)}$ は水深 h の関数であるから，等深線に斜めに入射した波は光と同様に屈折（Refraction）現象を起し，海底地形の深浅の変化に応じて波の収束あるいは発散を起す。

いま，図 - 11・24 のように，水深が h_1 から h_2 に変化するところに波が斜に入射した場合を考え，水深 h_1，h_2 側の波にそれぞれ添字 1, 2 をつける。一つの波の峯が図の A に達したとき，直交線 Ⅱ 上ではその峯線は C にあり，同じ峯線が Δt 時間後に B に到達するものとすると

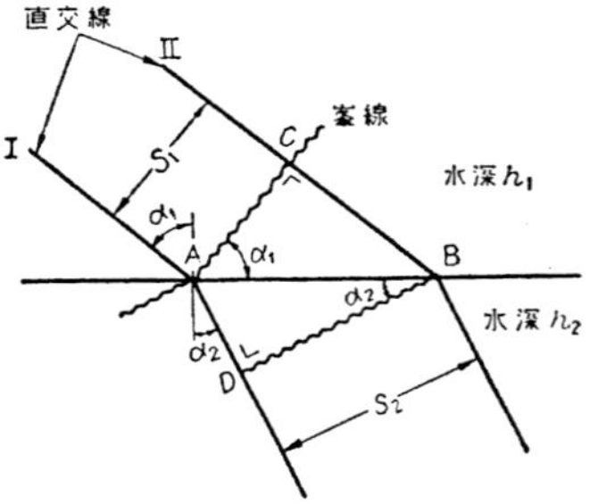

$$\overline{\mathrm{CB}} = c_1 \Delta t = (L_1/T)\Delta t.$$

図 - 11・24

一方，A にあった素波はこの Δt 時間内に水深 h_2 の側に

$$\overline{\mathrm{AD}} = c_2 \Delta t = (L_2/T)\Delta t$$

だけ進む。波の峯線と等深線とのなす角をそれぞれ α_1，α_2 とすると，図より $\overline{\mathrm{AB}} \sin \alpha_1 = \overline{\mathrm{CB}} = c_1 \Delta t$，$\overline{\mathrm{AB}} \sin \alpha_2 = \overline{\mathrm{AD}} = c_2 \Delta t$ であるから

$$\frac{\sin \alpha_1}{\sin \alpha_2} = \frac{c_1}{c_2} = \frac{L_1}{L_2}. \tag{11・45}$$

また，相隣る直交線の間隔については

$$S_1/S_2 = \cos \alpha_1 / \cos \alpha_2. \tag{11・46}$$

上の両式は光についてのスネル（Snell）の法則にほかならない。なお，$h_1 > h_2$ のときには，$c_1 > c_2$，$L_1 > L_2$ であるから $\alpha_1 > \alpha_2$ である。したがって，水深が陸側に向って単調に減少する海浜では，陸側に近づくにつれて α の値は減少し，波の峯線は汀線に平行になろうとする傾向がある。

とくに，等深線がすべて平行な海岸に波長 L_0，波速 c_0 の沖波が α_0 の角度で入射するときには，任意水深における波長 L，角度 α は

$$\frac{\sin \alpha}{\sin \alpha_0} = \frac{c}{c_0} = \frac{L}{L_0} = \tanh\frac{2\pi h}{L_0} \cdot \frac{L_0}{L} \tag{11・47}$$

となり，波高の変化式 (11・42) における屈折係数 K_r は次のようになる

$$K_r = \sqrt{\frac{S_0}{S}} = \sqrt{\frac{\cos \alpha_0}{\cos \alpha}}. \tag{11・48}$$

11・5 海岸における波の変形

$c/c_0 = L/L_0$ は h/L_0 の関数として図-11・21 に与えられているから，上の両式より沖波 α_0, L_0 に応ずる α および K_r の値を各水深において求めることができる．

（註）（屈折図）　等深線が平行でない海岸では屈折図（Refraction diagram）を描いて，図上から屈折係数 K_r を求め，図-11・21 の $H/H_0' = H/(H_0 K_r)$ と h/L_0 との関係曲線を利用して波高分布や砕波高を求める．屈折図の作製にはいろいろの技巧が考えられているが，紙数の関係で省略した．水理公式集（p. 229～231）などを参照されたい．

例　題　(103)

【11・21】周期 12 sec，波高 2.0m のうねり（沖波）が平行な等深線をもつ海岸に $\alpha_0 = 60°$ で入射する（図-11・25）．(1) 水深 6.0m における波高および波の角度．(2) 砕波高，砕波水深および砕波の峯線と汀線となす角を求めよ．

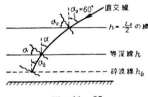

図 - 11・25

解　(1)　沖波の波長は $L_0 = 1.56 T^2 = 225$ m，図-11・21 の横軸は $h/L_0 = 6/225 = 0.0277$ であるから，図の実線を用いて $c/c_0 = L/L_0 = 0.39$. 故に（11・47）式より $\sin \alpha = 0.39 \sin \alpha_0 = 0.39 \times \sin 60° = 0.338$.
∴ $\alpha = 19°45'$.

屈折係数 K_r は

$$K_r = \sqrt{\frac{\cos 60°}{\cos 19°45'}} = \sqrt{0.532} = 0.728.$$

(2)　砕波水深 h_b と砕波点における $H_0' = H_0 K_{rb}$ の値が分っていないので逐次近似法による．まず，水深 6.0m の地点で求めた $H_0' = H_0 K_r = 1.456$ m を $H_0' = H_0 K_{rb}$ の第一次近似値とすると $H_0'/L_0 = 1.456/225 = 0.0647$ となる．故に，図-11・21 の 100 H_0'/L_0 と h_b/L_0 との関係曲線より $h_b/L_0 = 0.0146$，さらに，同図の L_b/L_0 と h_b/L_0 との図表から

$$L_b/L_0 = 0.31 = \sin \alpha_b / \sin \alpha_0.$$

$\alpha_0 = 60°$ を入れて $\alpha_b = 15°35'$，また，屈折係数，相当沖波波高 H_0' は

$$K_{rb} = \sqrt{\cos \alpha_0 / \cos \alpha_b} = 0.720, \quad H_0' = H_0 K_{rb} = 1.44 \text{ m}$$

をうる．この H_0' の値は前に仮定した $H_0' = 1.46$ m に近いので，この近

260   第 11 章　波と海岸の水理

似で充分であろう．したがって，砕波高は図 - 11・21 において $h_b/L_0 = 0.0146$ に応ずる H_b/H_0' を読んで

$$H_b = 1.58 \times 1.44 = 2.28 \text{ m}, \quad h_b = 0.0146 \times 225 = 3.28 \text{ m}.$$

（註）　屈折がない場合には，$100 H_0/L_0 = 0.89$, $H_b/H_0 = 1.44$, $H_b = 2.88$ m である．屈折のため，この例題では砕波高がかなり小さくなっている．

【11・22】　海岸の等深線がほぼ直線かつ平行な海岸の波を航空写真でとり，図 - 11・26 をえた．同図において，波 B, C 間の距離 $\overline{B'C'}$ はベンチマークより 78 m，×印は砕波点で砕波の峯線と等深線とのなす角は図上で測って 8.5°, 7.5° および 8.5° である．沖波の性質を求めよ．

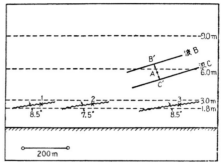

図 - 11・26

解　計算過程を示すと表 - 11・4 のようである．

表 - 11・4

①	②	③	④	⑤	⑥	⑦	⑧	⑨	⑩	⑪	⑫	⑬	⑭
h (m)	L (m)	T (s)	L_0 (m)	h_b (m)	h_b/L_0	H_0'/L_0	H_b/H_0'	H_b (m)	H_0' (m)	α_b	α_0	K_{rb}	H_0 (m)
5.6	78	10.9	185	2.3	0.0124	0.00515	1.68	1.60	0.952	8.2°	30°5′	0.931	1.02

上の表を説明すると

①：図 - 11・26 で $\overline{B'C'}$ の中点 A の水深を読む．②：ベンチマークより $\overline{B'C'} = 78$ m．③：L, h および T の関係を表わす表 - 11・1 から $h = 5$ m, $h = 6$ m の水深において L と T との関係図を描き，両水深において $L = 78$ m になるような周期 T を求める．さらにそれらの値から，$h = 5.6$ m, $L = 78$ m に応ずる T を内挿して求める．④：$L = 1.56 T^2$．⑤：砕波点 1, 2 および 3 の水深を図上で読み，その平均．⑥：⑤を④で割る．⑦，⑧：図 - 11・21 で $h_b/L_0 = 0.0124$ に応ずる $100 H_0'/L_0$ および H_b/H_0' の値を読む．⑨：$H_b/L_0 = (H_b/H_0')(H_0'/L_0) = 0.00865$, $\therefore H_b = $

$0.00865 \times 185 = 1.60 \text{ m}$. ⑩: $H_0' = H_b/1.68$. ⑪: 砕波点における角度の平均で題意より. ⑫: $h_b/L_0 = 0.0124$ に応ずる L_b/L_0 を図-11・21 より読み

$$\frac{L_b}{L_0} = \frac{\sin \alpha_b}{\sin \alpha_0} = 0.288, \quad \alpha_b = 8.2°$$

より $\alpha_0 = 30°5'$. ⑬: $K_{rb} = \sqrt{\cos\alpha_0/\cos\alpha_b}$ より. ⑭: $H_0' = H_0 K_{rb}$ より $H_0 = H_0'/K_{rb} = 0.952/0.931 = \underline{1.02 \text{ m}}$.

以上により，沖波は周期 **10.9 sec**，波高 **1.02 m**，沖波の峯線と海岸等深線とのなす角度は **30°5'** となる．

11・6 波　　　力

波が防波堤などの構造物にあたる場合には，砕波水深より沖側に直立堤があって入射波を完全に反射して重複波を生ずる場合と，波が砕波して構造物に衝突して強大な波力を及ぼす場合とがある．

両者の限界は来襲する沖波の性質が既知であれば，前節でのべた方法によって特定の水深で砕けるかどうかを判別してきめることができる．しかし，実際の海の波は不規則な波高・周期をもつ波の集まりであり，たとえば有義波 $H_{1/3}$ は砕けなくても，1/10 最大波の波は砕けることも考えられるなどのために，砕波限界を波力公式の限界に使用するには注意を要する．現在，普通に用いられているのは半経験的な方法であって堤防前面における水深 h が来襲波の波高 H の2倍か，それ以上の場合には重複波とし，それ以下の場合には砕波とする．

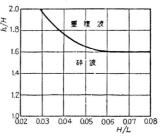

図-11・27

なお，永井博士[*]は混成堤（図-11・33）について，図-11・27 のような限界曲線を与えている．

11・6・1　重複波の波圧

（a）サンフルーの公式　微小振幅波理論によると，重複波の波高は原波の波高の2倍となり，堤防壁面における波圧は p. 233 の（1）式で与

---

[*] 永井荘七郎：港湾工学，（昭．35），p. 54

えられる．実際には，波高中分面の上昇が著しく，波圧計算には有限振幅波としての取り扱いが必要であって，サンフルーがトロコイド波の重複波について求めた次のような波圧公式が用いられる．すなわち，波高 H，波長 L ($=2\pi/k$)，周期 T なる波が水深 h のところにある直立堤防に及ぼす圧力は

$$\frac{p}{w} = -z_0 + H \sin \frac{2\pi t}{T} \left[\frac{\cosh k(h+z_0)}{\cosh kh} - \frac{\sinh k(h+z_0)}{\sinh kh} \right]. \quad (11\cdot 49)$$

上の式において，$w = \rho g$ は海水の単位重量（$w = 1.02 \sim 1.03\,\text{ton/m}^3$），$z_0$ は波がないときの壁面における水分子の座標であって，z 軸は図-11・28 のように静水面を原点として鉛直上向きにとられている．

また，静止時 z_0 にあった

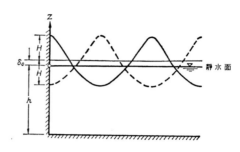

図-11・28

水分子の時刻 t における位置は次式で与えられる（例題 11・23）．

$$z = z_0 + 2\,krr' \sin^2 \frac{2\pi t}{T} + 2\,r' \sin \frac{2\pi t}{T}. \quad (11\cdot 50)$$

$$r = \frac{H}{2} \cdot \frac{\cosh k(h+z_0)}{\sinh kh}, \quad r' = \frac{H}{2} \cdot \frac{\sinh k(h+z_0)}{\sinh kh}. \quad (11\cdot 51)$$

明らかに，圧力の最大，最小は $\sin(2\pi t/T) = \pm 1$ のときに起り，波の峯あるいは波の谷の静水面からの位置は，(11・50) 式で $z_0 = 0$，$\sin(2\pi t/T) = \pm 1$ とおいて次のようになる（図-11・28）．

$$H_c = \delta_0 \pm H, \quad \delta_0 = \frac{\pi H^2}{L} \coth \frac{2\pi h}{L}. \quad \begin{pmatrix} + : \text{波の峯} \\ - : \text{波の谷} \end{pmatrix} \quad (11\cdot 52)$$

また，(11・49) 式で $z_0 = 0$ とおくと波の峯あるいは谷における圧力は 0 となり，水底の圧力 p_b および波圧 p_b' は $z_0 = -h$，$\sin(2\pi t/T) = \pm 1$ とおいて，

$$\frac{p_b}{w} = h + \frac{p_b'}{w} = h \pm \frac{H}{\cosh(2\pi h/L)} \cdot \begin{pmatrix} + : \text{峯} \\ - : \text{谷} \end{pmatrix} \quad (11\cdot 53)$$

さらに，z_0 を与えて (11・50) 式より水分子の位置 z を求め，ついで，(11・49) 式に z_0 を入れてこの水分子のもつ圧力 p を計算すると，点 z に

おける圧力が計算される．

(b) サンフルーの簡略式　上の式における圧力分布の計算結果は図-11・29(a)に示すように，厳密には曲線的に変化するが，この曲線は直線に近いので実用上には直線的な圧力分布を簡略式として用いている．実際

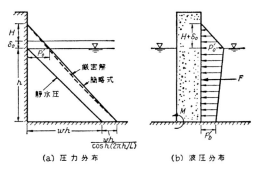

図 - 11・29

の波圧 p' は p より静水圧をひき去ったもので，峯の位相（$\sin 2\pi t/T = 1$）では，図-11・29(b)に示すような分布をもち，静水面における波圧 p_0' は次の式で表わされる．

$$\frac{p_0'}{w} = \left(\frac{p_b'}{w} + h\right)\left(\frac{H+\delta_0}{h+H+\delta_0}\right), \quad \frac{p_b'}{w} = H\frac{1}{\cosh(2\pi h/L)}. \quad (11\cdot54)$$

波圧について，サンフルーの直線分布を用いると，壁の単位長さについての全水平力 F および基礎のまわりの転倒モーメント M は容易に求められ，波の峯の位相において次のようになる．

$$\frac{F}{w} = \frac{(h+H+\delta_0)\{(p_b'/w)+h\}}{2} - \frac{h^2}{2}, \quad (11\cdot55)$$

$$\frac{M}{w} = \frac{(h+H+\delta_0)^2\{(p_0'/w)+h\}}{6} - \frac{h^3}{6}. \quad (11\cdot56)$$

例　題（104）

【11・23】※　静止時 (x_0, z_0) にあった水分子の運動が次の式

$$x = x_0 - 2r \sin kx_0 \sin nt, \quad (1)$$

$$z = z_0' + 2r' \cos kx_0 \sin nt \quad (2)$$

で表わされるとする．この運動がラグランジュの方程式を近似的に満す重複波を表わすことを示し，壁面 $x=0$ における圧力を求めよ．ただし，r，r' は (11・51) 式で与えられるものとする．

解　(1)，(2) 式は波長 $L = 2\pi/k$，周期 $T = 2\pi/n$ をもち，両式より t を消去すると水分子の軌道は次の式

$$\frac{z-z_0{}'}{x-x_0} = -\frac{r'}{r}\frac{\cos kx_0}{\sin kx_0}$$

で表わされる直線であるから，重複波の波形を表わすことが分る．なお（1）式から $x_0=0$ は節で壁面に対応する．

（1），（2）式がラグランジュの方程式を満す証明はトロコイド進行波（例題 11・9）と全く同様であるので，簡単にのべる．

まず，波形の幾何学的な性質から

$$z_0 = \frac{1}{L}\int_0^L z\,dx = \frac{1}{L}\int_0^L z\frac{\partial x}{\partial x_0}dx_0 = z_0{}' - 2\,krr'\sin^2 nt.$$

したがって，（2）式は次のようになる．

$$z = z_0 + 2\,krr'\sin^2 nt + 2\,r'\cos kx_0 \sin nt. \tag{2'}$$

次に，（1），（2′）をラグランジュの連続の式に代入すると

$$\frac{\partial x}{\partial x_0}\frac{\partial z}{\partial z_0} - \frac{\partial x}{\partial z_0}\frac{\partial z}{\partial x_0} = 1 - 4\,k^2(r^2\cos^2 kx_0 + r'^2\sin^2 kx_0)\cos^2 nt$$

$$+ 2\,k^2(r^2+r'^2)\sin^2 nt - 4\,k^3 r(r^2+r'^2)\cos kx_0 \sin^3 nt.$$

$kr(kr')\infty H/L \ll 1$ なることを考慮すると，題意の運動はラグランジュの連続の式を満す．

さらに，（1），（2′）式を運動の方程式に代入すると，1 に対して kr より高次の項を省略して

$$\frac{\partial}{\partial x_0}\left(\frac{p}{\rho}+gz\right) = -\left[\frac{\partial^2 x}{\partial t^2}\frac{\partial x}{\partial x_0} + \frac{\partial^2 z}{\partial t^2}\frac{\partial z}{\partial x_0}\right]$$

$$\fallingdotseq -2\,rn^2\sin kx_0 \sin nt, \tag{3}$$

$$\frac{\partial}{\partial z_0}\left(\frac{p}{\rho}+gz\right) \fallingdotseq 2\,r'n^2\cos kx_0 \sin nt. \tag{4}$$

（4）式を積分して，（3）式を考慮すると

$$\frac{p}{\rho g} \fallingdotseq -z_0 + 2\left(\frac{n^2}{gk}r - r'\right)\cos kx_0 \sin nt + f(t). \tag{5}$$

水表面 $z_0=0$ で大気圧（$p=0$）であるから，$f(t)=0$ とともに波速の関係式

$$n^2 = gk(r'/r)_{z=0} = gk\tanh kh \tag{6}$$

が得られる．$r,\ r'$ の式（11・51）と（6）式を（5）式に入れて書きかえると，壁面 $x_0=0$ における圧力はサンフルーの波圧公式（11・49）に従うこ

とが示される．

【11・24】 水深 $h=10\,\mathrm{m}$ のところに設けられた高さ $15\,\mathrm{m}$ の直立堤に，波高 $H=3\,\mathrm{m}$，波形コウ配 $H/L=1/20$ の波が当る．壁面に峯および谷が生じた場合について直立堤におよぼす圧力の分布図を描け．

解 $2H=6\,\mathrm{m}<h=10\,\mathrm{m}$ であるから，堤防前面の波は重複波である．したがって，サンフルーの式および同簡略式を用いて波圧を計算する．

まず，題意により，$h=10\,\mathrm{m}$, $H=3\,\mathrm{m}$, $L=20H=60\,\mathrm{m}$ であるから，$k=2\pi/L=0.1047(\mathrm{m}^{-1})$, $kh=1.047$, $\sinh kh=1.249$, $\cosh kh=1.600$.
したがって，$\sin 2\pi t/T=\pm 1$ （＋：峯の位相，－：谷の位相）とおいた（11・49），（11・50），（11・51）式に上の数値を代入すると

$$\frac{p}{w}=-z_0+\frac{p_*}{w}=-z_0\pm 3\left[\frac{\cosh k(h+z_0)}{1.600}-\frac{\sinh k(h+z_0)}{1.249}\right], \quad (1)$$

$$z=z_0\pm 2r'(1\pm kr), \qquad (2)$$

$$2r'=\frac{3.0}{1.249}\sinh k(h+z_0), \quad r=\frac{1.5}{1.249}\cosh k(h+z_0). \qquad (3)$$

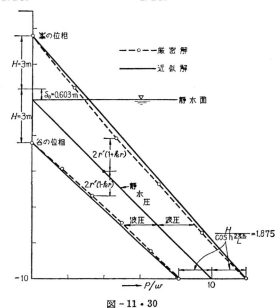

図-11・30

（ただし，(1)，(2) 式の複号は峯の位相で ＋，谷の位相で －）

上の式に $z_0 = 0$，-2，-4，-6，-8 および -10 m（水底）を入れて計算した結果は表 – 11・5 のようになり，z と p/w との関係を峯の位相，谷の位相についてプロットしたものが図 – 11・30 の点線である．サンフルー式による波圧は図の点線と静水圧を示す直線との横距離で与えられ，峯の位相では外側より堤を内側におす方向に，谷の位相では反対側に働く．

表 – 11・5　サンフルー式による圧力分布の計算

z_0 (m)	$k(h+z_0)$	$2r'$ (m)	r (m)	z (m) 峯	z (m) 谷	p_*/w (m)	p/w (m) 峯	p/w (m) 谷	波圧（峯）p'/w
0	1.047	3.00	1.922	3.60	-2.40	0	0	0	0
-2	0.8376	2.255	1.648	0.645	-3.87	0.318	2.32	1.68	2.32
-4	0.6282	1.609	1.446	-2.15	-5.37	0.649	4.65	3.35	2.50
-6	0.4188	1.035	1.308	-4.82	-6.89	1.007	7.01	4.99	2.19
-8	0.2094	0.507	1.227	-7.43	-8.44	1.409	9.41	6.59	1.98
-10	0	0	1.201	-10	-10	1.875	11.88	8.13	1.88

念のため，$z_0 = -4$ m における計算結果を記すと下のようである．

$h+z_0 = 10-4 = 6$ m，　$k(h+z_0) = 0.6282$，　　$\cosh k(h+z_0) = 1.204$，
$\sinh k(h+z_0) = 0.670$．

∴　(3) 式より

$$2r' = \frac{3.0}{1.249} \times 0.670 = 1.609 \text{ m}, \quad r = \frac{1.5}{1.249} \times 1.204 = 1.446 \text{ m}.$$

したがって，(2) 式において

$$z = z_0 \pm 2r'(1 \pm kr) = -4 \pm 1.609(1 \pm 0.1047 \times 1.446) = -2.15 \text{ m（峯）}$$

および -5.37 m（谷）．

また，(1) 式より

$$p/w = 4.0 + p_*/w = 4.0 \pm 3.0\left[\frac{1.204}{1.600} - \frac{0.670}{1.249}\right] = 4.0 \pm 0.649 = 4.65 \text{ m}$$

（峯）および 3.35 m（谷）．

以上のことから，峯の位相では，$z = -2.15$ m のところで $p/w = 4.65$ m，波圧 p'/w は $p'/w = p/w + z = 4.65 - 2.15 = 2.50$ m（ただし，$z > 0$ では静水圧は 0 であるから，p/w をそのまま p'/w とする）．谷の位相では，$z = -5.37$ m で $p/w = 3.35$ m，$p'/w = 3.35 - 5.37 = -2.02$ m．

11・6 波　　　力　　267

サンフルーの簡略式　すでに表–11・5 に示されているように，$z_0 = 0$ で
は峯の位相において

$$z = 0 + [2\,r'(1+kr)]_{z_0=0} = H + \delta_0 = H + \frac{\pi H^2}{L}\coth\frac{2\pi h}{L}$$

$$= 3.0 + 0.603 = 3.60\,\text{m.}$$

また，水底 $z_0 = -h = -10\,\text{m}$ において

$$\frac{p_b}{w} = h + \frac{H}{\coth kh} = 10 + 1.875 = 11.88\,\text{m.}$$

故に，$(z,\ p)$ 面において，静水面上 $H + \delta_0 = 3.60\,\text{m}$ で $p/w = 0$ の点と，
$z = -10\,\text{m}$ で $p/w = 11.88\,\text{m}$ の点とを直線で結んだものが簡略式の圧力分
布である．

〔**類　題**〕　例題 11・24 において，直立堤の幅 1 m 当りの波圧の合力および
転倒モーメントを求めよ．ただし，簡略式を用いる．

　略解　(11・56)，(11・57) 式において，海水の単位重量を $w = 1.025\,\text{tf/m}^3$ と
すると

$$F = 1.025\left[\frac{1}{2}(10+3.6)(1.875+10) - \frac{1}{2}\times10^2\right] = 31.51\,\text{tf/m,}$$

$$M = 1.025\left[\frac{1}{6}(10+3.6)^2(1.875+10) - \frac{1}{6}\times10^3\right] = 204.1\,\text{tf.}$$

（**註**）　最大の波圧は壁面に波の峯が生じたときに起るから，波圧計算はこの場合
について行なう．

【**11・25**】　例題 11・24 において，堤の高さを 12 m としその他は前
と同じであるとすると波は堤頂をこえる．越波がある場合も壁面における波
圧分布は越波がないときと変らないと仮定して波圧の合力および着力点を求
めよ．ただし，簡略式を用いる．

　解　堤防が高く越波がないときには，前の例題で求めたように，底面波
圧は $p_b'/w = 1.875\,\text{m}$，静水面上 3.6 m で $p' = 0$ となる．また，静水面に
おける波圧 p_0' は (11・54) 式より

$$\frac{p_0'}{w} = \left(\frac{p_b'}{w} + h\right)\left(\frac{H+\delta_0}{h+H+\delta_0}\right) = (1.875+10)\frac{3.6}{13.6} = 3.145\,\text{m}$$

となり，波圧分布は図–11・31 のようになる．

　越波があるときには，図の点線を除いた波圧が働くとするから，静水面よ
り $h' = 2\,\text{m}$ の位置（堤頂）における波圧 p' は

$p_t'/w = 3.145(1.6/3.6) = 1.398$ m.

故に，波圧の合力は静水面より上，下の部分に働く合力を $F_1, F_2, w = 1.03$ tf/m³ として

$$F = F_1 + F_2 = \left[\frac{(p_t' + p_0')h'}{2} + \frac{(p_1' + p_b')h}{2}\right]$$
$$= 4.68 + 25.85 = \underline{30.53 \text{ tf/m}}.$$

底から着力点までの鉛直距離を l とすると

$$l(F_1 + F_2) = F_1\left(\frac{h'}{3}\frac{2p_t' + p_0'}{p_t' + p_0'} + h\right)$$
$$+ F_2\left(\frac{h}{3}\frac{2p_0' + p_b'}{p_0' + p_b'}\right).$$

上の式に，$F_1 = 4.68$ tf/m,
$F_2 = 25.85$ tf/m, $h_2' = 2$ m, $h = 10$ m
および $p_t' = 1.03 \times 1.398 = 1.44$ tf/m² などの値を入れて，
$$l = \underline{6.29 \text{ m}}.$$

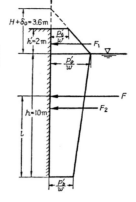

図 – 11・31

11・6・2 砕波の波力

波が構造物の直前で砕波状態となって構造物に衝突し水柱となって高く上昇するときには，強大な衝撃圧力が作用して構造物の滑動，転動の原因となる．砕波の波力については理論的に未解決で，主として実験的に研究されているが，強大な波力の原因として，砕波によって輸送される運動量が衝突によって瞬間的に圧力に変るとするものと，壁面と砕波前部との間にはさまれた空気塊が圧縮され，衝撃的な圧力を及ぼすとする考え方とがある．前者の代表的なものは広井博士や永井博士の公式であり，後者にはミニキン公式がある．

（a） 広井公式 広井博士によって約40年前に導かれ，砕波の波力公式として広く使用されてきたもので，沖波の波高を H_0 とすると，波圧は静水面上 $1.5 H_0$ の高さにおける 0 から静水面まで直線的に増加し，それから水底までは一様な波圧

$$p = 1.5 w H_0 \tag{11・57}$$

を保つとするものである（図 – 11・32 (a)）．この公式による波圧は実際の圧

力分布とはかなり異なるが，この公式によって計算された防波堤が安定に保たれていることからみて，平均的な波圧に関してはほぼ妥当な値を与えるものと考えられている．

なお，設計では図-11・32 (b) のように波圧は直立堤全面(底より波高まで)に一様に作用するものとして計算する場合が多く，また，沖波波高 H_0 の代りに堤防前面における進行波としての波高 H を用いることもある．

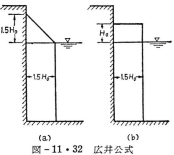

図-11・32 広井公式

(b) ミニキン (Minikin) 公式 ミニキンは壁面と砕波前面との間にはさまれた空気塊がおしつぶされ，それに伴なって衝撃的な波力が発生すると考えたバグノルド (Bagnold) の考え方を発展させ，欧州各地における波力の測定とバグノルドの実験に基づいて，波圧を衝撃圧と静圧とから成るとする次のような式を提案している[*]．

(a) 衝撃圧 図-11・33 のような混成堤 (Composite breakwater) において，堤直立部の水深を h，防波堤前面の水深を h_d，前面における進行波としての波高，波長を H, L とする

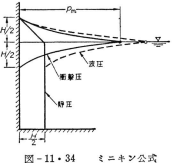

図-11・33　　　　　　図-11・34　ミニキン公式

と，衝撃圧は静水面付近に集中して，図-11・34のようになり次の式で表わされる．

---

[*] 式の導き方については，応用水理学，中．II, p. 573〜575 や佐藤：水理学 p. 369 などを参照されたい．

$$\left.\begin{array}{l}\dfrac{p_{\max}}{w} = 102.4\, h\left(1+\dfrac{h}{h_d}\right)\dfrac{H}{L}, \\[2mm] p_y = p_{\max}\left(1-\dfrac{2y}{H}\right)^2 \quad (y\text{ は静水面から上下に測る}), \\[2mm] \text{合力}\quad F = 2\displaystyle\int_0^{H/2} p_y\, dy = \dfrac{1}{3} p_{\max}\cdot H.\end{array}\right\} \quad (11\cdot 58)$$

すなわち，最大衝撃圧は静水面に起り，静水面より上下 $H/2$ のところで $p_y=0$ となる．

(b) 静 圧

$$\left.\begin{array}{ll} p/w = H/2 - y & \text{(静水面上)}, \\ p/w = H/2 & \text{(静水面下)}.\end{array}\right\} \quad (11\cdot 59)$$

(c) **永井公式** 永井博士* は砕波が混成堤に衝突する直前から直後にわたる波形および堤体の各深さで測られた波圧時間曲線より，砕波の衝突機構について精しい観測を行ない，同時に多数の実験結果をまとめて実験式を提案されている．ごく概略を紹介すると次のようである．

防波堤の一点における砕波の波圧時間曲線は図-11・35 のように，初期のごく短時間の間に圧力が急激に増加して鋭いピークを示し，それから急激に低下してピーク圧の数分の一程度の圧力が台状に持続する．このピーク圧力の作用時間はきわめて短かく，また浅海波の砕波は最初直立部の下部に衝突し順次上方に僅かずつ遅れて衝突するので，ピーク圧力 p_{peak} の起る時刻は各高さによって異なる．したがって，直立壁の受ける最大の波圧合力は各高さにおける p_{peak} のうちの最大値 $p_{\max}$ が起った瞬間における，各点の波圧 p_y を積分したものと考えられる．永井博士はこれを最大同時波圧の合力とよび，防波堤の形，水深，砕波の状態などによって次の 3 種類に大別した．

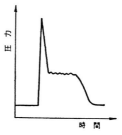

図-11・35

(A 型分布) ミニキンの分布と同様に $p_{\max}$ がほぼ静水面に生じ，静

---

*) 永井荘七郎：防波堤に働く砕波の圧力に関する研究，土木学会論文集，65号，別冊 (3-3)，(昭．34)

水面より上方あるいは下方に y を測ると，同時波圧および合力は次の式で与えられる（図-11・36）．

$$p_y = p_{max}\left(1-\frac{2y}{H}\right)^2, \tag{11・60}$$

$$合力\quad F = 2\int_0^{H/2} p_y dy = \frac{1}{3}p_{max}\cdot H. \tag{11・60'}$$

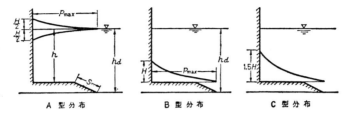

図-11・36　永井公式

（B 型分布）　p_{max} が直立部の基部に起り，それより上部では次の式

$$p_y = p_{max}(1-y/H)^2 \tag{11・61}$$

にしたがって減少し，底より H の高さで 0 となる．

$$合力\quad F = \frac{1}{3}p_{max}\cdot H. \tag{11・61'}$$

（C 型分布）　B 型分布と同様に，p_{max} は直立部の底部に起るが，それより上方では次の式

$$p_y = p_{max}(1-y/1.5H)^2 \tag{11・62}$$

にしたがって減少し，底より $1.5H$ の高さで 0 となる．

$$合力\quad F = \int_0^{1.5H} p_y dy = \frac{1}{2}p_{max}\cdot H. \tag{11・62'}$$

砕波の型（註1．）および p_{max} の値が分ると，(11・60)〜(11・62') 式より波圧分布および波力がきまる．p_{max} を与える実験式は防波堤前面の水深が 5〜10 m，波高 2〜6 m，波長 40〜90 m，周期 $T=5.4$〜9.0 sec の波に対して次のようである．

$$h\left(\frac{h}{h_d}\right)\frac{H}{L} \leqq 0.044 \text{ m のとき,}$$

$$p_{max} = 500\,wh\left(\frac{h}{h_d}\right)\frac{H}{L}+4 \quad (\text{tf/m}^2). \tag{11・63}$$

$$h\left(\frac{h}{h_d}\right)\frac{H}{L} > 0.044 \text{ m} \quad \text{のとき,}$$

$$p_{\max} = (20\sim26) \text{ tf/m}^2 \quad \text{平均 } p_{\max} = 23 \text{ tf/m}^2. \tag{11・64}$$

（註 1.） 永井博士によると，実際の混成堤では C 型分布をする場合が最も多く，A 型がこれに次ぎ B 型は少ない．各型の分布をとる条件には明確でない点も残されているが，大体の基準として S を外側斜面の長さ（図 – 11・33），I を捨石堤の法コウ配とすると

C 型分布の条件： （1）直立壁前面に水平部をもつ混成堤において，I が 1:2 で $S/L < 0.27$ の場合および I が 1:3 で $S/L \leqq 0.50$ の場合.

（2） 直立部前面に水平部がない混成堤において，I が 1:2, 1:3 のすべての場合および I が 1:5 の大部分の場合.

A 型分布の条件： 直立壁前面に相当幅の水平部をもつ高基混成堤（$S/L \geqq 0.27$）において，直立壁前面の水深が比較的浅い場合（$h/H \leqq 1.0$）に，波形コウ配の大きい波（$H/L \geqq 0.045$）が砕波したときに起る．また，外側法コウ配が 1:5 で砕波の周期が短かい（$T < 6.0$ sec）場合.

B 型は A 型から C 型に移る過渡的な現象で，$S/L \geqq 0.27$, $T \fallingdotseq 5.5\sim6.0$ sec の波において $h/H \fallingdotseq 1.0$ となった場合，および $T = 7$ sec 前後の波では $0.60 \leqq h/H \leqq 1.30$ の場合に生ずる．A 型と B 型分布との限界は明瞭でない.

（註 2.） 直立壁の単位面積について考え，砕波によって輸送される質量を ρl，その速度を u，砕波の圧力の作用時間を τ とすると，輸送運動量が力積に等しいことから

$$\rho l u = \int_0^\tau p\, dt \backsim p_{\text{peak}} \cdot \tau.$$

u はほぼ砕波の波速に等しいから

$$p_{\text{peak}} \backsim \rho l\, c_b/\tau. \tag{1}$$

上の式で，作用時間中 u が一定であるとみなすと $l = \tau c_b$ より（1）式は

$$p_{\text{peak}} \backsim \rho\, c_b^2 \tag{2}$$

となり，この種の公式も多い．なお，c_b に対して孤立波の砕波とすると，$c_b \backsim \sqrt{gH_b} \backsim \sqrt{gH}$ となり（2）式は広井公式の形となる（ただし，広井博士の誘導とは異なる）.

永井博士の式（11・63）は（1）式において

$$l \backsim h(h/h_d), \quad \tau \backsim L/c_b \backsim L/\sqrt{gH}$$

を設定したもので，p_{peak} または $p_{\max}$ の基本形は次のようである.

$$p_{\max} \backsim wh\left(\frac{h}{h_d}\right)\frac{H}{L}.$$

11・6 波　　力

（d） 衝突波高　防潮壁や海岸堤防の高さをきめるとき，多くの場合，飛沫は超えるが波は超えない程度を標準としている．この基準における波の打ちあげ高 R_c につては，壁がない場合のその位置における進行波としての波高を H として，次の式

$$R_c = 1.25 H \tag{11・65}$$

がよく用いられる．また，京大防災研究所の実験結果は沖波で整理されており，直立堤の場合，R_c/H_0 が沖波の波形コウ配 H_0/L_0 をパラメーターとして，設置水深 h/L_0 の関数として図-11・37 のように表わされている．本図によると R_c/H_0 の最大値は約 1.4 であるが，堤位置の H が水深の減少のため H_0 より増大することを考えると，（11・65）式の値と似ていると云えよう．

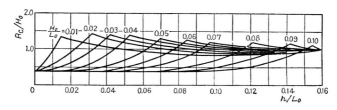

図-11・37　越波限界

例　題　（105）

【11・26】　図-11・38 のような混成堤に周期 8 sec，沖波波高 $H_0 = 3.0$ m の波が当たる．波力（合力）を求めよ．

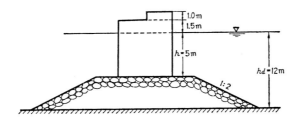

図-11・38

解　まず，防波堤前面における波の性質を求める．沖波波長は $L_0 = 1.56 \times T^2 = 99.84$ m であるから，水深 $h_d = 12$ m における波高，波長は図-11・

274   第 11 章　波と海岸の水理

21 で $h_d/L_0 = 12/99.84 = 0.120$ に応ずる H/H_0, L/L_0 の値を読んで

$$H = H_0 \times 0.92 = 2.76 \text{ m}, \quad L = L_0 \times 0.76 = 75.8 \text{ m}, \quad H/L = 0.0364.$$

　直立部前面の水深は $h = 5 \text{ m} < 2H = 5.52 \text{ m}$ で砕波堤であるから，広井，ミニキンおよび永井公式によって波圧を計算する．なお，海水の単位重量を $w = 1.03 \text{ tf/m}^3$ とする．

　広井公式：　一様な波圧 $p = 1.5 \, wH_0 = 1.5 \times 1.03 \times 3 = 4.64 \text{ tf/m}^2$ (11・57式) が底より静水面上 H_0 まで作用するとみなすのが原則であるが，この例題の堤高は 7.5 m で，$h+H = 8.0 \text{ m}$ より小さい．故に波力の合力は

$$F = 4.64 \times 7.5 = \underline{34.8 \text{ tf/m}}$$

となる．なお，沖波波高でなく堤前面の波高 $H = 2.76 \text{ m}$ を H_0 の代りに用いると，$F = \underline{32.0 \text{ tf/m}}$.

　Minikin 公式：　衝撃圧は静水面より上下 $H/2 = 1.38 \text{ m}$ の範囲に作用し，その最大値および合力は (11・58) 式より

$$p_{\max} = 102.4 \, wh\left(1 + \frac{h}{h_d}\right)\frac{H}{L}$$

$$= 102.4 \times 1.03 \times 5\left(1 + \frac{5}{12}\right) \times 0.0364 = 27.2 \text{ tf/m}^2,$$

$$F = \frac{1}{3} p_{\max} \cdot H = \frac{1}{3} \times 27.2 \times 2.76 = 25.03 \text{ tf/m}.$$

次に静圧の合力は

$$F = \frac{wH}{2}\left(h + \frac{H}{4}\right) = 1.03 \times \frac{2.76}{2}\left(5 + \frac{2.76}{4}\right) = 8.09 \text{ tf/m}.$$

波力は衝撃圧と静圧との和で

$$F = 25.03 + 8.09 = \underline{33.12 \text{ tf/m}}.$$

　永井公式：　捨石堤の斜面の長さは $S = \sqrt{7^2 + 14^2} = 15.65 \text{ m}$. この混成堤は直立部前面に水平部があり，外法コウ配が $1:2$ で $S/L = 15.65/75.8 = 0.206 < 0.27$ であるから，波圧は C 型分布 (註 1.) をし $p_{\max}$ は直立部の基部に現われる．

　$p_{\max}$ の値は $h(h/h_d)(H/L) = 5 \times (5/12) \times 0.0364 = 0.0758 \text{ m} > 0.044 \text{ m}$ であるから，(11・64) 式より

$$p_{\max} \fallingdotseq 23 \text{ ton/m}^2, \quad F = \frac{1}{2} p_{\max} \cdot H = \underline{31.74 \text{ tf/m}}.$$

(註)　波圧分布は公式によって著しく異なる．したがって，転倒モーメントには，かなり大きな差異が現われるが，合力については公式によって極端な差異が現われることは少ない．

【11・27】　図 - 11・39 の海岸堤防に波高 $H_0 = 2$ m，周期 6 sec の計画沖波が来襲するとき，越波を防ぐために必要な堤高とそのときの波力を求めよ．ただし計画高潮時における堤位置の水深を 3 m とする．

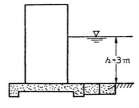

図 - 11・39

解　沖波波長 $L_0 = 56.16$ m，$H_0/L_0 = 2/56.16 = 0.0356$，$h/L_0 = 3/56.16 = 0.0534$ である．波の打ち上げ高さ R_c を求める図 - 11・37 で，横軸 $h/L_0 = 0.0534$，波形コウ配 $H_0/L_0 = 0.0356$ に応ずる R_c/H_0 の値を $H_0/L_0 = 0.03$ と $H_0/L_0 = 0.04$ における R_c/H_0 の値より内挿して，$R_c/H_0 = 1.3$，$R_c ≒ 1.3 \times 2 = \underline{2.6 \text{ m}}$ をうる．

なお，$R_c = 1.25H$ (11・65式) を用いて計算すると，$h/L_0 = 0.0534$ に応ずる H/H_0 を図 - 11・21 より求めて，$H = 1.01H_0 = 2.02$ m．故に，$R_c = 1.25H = \underline{2.53 \text{ m}}$ となり図による結果とほとんど一致する．いま，$R_c = 2.6$ m を用いると，越波を防ぐために必要な堤高は $3.0 + 2.6 = 5.6$ m．

波圧は広井公式によると
$$F = 1.5 wH_0(h+H_0) = 1.5 \times 1.03 \times 2(3+2) = 15.45 \text{ tf/m}.$$

なお，堤体の内側に水がないときには，堤体には波圧とともに静水圧が作用する．その合力の最大値は
$$F_s = \frac{1}{2}w(h+R_c)^2 = \frac{1}{2} \times 1.03 \times (3+2.6)^2 = 16.15 \text{ tf/m}.$$

11・6・3　捨石堤斜面の捨石に働く波力

捨石堤 (Mound breakwater) 斜面上における 1 個の石塊の安定を考える（図 - 11・40）．波が斜面上で砕けると，初め捨

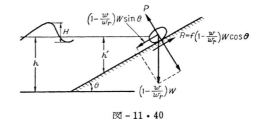

図 - 11・40

石は斜面に直角に下向きに押し下げられ，次に波が引くとき斜面にほぼ直角に上方に押し上げられる．この力 P は捨石堤前面における波高 H に比例すると仮定し（註）

$$P \infty wAH$$

とおく．ここに，w は海水の単位重量，A は捨石の断面積で捨石の単位質量を w_r，重さを W とすると

$$A \infty (\text{体積})^{2/3} = (W/w_r)^{2/3}.$$

一方，波力に対する抵抗力は捨石相互の摩擦係数を f として，$(1-w/w_r) \times W(f\cos\theta - \sin\theta)$ で表わされるから，限界状態では

$$W\left(1 - \frac{w}{w_r}\right)(f\cos\theta - \sin\theta) = fkw\left(\frac{W}{w_r}\right)^{2/3} H.$$

したがって，新しい比例係数を $K = k^3$ として，捨石が安定であるための限界重量は次のようになる．

$$W = \frac{Kw_r f^3 H^3}{\left(\dfrac{w_f - w}{w}\right)^3 (f\cos\theta - \sin\theta)^3}. \tag{11・66}$$

上の式は，イリバーレン (Iribarren) の式をハドソン (Hudson)* が修正したものであって，静水面上 H および静水面下 H の範囲内で，直接砕波の作用を受ける捨石堤表面の石塊の重さをきめるのに用いられる．なお，実験によると，捨石堤では $f =$

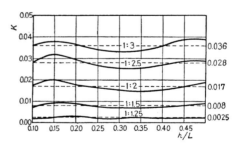

図 - 11・41

1.01～1.10 で平均 1.05，K は図 - 11・41 に示すように主として斜面のコウ配によって変わり，h/L の値によって僅かに変化する．

静水面より波高 H だけ下の点以下の深さ（図 - 11・40 で $h' > H$）における捨石の重さは (11・66) 式における H の代りに次の式

---

*) Hudson: Wave Forces of Breakwater, Proc. A. S. C. E., Vol. 78, No. 113, (1952)

$$H' = \frac{\pi H^2}{L_0 \sinh\dfrac{2\pi h'}{L}} \tag{11・67}$$

を用いて計算する. ここに, L_0 は沖波の波長, h' は被覆石のある位置の水深, L は堤防前面の水深 h における波長である.

なお, ブロック堤では捨石堤の式 (11・66) の K の代りに $1.27K$ を用い, テトラポッドを使用する場合にはその重量を捨石重量の $1/2 \sim 1/3$ にすることができる.

（註） 波力を $P \infty \rho AV^2$ とおくと砕波では流速 $V \fallingdotseq c_b$ (c_b : 砕波の波速) $\fallingdotseq \sqrt{gh_b} \infty \sqrt{gH_b} \infty \sqrt{gH} \therefore P \infty wAH$.

例　題（106）

【11・28】　水深 10 m, 法コウ配 1:2 の捨石堤に $H = 4\,\text{m}$, $T = 8$ sec の波が当たる. 図-11・42 のように, 堤体の使用材料として 3 種類の大きさの捨石を使用するものとして, 安定上必要な捨石の重さを求めよ.

解　周期 8 sec の波の沖波波長は $L_0 = 99.84\,\text{m}$, 水深 10 m における波長は表-11・1 より $L = 70.88\,\text{m}$ である.

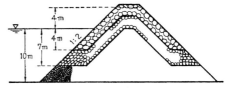

図-11・42

静水面下 $H = 4\,\text{m}$ より上方の砕波の直接作用をうける部分については, (11・66) 式に題意の数値： $f = 1.05$, $\sin\theta = 1/\sqrt{5}$, $\cos\theta = 2/\sqrt{5}$, $w_r = 2.65\,\text{tf/m}^3$, $w = 1.03\,\text{tf/m}^3$, $(w_r - w)/w = 1.572$ および図-11・41 で $h/L = 10/70.88 = 0.41$, 法コウ配 1:2 に応ずる K を読んで求めた値 $K = 0.02$ を代入して

$$W = \frac{0.02 \times 2.65 \times (1.05)^3}{(1.572)^3 \left(1.05 \times \dfrac{2}{\sqrt{5}} - \dfrac{1}{\sqrt{5}}\right)^3} H^3 = 0.1327 H^3 \tag{1}$$

$$= 0.1327 \times 4^3 = \underline{8.49\,\text{tf}.}$$

次に, 水深 $h' = 4\,\text{m}$ のところでは, (11・67) 式の H' として堤防前面 $h = 10\,\text{m}$ における $L = 70.9\,\text{m}$ を用いて

$$H' = \frac{\pi H^2}{L_0 \sinh \frac{2\pi h'}{L}} = \frac{\pi \times 4^2}{99.84 \sinh \frac{2\pi \times 4}{70.9}} = 1.394 \text{ m}.$$

(1)式の H の代りに，上の H' を入れて $W = 0.359$ tf. 同様に，水深 $h' = 7$ m では $H' = 0.761$ m, $W = 0.058$ tf.

以上のことから，静水面下 4 m 以上は 8.49 tf 以上，4 m より 7 m までは 0.359 tf 以上，7 m から底までは 0.058 tf 以上の捨石で被覆すればよい．

11・7 漂　砂

波および流れによって海浜を移動する土砂を漂砂（Sand drift）という．波の峯線が汀線にほぼ平行な場合には，海底の砂が打上げ波とかえり波とによって汀線に直角な方向に移動し，波が斜に当たるときには，汀線に平行方向の漂砂，いわゆる，沿岸漂砂が起る．漂砂量の釣合いが破れたときには，当然海浜に浸食，堆積が起る．汀線に直角方向の漂砂は嵐のときのように波形コウ配の大きい波が来れば，汀線が後退し，嵐がおさまり平穏な波形コウ配が小さい波のもとでは堆積を起して汀線が前進するというように，短期間かつ急激な汀線変化を規定する．一方，後者の沿岸漂砂は海岸における長期間の一方的な変形を規定する点でとくに重要である．

（a）漂砂の性質　沖波の波形コウ配がゆるやかでうねりの性質をおびた波は巻き波（波の前面がほぼ垂直になって砕ける型，図-11・43）で砕波し，海底の砂を洗堀して陸岸に押しやる傾向が強い．したがって，このような波が汀線に斜に砕波すると，砂は汀線部付近を斜に上下運動をしながらジグザグ状に移動し，汀線漂砂が大部分を占める．

波形コウ配の大きい風波は，崩れ波（波の峯が白く泡立ち，それが波の前面に拡がって砕ける型）の状態で砕波し，汀線付近の砂を

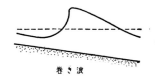

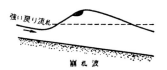

図 - 11・43

沖側に輸送する傾向が強く，砕波点より沖側に沿岸砂州を生じて砕波点付近における浮流漂砂が著しい．両者の限界はほぼ $H_0/L_0 ≒ 0.03$ 付近にある．

（b） 沿岸流速　波が海岸線に斜に砕波すると，砕波によって磯波帯に供給されたエネルギーは，汀線と砕波線との間にほぼ汀線に平行な沿岸流 (Longshore current) および汀線方向の漂砂を誘起する．

いま，図 - 11・44 のように直線状で，かつ平行な等深線をもつ海岸を考え，砕波の峯線と汀線とのなす角を α_b, 砕波線と汀線との距離を l, 波速を $c_b = \sqrt{h_b + H_b}$, 水底コウ配を $i = h_b/l$ とする．汀線の Δx に対する波の峯線は $\Delta x \cos \alpha_b$ であり，波の運ぶエネルギーは単位時間当たり，$c_b(E_b/L_b)\Delta x \cos \alpha_b$ であるから，その海岸線に平行な成分は $c_b(E_b/L_b)\Delta x \cos \alpha_b \cdot \sin \alpha_b$ となる．

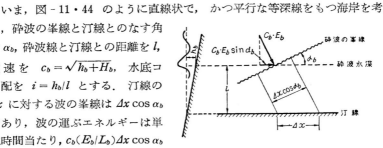

図 - 11・44

このエネルギーの一部 $sc_b(E_b/L_b)\cos \alpha_b \sin \alpha_b \cdot \Delta x$ が沿岸流速 V を涵養し，水底面積 $l\Delta x$ 当りの水底摩擦力 $k\rho V^2 l\Delta x$ (k：摩擦抵抗係数) に対して仕事をすることによって消費されるから，エネルギーの平衡式は

$$sc_b\left(\frac{E_b}{L_b}\right)\cos \alpha_b \sin \alpha_b \cdot \Delta x = \left[k\rho V^2\left(\frac{h_b}{i}\right)\Delta x\right]V.$$

砕波については，孤立波の理論を適用し，$h_b = 1.28 H_b$, $E_b = 2.23 \rho g H_b^3$ (p. 236) および $T = L_b/c_b$ を入れると，沿岸流速 V は次のようになる．

$$V = K\left(\frac{H_b^2 i \sin 2\alpha_b}{T}\right)^{\frac{1}{3}}, \quad \text{ただし } K = \left(\frac{0.871\, gs}{k}\right)^{\frac{1}{3}}. \quad (11\cdot 68)$$

（c） 沿岸漂砂量　沿岸漂砂量 Q_s は汀線の単位長さ当たりのエネルギー成分 $W_l = c_b(E_b/L_b)\cos \alpha_b \sin \alpha_b$ あるいは沿岸流速 V と密接な相関をもつことが予想される．前者については，Caldwell や椹木博士のように $Q_s = kW_l^n$ とした実験式も提案されているが，河川の流砂量式と沿岸流速とを結びつけて最近導かれた岩垣・椹木博士* の漂砂量推定式が理論的根拠も明確で実験結果にもよく適合するので，式の誘導および式形を示すと次のようである．

---

*) 岩垣雄一，椹木亨：沿岸漂砂量の新算定法について，第7回海岸工学講演会講演集，(1960)

280 　第 11 章　波と海岸の水理

沿岸漂砂量 $Q_s(\mathrm{m^3/sec})$ は移動帯の幅を l，汀線に平行な単位幅を単位時間に移動する平均の漂砂量を q_s とすると

$$Q_s = l q_s \tag{a}$$

である．l を沖波の波長 L_0 と $\cos\alpha_b$ との積で割った無次元量は相当沖波波形コウ配 H_0'/L_0 に比例することが知られているので，k_1 を比例定数として

$$\frac{l}{L_0 \cos\alpha_b} = k_1\left(\frac{H_0'}{L_0}\right). \tag{b}$$

次に，沿岸流に伴なう海底の剪断応力が沿岸流速の2乗に比例するものと考え，漂砂量と流速との関係が開水路における流砂量式（ブラウンの式形（10・11式））と同様な形式で表わされるのとして，次の関係式を仮定する．

$$\frac{q_s}{Vd} = k_2\left[\frac{V^2}{sgd}\right]^m. \tag{c}$$

ここに，V は（11・68）式で与えられる沿岸流速，d および s はそれぞれ底質の平均粒径および水中比重である．

（11・68）式を（c）式に，（c），（b）の関係式を（a）式に代入し，さらに砕波高 H_b が相当沖波波高 H_0' にほぼ等しいことを考慮して変形，整理すると次のようになる．

$$\frac{Q_s}{\phi} = \varLambda\left(\frac{E_i\, i^{2/3}}{\phi}\right)^m. \tag{d}$$

ここに

$$\left.\begin{aligned}
&\psi = d i^{1/3} H_0' \sqrt{gH_0'}\left(\frac{H_0'}{L_0}\right)^{\frac{1}{6}}(\sin 2\alpha_b)^{\frac{1}{3}}\cos\alpha_b, \\
&\phi = \rho sgd\, L_b \sqrt{gH_0'}\left(\frac{H_0'}{L_0}\right)^{\frac{1}{6}}(\sin 2\alpha_b)^{\frac{1}{3}}, \\
&E_i = \frac{1}{16}\rho g\left(\frac{L_b H_b{}^2}{T}\right)\sin 2\alpha_b, \\
&\varLambda = \frac{Kk_1 k_2}{(2\pi)^{1/6}}[(2\pi)^{\frac{1}{6}}16K^2]^m.
\end{aligned}\right\} \tag{e}$$

岩垣・椹木博士は実験，実測の結果より $\varLambda$ および m の値をきめ，次の式

$$\frac{Q_s}{\phi} = 31.7\left(\frac{E_i\, i^{2/3}}{\phi}\right)^{\frac{2}{3}} \tag{11・69}$$

をえた．上の式をさらに書直すと次のようになる．

11・7 漂砂

$$Q_s = 0.495 \frac{H_0'\left(\dfrac{H_b{}^2}{T}\right)^{\frac{3}{2}}(\sin 2\alpha_b)^{\frac{4}{3}}\cos\alpha_b}{\left\{\sqrt{gH_0'}\left(\dfrac{H_0'}{L_0}\right)^{\frac{1}{6}}\right\}^{\frac{1}{2}}} \cdot \frac{i^{4/3}}{s^{\frac{3}{2}}d^{\frac{1}{2}}}. \quad (11\cdot70)$$

上の式によると，沖波の入射角 α_0 が 40° のとき漂砂量は最大となり，ま

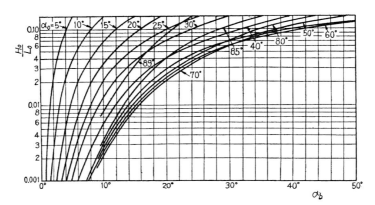

図-11・45 沖波と砕波角との関係

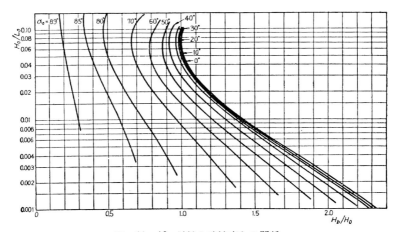

図-11・46 沖波と砕波高との関係

た E_l を一定にすると，$H_0/L_0 \fallingdotseq 0.03$ 付近で漂砂量は最大となる*．これらのことは実験結果とよく一致する．

なお，沖波 (H_0, L_0, α_0) が与えられているとき，沿岸流速や漂砂量を推定するには，H_b，α_b や屈折係数 $K_{rb} = H_0'/H_0$ を知らねばならない．等深線が直線状で平行な海岸についての計算手順は例題 11・21 に示したが，H_b/H_0 および α_b を H_0/L_0 と α_0 との関数として表わす便利な計算図表図 - 11・45，図 - 11・46 が石原・岩垣博士などによって作られている**．

例　　題　(107)

【11・29】　　周期 6 sec，砕波高 1.2 m，砕波角 15° のときの沿岸流速の測定値が $V = 0.65$ m/sec であった．周期 8 sec，沖波波高 2.0 m，$\alpha_0 = 50°$ のときの沿岸流速を求めよ．ただし，海底コウ配を 1/30 とする．

解　　V の観測結果を用い (11・68) 式の比例係数 K を逆算し，波によって K の値は変らないものと仮定して題意の沖波による沿岸流速を求める．

まず，観測結果の数値を入れて

$$K = \frac{V}{\left(\dfrac{H_b{}^2 i \sin 2\alpha_b}{T}\right)^{\frac{1}{3}}} = \frac{0.65}{\left(1.2^2 \times \dfrac{1}{30} \times \sin 30° \times \dfrac{1}{6}\right)^{\frac{1}{3}}} = 4.10.$$

次に，周期 8 sec の波の沖波は

$$L_0 = 99.8 \text{ m}, \quad H_0/L_0 = 2/99.8 = 0.02, \quad \alpha_0 = 50°$$

であるから，図 - 11・45，図 - 11・46 より

$$\alpha_b = 17.2°, \quad H_b/H_0 = 1.02 \text{ より } \quad H_b = 2.04 \text{ m}.$$

これらの数値を (11.68) 式に入れて

$$V = K\left(\frac{H_b{}^2 i \sin 2\alpha_b}{T}\right)^{\frac{1}{3}} = 4.10\left(\frac{2.04^2 \times (1/30) \times \sin 34.4°}{8}\right)^{\frac{1}{3}}$$

$$= 0.877 \text{ m/sec}.$$

【11・30】　　周期 10 sec，波高 2.0 m の沖波が $\alpha_0 = 30°$ の角度で海岸に来襲する．水底コウ配が 1/50，海浜の砂の径が 0.8 mm として沿岸漂砂量を求めよ．

解　　例題 11・29 と同様に砕波角度 α_b および砕波高 H_b は図 - 11・45，

---

*)　岩垣・椹木，前出論文．
**)　水理公式集，p. 259〜260

図 - 11・46 において，$H_0/L_0 = 2/156 = 0.0128$，$\alpha_0 = 30°$ に応ずる値を読んで

$$\alpha_b = 10°, \quad H_b/H_0 = 1.28 \text{ より } H_b = 2.56 \text{ m}.$$

また，屈折係数は $K_{rb}(\equiv H_0'/H_0) = \sqrt{\dfrac{\cos\alpha_0}{\cos\alpha_b}}$ （11・48式）であるから

$$K_{rb} = \sqrt{\cos 30°/\cos 10°} = \sqrt{0.866/0.985} = 0.938$$
$$\therefore H_0' = K_{rb} H_0 = 1.88 \text{ m}.$$

故に，漂砂量の推定式（11・70）式

$$Q_s = 0.495 \left[\frac{H_0'\left(\dfrac{H_b^2}{T}\right)^{\frac{3}{2}} \sin(2\alpha_b)^{\frac{4}{3}} \cos\alpha_b}{\left\{\sqrt{gH_0'} \cdot (H_0'/L_0)^{\frac{1}{6}}\right\}^{\frac{1}{2}}} \right] \frac{i^{\frac{4}{3}}}{s^{\frac{3}{2}} d^{\frac{1}{2}}}$$

に $H_0' = 1.88$ m，$H_b = 2.56$ m，$T = 10$ sec，$\alpha_b = 10°$，$i = 1/50$，$s = \dfrac{2.65 - 1.03}{1.03} = 1.57$ （砂粒の比重：2.65，海水の比重：1.03）および $d = 0.08 \times 10^{-2}$ m を代入して計算すると

$$Q_s = 0.495 \left[\frac{0.2345}{1.434}\right] \times \frac{1}{10.25} = 7.90 \times 10^{-3} \text{ m}^3/\text{sec}.$$

【11・31】 図 - 11・47 のような平面形をもつ海岸に，風速 10 m/sec，方向 NNE の季節風が卓越して吹く．この風に対する図の A, B および C 点の沿岸漂砂量を求め，海岸変形の傾向を推定せよ．ただし，NNE の風に対する A, B, C 点の吹送距離は，それぞれ，40 km, 50 km, 85 km とし，水底コウ配はいずれも 1/50，海浜の砂の平均粒径は 0.8 mm とする．

解 S-M-B 法（図 - 11・16）により与えられた風速 V，吹送距離 F に応ずる沖波の波高 H_0 および周期 T（波長 L_0）を

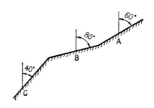

図 - 11・47

A, B, C 点について求め，さらに前の例題と同様にして各点における漂砂量

284　　　　　　　　第 11 章　波と海岸の水理

Q_s を計算する．計算結果の要目を示すと表 – 11・6 のようである．

表 – 11・6

題　意	沖　　波				砕　　波				相 当沖 波	
	F (km)	α_0 (度)	H_0 (m)	T (sec)	L_0 (m)	H_b (m)	α_b (度)	K_{rb}	H_0' (m)	Q_s (m³/sec)
A	40	30	1.45	4.8	35.9	1.45	15.2	0.947	1.373	5.13×10^{-3}
B	50	10	1.60	5.15	41.4	1.68	5.1	0.994	1.59	2.03×10^{-3}
C	85	50	1.80	5.75	51.6	1.48	21.0	0.829	1.492	6.36×10^{-3}

　　上の表より，B 点の漂砂量は A 点の値より小さく，BA 間の海岸に砂が堆積し，CB 間の海岸は B 点における流入砂量より C 点の流出砂量が大きく，浸食される傾向にあると予想される．

第12章 地下水と浸透

12・1 ダルシーの法則と基礎方程式

地下の土砂層を構成する土砂粒の間には無数の空隙があり,地下水はこの空隙中を緩い速度で流れる.空隙容積の全容積に対する比を空隙率とよび,その値は粗い砂で 39~41%,中位の砂で 41~48%,細かい砂で 44~49%,細かい砂質ロームで 50~54% 程度である.

12・1・1 ダルシーの法則

図-12・1 のように,断面積 A,長さ Δs の砂層の両端に,動水コウ配 $-\Delta h/\Delta s$ を与えたときの流量 Q について,1856年ダルシー(Darcy)は次の実験的法則

$$Q = -kA\frac{\Delta h}{\Delta s} \quad (12・1)$$

を与えた*. また,地下水の速度を $V=Q/A$ で定義すると,水の実質的な速度 V' は,λ を空隙率のとして水の通る断面積が λA であるから

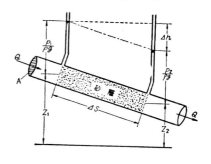

図-12・1

$$V = \lambda V' = -k\Delta h/\Delta s. \quad (12・2)$$

上の両式における k は速度〔LT^{-1}〕の次元をもち,透水係数(Coefficient of Permeability)とよばれて,次のような実験式が提案されている.

(i) ヘーズン(Hazen)の式:

$$k = 116 d_e^2(0.7+0.03 t). \quad \text{(cm/sec)} \quad (12・3)$$

ここに,t は水温(°C),d_e は有効径(cm)で,径 d_e cm 以下の粒子の重量が土砂全重量の 10% になるような粒径(d_{10})である.

(ii) コッエニー(Kozeny)の式:

$$k = \frac{cg}{\nu}\frac{\lambda^3}{(1-\lambda)^2}d_s^2, \quad c=0.003\sim0.006. \quad (12・4)$$

---

*) 式中の負号は $h=(p/\rho g)+z$ の減少する方向に地下水が流れることを示す.

286 　　　　　　　　第 12 章　地下水と浸透

　上の式は次元的に正しく，透水係数は粒径 d_s の 2 乗に比例し，動粘性係数 ν に逆比例する．また，空隙率および砂粒の形状によって変化する．c は砂粒の形状に関係する定数である．なお，d_s は篩目 d_1 と d_2 との間にある土砂量の全土砂量に対する比を $\varDelta_{12}$，$d_{12}=\sqrt{d_1 d_2}$ として（註）

$$1/d_s = \Sigma(\varDelta_{12}/d_{12}). \tag{12・5}$$

　(12・3), (12・4) 式の形は空隙内の流れが層流である場合，すなわち，レイノルズ数 $R_e = V d_s/\nu < 4$ 程度のときに適用される．

(iii)　フェヤ・ハッチ（Fair-Hatch）の式：

　$V d_s/\nu$ が大きい乱流状態の流れを包括する式としては，フェヤおよびハッチ＊ が広範な実験資料に基づいて作成した次の式が米国でよく用いられる．

$$\left.\begin{aligned}
k &= 0.937\, g\, \frac{\lambda^4}{C_D}\frac{d_s}{V}, \\
C_D &= \frac{24}{R_e}+\frac{3}{\sqrt{R_e}}+0.34, \quad R_e = \frac{V d_s}{\nu}.
\end{aligned}\right\} \tag{12・6}$$

　上の式において $R_e < 1$ の場合には，$C_D \fallingdotseq 24/R_e$.

$$\therefore \quad k = 0.039\frac{g}{\nu}\lambda^4 d_s^2 \tag{12・6'}$$

となり，コッエニーの式形に帰着する．

　なお，透水係数の概略値を下表に示す．

表 - 12・1

	粘　土	沈　泥	微細砂	細　砂	中　砂	粗　砂	小砂利
粒　径 (mm)	$0\sim0.01$	$0.01\sim0.05$	$0.05\sim0.10$	$0.10\sim0.25$	$0.25\sim0.50$	$0.5\sim1.0$	$1.0\sim5.0$
k (cm/sec)	3×10^{-6}	4.5×10^{-4}	3.5×10^{-3}	0.015	0.085	0.35	3.0

（註）　コッエニーの原論文では $\dfrac{1}{d_{12}} = \dfrac{1}{3}\left(\dfrac{1}{d_1}+\dfrac{2}{d_1+d_2}+\dfrac{1}{d_2}\right)$ となっているが，$d_{12}=\sqrt{d_1 d_2}$ の方が簡明であるし，また，両者による計算値はほとんど一致する．

＊)　G. B. Fair and J. C. Geyer: Water Supply and Waste Water Disposal, John Wiley, New York, (1954)
　　L. P. Hatch; Flow through Granular Media, Jour. App. Mech., Vol. 7, No. 3, (1940)

例　題 (108)

【12・1】 図-12・2 に示すように，地下水の流れの方向に二つの井戸を設け，上流の井戸で塩化アンモニウムを投入し，下流側の井戸で連続的検出を行なって，5 時間 30 分後にその濃度中心を見出した．井戸の水位差が 18 cm 間隔が 12 m のとき，透水係数を求めよ．ただし，土砂の空隙率を 0.41 とする．

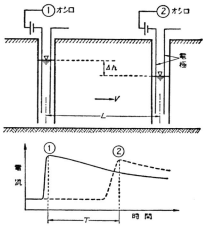

図-12・2

解　図-12・2 の記号を用いると，化学薬品液は水の実質的な速度 V' で流れるから，動水コウ配を $\Delta h/L$ として

$$V' = \frac{L}{T} = k\frac{\Delta h}{\lambda L} \quad (12\cdot 2 式) より \quad k = \frac{\lambda L^2}{\Delta h \cdot T}.$$

m·min 単位を用い題意の数値を入れると

$$k = \frac{0.41 \times 12^2}{0.18 \times 330} = 0.994 \text{ m/min} = 1.66 \text{ cm/sec}.$$

【12・2】（変水頭法による k の測定）　図-12・3 の変水頭透水計に直径 10 cm，厚さ 15 cm の資料を入れたとき，径 8 mm の目盛計の水位が 2 分間に 82 cm から 30 cm に降下した．実験時の水温が 30℃ であったとすると，温度 10℃ のときの透水係数を求めよ．ただし，目盛計の水位は一定に保たれた下水面より測られている．

解　資料室，目盛計の断面積をそれぞれ A, a とし，目盛計の水位が時刻 t に h にあったとする．浸透流量 Q はダルシーの定理と連続の式とから

$$Q = kA\frac{h}{L} = -a\frac{dh}{dt}.$$

$t = 0$ で $h = h_0$ として積分すると

$$\log_e(h_0/h) = (kA/La)t.$$

したがって，$t = t_1$ で $h = h_1$ とすると，透水係数 k は

$$k = \frac{a}{A} \cdot \frac{L}{t_1} \log_e \frac{h_0}{h_1}$$

$$= 2.30 \frac{a}{A} \cdot \frac{L}{t_1} \log_{10} \frac{h_0}{h_1}.$$

題意の数値 $a/A = (0.8/10)^2 = 0.64 \times 10^{-2}$，$L = 15$ cm，$t_1 = 120$ sec，$h_0/h_1 = 82/30 = 2.73$ を上式に代入すると，実験時 (30℃) における透水係数は $k = 8.05 \times 10^{-4}$ cm/sec となる．

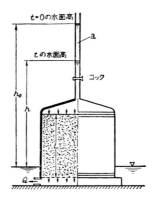

図 - 12・3

次に，コッゼニーの式 (12・4) から明らかなように，k は動粘性係数 ν に逆比例する．したがって，温度 10℃ における量に添字 10 をつけると，上巻 p. 280 の付表 - 1 より

$$k_{10} = \frac{\nu_{30}}{\nu_{10}} k_{30} = \left(\frac{0.804 \times 10^{-2}}{1.308 \times 10^{-2}} \right) \times 8.05 \times 10^{-4} = 4.95 \times 10^{-4} \text{ cm/sec.}$$

【12・3】 面積 60 m² のろ過池 (図 - 12・4) で，ろ床のうち第 1 層の砂層厚は 90 cm，空隙率は 0.41，砂の粒度は下表 ①，② および ③ 欄のようである．また第 2 層は径 3〜10 mm の砂利で厚さ 20 cm，第 3 層は径 10〜30 mm のもので厚さは 20 cm である．ろ過水量が 270 m³/day のとき，ろ過池水面とろ過水の引出し水面との水位差を求めよ．ただし，Fair-Hatch の式を用い，水温は 20.5℃ とする．

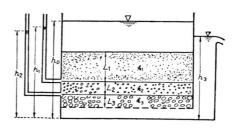

図 - 12・4

粒径 (mm)	① d(cm) 幾何平均	② $\varDelta$	③ 累積量 %	④ $\varDelta/d$
1.41〜1.00	0.119	0.053	100	0.44
1.00〜0.71	0.0842	0.121	94.7	1.44
0.71〜0.50	0.0595	0.251	82.6	4.22
0.50〜0.35	0.0419	0.434	57.5	10.36
0.35〜0.25	0.0294	0.106	14.1	3.60
0.25〜0.177	0.0210	0.035	3.5	1.67
計		1.00		21.73

解 ろ過池の底面より

12・1　ダルシーの法則と基礎方程式

測ったピエゾメーターの高さを $h=(p/\rho g)+z$ とおき，第1層と第2層との境界の h を h_1，第2層と第3層との境界を h_2 とし，ろ過池および引出し水位の高さをそれぞれ h_0, h_3 とする．第 1, 2 および3層の厚さを L_1, L_2, L_3，透水係数をそれぞれ k_1, k_2 および k_3 とすると，ダルシーの定理および連続の式より

$$V = k_1 \frac{h_0-h_1}{L_1} = k_2 \frac{h_1-h_2}{L_2} = k_3 \frac{h_2-h_3}{L_3}.$$

故に，$h_0-h_3 \equiv H = (h_0-h_1)+(h_1-h_2)+(h_2-h_3)$ とおくと

$$H = V\left(\frac{L_1}{k_1}+\frac{L_2}{k_2}+\frac{L_3}{k_3}\right). \tag{1}$$

上の式において，$V = Q/A = 270/60 = 4.5\,\text{m/day} = 5.208 \times 10^{-3}\,\text{cm/sec}$ であるから，まず，Fair-Hatch の式（12・6）より各層の透水係数を計算して H を求める．

（ⅰ）　砂層：表の ④ 欄のように $\mathit{\Delta}/d$ を計算して合計すると，$\Sigma(\mathit{\Delta}/d) = 21.73 = 1/d_s$（12・5 式）より　$d_s = 0.046\,\text{cm}$ となる．また，温度 20.5°C（$\nu = 0.99 \times 10^{-2}\,\text{cm}^2/\text{sec}$）におけるレイノルズ数は

$$R_e = V d_s/\nu = 5.208 \times 10^{-3} \times 0.046/0.99 \times 10^{-2} = 0.0242$$

故に，（12・6）式より

$$C_D = \frac{24}{R_e}+\frac{3}{\sqrt{R_e}}+0.34 = 992+19.3+0.34 = 1012,$$

$$k_1 = 0.937\,g\,\frac{\lambda^4}{C_D} \cdot \frac{d_s}{V} = 0.937 \times 980 \times \frac{(0.41)^4}{1012} \times \frac{0.046}{5.208 \times 10^{-3}}$$

$$= \underline{0.226\,\text{cm/sec}.}$$

（ⅱ）　第2層以下は粒径が大きく，実用上には無視して差支えない程度と予想されるが，念のため計算しておく．第2層の d_s として幾何平均 $d_s = \sqrt{3 \times 10} = 5.48\,\text{mm} = 0.548\,\text{cm}$ を用いると，（12・6）式において，$R_e = 0.288$，$C_D = 83.7+5.6+0.34 = 89.2$．砂利の空隙率も砂と同じと仮定すると，$\underline{k_2 = 30.6\,\text{cm/sec}.}$　第3層も同様にして，$d_s = 1.73\,\text{cm}$, $R_e = 0.91$, $C_D = 29.8$, $\underline{k_3 = 289\,\text{cm/sec}.}$

（ⅲ）　上に求めた各層の k の値および題意の層厚 L の値を（1）式に代入すると

$$H = V\left(\frac{L_1}{k_1} + \frac{L_2}{k_2} + \frac{L_3}{k_3}\right) = 5.208 \times 10^{-3}\left(\frac{90}{0.226} + \frac{20}{30.6} + \frac{20}{289}\right)$$
$$= 2.08 \text{ cm}.$$

（註 1.）　第1層の砂層では，R_e の値が小さく直ちに簡略式（12・6′）を用いてよい．簡略式によると

$$k = 0.039 \cdot \frac{g\lambda^4 d_s^2}{\nu} = 0.039 \times \frac{980 \times (0.41)^4 \times (0.046)^2}{0.99 \times 10^{-2}} = 0.231 \text{ cm/sec}.$$

（註 2.）　第1層の透水係数をヘーズンの式（12・3）およびコッゼニーの式（12・4）より求めておく．

ヘーズンの式：

$$k = 116 d_e^2(0.7 + 0.03\,t) = 116 \times (0.032)^2(0.7 + 0.03 \times 20.5) = \underline{0.156 \text{ cm/sec}}.$$

（ただし，$d_e = d_{10} = 0.32$ mm）

コッゼニーの式：

$$k = \frac{0.0045\,g}{\nu} \cdot \frac{\lambda^3}{(1-\lambda)^2} d_s^2 = \frac{0.0045 \times 980}{0.99 \times 10^{-2}} \times \frac{(0.41)^3}{(0.59)^2} \times (0.046)^2$$
$$= \underline{0.187 \text{ cm/sec}}.$$

透水係数の計算値は公式によってかなり異なる．

12・1・2　地下水の基礎方程式

（a）連続の式と流れの関数　水平面に x, y 軸，鉛直上方に z 軸をとり，地下水流の速度成分をそれぞれ (u, v, w) とすると，連続の式は非圧縮性流体の場合と全く同様に（上巻, p. 64），次の式

$$\frac{\partial u}{\partial x} + \frac{\partial v}{\partial y} + \frac{\partial w}{\partial z} = 0 \tag{12・7}$$

で与えられる．

とくに，z 方向（あるいは y 方向）には運動の変化のない2次元流*の場合には，連続の式は

$$\frac{\partial u}{\partial x} + \frac{\partial v}{\partial y} = 0 \ \left(\text{あるいは} \frac{\partial u}{\partial x} + \frac{\partial w}{\partial z} = 0\right) \tag{12・7′}$$

となり，上の式を恒等的に満す流れの関数（Stream function）Ψ が導入される．Ψ は次の式

$$u = \frac{\partial \Psi}{\partial y}, \quad v = -\frac{\partial \Psi}{\partial x} \ \left(\text{あるいは} u = \frac{\partial \Psi}{\partial z}, \ w = -\frac{\partial \Psi}{\partial x}\right) \tag{12・8}$$

---

*）　河川堤防を浸透する地下水は xz 面内に流れ，厚さ一定な帯水層から井戸で被圧地下水をくみ上げるときには，xy 面内に流れが起る．

12・1 ダルシーの法則と基礎方程式

で定義され，$\varPsi =$ 一定なる曲線は流線を表わすことが証明される（註）．

（ｂ）運動方程式とポテンシャル流れ　地下水流の圧力を p，透水係数を k，空隙率を λ とし

$$h = z + \frac{p}{\rho g} \tag{12・9}$$

とおくと，地下水流の運動方程式は次の式

$$\left.\begin{array}{l} \dfrac{1}{\lambda g}\dfrac{\partial u}{\partial t} = -\dfrac{\partial h}{\partial x} - \dfrac{u}{k}, \quad \dfrac{1}{\lambda g}\dfrac{\partial v}{\partial t} = -\dfrac{\partial h}{\partial y} - \dfrac{v}{k}, \\[2mm] \dfrac{1}{\lambda g}\dfrac{\partial w}{\partial t} = -\dfrac{\partial h}{\partial z} - \dfrac{w}{k} \end{array}\right\} \tag{12・10}$$

で表わされる（例題 12・4）．

とくに，地下水の流れが定常的である場合には

$$u = -k\frac{\partial h}{\partial x}, \quad v = -k\frac{\partial h}{\partial y}, \quad w = -k\frac{\partial h}{\partial z}$$

であるから*，透水係数が一定の場合には，次の式

$$\varPhi = kh = k\left(z + \frac{p}{\rho g}\right) \tag{12・11}$$

で定義される速度ポテンシャル $\varPhi$ を導入すると，速度成分 u, v および w は次の式

$$u = -\frac{\partial \varPhi}{\partial x}, \quad v = -\frac{\partial \varPhi}{\partial y}, \quad w = -\frac{\partial \varPhi}{\partial z} \tag{12・12}$$

で与えられる．上の式を（12・7）式に代入すると

$$\frac{\partial^2 \varPhi}{\partial x^2} + \frac{\partial^2 \varPhi}{\partial y^2} + \frac{\partial^2 \varPhi}{\partial z^2} = 0 \tag{12・13}$$

が得られる．すなわち，地下水流の定常流れはラプラスの方程式を満し，ポテンシャル流であることがわかる（上巻，3・3節参照）．また，xy 平面（あるいは，xz 平面）における 2 次元流れでは，（12・8），（12・12）式より

$$\frac{\partial \varPhi}{\partial x}\cdot\frac{\partial \varPsi}{\partial x} + \frac{\partial \varPhi}{\partial y}\cdot\frac{\partial \varPsi}{\partial y} = 0 \quad \text{あるいは} \left(\frac{\partial \varPhi}{\partial x}\cdot\frac{\partial \varPsi}{\partial x} + \frac{\partial \varPhi}{\partial z}\cdot\frac{\partial \varPsi}{\partial z} = 0\right)$$

が成り立つから，<u>等ポテンシャル線 $\varPhi =$ 一定と流線 $\varPsi =$ 一定とは直交する</u>．

（註）　xz 平面における 2 次元流では，（12・8）式より

---

*）　ダルシーの法則の一般化にあたる．

$$d\Psi = \frac{\partial \Psi}{\partial x}dx + \frac{\partial \Psi}{\partial z}dz = -w\,dx + u\,dz.$$

一方，2次元定常流の流線は $w/u = dz/dx$（3・1式）で表わされるから，流線上では $d\Psi = 0$ となり Ψ は一定値をもつ.

例 題 （109）

【12・4】※ 地下水流を水が無数の空隙中を緩い速度で流れる現象とみなし，粘性流体に関するナビヤー・ストークスの式から地下水流の運動の方程式を導け.

解 地下水流の速度は甚だ小さく，ナビヤー・ストークスの式（3・34）において，速度の2乗以上の項は省略できるから，空隙を流れる水の実際の速度を u', v' および w' とすると

$$\left.\begin{aligned}
\frac{\partial u'}{\partial t} &= -\frac{1}{\rho}\frac{\partial p}{\partial x} + \nu\nabla^2 u', & \frac{\partial v'}{\partial t} &= -\frac{1}{\rho}\frac{\partial p}{\partial y} + \nu\nabla^2 v', \\
\frac{\partial w'}{\partial t} &= -\frac{1}{\rho}\frac{\partial p}{\partial z} - g + \nu\nabla^2 w'.
\end{aligned}\right\} \tag{1}$$

ここに，$\nabla^2 = \dfrac{\partial^2}{\partial x^2} + \dfrac{\partial^2}{\partial y^2} + \dfrac{\partial^2}{\partial z^2}$.

地下水は土砂の粒径 d に比例する空隙の間を水が層流状態で流れるのであるから，（1）式の粘性項 $\nabla^2 u' \backsim u'/L^2$ における L は空隙のスケール，すなわち，d に比例し，他に空隙率 λ の関数であるとみなすことができる. したがって

$$\nu\nabla^2 u' = -k'\frac{\nu u'}{d^2}, \quad \nu\nabla^2 v' = -k'\frac{\nu v'}{d^2}, \quad \nu\nabla^2 w' = -k'\frac{\nu w'}{d^2}. \tag{2}$$

ここに，k' は λ の関数であり，負号は粘性項が抵抗を表わすために導入されている.

さらに，地下水の速度 (u, v, w) と水の実際の速度 (u', v', w') との間に，$u = \lambda u'$, $v = \lambda v'$, $w = \lambda w'$ の関係（12・2式）があることを考慮して

$$k = \frac{\lambda g d^2}{\nu k'}, \quad h = z + \frac{p}{\rho g}$$

とおくと，直ちに地下水流の運動方程式（12・10）をうる.

【12・5】※ 不透水層上に作られた土のダムを浸透する流れは，図‐12・5のように，静水域境界（図の AB, CD），不浸透境界（BC），自由水面（AE）および下流側に浸出面（DE）をもつ. これらの面における境界条件を速度ポ

12・1 ダルシーの法則と基礎方程式

テンシャルと流れの関数を用いて表わせ.

解 z 軸を鉛直上向きにとり，境界に直角な方向の長さを n とする.

<u>静水域境界</u>：静水圧は水深に比例するから，境界 AB にそっては，

$$\Phi = kh = k(z + p/\rho g)$$
$$= kh_1 = 一定,$$

境界 CD にそっては，$\Phi = kh = kh_2 = $ 一定となる．すなわち，静水域境界は等ポテンシャル線で流線はそれに直交するから

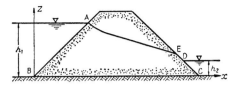

図 - 12・5

$$\Phi = 一定, \quad \partial\Psi/\partial n = 0. \qquad (1)$$

<u>不浸透境界</u>：地下水は岩盤や粘土層のような不浸透境界にそって流れるから，不浸透境界は流線に他ならない．また，面に垂直な流れはあり得ないから

$$\Psi = 一定, \quad -\partial\Phi/\partial n = 0. \qquad (2)$$

<u>自由水面</u>：大気圧に接した流線であるから

$$p = p_0, \quad \Phi = kz + 一定, \quad \Psi = 一定. \qquad (3)$$

<u>浸出面</u>：大気圧に接しながら，地下水が浸出しごく薄い層をなして流下している面で，流線ではない.

$$p = p_0, \quad \Phi = kz + 一定. \qquad (4)$$

【12・6】 ろ過速度 120 m/day で作業している急速ろ過池において，ろ過開始後，砂層表面から 5 cm，15 cm および 25 cm の位置に設けたピエゾメーターの水位は時間とともに，表 - 12・2 のように低下した．ピエゾメーター水位の基準線より測ったろ過池水面は常に 2.5 m，ろ過池水深は 0.9 m とするとき，表層（砂層表面〜5 cm），第 2 層（5〜15 cm），第 3 層（15〜25 cm）

表 - 12・2 （ろ過池水面：2.500 m）

時刻 (hr)		0	3	6	9	12	15	18	21	24
水頭 h (m)	5 cm 位置 ①	2.483	2.401	2.301	2.193	2.078	1.942	1.780	1.633	1.472
	15 cm 位置 ②	2.458	2.351	2.223	2.102	1.970	1.803	1.608	1.419	1.220
	25 cm 位置 ③	2.427	2.325	2.204	2.069	1.932	1.762	1.564	1.372	1.168

の透水係数および各層境界面における圧力水頭の時間的変化を求めよ．

解 ろ過池の水の流れは鉛直方向であるから，(12・12), (12・11) 式より，z 軸を基準線より鉛直上方にとって，
$$w = -\frac{\partial \Phi}{\partial z}, \quad \Phi = kh, \quad h = z + \frac{p}{\rho g}. \tag{1}$$

(ⅰ) 圧力水頭：各位置における圧力水頭 $p/\rho g$ は表-12・2 のピエゾメーター水頭 h より高度水頭 z を引いたもので，砂層表面より 5 cm, 15 cm, 25 cm の位置における z の値は，題意によりそれぞれ

$$2.5 - 0.9 \,(水深) - 0.05 = 1.55 \text{ m}, \quad 1.45 \text{ m} \text{ および } 1.35 \text{ m}$$

である．したがって，表-12・2 の ①, ②, ③ 行よりそれぞれ，1.55 m, 1.45 m, 1.35 m を引いたものが各位置における圧力水頭を与える．明らかに，21〜24 時間を経過すると，ろ床内に負圧があらわれている．

(ⅱ) 透水係数：各層厚 Δz 間において，k は一定とみると (1) 式より

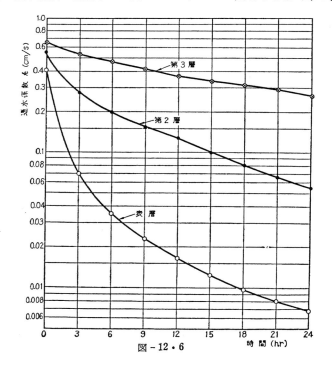

図-12・6

$$k = -w\Delta z/\Delta h. \qquad (2)$$

上の式において，$-w = 120$ m/day $= 0.139$ cm/sec で，Δh は Δz へだてた2点のピエゾメータ水頭の差であるから，(2)式および表-12・2 の数値を用いて各層における平均的な k が求まる．例として 6 hr における表層と第2層の k を求めると

$$\text{表層}: k = -w\frac{\Delta z}{\Delta h} = 0.139 \times \frac{5}{(2.500 - 2.301)} = 0.0349 \text{ cm/sec.}$$

$$\text{第2層}: k = -w\frac{\Delta z}{\Delta h} = 0.139 \times \frac{10}{(2.301 - 2.233)} = 0.204 \text{ cm/sec.}$$

計算の結果を図-12・6に示した．フロックなどの浸入のため砂層が閉塞し，時間の経過とともに各層とも透水係数が減少すること，およびろ層の閉塞は表層部に著るしいことがわかる．

12・2 井戸の問題

上下を粘土層などの不透水層ではさまれた透水層のなかに，圧力をうけた状態で存在する地下水 (被圧地下水)を汲み上げる型式の井戸を掘抜井戸 (Artesian well) という．また，不透水層上に自由表面を持って存在する地下水を汲み上げる井戸の内，井戸の底が不透水層まで達しているものを深井戸 (Deep well)，不透水層に達しないものを浅井戸 (Shallow well) という*．

12・2・1 掘抜井戸

(a) 水頭分布　　図-12・7 のように厚さ c の水平帯水層に半径 r_0 の井戸を堀り，流量 Q の割合で連続的に揚水して，定常状態に達したものとする．円筒座標を用いると，連続の式およびダルシーの法則より

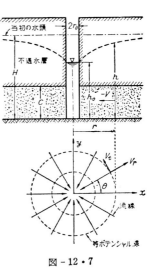

図-12・7

---

*) 井戸の種別の定義は水理学書あるいは衛生工学の書物によってかなり異なるが，本書では便宜上，これらの名称に統一した．

$$Q = -2\pi rcV^* = 2\pi rck\frac{dh}{dr}. \quad \left(h = z + \frac{p}{\rho g}\right)$$

上式を積分して $r = r_0$ で $h = h_0$ とおくと

$$h - h_0 = \frac{Q}{2\pi kc}\log_e\frac{r}{r_0}. \tag{12・14}$$

この式は $r \to \infty$ になるにつれて，$h \to \infty$ となる不合理を生じるため，遠くの方では使えない．遠方で $h \to H$ となる実際の井戸を近似的に表わすため，(12・14) 式で $h = H$ となる半径 r を R とおいて，井戸水面と流量との関係を次の式によって計算する．

$$Q = \frac{2\pi kc(H - h_0)}{2.30 \log_{10}R/r_0}. \tag{12・15}$$

R を影響半径とよび通常 r_0 の 3000～5000 倍，または 500～1000 m にとる．

井戸が不透水層の底に達せず，図 - 12・8 のように，層の厚さ c のうち上部の b の範囲にだけ挿入されている場合には，井底からの流入による垂直流のために，上式には補正を要する．コッエニー** は貫通度を $c' = b/c$ として次式を与えた．

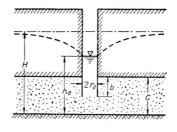

図 - 12・8

$$Q = \frac{2\pi kcc'(H - h_0)}{2.30 \log_{10}R/r_0}\left(1 + 7\sqrt{\frac{r_0}{2cc'}}\cos\frac{\pi c'}{2}\right). \tag{12・16}$$

(b) 速度ポテンシャル 掘抜井戸の速度ポテンシャル $\Phi = kh$ は (12・14) 式より

$$\Phi - \Phi_0 = \frac{Q}{2\pi c}\log_e\frac{r}{r_0} \tag{12・17}$$

で与えられる（註）．ここに，Φ_0 は井戸の周辺 $r = r_0$ における Φ の値で $\Phi_0 = kh_0$ である．

速度ポテンシャルは 2 個あるいはそれ以上の群井戸の解を求めるのに利用される（例題 12・9 および 12・2・3）．

（註） (12・17) 式をポテンシャル理論から導いておく．a, b を定数として

---

*) 負号は r 方向の速度を V の正にとっているから．
**) Kozeny: Wasserkraft und Wasserwirtshaft, Bd. 28, (1933)

$$\Phi = b + a \log_e r \tag{1}$$

はラプラスの式 $\left(\dfrac{\partial^2 \Phi}{\partial r^2} + \dfrac{1}{r}\dfrac{\partial \Phi}{\partial r} + \dfrac{1}{r^2}\dfrac{\partial^2 \Phi}{\partial \theta^2} = 0 \ (3 \cdot 13) \right)$ を満し，半径方向の速度 $V_r = -\partial \Phi/\partial r = -(a/r)$，切線方向の速度 $V_t = (1/r)(\partial \Phi/\partial \theta) = 0$ であるから，図-12・7 に示すように原点に集中する流れを表わす速度ポテンシャルである．いま，原点に単位長さ（鉛直方向）当たり q の吸源があるとすると，$q = -2\pi r V_r = 2\pi a$ より

$$a = q/2\pi = Q/2\pi c.$$

また，$r = r_0$ における Φ を Φ_0 とすると

$$\Phi_0 = b + a \log_e r_0 = b + (Q/2\pi c)\log_e r_0.$$

これらと (1) 式より (12・17) 式をうる．

例　題　（110）

【12・7】　直径 60 cm の掘抜井戸で一定流量を長時間揚水したところ，井戸の水位が 3.5 m 下がってほぼ落着いた．揚水量を求めよ．ただし，帯水層の厚さは 12 m，透水係数は $k = 3.6$ cm/min とする．

解　cm・min 単位を用いる．(12・15) 式において，$H - h_0 = 350$ cm，$k = 3.6$ cm/min，$c = 12 \times 10^2$ cm，影響半径として $R/r_0 = 3 \times 10^3$ を用いると

$$Q = \frac{2\pi kc(H - h_0)}{2.3 \log_{10} R/r_0} = \frac{2\pi \times 3.6 \times 12 \times 10^2 \times 350}{2.3 \times \log_{10}(3 \times 10^3)}$$

$$= 1186 \times 10^3 \text{ cm}^3/\text{min} = 1186 \ l/\text{min}.$$

もし，$R/r_0 = 5 \times 10^3$ を用いると $Q = 1177 \ l/\text{min}$ となる．R は対数できいているから，影響半径のとり方による差異は大きくない．

〔**類　題**〕　前の例題の掘抜井戸が下層の不透水層まで達しておらず，上層より 3.5 m だけ貫入しているときの揚水量を求めよ．

略解　(12・16) 式において，貫入度 $c' = b/c = 3.5/12 = 0.292$

$$Q = Q_0 c'\left(1 + 7\sqrt{\frac{r_0}{2cc'}}\cos\frac{\pi c'}{2}\right)$$

$$= 1186\left[0.292\left(1 + 7\sqrt{\frac{30}{2 \times 350}}\cos\frac{\pi \times 0.292}{2}\right)\right]$$

$$= 1186 \times 0.671 = 796 \ l/\text{min}.$$

ただし，Q_0 は下層の不透水層まで達したときの井戸揚水量である．

【12・8】　（ティエム（**Thiem**）**の ε 法**）　被圧地下水の透水係数を現地で

測定するために，半径 30 cm の試験井戸から 5 l/sec の水を連続的に揚水したところ，この井戸から 10 m および 15 m 離れた位置にある観測井の水位がそれぞれ 65 cm，40 cm 下がって落着いた（図-12・9）．帯水層の厚さが 4 m のとき，透水係数を求めよ．

解 井戸から r_1, r_2 の位置にある観測井の水位低下量を s_1, s_2 とすると（12・14）式より

$$(H-s_1)-h_0 = \frac{Q}{2\pi kc}\log_e\frac{r_1}{r_0},$$

$$(H-s_2)-h_0 = \frac{Q}{2\pi kc}\log_e\frac{r_2}{r_0},$$

$$\therefore\ s_1-s_2 = \frac{Q}{2\pi kc}\log_e\frac{r_2}{r_1}\ \text{より}\ k = \frac{2.3\,Q}{2\pi c(s_1-s_2)}\log_{10}\frac{r_2}{r_1}.$$

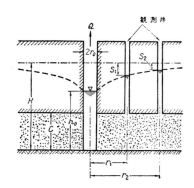

図 - 12・9

題意の数値を入れると cm，sec 単位で

$$k = \frac{2.3\times5\times10^3}{2\pi\times400\times(65-40)}\log_{10}\frac{1500}{1000}$$

$$= 3.22\times10^{-2}\ \text{cm/sec}.$$

（註） この例のように，定常状態における観測井の水位低下量を測定して，透水係数を現地で求める方法をティエムの ε 法という．

【12・9】 例題 12・7 と同じ数値の井戸，すなわち，直径 60 cm の掘抜井戸から毎分 1186 l の水を揚水し，水資源の経済的使用のため，使用後同量の水を 30 m 離れた別の井戸に排水して，地下水を循環使用する．

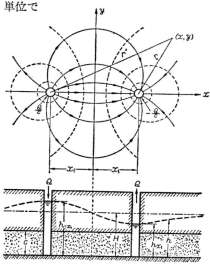

図 - 12・10

12・2 井 戸 の 問 題 299

帯水層の厚さを 12 m，透水係数を 3.6 cm/min とするとき，揚水井戸および排水井戸の水位を求めよ．

解　揚水井戸と排水井戸との間の流れの速度ポテンシャルは，各々の井戸の速度ポテンシャルを合成したものである．図 - 12・10 のように，揚水井戸を点 $(x_1, 0)$ にある強さ $-Q/c$ の吸源，排水井戸を点 $(-x_1, 0)$ にある強さ Q/c の湧源で表わすと，任意の点 (x, y) における速度ポテンシャルは (12・17) 式より

$$\Phi = \Phi_0 + \frac{Q}{2\pi c}\left[\log_e \frac{r}{r_0} - \log_e \frac{r'}{r_0}\right]$$

$$= \Phi_0 + \frac{Q}{4\pi c}\log_e \frac{(x-x_1)^2 + y^2}{(x+x_1)^2 + y^2}. \tag{1}$$

ここに，r_0 は井戸の半径，r, r' はそれぞれ揚水，排水井戸から点 (x, y) までの距離である．

上式において，まず，$r \to \infty$，$r' \to \infty$ とすると $\Phi = \Phi_0 = kH$ となるから，H は両井戸から十分離れた点，あるいは，揚水前の地下水頭を表わしている．次に，$x = 0$ とおくと再び $\Phi_{x=0} = \Phi_0 = kH$ となり，$x = 0$ （y 軸）にそう水頭は揚・排水によって変化しないことが分る．また，$x = 0$ は等ポテンシャル線であるから，流線は y 軸に直交する．

揚水井戸の周囲 $r = \sqrt{(x-x_1)^2 + y^2} = r_0$ における速度ポテンシャル Φ の値は，(1) 式の対数項の分母については近似的に $x \fallingdotseq x_1$，$y \fallingdotseq 0$ とおいて

$$\Phi_{x \fallingdotseq x_1} = kh_{x \fallingdotseq x_1} = kH + \frac{Q}{4\pi c}\log_e \frac{r_0^2}{4x_1^2}$$

$$= kH + \frac{2.3Q}{2\pi c}\log_{10} \frac{r_0}{2x_1}. \tag{2}$$

同様に排水井戸の周囲 $r' = \sqrt{(x+x_1)^2 + y^2} = r_0$ における Φ は

$$\Phi_{x \fallingdotseq -x_1} = kh_{x \fallingdotseq -x_1} = kH + \frac{2.3Q}{2\pi c}\log_{10} \frac{2x_1}{r_0}. \tag{3}$$

題意の数値，$Q = 1186\ l/\text{min} = 0.01975\ \text{m}^3/\text{sec}$，$k = 3.6\ \text{cm/min} = 6.0 \times 10^{-4}\ \text{m/sec}$，$c = 12\ \text{m}$，$2x_1 = 30\ \text{m}$ および $r_0 = 0.3\ \text{m}$ を入れると

$$H - h_{x \fallingdotseq x_1} = h_{x \fallingdotseq -x_1} - H = \frac{2.3Q}{2\pi ck}\log \frac{2x_1}{r_0} = 2.01\ \text{m}.$$

すなわち，揚水井戸の水位は原水位より 2.01 m 下がり，排水井戸では同

じ値だけ上がる．

(註) この例題の解は $x \leqq 0$ に河があり（河水位：H），河より x_1 だけ離れた点に揚水井戸がある場合の解にもあたる．なお，これらの場合には，単独井戸にみられる $r \to \infty$ における不合理は生じない．

〔**類 題**〕（集水暗渠） 河床から深さ $x_1 = 4$ m のところに，半径 $r_0 = 5$ cm の集水暗渠を図-12・11 のように埋没し，広い水域から集水する．水深が $H = 3$ m，暗渠内の圧力の強さが $p_0 = -1.4 \mathrm{ton/m^2}$ のとき，1 m 長さあたりの集水量を求めよ．ただし，透水係数を $k = 0.045$ cm/sec とする．

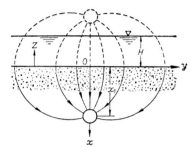

図-12・11

解 図-12・11 のように x 軸，y 軸をとると，河床 $x = 0$ が等ポテンシャル線であるためには，$+x_1$ の吸源と対称の位置 $(-x_1, 0)$ に同じ強さの湧源をおけ

ばよい．したがって，速度ポテンシャル $\Phi = kh = k\{(p/\rho g) + z\}$ は前の例題と全く同様な形をもち，前例題の (1), (2) 式に対応して

$$\Phi = kH + C_0 \log_e \frac{(x-x_1)^2 + y^2}{(x+x_1)^2 + y^2}, \tag{1}$$

$$\Phi_{x \fallingdotseq x_1} = kh_{x \fallingdotseq x_1} = kH + 2 C_0 \log_e \frac{r_0}{2 x_1}. \tag{2}$$

上の式中の C_0 は単位長さ当たりの集水量 q を与えることによってきめられる．すなわち，

$$q = 2 \int_0^\infty u_{x=0} dy = -2 \int_0^\infty \left(\frac{\partial \Phi}{\partial x}\right)_{x=0} dy = 8 C_0 x_1 \int_0^\infty \frac{dy}{y^2 + x_1^2}$$

$$= 8 C_0 x_1 \left[\frac{1}{x_1} \tan^{-1} \frac{y}{x_1}\right]_0^\infty = 4 \pi C_0.$$

この C_0 の値を (2) 式に代入して

$$k(H - h_{x \fallingdotseq x_1}) = \frac{q}{2\pi} \log_e \frac{2 x_1}{r_0}.$$

題意の数値．$h_{x \fallingdotseq x_1} = \left(\dfrac{p}{\rho g} + z\right)_{x \fallingdotseq x_1} = (p_0/\rho g) - x_1 = -1.4 - 4.0 = -5.4$ m,

$H = 3$ m, $r_0 = 0.05$ m, $k = 0.45 \times 10^{-3}$ m/sec を入れて

$$q = \frac{2 \pi k(H - h_{x \fallingdotseq x_1})}{2.3 \log_{10} 2 x_1/r_0} = \frac{2 \pi \times 0.45 \times 10^{-3} \times (3 + 5.4)}{2.3 \log_{10}(2 \times 4/0.05)} = 4.68 \times 10^{-3} \text{ m}^2/\text{sec}.$$

12・2・2 深井戸と浅井戸

（a） 水頭分布　底が不透水層まで達した井戸（深井戸）から，長時間流量 Q を揚水して，自由水面が一定の形に落着いたとする（図 - 12・12）。水面コウ配が小さく，近似的に流れの垂直方向の分速度が無視されると仮定すると，連続の式およびダルシーの定理より

$$Q = -2\pi rhV = 2\pi rhk(dh/dr).$$

井戸の周囲 $r = r_0$ で $h = h_0$ として積分すると

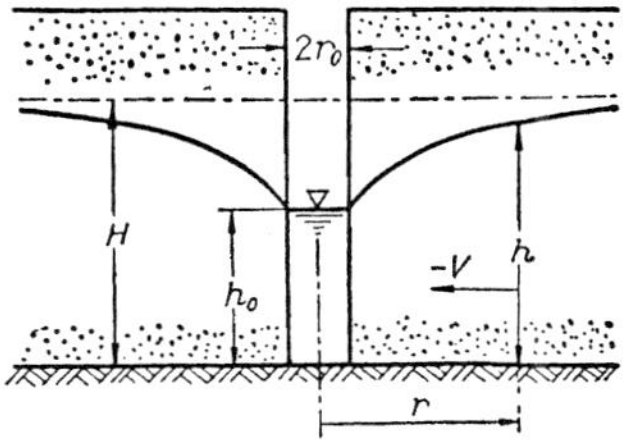

$$h^2 - h_0^2 = \frac{Q}{\pi k}\log_e\frac{r}{r_0}. \tag{12・18}$$

図 - 12・12

上の式には掘抜井戸と同様に，$r \to \infty$ で $h \to \infty$ となる不合理があるが，同じように影響半径 R を導入すると，$r = R$ で $h = H$ として

$$Q = \frac{\pi k(H^2 - h_0^2)}{2.3\log_{10}R/r_0}. \tag{12・19}$$

（b） ポテンシャル解　水平な不透水層の上に自由表面をもつ2次元的な地下水の流れでは，その水面コウ配が小さい場合，ダルシーの法則より，$u = -k(\partial h/\partial x),\ v = -k(\partial h/\partial y)$ である．これを連続の式 $\partial(hu)/\partial x + \partial(hv)/\partial y = 0$（図 - 12・13）に代入すると，$k = $ 一定のときには h^2 に関するラプラスの方程式

$$\frac{\partial^2 h^2}{\partial x^2} + \frac{\partial^2 h^2}{\partial y^2} = 0 \quad (12・20)$$

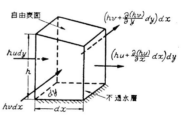

図 - 12・13

が成り立つ．したがって，掘抜井戸における速度ポテンシャル Φ に対する解法を h^2 に適用すると，自由表面をもつ地下水の運動が求

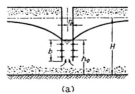

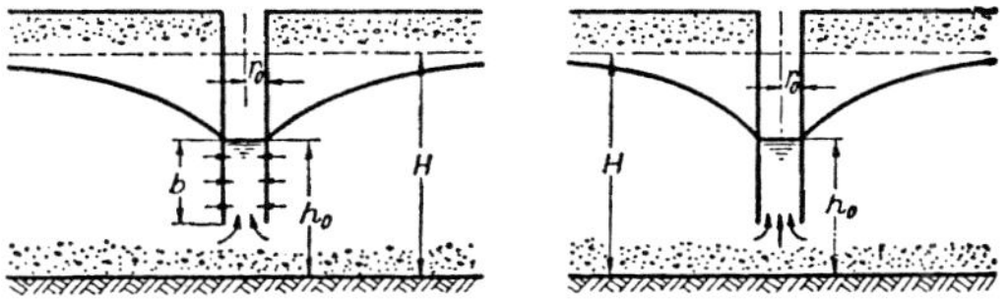

(a)　　　　(b)
図 - 12・14

302　　　　　　　　第 12 章　地下水と浸透

められる.

（**c**）　**浅井戸**　　井戸の底が不透水層に達していない浅井戸（図 – 12・14）については，フォルヒハイマー（Forchheimer）の公式がある.

井底・側壁より流入：

$$Q = \frac{\pi k(H^2 - h_0^2)}{2.3 \log_{10}(R/r_0)} \left/ \left(\frac{h_0}{b + 0.5\, r_0}\right)^{\frac{1}{2}} \left(\frac{h_0}{2\, h_0 - b}\right)^{\frac{1}{4}} \right.$$

井底だけより流入：

$$Q = 4\, kr_0(H - h_0).$$

(12・21)

例　　題（111）

【12・10】　不透水層が地表下 15 m のところに，地下水表面が地表下 5.2 m のところにある．直径 1.8 m の深井戸を設け，20 l/sec の水を揚水するとき，井戸水面は地表下いくらの深さにあるか．ただし，透水係数を 0.18 cm/sec，影響半径を 1000 m とする.

解　　$H^2 - h_0{}^2 = \dfrac{2.3\, Q}{\pi k} \log_{10} \dfrac{r}{r_0}$　（12・18 式）

に題意の数値：$H = 15 - 5.2 = 9.8$ m，$R = 1000$ m，$r_0 = 0.9$ m，$Q = 0.02$ m³/sec，$k = 0.18 \times 10^{-2}$ m/sec を入れると

$$9.8^2 - h_0{}^2 = \frac{2.3 \times 0.02}{\pi \times 0.18 \times 10^{-2}} \log_{10} \frac{1000}{0.9} = 24.78, \quad \therefore \quad h_0 = 8.44 \text{ m}.$$

すなわち，井戸水面は地表面下　$15 - 8.44 = 6.56$ m　の深さにある.

〔**類　題**〕　　前の例題の井戸において，井戸の底が不透水層上 3.0 m のところにあって，井底および側壁より湧水している．20 l/sec を揚水するときの井戸水面を求めよ.

解　　(12・21) 式の初めの式を用い，h_0 を逐次近似法で解く．式を変形すると

$$H^2 - h_0{}^2 = \frac{2.3\, Q \log_{10} R/r_0}{\pi k} K, \quad K = \left(\frac{h_0}{b + 0.5\, r_0}\right)^{\frac{1}{2}} \left(\frac{h_0}{2\, h_0 - b}\right)^{\frac{1}{4}}. \quad (1)$$

ここに，$b = h_0 - 3$（m 単位）で，また，前例題より，$(2.3\, Q \log_{10} R/r_0)/\pi k = 24.78$ m² である.

　まず，K の式中の h_0 に前例題で求めた深井戸の場合の解 $h_0 = 8.44$ m を第 1 近似値として代入すると

$$K = \left(\frac{8.44}{8.44 - 3 + 0.5 \times 0.9}\right)^{\frac{1}{2}} \left(\frac{8.44}{2 \times 8.44 - 5.44}\right)^{\frac{1}{4}} = 1.109,$$

$$\therefore \quad 9.8^2 - h_0{}^2 = 24.78 \times 1.109 \quad \text{より} \quad h_0 = 8.28 \text{ m}.$$

この h_0 の値を再び (1) 式に入れると $K=1.113$, $h_0=8.27$ m となり，この近似で十分である．したがって，地下水面は地表下 $15-8.27=6.73$ m の深さにある．

【12・11】 (ティエムの ε 法)　深井戸から $r_1=20$ m, $r_2=30$ m のところに観測井を設け，毎分 $30\,l$ の揚水を長時間続けたところ，観測井の水位がそれぞれ 55 cm, 40 cm 低下した．不透水層から原地下水面までの高さ H が 15 m のとき，地盤の透水係数を求めよ．

解　観測井 1, 2 における水位を不透水層から測って h_1, h_2 とすると，(12・18) 式より
$$h_1^2-h_0^2=\frac{Q}{\pi k}\log_e\frac{r_1}{r_0}, \quad h_2^2-h_0^2=\frac{Q}{\pi k}\log_e\frac{r_2}{r_0}.$$
両式より h_0 を消去して
$$k=\frac{2.3\,Q\log_{10}(r_2/r_1)}{\pi(h_2^2-h_1^2)}.$$
題意の数値：$Q=30\times10^3$ cm³/min, $h_1=1500-55=1445$ cm, $h_2=1500-40=1460$ cm, $r_2/r_1=1.5$ を上の式に入れて $k=8.88\times10^{-2}$ cm/min.

【12・12】 (水際にある深井戸)
例題 12・10 の井戸 (径 1.8 m) が図 -12・15 のように湖岸より 15 m のところにある．k, H も同様に，$k=0.0018$ m/sec, $H=9.8$ m として，$20\,l$/sec を揚水するときの井戸水面の低下量を求めよ．

解　水際にある掘抜井戸の場合 (例題 12・9) と同様に，図の $x=0$ で $h=H=$ 一定の条件を満させるためには，同じ強さの湧源をもつ仮想の排水井戸を原点に対して対称の位置におけばよい．両者を合成した h は，単独井戸の h が (12・18) 式で表わされることを考慮して

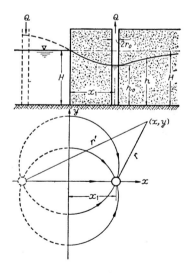

図 - 12・15

$$h^2=H^2+\frac{Q}{\pi k}\left(\log_e\frac{r}{r_0}-\log_e\frac{r'}{r_0}\right)=H^2+\frac{Q}{\pi k}\log_e\frac{\sqrt{(x-x_1)^2+y^2}}{\sqrt{(x+x_1)^2+y^2}}$$

上の式は明らかに $x=0$ および $r\to\infty$ で $h=H$ となり，水際井戸の境界条件を満している.

井戸の周囲 $r=\sqrt{(x-x_1)^2+y^2}=r_0$ で $h=h_0$ とすると，例題 12・9 と同じく $\sqrt{(x+x_1)^2+y^2}\fallingdotseq 2\,x_1$ とおけるから

$$h_0{}^2=H^2+\frac{Q}{\pi k}\log_e\frac{r_0}{2\,x_1}.$$

題意の数値を入れると

$$h_0{}^2=9.8^2+\frac{0.02\times 2.3\log_{10}(0.9/30)}{\pi\times 0.0018}=83.66\ \ \text{より}\ \ h_0=9.15\ \text{m}.$$

故に，水面低下量は $9.8-9.15=0.65$ m.

12・2・3 群　井　戸

（a）掘抜井戸　　井戸が接近していくつか存在する場合には相互に影響を及ぼす．いま，点 $(x_i,\ y_i)$ に半径 $r_i\ (i=1,\ 2,\cdots\cdots,n)$ なる井戸があって，Q_i を揚水しているとき，任意の点 $(x,\ y)$ における速度ポテンシャルは，各井戸の速度ポテンシャルを合成したもので表わされる．したがって，(12・17) 式より

$$\varPhi=kh=\sum_{i=1}^{n}\frac{Q_i}{4\,\pi c}\log_e\frac{(x-x_i)^2+(y-y_i)^2}{r_i{}^2}+\text{const.}$$

i 番目と j 番目との井戸の距離を $r_{ij}=\sqrt{(x_i-x_j)^2+(y_i-y_j)^2}$ とすると，j 番目の井戸の周囲 $r_j=\sqrt{(x-x_j)^2+(y-y_j)^2}$ における速度ポテンシャル $\varPhi_j=kh_j$ は

$$kh_j=\sum_{i=1}^{n}{}'\frac{Q_i}{4\,\pi c}\log_e\frac{r_{ij}{}^2}{r_i{}^2}+\text{const.}=\sum_{i=1}^{n}{}'\frac{Q_i}{2\,\pi c}\log_e\frac{r_{ij}}{r_i}+\text{const.}$$

ただし，$\sum'$ は $i=1$ より n までの総和のうち，$i=j$ を除いた和を示す．

井戸は皆一つの影響半径 R の中心付近にあるものと仮定し，$\sqrt{(x-x_i)^2+(y-y_i)^2}\fallingdotseq R$ において $h=H$ とおくと

$$kH=\sum_{i=1}^{n}\frac{Q_i}{2\,\pi c}\log_e\frac{R}{r_i}+\text{const.}$$

上の両式から定数を消去すると，次の n 個 $(j=1,\ 2,\cdots\cdots,n)$ の方程式

$$k(H-h_j)=\sum_{i=1}^{n}\frac{Q_i}{2\,\pi c}\log_e\frac{R}{r_i}-\sum_{i=1}^{n}{}'\frac{Q_i}{2\,\pi c}\log_e\frac{r_{ij}}{r_i} \tag{12・22}$$

が得られ，$h_1, h_2, \ldots, h_n$ を与えると各井戸の Q が求められる．また，逆に $Q_1, Q_2, \ldots, Q_n$ を与えると，各井戸の水位 $h_1, h_2, \ldots, h_n$ および任意の点での h が計算される．

（b）深井戸　単独深井戸の h^2 が（12・18）式で表わされるから，群井戸における (x, y) 点の h^2 は

$$h^2 = \sum_{i=1}^{n} \frac{Q_i}{\pi k} \log_e \frac{\sqrt{(x-x_i)^2+(y-y_i)^2}}{r_i} + \text{const.}$$

以下，掘抜井戸の場合と同様にして，井戸水頭と揚水量との関係は次式で与えられる．

$$H^2 - h_j^2 = \sum_{i=1}^{n} \frac{Q_i}{\pi k} \log_e \frac{R}{r_i} - \sum_{i=1}^{n} {}' \frac{Q_i}{\pi k} \log_e \frac{r_{ij}}{r_i}. \qquad (12 \cdot 23)$$

例　題　（112）

【12・13】　図-12・16 のように，3個の掘抜井戸が影響半径 R の中心付近にあるとき，井戸の水位と揚水量との関係を求めよ．

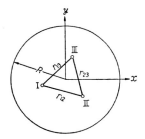

図-12・16

解　（12・22）式で $j=1$ とおくと，井戸Ⅰの水位 h_1 は

$$2\pi ck(H-h_1) = Q_1 \log_e \frac{R}{r_1}$$
$$+ Q_2 \log_e \frac{R}{r_2} + Q_3 \log_e \frac{R}{r_3}$$
$$- \left(Q_2 \log_e \frac{r_{21}}{r_2} + Q_3 \log_e \frac{r_{31}}{r_3} \right),$$

$$\therefore \ 2\pi ck(H-h_1) = Q_1 \log_e \frac{R}{r_1} + Q_2 \log_e \frac{R}{r_{21}} + Q_3 \log_e \frac{R}{r_{31}}.$$

同様に井戸Ⅱ，Ⅲに対して，$j=2, 3$ とおいて

$$\left. \begin{array}{l} 2\pi ck(H-h_2) = Q_1 \log_e \dfrac{R}{r_{12}} + Q_2 \log_e \dfrac{R}{r_2} + Q_3 \log_e \dfrac{R}{r_{32}}, \\[2mm] 2\pi ck(H-h_3) = Q_1 \log_e \dfrac{R}{r_{13}} + Q_2 \log_e \dfrac{R}{r_{23}} + Q_3 \log_e \dfrac{R}{r_3}. \end{array} \right\} \quad (1)$$

この3元連立1次方程式の解は

$$\Delta = \begin{vmatrix} \log_e R/r_1 & \log_e R/r_{12} & \log_e R/r_{13} \\ \log_e R/r_{12} & \log_e R/r_2 & \log_e R/r_{23} \\ \log_e R/r_{13} & \log_e R/r_{23} & \log_e R/r_3 \end{vmatrix}$$

とおいて

$$Q_1 = \frac{2\pi ck}{\Delta} \begin{vmatrix} H-h_1 & \log_e R/r_{12} & \log_e R/r_{13} \\ H-h_2 & \log_e R/r_2 & \log_e R/r_{23} \\ H-h_3 & \log_e R/r_{23} & \log_e R/r_3 \end{vmatrix},$$

$$Q_2 = \frac{2\pi ck}{\Delta} \begin{vmatrix} \log_e R/r_1 & H-h_1 & \log_e R/r_{13} \\ \log_e R/r_{12} & H-h_2 & \log_e R/r_{23} \\ \log_e R/r_{13} & H-h_3 & \log_e R/r_3 \end{vmatrix}, \quad Q_3 = \frac{2\pi ck}{\Delta} \begin{vmatrix} \Delta \text{の第1列} & \Delta \text{の第2列} & H-h_1 \\ & & H-h_2 \\ & & H-h_3 \end{vmatrix}.$$

【12・14】 半径 15 cm の掘抜井戸が $d=20$ m の間隔で2個あるいは3個（正三角形の配置）配列されている．揚水による各井戸の水面低下量を 2.5 m とするとき，一つの井戸からの揚水量を求めよ．ただし，帯水層の厚さは 5 m，透水係数は 0.0016 m/sec で影響半径は 600 m とする．

　解 （ i ） 2個の井戸の場合：前例題の（1）式で $h_1=h_2$, $Q_1=Q_2$, $Q_3=0$, $r_{12}=d$, $r_1=r_2$ の場合に当たるから

$$2\pi ck(H-h_1) = Q_1 \log_e R/r_1 + Q_2 \log_e R/r_{12}$$
$$= Q_1 \log_e R^2/(r_1 d),$$

$$\therefore \quad Q_1 = Q_2 = \frac{2\pi ck(H-h_1)}{\log_e R^2/(r_1 d)} = \frac{2\pi \times 5 \times 0.0016 \times 2.5}{2.3 \log_{10} 600^2/(0.15 \times 20)}$$
$$= 0.01076 \text{ m}^3/\text{sec}.$$

（ii） 正三角形配置の場合：前例題の（1）式で，$Q_1=Q_2=Q_3$, $r_{12}=r_{13}=r_{23}=d$, $r_1=r_2=r_3$ とおいて

$$Q_1 = Q_2 = Q_3 = \frac{2\pi ck(H-h_1)}{\log_e R^3/(r_1 d^2)} = 0.00833 \text{ m}^3/\text{sec}.$$

なお，単独井戸の場合には

$$Q = \frac{2\pi ck(H-h_1)}{\log_e R/r_1} = 0.01515 \text{ m}^3/\text{sec}$$

であるから，群井戸を構成する各井戸の揚水量は他井戸の干渉のため，単独の場合よりかなり減少している．

【12・15】 半径 0.7 m の深井戸が一辺の長さ 20 m の正方形の隅に配

置され，各井戸から 4.5 *l*/sec を揚水する（図-12・17）．
揚水前の地下水面が不透水層上 15 m のところにあり
透水係数は 0.25 cm/sec である．影響半径を 1000 m
として井戸の水位低下量を求めよ．

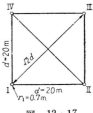

図-12・17

解 群をなした深井戸の式（12・23）において，
$h_i = h$, $Q_i = Q$, $r_i = r$ とおき，正方形の1辺を d と
すると

$$H^2 - h^2 = \frac{4Q}{\pi k}\log_e \frac{R}{r_1} - \frac{2Q}{\pi k}\log_e \frac{d}{r_1} - \frac{Q}{\pi k}\log_e \frac{\sqrt{2}\,d}{r_1}$$

$$= \frac{Q}{\pi k}\log_e \frac{R^4}{\sqrt{2}\,r_1 d^3}.$$

題意の数値を入れると，(m, sec) 単位で

$$15^2 - h^2 = \frac{4.5 \times 10^{-3} \times 2.3}{\pi \times 0.25 \times 10^{-2}}\log_{10}\frac{(1000)^4}{\sqrt{2} \times 0.7 \times 20^3} = 10.67$$

より $h = 14.64$ m. 故に，水位低下量は $15 - 14.64 = 0.36$ m．
なお，単独井戸で 4.5 *l*/sec 揚水する場合には，(12・19)式より $h = 14.86$ m．
水位低下量は 0.14 m である．

12・2・4　非定常状態における水頭降下式

定常状態を仮定して得られた水頭分布の不合理（$r \to \infty$ で $h \to \infty$）は，揚水を始めると井戸水位の低下とともに影響圏はしだいに広がり，十分な時間後にもそれらの変化が緩慢になるだけで定常状態には達し得ないことに起因する．したがって，井戸の問題は本質的には非定常として取り扱う必要があるが，理論がかなり難解であるので，ここでは計算式と簡単な解説を加えるにとどめる．

（a）掘抜井戸　掘抜井戸の場合には，圧力変化による砂礫層の圧縮が重要な役割をしめ，揚水開始の時間を $t = 0$ とすると，井戸より r だけ離れた位置における水頭降下 s の時間的変化は次の式で表わされる[*]．

$$\left.\begin{array}{l}s = H - h = \dfrac{Q}{4\pi T}W(\eta), \quad W(\eta) = \displaystyle\int_\eta^\infty \dfrac{e^{-\eta}}{\eta}d\eta, \quad \eta = \dfrac{r^2 S}{4\,Tt} \\[2mm] W(\eta) = -0.5772 - \log_e \eta + \eta - \dfrac{\eta^2}{2\cdot 2!} + \dfrac{\eta^3}{3\cdot 3!} - \cdots\cdots\end{array}\right\} \quad (12\cdot 24)$$

---

[*] 基礎式の導き方は H. Rouse: Engineering Hydraulics (p. 328〜331) に詳しく，基礎式の解法は山本荘毅：地下水調査法 (p. 136〜137) にのっている．

308   第 12 章　地下水と浸透

ここに

　S：(貯留係数) α, β を砂礫層および水の圧縮率, λ を空隙率として,

$$S = \lambda \rho g c\Big(\beta + \frac{\alpha}{\lambda}\Big).$$

　T：(浸透量係数) c を帯水層の厚さ, k を透水係数として, $T = kc.$

　時間が十分経過し, $\eta < 1/50$ になると $W(\eta)$ の値は展開式における最初の2項で十分で, 次の簡略式が成り立つ.

$$s \fallingdotseq \frac{Q}{4\pi T}(-0.5772 - \log_e \eta) = \frac{2.3Q}{4\pi T}\Big[\log_{10}\frac{t}{r^2} - \log_{10}\frac{S}{2.25T}\Big].$$

$$(12 \cdot 25)$$

　次に, ある時間たってから揚水を停止すると, 水頭はしだいに回復する. この場合の解は Q なる揚水が継続されつつあるところに, 揚水停止時刻から $-Q$ なる揚水 (Q なる給水) を追加したものと考えてよい. したがって, 揚水開始後の時間を t, 揚水停止後の時間を t' とすると, $\eta = r^2 S/4Tt$, $\eta' = r^2 S/4Tt'$ を用い, 水位回復期における水頭 s は

$$s = H - h = \frac{Q}{4\pi T}\Big[\int_\eta^\infty \frac{e^{-\eta}}{\eta}d\eta - \int_{\eta'}^\infty \frac{e^{-\eta'}}{\eta'}d\eta'\Big].$$

揚水停止後の時間が相当経過して, $\eta' < 1/50$ となると (12・25) 式より

$$s \fallingdotseq \frac{2.3Q}{4\pi T}\log_{10}\frac{t}{t'}.$$

$$(12 \cdot 26)$$

（b）　深井戸　揚水中および停止中の水頭に対して, 掘抜井戸の式(12・24)〜(12・26)において $S = \lambda$, $T = kH$ とおいた式が近似的に成り立つ.

例　　題 （113）

【**12・16**】　半径 0.3 m の掘抜井戸の中心から距離 15 m および 25 m の位置に観測井を設け, 4 l/sec の水を連続的に揚水しつつ観測井の水位低下量 s を測定したところ, 揚水開始後の時間 t との間に次の表のような結果を得た. 透水係数を求めよ. ただし, 帯水層の厚さは 8 m とする.

t (min)	1	2	4	6	10	20	40	60	100	200	300
観測井(Ⅰ) $(r_1 = 15\text{m})$　s_1 (cm)	8.0	12.0	18.5	24.0	28.0	36.5	44.5	48.0	53.0	57.5	61.0
観測井(Ⅱ) $(r_2 = 25\text{m})$　s_2 (cm)	1.1	4.5	9.0	12.5	18.5	25.2	32.5	37.5	42.0	49.5	54.5

12・2 井戸の問題

解 揚水開始後，相当時間経過すると

$$s = \frac{2.3Q}{4\pi T}\left[\log_{10}\frac{t}{r^2} - \log_{10}\frac{S}{2.25T}\right] \tag{12・25}$$

が成り立つので，題意の表より s_1 と t/r_1^2 との関係，s_2 と t/r_2^2 との関係を片対数紙上にプロットすると，m・min 単位で図-12・18 のようになる．この図から，観測井Ⅰ，Ⅱとも揚水開始後の時間がほぼ $t/r^2 \geqq 1\times 10^{-2}$ min/m² をこえると，s と $\log_{10} t/r^2$ との間に直線的関係があり，(12・25) 式が成立していることが確かめられる．

図より $t/r^2 = 1.0$ のとき $s = 0.625$ m，$t/r^2 = 1\times 10^{-2}$ のとき $s = 0.13$ m であるから，(12・25) 式に入れて

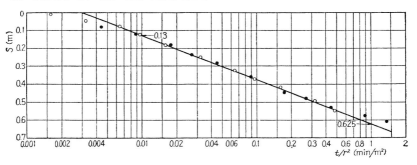

図 - 12・18

$$\left.\begin{array}{l}0.625 = \dfrac{2.3Q}{4\pi T}\left[\log_{10} 1.0 - \log_{10}\dfrac{S}{2.25T}\right], \\[4pt] 0.130 = \dfrac{2.3Q}{4\pi T}\left[\log_{10} 0.01 - \log_{10}\dfrac{S}{2.25T}\right],\end{array}\right\} \quad (1)$$

$$\therefore \frac{2.3Q}{4\pi T}[\log_{10} 1.0 - \log_{10} 0.01] = \frac{2.3Q}{2\pi T} = 0.495.$$

上の式に $Q = 4\times 10^{-3}$ m³/sec $= 0.24$ m³/min を入れて，浸透量係数は

$$T = (2.3\times 0.24)/(2\pi\times 0.495) = 0.1774 \text{ m}^2/\text{min},$$

透水係数は $T = kc$ より $k = T/c = 0.02217$ m/min $= 0.0369$ cm/sec．
なお，貯留係数 S の値は既に求めた T と (1) の初めの式から

$$2.25\,T/S = 335, \quad \therefore\ S = 1.19\times 10^{-3}.$$

(註) この例のように，揚水による観測井の水位低下量の時間的変化を測定して，

現地において透水係数を求める方法をタイス(Theis)の水位低下法という．また，揚水停止後における回復状態の測定から，(12・26)式を利用して透水係数を求める方法をタイスの水位回復法という．

〔類 題〕 前例題の井戸において，揚水後1時間目における井戸水位の低下量を求めよ．

略解 (12・25)式を井戸の周囲 $r=r_0=0.3$ m に適用して，前例題で求めた T および S の値を代入する．m・min 単位で

$$s = \frac{2.3Q}{4\pi T}\left[\log_{10}\frac{t}{r_0^2} - \log_{10}\frac{S}{2.25T}\right] = \frac{0.495}{2}\left[\log_{10}\frac{60}{(0.3)^2} - \log_{10}\frac{1}{335}\right]$$
$$= 1.324 \text{ m}.$$

【12・17】 ある井戸で午前8時から10時まで 0.04 m³/sec の水を連続的に揚水し，正午まで休止した後，正午から18時まで 0.035 m³/sec を揚水し，その後の夜間は揚水を停止した．浸透量係数 T を 0.0015 m²/sec とするとき，翌朝午前8時における井戸の水位を求めよ．

解 翌朝8時における井戸の仮想上の揚水量は，第1回の揚水停止による揚水と給水との和 $\{Q_1+(-Q_1)\}$ と第2回の揚水停止による $\{Q_2+(-Q_2)\}$ との和とみなされるから(図-12・19)，そのときの水位低下量 s は第1回，第2回の揚水停止による水位低下量の和に等しい．

揚水停止後からの経過時間が長く，また井戸 $(r=r_0)$ では r が小さいため，$\eta = r^2S/4Tt$ の値が十分小さいことから，近似式

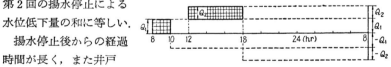

図-12・19

$$s = \frac{2.3Q}{4\pi T}\log_{10}\frac{t}{t'} \tag{12・26}$$

を用いる．

第1回の揚水停止による s_1 は，揚水開始時刻から翌朝8時までの時間 t が 24 hr，揚水停止後の時間 t' が 22 hr であるから

$$s_1 = \frac{2.3\times 0.04}{4\pi\times 0.0015}\log_{10}\frac{24}{22} = 0.184 \text{ m}.$$

同様に，第2回の揚水停止による s_2 は

$$s_2 = \frac{2.3\times 0.035}{4\pi\times 0.0015}\log_{10}\frac{20}{14} = 0.661 \text{ m}.$$

12・3 構造物の基礎を潜る地下水と揚圧力   311

故に，$s = s_1 + s_2 = 0.845\,\mathrm{m}$. すなわち，原水面より $0.845\,\mathrm{m}$ だけ井戸水位は低い.

問　　題　(34)

（1）　直径 50 cm の掘抜井戸で $1\,\mathrm{m^3/min}$ を長時間揚水したところ，井戸の水位が $2.5\,\mathrm{m}$ 下がって落ち着いた．透水層の厚さを $8\,\mathrm{m}$ とするとき，透水係数はいくらか．ただし，影響半径を $1000\,\mathrm{m}$ とする.

答　$0.110\,\mathrm{cm/sec}$

（2）　図-12・20 のように，水平な不透水層上に底幅 $2b$ の集水暗渠を設け，地下水は両側壁から流入し，かつ，暗渠内には自由水面があらわれている．H を原地下水位，h_0 を暗渠の水位，k を透水係数，R を影響半径とするとき，暗渠の単位長さ当りの流入量 q を求めよ.

答　$q = \dfrac{k(H^2 - h_0{}^2)}{R - b} \doteqdot \dfrac{k(H^2 - h_0{}^2)}{R}$

図 – 12・20

（3）　直径 $1\,\mathrm{m}$ の二つの深井戸が $20\,\mathrm{m}$ 離れて配置され，一つの井戸から $10\,l/\mathrm{sec}$，他の井戸から $4\,l/\mathrm{sec}$ を揚水する．揚水前の地下水位が不透水層上 $12\,\mathrm{m}$ の高さにあり，透水係数を $0.2\,\mathrm{cm/sec}$ とする．各井戸の水位低下量を求めよ．ただし，影響半径を $1000\,\mathrm{m}$ とする.

答　$0.62\,\mathrm{m}(10\,l/\mathrm{sec}$ 揚水井$)$, $0.47\,\mathrm{m}(4\,l/\mathrm{sec}$ 揚水井$)$

12・3　構造物の基礎を潜る地下水と揚圧力

ポテンシャル解　矢板や締切をまわる流れや構造物の基礎を浸透する流れは，(12・1・2) でのべたようにポテンシャル運動を行ない，等ポテンシャル線 $\varPhi = kh = k(z + p/\rho g) = $ 一定と流線 $\varPsi = $ 一定の曲線とは互いに直交する．また，複素関数論の知識によれば，複素速度ポテンシャル $W = \varPhi + i\varPsi$ （i は純虚数 $i = \sqrt{-1}$）と複素平面 $x + iz$ との間に正則な関数関係

$$W = \varPhi + i\varPsi = f(x + iz) \tag{12・27}$$

があれば，$\varPhi(x,\ z) = $ 一定を等ポテンシャル線とし，$\varPsi(x,\ z) = $ 一定を流線とする流れが存在する*.

――――――――――――――――――――――――――――
*)　複素関数論の最も基礎的な定理．複素関数論あるいは流体力学の本を参照された

一般的な境界条件はすでに例題12・5で調べたが，図-12・21の浮きダムについて簡単に記すと次のようである．

（ⅰ）不浸透境界：

図のACDC'BおよびEFのような不浸透境界は流線の一つであるから境界に垂直な方向の長さをnとして

$$\Psi = 一定, \quad -\partial\Phi/\partial n = 0. \quad (12\cdot 28)$$

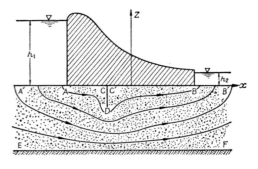

図-12・21

（ⅱ）静水域境界：静水域境界は等ポテンシャル線で流線は境界と直交し

$$\Phi = 一定, \quad -\partial\Psi/\partial n = 0. \quad (12\cdot 29)$$

なお，図のA'A，BB'におけるΦの値はそれぞれ$\Phi = kh_1,\ kh_2$である．

これらの問題は境界の形が簡単な場合には数学的な方法によって解かれ，マスカット（Muskat）の大著 "The flow of homogeneous fluids through porous media" の第4章に，いろいろの場合の解や図表がのっている．しかし，一般に複素関数論とくに等角写像の知識を要するので，本書では最も簡単な例と概略計算の方法をのべる．

例題（114）

【12・18】※ 深い浸透性地盤上に浮いたダムがあるとき図-12・22の記号を用いて次式

$$(\Phi - kh_2) + i\Psi = i\frac{k\Delta h}{\pi}\cosh^{-1}\left(\frac{x}{a} + i\frac{z}{a}\right). \quad (1)$$

が，（a）ダムの下を浸透する地下水の流れを表わすことを示し，（b）$h_1 = 5\,\mathrm{m},\ h_2 = 1\,\mathrm{m}$，ダムの長さ$2a = 8\,\mathrm{m}$のとき，ダムの基礎面に働く揚圧力およびモーメントを求めよ．

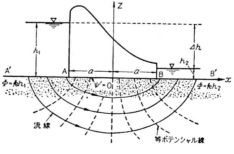

図-12・22

解（a）：（1）式の両辺にiを掛け

$$\frac{\pi(\Phi - kh_2)}{k\Delta h} = \Phi', \quad \frac{\pi\Psi}{k\Delta h} = \Psi' \quad (2)$$

12・3 構造物の基礎を潜る地下水と揚圧力

とおくと，(1) 式は

$$\frac{x}{a}+i\frac{z}{a}=\cosh(\Psi'-i\Phi')=\cosh\Psi'\cosh i\Phi'-\sinh\Psi'\sinh i\Phi'$$

$$=\cosh\Psi'\cos\Phi'-i\sinh\Psi'\sin\Phi'.$$

両辺の実数部，虚数部を等値すると，次の式

$$x=a\cosh\Psi'\cos\Phi',\qquad z=-a\sinh\Psi'\sin\Phi' \tag{3}$$

が得られるから，上の両式より Φ' あるいは Ψ' を消去すると次のようになる．

$$\frac{x^2}{(a\cosh\Psi')^2}+\frac{z^2}{(a\sinh\Psi')^2}=1, \tag{4}$$

$$\frac{x^2}{(a\cos\Phi')^2}-\frac{z^2}{(a\sin\Phi')^2}=1. \tag{5}$$

(4) 式より $\Psi'=$ 一定な流線は長軸および短軸の長さがそれぞれ $a\cosh\Psi'$，$a\sinh\Psi'$ なる楕円であって，この楕円は $\Psi'\to 0$ のときダムの底 AB に収束する．次に，(5) 式より $\Phi'=$ 一定なる等ポテンシャル線は $-a$ および a を焦点とする双曲線であって，この双曲線は $\Phi'=0$ および $\Phi'=\pi$ (すなわち，(2) 式より $\Phi=kh_2$，$\Phi=kh_1$) のとき，それぞれ BB′，AA′ に収束する．以上のことから，(1) 式は不浸透境界および静水域境界の境界条件を満し，題意の流れを表わしている．

(b) 堤体基礎面 AB ($|x|\leqq a,\ z=0$) における速度ポテンシャルは (3) の第1式で $\Psi'=0$ とおいて

$$\Phi'=\frac{\pi(\Phi-kh_2)}{k\Delta h}=\cos^{-1}\frac{x}{a}\quad\text{より}\quad \Phi-kh_2=\frac{k\Delta h}{\pi}\cos^{-1}\frac{x}{a}. \tag{6}$$

$\Phi=kh=k(z+p/\rho g)$ であるから，堤体基礎 ($z=0$) における圧力の分布は

$$\frac{p}{\rho g}=h_2+\frac{\Delta h}{\pi}\cos^{-1}\frac{x}{a} \tag{7}$$

で表わされる．上の式を計算し，$\dfrac{(p/\rho g)-h_2}{\Delta h}$ を x'/L (x' は A 点からの水平距離 $x'=x+a$，L はダムの長さ $L=2a$) に対して図示したものが，図 - 12・23 の実線である．

ダムは浸透水の圧力によって上向きの力 (揚圧力) をうける．その大きさ F は

$$\frac{F}{\rho g}=\int_a^{-a}\left(h_2+\frac{\Delta h}{\pi}\cos^{-1}\frac{x}{a}\right)dx$$

$$=a\cdot\Delta h+2h_2 a=\frac{(h_1+h_2)L}{2}. \tag{8}$$

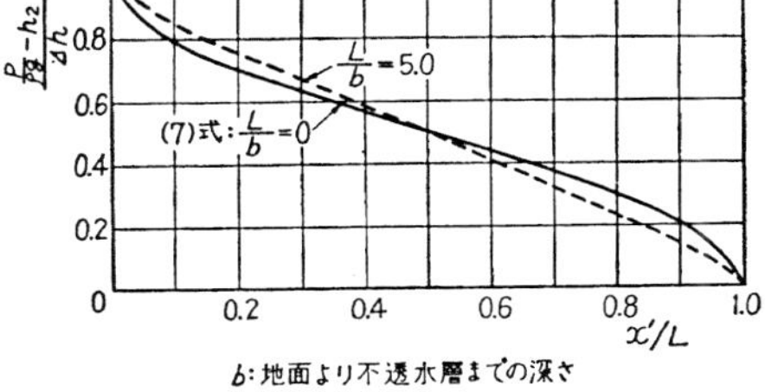

b : 地面より不透水層までの深さ

図 - 12・23

314　　　　　　　　　　第 12 章　地下水と浸透

また，上流端 A 点に関するモーメント M は

$$\frac{M}{\rho g} = \int_{-a}^{a} (x+a)\frac{p}{\rho g}dx = \frac{L^2}{16}(3\,h_1+5\,h_2). \tag{9}$$

(8)，(9) 式に題意の数値 $L=8\,\text{m}$，$h_1=5\,\text{m}$，$h_2=1\,\text{m}$，$\rho g=1\,\text{tf/m}^3$ を入れると，ダムの幅 1 m あたりについて

$$F=24\ \text{tf/m}, \qquad M=80\ \text{tf}.$$

揚圧力の概略計算　図 – 12・23 に示したように，揚圧力の分布は実用上直線とみなして差支えない程度である．したがって，概略計算としては

$$\frac{p}{\rho g} = h_2 + \Delta h\left(1-\frac{x'}{L}\right) \qquad (x'=a+x) \tag{12・30}$$

とする．また，ダムの底に矢板をつけた場合，1 枚[*] および 2 枚[**] のものについては厳密解が求められているが，概略計算には堤体基礎および矢板にそって，$\varPhi = kh = k(z+p/\rho g)$ の値が直線的に変化するものとみなしてよい．

【12・19】　揚圧力の分布が直線的に変化するものとして，例題 12・18 のダムに働く全揚圧力，モーメントおよび堤体にそう平均の浸透速度を求めよ．ただし，$k=0.35\times10^{-4}$ m/sec とする．

解　揚圧力の直線分布 (12・30) 式を用いても，全揚圧力は $F=(h_1+h_2)L/2$ となり，前の例題の値と一致する．

A 点に関するモーメントは

$$M = \rho g\int_0^L x'\left(h_2+\Delta h\frac{L-x'}{L}\right)dx' = \rho g\frac{L^2(h_1+2\,h_2)}{6}$$

$$= 1\times\frac{8^2(5+2)}{6} = 74.67\ \text{tf}$$

となり，概略計算による M の値は厳密解 80 tf にくらべて約 6.7% 小さい．

堤体にそう浸透速度の平均値は動水コウ配が $\Delta h/L$ であるから

$$V = k(\Delta h/L) = 0.35\times10^{-4}\times(4/8) = 0.175\times10^{-4}\ \text{m/sec}.$$

【12・20】　例題 12・19 の浮きダムにおいて，図 – 12・24 のように，基礎面の上流端より 2 m の位置に長さ 3.5 m の矢板をつけた．全揚圧力の概略値を求めよ．

解　図 – 12・24 の ACDC′B の長さを $L'=L+2\,l$（L：ダム長，l：矢板長）とし，A を始点として ACDC′B にそって測った長さを x_* とする．堤体と矢板にそう

---

[*]　Muskat：前出，p. 195〜208
[**]　本間仁，浜田徳一；土木学会誌，30 巻，(1944)

12・3 構造物の基礎を潜る地下水と揚圧力

$\Phi = kh$ が直線的分布をなすと仮定すると

$$h = \frac{p}{\rho g} + z = h_2 + \Delta h\left(1 - \frac{x_*}{L'}\right).$$

上の式で $L' = 8 + 2 \times 3.5 = 15$ m, $h_2 = 1$ m, $\Delta h = 4$ m であるから各点の x_* および z の値を入れて計算すると表-12・3 のようになる.

ダムの底面に働く揚圧力は図に示すように矢板の前後で不連続になり, 矢板のない場合にくらべて上流側の圧力は大きく, 下流側は小さくなる.

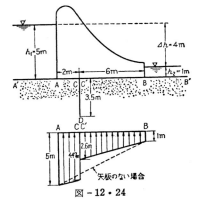

図 -12・24

表 -12・3

	x_* (m)	x_*/L'	$\Delta h \cdot \left(1 - \dfrac{x_*}{L'}\right)$ (m)	$h = \dfrac{p}{\rho g} + z$ (m)	z (m)	$p/\rho g$ (m)
A	0	0	4.00	5.00	0	5.00
C	2	0.1333	3.47	4.47	0	4.47
D	5.5	0.367	2.53	3.53	-3.5	7.03
C'	9	0.600	1.60	2.60	0	2.60
B	15	1.000	0	1.00	0	1.00

ダムに働く全揚圧力は図の AC, C'B に働く揚圧力の和で, それらの分布は直線的であるから, 1 m 幅当たり

$$F = \rho g\left(\frac{5 + 4.47}{2} \times 2 + \frac{2.6 + 1}{2} \times 6\right) = 20.27 \text{ tf/m}.$$

(註) 1枚の矢板をつけた場合について, F および M の厳密解から実用上便利なように計算図表が作られ, Muskat の本の p. 203 や水理公式集の p. 62 にのっている. 本例題の場合, 概略値は厳密解より約 6% 小さい程度である.

問題 (35)

(1) 例題 12・20 の浮きダムにおいて, 図-12・25 に示すように, 下流端より 2 m の位置にもう 1 枚長さ 3.5 m の矢板をつけた. 全揚圧力の概略値を求めよ.

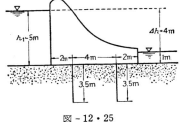

図 -12・25

答　24 tf/m

12・4　堤防およびアースダムの浸透

12・4・1　堤体内の定常浸透

土砂で作られた堤体内を定常的に流れる浸透水は速度ポテンシャル $\Phi = kh = k(z + p/\rho g)$ をもつが，図 - 12・26 に示すように地下水面（浸潤線）は図の AC のようになり，下流側水面との間に CD なる浸出面を生ずるため，ポテンシャル解を求めることはきわめて困難である．とくに，台形断面の場合にはいまのと

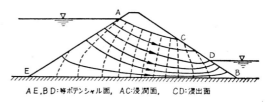

AE, BD：等ポテンシャル面, AC：浸潤面, CD：浸出面

図 - 12・26

ころ厳密解が得られていないので，浸潤線や透水量を与える実用近似公式として，準一様流（水面コウ配が緩やかであるとして，鉛直速度成分を無視した流れ）の仮定に基づくキャサグランド（Casagrande）の方法などが用いられる．これらについては例題の間で説明する．

例　題 (115)

【12・21】　長さ 60 m，幅 5 m の締切堤を設け，外側の水深 3 m に対して内側の水深を 0.5 m にする計画である（図 - 12・27）．漏水量を 0.25 m³/min 以下にするために，使用すべき築堤材料の透水係数を求めよ．ただし，堤体内の流れについては準一様流を仮定する．

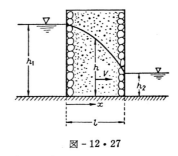

図 - 12・27

解　地下水面のコウ配が小さいとして準一様流の仮定を用いると，単位幅あたりの流量は

$$q = hV = -kh\frac{\partial h}{\partial x}.$$

上の式を積分して，$x = 0$ で $h = h_1$ とすると，次の式

12・4 堤防およびアースダムの浸透

$$\frac{h_1^2}{2}-\frac{h^2}{2}=\frac{q}{k}x \qquad (1)$$

となり，浸潤線は放物線で表わされる．さらに，浸出面を無視して $x=l$ で $h=h_2$ とおくと

$$q=\frac{k}{2l}(h_1{}^2-h_2{}^2). \qquad (2)$$

題意の数値： $q=0.25/60=0.417\times 10^{-2}$ m²/sec, $l=5$ m, $h_1=3$ m, $h_2=0.5$ m を入れると

$$k=\frac{2lq}{h_1{}^2-h_2{}^2}=0.476\times 10^{-2}\text{ m/sec}=0.476\text{ cm/sec}.$$

(註) 矩形堤防の場合，準一様の仮定は浸出面や流速分布については実際と異なるが，流量の式（2）は厳密解と一致することが証明されている*．

キャサグランドの方法** 準一様流の仮定のもとでは，堤体内の浸潤線が放物線（前例題（1）式）をなすことから，台形ダムの浸潤線の大略の形が図 - 12・28 の B を原点として次の式

$$y^2-y_0{}^2=2y_0x \qquad (12\cdot 31)$$

で表わされるものとし，これを基本放物線という．上の式中の y_0 は図の A_1

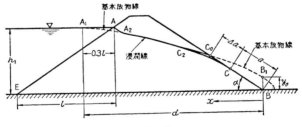

図 - 12・28

点（A より $0.3l$ だけ上流の点）において $y=h_1$ となるようにきめると，A_1 より B までの水平距離を d として

$$y_0=\sqrt{d^2+h_1{}^2}-d. \qquad (12\cdot 32)$$

また，このときの $\overline{C_0B}$ の長さ $(a+\varDelta a)$ は，$x=(a+\varDelta a)\cos\alpha$ において

---

*) 大路通雄，九大応研英文報告，Vol. Ⅲ, No. 9, (1954)
**) A. Casagrande: Seepage through Dams, Jour. New. Eng. Water Works Assoc, L I, (1937)

$y = (a+\Delta a)\sin\alpha$ となることを (12・31) 式に代入して次のようになる.
$$a+\Delta a = y_0/(1-\cos\alpha). \tag{12・33}$$

実際の浸潤線は一つの流線であるから，上流側法面においては A 点で法面に直角に流入し，また下流側法面になめらかに連なると考えられる．したがって，基本放物線に修正を加え，上流側では AA_2 が $\overline{AE}$ に直交するように，また下流側では C_2C が法面に接するように描く．C 点の位置については，$\overline{CC_0}/\overline{C_0B} = \Delta a/(a+\Delta a)$ が下流側コウ配 α に対して図 - 12・29 のように与えられているのを利用する．

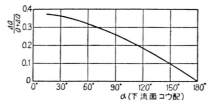

図 - 12・29

単位幅あたりの流量 q は (12・31) 式を参照して次の式で与えられる．
$$q = ky(dy/dx) = ky_0. \tag{12・34}$$

【12・22】 図 - 12・30 に示した堤防の浸潤線を描き，浸出面の位置および漏水量を求めよ．ただし，$k = 0.025$ cm/sec とする．

解 図 - 12・30 の記号を用いて，$h_1 = 6$ m，$d = 20 + 6 \times \dfrac{4}{3} \times 0.3 = 22.4$ m であるから，(12・32) 式より

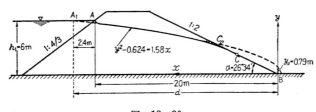

図 - 12・30

$$y_0 = \sqrt{d^2+h_1^2} - d = \sqrt{(22.4)^2+6^2} - 22.4 = 0.79 \text{ m}.$$

故に，基本放物線の式 (12・31) は
$$y^2 - 0.79^2 = 2 \times 0.79\, x$$

となり，y の数値を与えて対応する x を求めてプロットすると図の点線のようになる．

次に，(12・33) 式より

$$BC_0 = a + \Delta a = \frac{y_0}{1-\cos\alpha} = \frac{0.79}{1-\cos 26°34'} = 7.48 \text{ m}.$$

図 - 12・29 より $\alpha = 26°34'$ に応ずる $\Delta a/(a+\Delta a)$ の値を読んで

$$\frac{\Delta a}{a+\Delta a} = 0.37, \quad \therefore \quad \Delta a = 0.37 \times 7.48 = 2.77 \text{ m}.$$

基本放物線を上流面で法面に直交し，C 点において下流面に接するように修正して，浸潤線は図の実線のようになる．流量 q は (12・34) 式より

$$q = ky_0 = 2.5 \times 10^{-4} \times 0.79 = 1.975 \times 10^{-4} \text{ m}^2/\text{sec}.$$

〔類 題〕 例題 12・22 の堤防に，図 - 12・31 のように裏法面より 4 m にわたって砂フィルターをつけて排水する．このときの浸潤線および透水量を求めよ．

解 砂フィルターの先端を B とすると，キャサグランドの方法において $\alpha = 180°$ の場合に当たる．前の記号を用いて，$h_1 = 6$ m, $d = 16 + 6 \times \dfrac{4}{3} \times 0.3 = 18.4$ m．
$\therefore y_0 = \sqrt{d^2 + h_1^2} - d = 0.953$ m．
したがって，

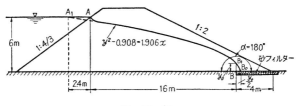

図 - 12・31

基本放物線 $y^2 - 0.953^2 = 2 \times 0.953\, x$

を計算して，上流面に修正を加えると図の実線のようになる．砂フィルターのために浸出面はあらわれない．流量は

$$q = ky_0 = 2.5 \times 10^{-4} \times 0.953 = 2.383 \times 10^{-4} \text{ m}^2/\text{sec}.$$

12・4・2 堤体内の非定常浸透

河や湖海の水が洪水や潮汐によって上下するときには，堤体内に浸透水の非定常流を生ずる．洪水による非定常流の最も簡単な場合として，矩形堤防の外水位が急に 0 から h に増加して以後一定値 h に保たれるとすると（図 - 12・32），時刻 t における浸潤線の先端の位置 x_{fc} は α を係数として

$$x_{fc} = \alpha\sqrt{kht} \qquad (12・35)$$

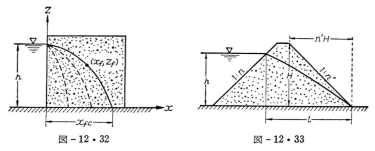

図 - 12・32　　　　　　　　図 - 12・33

で与えられる（例題 12・23）．台形断面の堤体においても，x_{fc} の式形は矩形断面の場合とほぼ同形であって，ストロール（Strohl）は図 - 12・33 の堤防において，浸透水がちょうど裏法先に達するような洪水の継続時間 T に対して次の関係式を与えた．

$$l = \sqrt{khT} \Big/ \sqrt[4]{1+\left(\frac{h}{l}\right)^2}. \tag{12・36}$$

河川堤防としては，計画洪水中に浸潤線が裏法先に達しないことが望ましいから，上の式は漏水に対する安全度を見積るのに用いられる．

例　　題　（116）

【12・23】　矩形堤防の外水位が急に 0 から h に上昇したとき，x_{fc} が (12・35) 式の形で与えられることを，準一様流の仮定を用いて導け．

解　時刻 t における自由境界の座標を (x_f, z_f)，その進行速度を $u' = \partial x_f/\partial t$，$w' = \partial z_f/\partial t$ とする．境界の進行速度は水の実質部分が動く速度に他ならないから，透水速度を (u, w)，空隙率を λ とすると，$u' = u/\lambda$，$w' = w/\lambda$ である．

準一様流の仮定を用い運動がすべて x 軸に平行であるとすると，ダルシーの定理より

$$u = kI = k\left(\frac{h-z_f}{x_f}\right) \quad \therefore \quad \frac{k}{\lambda}\left(\frac{h-z_f}{x_f}\right) = \frac{\partial x_f}{\partial t}.$$

上の式を積分して，$t = 0$ で $x_f = 0$ とおくと

$$1 - \frac{z_f}{h} = \frac{\lambda}{2}\left(\frac{x_f}{h}\right)^2 \frac{h}{kt}.$$

したがって，時刻 t における浸潤線の先端の位置 x_{fc} は上式で $z_f = 0$ とおいて

$$x_{fc} = \sqrt{\frac{2}{\lambda}} \sqrt{kht}.$$

(註) 内田博士[*]は上の解を第1近似解としてさらに精度をあげ，$x_{fc} = \sqrt{8/3\lambda} \cdot \sqrt{kht}$ を得ている．

【12・24】 図-12・33 において，$n = n' = 2.5$，堤高 $H = 5.2$ m，天端幅 6.5 m の台形断面の河川堤防がある．継続時間 12 hr，水深 4.5 m の洪水期間中に，浸透水が裏法先に達しないようにするために，許容しうる堤体材料の透水係数を求めよ．

解 ストロールの式 (12・36) より
$$k = \frac{l^2 \sqrt{1+(h/l)^2}}{hT}.$$

上の式に題意の数値： $l = 5.2 \times 2.5 + 6.5 + (5.2-4.5) \times 2.5 = 21.25$ m，$T = 12 \times 3600 = 4.32 \times 10^4$ sec，$h = 4.5$ m を入れて $k = 2.37 \times 10^{-3}$ m/sec．

【12・25】[※] 河海水位の振動に伴なって，これに接した地下水面にも波動が内部に進入する．図-12・34 において，潮汐振動の周期が 12 hr，振幅が 1.2 m のとき，岸より 15 m の場所における地下水面の振幅およびおくれの時間を求めよ．ただし，不透水層より平均水面までの高さを $H = 8$ m，透水係数を $k = 0.065$ cm/sec，空隙率を $\lambda = 0.40$ とする．

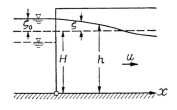

図-12・34

解 図-12・34 の記号を用い，$x = 0$ での水位を
$$h = H + \zeta_0 \cos \sigma t \tag{1}$$

として理論式を求める．

$\varDelta x$ 区間に単位時間にたまる水量 $-\dfrac{\partial(hu)}{\partial x} \varDelta x$ は，単位時間に増加する水量 $\lambda \dfrac{\partial h}{\partial t} \varDelta x$ に等しく，連続の方程式は $\lambda(\partial h/\partial t) + \partial(hu)/\partial x = 0$．平均水位を H とし，変動部分 $\zeta (h = H + \zeta)$ が H にくらべて小さいとすると上式は次のようになる．

$$\lambda(\partial h/\partial t) + H(\partial u/\partial x) = 0. \tag{2}$$

---

[*] 内田茂夫：自由境界を有する非定常浸透流について，土木学会誌，第37巻, (1952)

また，運動の方程式は（12・10）式より

$$\frac{1}{\lambda g}\,\frac{\partial u}{\partial t}=-\frac{\partial \zeta}{\partial x}-\frac{u}{k}.\tag{3}$$

境界条件（1）式に応ずる（2），（3）式の定常振動解は次のようになる（註）.

$$\left.\begin{array}{l}\zeta=\zeta_0 e^{-\alpha x}\cos(\sigma t-\beta x),\\[2mm]\alpha,\ \beta=\dfrac{1}{H}\sqrt{\dfrac{\lambda\sigma H}{2k}\left\{\sqrt{1+\left(\dfrac{\sigma k}{g\lambda}\right)^2}\mp\dfrac{\sigma k}{g\lambda}\right\}}.\ (\alpha:-,\ \beta:+)\end{array}\right\}\tag{4}$$

題意の数値：$\lambda=0.40$, $k=6.5\times10^{-4}\,\mathrm{m/sec}$, $\sigma=2\pi/T=2\pi/3.6\times10^3$ $\times12=1.455\times10^{-4}$, $H=8\,\mathrm{m}$ を入れると

$$\sigma k/g\lambda=2.412\times10^{-8},\quad \lambda\sigma H/2k=0.3581.$$

したがって，（4）式で $\sigma k/g\lambda$ は 1 に対して無視され,

$$\alpha\fallingdotseq\beta\fallingdotseq\frac{1}{H}\sqrt{\frac{\lambda\sigma H}{2k}}=\underline{0.0748}\,(\mathrm{m}^{-1})\quad\text{となる.}$$

故に $x=15\,\mathrm{m}$ における振幅 a およびおくれ時間 t_0 は, $a=\zeta_0 e^{-\alpha x}=$ $1.2\times e^{-0.0748\times15}=\underline{0.390\,\mathrm{m}}$, $t_0=\beta x/\sigma=7.71\times10^3\,\mathrm{sec}=\underline{2.14\,\mathrm{hr}}$.

（註）（2），（3）式の解　感潮河川の場合（p. 111）と同様に，$R[X]$ を X の実数部を示すものとして，$T\equiv e^{i\sigma t}$ とおき

$$\zeta=\zeta(x,\ t)=R[\Psi(x)T],\quad u=u(x,\ t)=R[\phi(x)T]$$

を（2），（3）式に代入して ϕ を消去すると

$$\frac{d^2\Psi}{dx^2}+\frac{(\sigma^2-i\lambda\sigma g/k)}{gH}\Psi=0$$

となる．これに $\Psi=Be^{(\alpha+i\beta)x}$ を代入し，実数部，虚数部にわけると

$$\alpha^2-\beta^2=-\frac{\sigma^2}{gH},\quad 2\alpha\beta=\frac{\lambda\sigma}{kH}.$$

また，$\alpha^2+\beta^2=\sqrt{(\alpha^2-\beta^2)^2+(2\alpha\beta)^2}=\dfrac{\lambda\sigma}{Hk}\sqrt{1+\left(\dfrac{\sigma k}{g\lambda}\right)^2}$.

$\alpha^2-\beta^2$, $\alpha^2+\beta^2$ の式より α, β を求めると，α, β には正負の2根があり，Ψ は一般に次のように表わされる．

$$\Psi=Be^{-(\alpha+i\beta)x}+B'e^{(\alpha+i\beta)x}.$$

ところが，$\zeta_{x=\infty}=0\ (\Psi_{x=\infty}=0)$ の条件より $B'=0$, また境界条件 $\Psi_{x=0}=\zeta_0$ より $B=\zeta_0$ である．故に

$$\zeta=R[\Psi(x)T]=R[\zeta_0 e^{-(\alpha+i\beta)x}e^{i\sigma t}]=\zeta_0 e^{-\alpha x}\cos(\sigma t-\beta x).$$

なお，$\sigma k/g\lambda$ を 1 に対して無視することは，運動方程式の加速度項を省略したことにあたる．

付　　録

双曲線関数表 …………………………………………… 324
2/3　乗　表 …………………………………………… 327

双 曲 線 関 数 表

x	e^x	e^{-x}	$\sinh x$	$\cosh x$	x	e^x	e^{-x}	$\sinh x$	$\cosh x$
0.00	1.0000	1.0000	0.0000	1.0000	**0.50**	1.6487	0.6065	0.5211	1.1276
0.01	1.0101	0.9900	0.0100	1.0001	0.51	1.6653	0.6005	0.5324	1.1329
0.02	1.0202	0.9802	0.0200	1.0002	0.52	1.6820	0.5945	0.5438	1.1383
0.03	1.0305	0.9704	0.0300	1.0005	0.53	1.6989	0.5886	0.5552	1.1438
0.04	1.0408	0.9608	0.0400	1.0008	0.54	1.7160	0.5827	0.5666	1.1494
0.05	1.0513	0.9512	0.0500	1.0013	**0.55**	1.7333	0.5769	0.5782	1.1551
0.06	1.0618	0.9418	0.0600	1.0018	0.56	1.7507	0.5712	0.5897	1.1609
0.07	1.0725	0.9324	0.0701	1.0025	0.57	1.7683	0.5655	0.6014	1.1669
0.08	1.0833	0.9231	0.0801	1.0032	0.58	1.7860	0.5599	0.6131	1.1730
0.09	1.0942	0.9139	0.0901	1.0041	0.59	1.8040	0.5543	0.6248	1.1792
0.10	1.1052	0.9048	0.1002	1.0050	**0.60**	1.8221	0.5488	0.6367	1.1855
0.11	1.1163	0.8958	0.1102	1.0061	0.61	1.8404	0.5434	0.6485	1.1919
0.12	1.1275	0.8869	0.1203	1.0072	0.62	1.8589	0.5379	0.6605	1.1984
0.13	1.1388	0.8781	0.1304	1.0085	0.63	1.8776	0.5326	0.6725	1.2051
0.14	1.1503	0.8694	0.1405	1.0098	0.64	1.8965	0.5273	0.6846	1.2119
0.15	1.1618	0.8607	0.1506	1.0113	**0.65**	1.9155	0.5220	0.6967	1.2188
0.16	1.1735	0.8521	0.1607	1.0128	0.66	1.9348	0.5169	0.7090	1.2258
0.17	1.1853	0.8437	0.1708	1.0145	0.67	1.9542	0.5117	0.7213	1.2330
0.18	1.1972	0.8353	0.1810	1.0162	0.68	1.9739	0.5066	0.7336	1.2403
0.19	1.2092	0.8270	0.1911	1.0181	0.69	1.9937	0.5016	0.7461	1.2477
0.20	1.2214	0.8187	0.2013	1.0201	**0.70**	2.0138	0.4966	0.7586	1.2552
0.21	1.2337	0.8106	0.2116	1.0221	0.71	2.0340	0.4916	0.7712	1.2628
0.22	1.2461	0.8025	0.2218	1.0243	0.72	2.0544	0.4868	0.7838	1.2706
0.23	1.2586	0.7945	0.2320	1.0266	0.73	2.0751	0.4819	0.7966	1.2785
0.24	1.2712	0.7866	0.2423	1.0289	0.74	2.0959	0.4771	0.8094	1.2865
0.25	1.2840	0.7788	0.2526	1.0314	**0.75**	2.1170	0.4724	0.8223	1.2947
0.26	1.2969	0.7711	0.2629	1.0340	0.76	2.1383	0.4677	0.8353	1.3030
0.27	1.3100	0.7634	0.2733	1.0367	0.77	2.1598	0.4630	0.8484	1.3114
0.28	1.3231	0.7558	0.2837	1.0395	0.78	2.1815	0.4584	0.8615	1.3199
0.29	1.3364	0.7483	0.2941	1.0423	0.79	2.2034	0.4538	0.8748	1.3286
0.30	1.3499	0.7408	0.3045	1.0453	**0.80**	2.2255	0.4493	0.8881	1.3374
0.31	1.3634	0.7334	0.3150	1.0484	0.81	2.2479	0.4449	0.9015	1.3464
0.32	1.3771	0.7261	0.3255	1.0516	0.82	2.2705	0.4404	0.9150	1.3555
0.33	1.3910	0.7189	0.3360	1.0549	0.83	2.2933	0.4360	0.9286	1.3647
0.34	1.4049	0.7118	0.3466	1.0584	0.84	2.3164	0.4317	0.9423	1.3740
0.35	1.4191	0.7047	0.3572	1.0619	**0.85**	2.3397	0.4274	0.9561	1.3835
0.36	1.4333	0.6977	0.3678	1.0655	0.86	2.3632	0.4232	0.9700	1.3932
0.37	1.4477	0.6907	0.3785	1.0692	0.87	2.3869	0.4190	0.9840	1.4029
0.38	1.4623	0.6839	0.3892	1.0731	0.88	2.4109	0.4148	0.9981	1.4128
0.39	1.4770	0.6771	0.4000	1.0770	0.89	2.4351	0.4107	1.0122	1.4229
0.40	1.4918	0.6703	0.4108	1.0811	**0.90**	2.4596	0.4066	1.0265	1.4331
0.41	1.5068	0.6637	0.4216	1.0852	0.91	2.4843	0.4025	1.0409	1.4434
0.42	1.5220	0.6570	0.4325	1.0895	0.92	2.5093	0.3985	1.0554	1.4539
0.43	1.5373	0.6505	0.4434	1.0939	0.93	2.5345	0.3946	1.0700	1.4645
0.44	1.5527	0.6440	0.4543	1.0984	0.94	2.5600	0.3906	1.0847	1.4753
0.45	1.5683	0.6376	0.4653	1.1030	**0.95**	2.5857	0.3867	1.0995	1.4862
0.46	1.5841	0.6313	0.4764	1.1077	0.96	2.6117	0.3829	1.1144	1.4973
0.47	1.6000	0.6250	0.4875	1.1125	0.97	2.6379	0.3791	1.1294	1.5085
0.48	1.6161	0.6188	0.4986	1.1174	0.98	2.6645	0.3753	1.1446	1.5199
0.49	1.6323	0.6126	0.5098	1.1225	0.99	2.6912	0.3716	1.1598	1.5314

x	e^x	e^{-x}	$\sinh x$	$\cosh x$	x	e^x	e^{-x}	$\sinh x$	$\cosh x$
1.00	2.7183	0.3679	1.1752	1.5431	**1.50**	4.4817	0.2231	2.1293	2.3524
1.01	2.7456	0.3642	1.1907	1.5549	1.51	4.5267	0.2209	2.1529	2.3738
1.02	2.7732	0.3606	1.2063	1.5669	1.52	4.5722	0.2187	2.1768	2.3955
1.03	2.8011	0.3570	1.2220	1.5790	1.53	4.6182	0.2165	2.2008	2.4174
1.04	2.8292	0.3535	1.2379	1.5913	1.54	4.6646	0.2144	2.2251	2.4395
1.05	2.8577	0.3499	1.2539	1.6038	**1.55**	4.7115	0.2122	2.2496	2.4619
1.06	2.8864	0.3465	1.2700	1.6164	1.56	4.7588	0.2101	2.2743	2.4845
1.07	2.9154	0.3430	1.2862	1.6292	1.57	4.8066	0.2080	2.2993	2.5073
1.08	2.9447	0.3396	1.3025	1.6421	1.58	4.8550	0.2060	2.3245	2.5305
1.09	2.9743	0.3362	1.3190	1.6552	1.59	4.9037	0.2039	2.3499	2.5538
1.10	3.0042	0.3329	1.3356	1.6685	**1.60**	4.9530	0.2019	2.3756	2.5775
1.11	3.0344	0.3296	1.3524	1.6820	1.61	5.0028	0.1999	2.4015	2.6013
1.12	3.0649	0.3263	1.3693	1.6956	1.62	5.0531	0.1979	2.4276	2.6255
1.13	3.0957	0.3230	1.3863	1.7093	1.63	5.1039	0.1959	2.4540	2.6499
1.14	3.1268	0.3198	1.4035	1.7233	1.64	5.1552	0.1940	2.4806	2.6746
1.15	3.1582	0.3166	1.4208	1.7374	**1.65**	5.2070	0.1920	2.5075	2.6995
1.16	3.1899	0.3135	1.4382	1.7517	1.66	5.2593	0.1901	2.5346	2.7247
1.17	3.2220	0.3104	1.4558	1.7662	1.67	5.3122	0.1882	2.5620	2.7502
1.18	3.2544	0.3073	1.4735	1.7808	1.68	5.3656	0.1864	2.5896	2.7760
1.19	3.2871	0.3042	1.4914	1.7957	1.69	5.4195	0.1845	2.6175	2.8020
1.20	3.3201	0.3012	1.5095	1.8107	**1.70**	5.4739	0.1827	2.6456	2.8283
1.21	3.3535	0.2982	1.5276	1.8258	1.71	5.5290	0.1809	2.6740	2.8549
1.22	3.3872	0.2952	1.5460	1.8412	1.72	5.5845	0.1791	2.7027	2.8818
1.23	3.4212	0.2923	1.5645	1.8568	1.73	5.6407	0.1773	2.7317	2.9090
1.24	3.4556	0.2894	1.5831	1.8725	1.74	5.6973	0.1755	2.7609	2.9364
1.25	3.4903	0.2865	1.6019	1.8884	**1.75**	5.7546	0.1738	2.7904	2.9642
1.26	3.5254	0.2837	1.6209	1.9045	1.76	5.8124	0.1720	2.8202	2.9922
1.27	3.5609	0.2808	1.6400	1.9208	1.77	5.8709	0.1703	2.8503	3.0206
1.28	3.5966	0.2780	1.6593	1.9373	1.78	5.9299	0.1686	2.8806	3.0492
1.29	3.6328	0.2753	1.6788	1.9540	1.79	5.9895	0.1670	2.9112	3.0782
1.30	3.6693	0.2725	1.6984	1.9709	**1.80**	6.0496	0.1653	2.9422	3.1075
1.31	3.7062	0.2698	1.7182	1.9880	1.81	6.1104	0.1637	2.9734	3.1371
1.32	3.7434	0.2671	1.7381	2.0053	1.82	6.1719	0.1620	3.0049	3.1669
1.33	3.7810	0.2645	1.7583	2.0228	1.83	6.2339	0.1604	3.0367	3.1972
1.34	3.8190	0.2618	1.7786	2.0404	1.84	6.2965	0.1588	3.0689	3.2277
1.35	3.8574	0.2592	1.7991	2.0583	**1.85**	6.3598	0.1572	3.1013	3.2585
1.36	3.8962	0.2567	1.8198	2.0764	1.86	6.4237	0.1557	3.1340	3.2897
1.37	3.9354	0.2541	1.8406	2.0947	1.87	6.4883	0.1541	3.1671	3.3212
1.38	3.9749	0.2516	1.8617	2.1132	1.88	6.5535	0.1526	3.2005	3.3530
1.39	4.0149	0.2491	1.8829	2.1320	1.89	6.6194	0.1511	3.2341	3.3852
1.40	4.0552	0.2466	1.9043	2.1509	**1.90**	6.6859	0.1496	3.2682	3.4177
1.41	4.0960	0.2441	1.9259	2.1700	1.91	6.7531	0.1481	3.3025	3.4506
1.42	4.1371	0.2417	1.9477	2.1894	1.92	6.8210	0.1466	3.3372	3.4838
1.43	4.1787	0.2393	1.9697	2.2090	1.93	6.8895	0.1451	3.3722	3.5173
1.44	4.2207	0.2369	1.9919	2.2288	1.94	6.9588	0.1437	3.4075	3.5512
1.45	4.2631	0.2346	2.0143	2.2488	**1.95**	7.0287	0.1423	3.4432	3.5855
1.46	4.3060	0.2322	2.0369	2.2691	1.96	7.0993	0.1409	3.4792	3.6201
1.47	4.3492	0.2299	2.0597	2.2896	1.97	7.1707	0.1395	3.5156	3.6551
1.48	4.3929	0.2276	2.0827	2.3103	1.98	7.2427	0.1381	3.5523	3.6904
1.49	4.4371	0.2254	2.1059	2.3312	1.99	7.3155	0.1367	3.5894	3.7261

x	e^x	e^{-x}	$\sinh x$	$\cosh x$	x	e^x	e^{-x}	$\sinh x$	$\cosh x$
2.00	7.5891	0.1353	3.6269	3.7622	2.50	12.1825	0.0821	6.0502	6.1323
2.01	7.4633	0.1340	3.6647	3.7987	2.55	12.8071	0.0781	6.3645	6.4426
2.02	7.5383	0.1327	3.7028	3.8355	2.60	13.4637	0.0743	6.6947	6.7690
2.03	7.6141	0.1313	3.7414	3.8727	2.65	14.1540	0.0707	7.0417	7.1123
2.04	7.6906	0.1300	3.7803	3.9103	2.70	14.8797	0.0672	7.4063	7.4735
2.05	7.7679	0.1287	3.8196	3.9483	2.75	15.6426	0.0639	7.7894	7.8533
2.06	7.8460	0.1275	3.8593	3.9867	2.80	16.4446	0.0608	8.1919	8.2527
2.07	7.9248	0.1262	3.8993	4.0255	2.85	17.2878	0.0578	8.6150	8.6728
2.08	8.0045	0.1249	3.9398	4.0647	2.90	18.1741	0.0550	9.0596	9.1146
2.09	8.0849	0.1237	3.9806	4.1043	2.95	19.1060	0.0523	9.5268	9.5791
2.10	8.1662	0.1225	4.0219	4.1443	3.00	20.0855	0.0498	10.0179	10.0677
2.11	8.2482	0.1212	4.0635	4.1847	3.05	21.1153	0.0474	10.5340	10.5814
2.12	8.3311	0.1200	4.1056	4.2256	3.10	22.1980	0.0450	11.0765	11.1215
2.13	8.4149	0.1188	4.1480	4.2669	3.15	23.3361	0.0429	11.6466	11.6895
2.14	8.4994	0.1177	4.1909	4.3085	3.20	24.5325	0.0408	12.2459	12.2866
2.15	8.5849	0.1165	4.2342	4.3507	3.25	25.7903	0.0388	12.8758	12.9146
2.16	8.6711	0.1153	4.2779	4.3932	3.30	27.1126	0.0369	13.5379	13.5748
2.17	8.7583	0.1142	4.3221	4.4362	3.35	28.5027	0.0351	14.2338	14.2689
2.18	8.8463	0.1130	4.3666	4.4797	3.40	29.9641	0.0334	14.9654	14.9987
2.19	8.9352	0.1119	4.4116	4.5236	3.45	31.5004	0.0317	15.7343	15.7661
2.20	9.0250	0.1108	4.4571	4.5679	3.50	33.1155	0.0302	16.5426	16.5728
2.21	9.1157	0.1097	4.5030	4.6127	3.55	34.8133	0.0287	17.3923	17.4210
2.22	9.2073	0.1086	4.5494	4.6580	3.60	36.5982	0.0273	18.2855	18.3128
2.23	9.2999	0.1075	4.5962	4.7037	3.65	38.4747	0.0260	19.2243	19.2503
2.24	9.3933	0.1065	4.6434	4.7499	3.70	40.4473	0.0247	20.2113	20.2360
2.25	9.4877	0.1054	4.6912	4.7966	3.75	42.5211	0.0235	21.2488	21.2723
2.26	9.5831	0.1044	4.7394	4.8437	3.80	44.7012	0.0224	22.3394	22.3618
2.27	9.6794	0.1033	4.7880	4.8914	3.85	46.9931	0.0213	23.4859	23.5072
2.28	9.7767	0.1023	4.8372	4.9395	3.90	49.4024	0.0202	24.6911	24.7113
2.29	9.8749	0.1013	4.8868	4.9881	3.95	51.9354	0.0193	25.9581	25.9773
2.30	9.9742	0.1003	4.9370	5.0372	4.00	54.5982	0.0183	27.2899	27.3082
2.31	10.0744	0.0993	4.9876	5.0868	4.05	57.3975	0.0174	28.6900	28.7074
2.32	10.1757	0.0983	5.0387	5.1370	4.10	60.3403	0.0166	30.1619	30.1784
2.33	10.2779	0.0973	5.0903	5.1876	4.15	63.4340	0.0158	31.7091	31.7249
2.34	10.3812	0.0963	5.1425	5.2388	4.20	66.6863	0.0150	33.3357	33.3507
2.35	10.4856	0.0954	5.1951	5.2905	4.25	70.1054	0.0143	35.0456	35.0598
2.36	10.5910	0.0944	5.2483	5.3427	4.30	73.6998	0.0136	36.8431	36.8567
2.37	10.6974	0.0935	5.3020	5.3954	4.35	77.4785	0.0129	38.7328	38.7457
2.38	10.8049	0.0926	5.3562	5.4487	4.40	81.4509	0.0123	40.7193	40.7316
2.39	10.9135	0.0916	5.4109	5.5026	4.45	85.6269	0.0117	42.8076	42.8193
2.40	11.0232	0.0907	5.4662	5.5569	4.50	90.0171	0.0111	45.0030	45.0141
2.41	11.1340	0.0898	5.5221	5.6119	4.55	94.6324	0.0106	47.3109	47.3215
2.42	11.2459	0.0889	5.5785	5.6674	4.60	99.4843	0.0105	49.7371	49.7472
2.43	11.3589	0.0880	5.6354	5.7235	4.65	104.5850	0.00956	52.2877	52.2973
2.44	11.4730	0.0872	5.6929	5.7801	4.70	109.9472	0.00910	54.9690	54.9781
2.45	11.5883	0.0863	5.7510	5.8373	4.75	115.5843	0.00865	57.7878	57.7965
2.46	11.7048	0.0854	5.8097	5.8951	4.80	121.5104	0.00823	60.7511	60.7593
2.47	11.8224	0.0846	5.8689	5.9535	4.85	127.7404	0.00783	63.8663	63.8741
2.48	11.9413	0.0837	5.9288	6.0125	4.90	134.2898	0.00745	67.1412	67.1486
2.49	12.0613	0.0829	5.9892	6.0721	4.95	141.1750	0.00708	70.5839	70.5910

$$\sinh x=\frac{e^x-e^{-x}}{2}, \quad \cosh x=\frac{e^x+e^{-x}}{2}, \quad \tanh x=\frac{\sinh x}{\cosh x}$$

付　　　　　録　　　　327

2/3 乗 表

n	0.000	0.001	0.002	0.003	0.004	0.005	0.006	0.007	0.008	0.009
0.00	0.000	0.010	0.016	0.021	0.025	0.029	0.033	0.037	0.040	0.043
0.01	0.046	0.049	0.052	0.055	0.058	0.061	0.063	0.066	0.069	0.071
0.02	0.074	0.076	0.079	0.081	0.083	0.085	0.088	0.090	0.092	0.094
0.03	0.097	0.099	0.101	0.103	0.105	0.107	0.109	0.111	0.113	0.115
0.04	0.117	0.119	0.121	0.123	0.125	0.127	0.128	0.130	0.132	0.134
0.05	0.136	0.138	0.139	0.141	0.143	0.145	0.146	0.148	0.150	0.152
0.06	0.153	0.155	0.157	0.158	0.160	0.162	0.163	0.165	0.167	0.168
0.07	0.170	0.171	0.173	0.175	0.176	0.178	0.179	0.181	0.183	0.184
0.08	0.186	0.187	0.189	0.190	0.192	0.193	0.195	0.196	0.198	0.199
0.09	0.201	0.202	0.204	0.205	0.207	0.208	0.210	0.211	0.213	0.214
0.10	0.215	0.217	0.218	0.220	0.222	0.223	0.224	0.225	0.227	0.228
0.11	0.230	0.231	0.232	0.234	0.235	0.236	0.238	0.239	0.241	0.242
0.12	0.243	0.245	0.246	0.247	0.249	0.250	0.251	0.253	0.254	0.255
0.13	0.257	0.258	0.259	0.261	0.262	0.263	0.264	0.266	0.267	0.268
0.14	0.270	0.271	0.272	0.273	0.275	0.276	0.277	0.279	0.280	0.281
0.15	0.282	0.284	0.285	0.286	0.287	0.289	0.290	0.291	0.292	0.293
0.16	0.295	0.296	0.297	0.298	0.300	0.301	0.302	0.303	0.304	0.306
0.17	0.307	0.308	0.309	0.310	0.312	0.313	0.314	0.315	0.316	0.318
0.18	0.319	0.320	0.321	0.322	0.324	0.325	0.326	0.327	0.328	0.329
0.19	0.330	0.332	0.333	0.334	0.335	0.336	0.337	0.339	0.340	0.341
0.20	0.342	0.343	0.344	0.345	0.347	0.348	0.349	0.350	0.351	0.352
0.21	0.353	0.354	0.356	0.357	0.358	0.359	0.360	0.361	0.362	0.363
0.22	0.364	0.366	0.367	0.368	0.369	0.370	0.371	0.372	0.373	0.374
0.23	0.375	0.376	0.378	0.379	0.380	0.381	0.382	0.383	0.384	0.385
0.24	0.386	0.387	0.388	0.389	0.390	0.392	0.393	0.394	0.395	0.396
0.25	0.397	0.398	0.399	0.400	0.401	0.402	0.403	0.404	0.405	0.406
0.26	0.407	0.408	0.409	0.410	0.412	0.413	0.414	0.415	0.416	0.417
0.27	0.418	0.419	0.420	0.421	0.422	0.423	0.424	0.425	0.426	0.427
0.28	0.428	0.429	0.430	0.431	0.432	0.433	0.434	0.435	0.436	0.437
0.29	0.438	0.439	0.440	0.441	0.442	0.443	0.444	0.445	0.446	0.447
0.30	0.448	0.449	0.450	0.451	0.452	0.453	0.454	0.455	0.456	0.457
0.31	0.458	0.459	0.460	0.461	0.462	0.463	0.464	0.465	0.466	0.467
0.32	0.468	0.469	0.470	0.471	0.472	0.473	0.474	0.475	0.476	0.477
0.33	0.478	0.479	0.479	0.480	0.481	0.482	0.483	0.484	0.485	0.486
0.34	0.487	0.488	0.489	0.490	0.491	0.492	0.493	0.494	0.495	0.496
0.35	0.497	0.498	0.499	0.499	0.500	0.501	0.502	0.503	0.504	0.505
0.36	0.506	0.507	0.508	0.509	0.510	0.511	0.512	0.513	0.514	0.514
0.37	0.515	0.516	0.517	0.518	0.519	0.520	0.521	0.522	0.523	0.524
0.38	0.525	0.526	0.526	0.527	0.528	0.529	0.530	0.531	0.532	0.533
0.39	0.534	0.535	0.536	0.537	0.537	0.538	0.539	0.540	0.541	0.542
0.40	0.543	0.544	0.545	0.546	0.546	0.547	0.548	0.549	0.550	0.551
0.41	0.552	0.553	0.554	0.555	0.555	0.556	0.557	0.558	0.559	0.560
0.42	0.561	0.562	0.563	0.563	0.564	0.565	0.566	0.567	0.568	0.569
0.43	0.570	0.571	0.571	0.572	0.573	0.574	0.575	0.576	0.577	0.578
0.44	0.578	0.579	0.580	0.581	0.582	0.583	0.584	0.585	0.585	0.586
0.45	0.587	0.588	0.589	0.590	0.591	0.592	0.592	0.593	0.594	0.595
0.46	0.596	0.597	0.598	0.598	0.599	0.600	0.601	0.602	0.603	0.604
0.47	0.605	0.605	0.606	0.607	0.608	0.609	0.610	0.610	0.611	0.612
0.48	0.613	0.614	0.615	0.616	0.616	0.617	0.618	0.619	0.620	0.621
0.49	0.622	0.622	0.623	0.624	0.625	0.626	0.627	0.627	0.628	0.629

n	0.00	0.01	0.02	0.03	0.04	0.05	0.06	0.07	0.08	0.09
0.5	0.630	0.638	0.647	0.655	0.663	0.671	0.679	0.687	0.695	0.703
0.6	0.711	0.719	0.727	0.735	0.743	0.750	0.758	0.766	0.773	0.781
0.7	0.788	0.796	0.803	0.811	0.818	0.825	0.833	0.840	0.847	0.855
0.8	0.862	0.869	0.876	0.883	0.890	0.897	0.904	0.911	0.918	0.925
0.9	0.932	0.939	0.946	0.953	0.960	0.966	0.973	0.980	0.987	0.993
1.0	1.000	1.007	1.013	1.020	1.026	1.033	1 040	1.046	1.053	1.059
1.1	1.066	1.072	1.078	1.085	1.091	1.098	1.104	1.110	1.117	1.123
1.2	1.129	1.136	1.142	1.148	1.154	1.160	1.167	1.173	1.179	1.185
1.3	1.191	1.197	1.203	1.209	1.215	1.221	1.228	1.234	1.240	1.245
1.4	1.251	1.257	1.263	1.269	1.275	1.281	1.287	1.293	1.299	1.305
1.5	1.310	1.316	1.322	1.328	1.334	1.339	1.345	1.351	1.357	1.362
1.6	1.368	1.374	1.379	1.385	1.391	1.396	1.402	1.408	1.413	1.419
1.7	1.424	1.430	1.436	1.441	1.447	1.452	1.458	1.464	1.469	1.474
1.8	1.480	1.485	1.491	1.496	1.502	1.507	1.512	1.518	1.523	1.529
1.9	1.534	1.539	1.545	1.550	1.555	1.561	1.566	1.571	1.577	1.582
2.0	1.587	1.593	1.598	1.603	1.608	1.614	1.619	1.624	1.629	1.635
2.1	1.640	1.645	1.650	1.655	1.661	1.666	1.671	1.676	1.681	1.686
2.2	1.692	1.697	1.702	1.707	1.712	1.717	1.722	1.727	1.732	1.737
2.3	1.742	1.747	1.753	1.758	1.763	1.768	1.773	1.778	1.783	1.788
2.4	1.793	1.798	1.803	1.807	1.812	1.817	1.822	1.827	1.832	1.837
2.5	1.842	1.847	1.852	1.857	1.862	1.866	1.871	1.876	1.881	1.886
2.6	1.891	1.896	1.901	1.905	1.910	1.915	1.920	1.925	1.929	1.934
2.7	1.939	1.944	1.949	1.953	1.958	1.963	1.968	1.972	1.977	1.982
2.8	1.987	1.991	1.996	2.001	2.005	2.010	2.015	2.020	2.024	2.029
2.9	2.034	2.038	2.043	2.048	2.052	2.057	2.062	2.066	2.071	2.075
3.0	2.080	2.085	2.089	2.094	2.099	2.103	2.108	2 117	2.121	2.121
3.1	2.126	2.131	2.135	2.140	2.144	2.149	2.153	2.158	2.162	2.167
3.2	2.172	2.176	2.181	2.185	2.190	2.194	2.199	2.203	2.208	2.212
3.3	2.217	2.221	2.225	2.230	2.234	2.239	2.243	2.248	2.252	2.257
3.4	2.261	2.266	2.270	2.274	2.279	2.283	2.288	2.292	2.296	2.301
3.5	2.305	2.310	2.314	2.318	2.323	2.327	2.331	2.336	2.340	2.345
3.6	2.349	2.353	2.358	2.362	2.366	2.371	2.375	2.379	2.384	2.388
3.7	2.392	2.397	2.401	2.405	2.409	2.414	2.418	2.422	2.427	2.431
3.8	2.435	2.439	2.444	2.448	2.452	2.456	2.461	2.465	2.469	2.473
3.9	2.478	2.482	2.486	2.490	2.495	2.499	2.503	2.507	2.511	2.516
4.0	2.520	2.524	2.528	2.532	2.537	2.541	2.545	2.549	2.553	2.557
4.1	2.562	2.566	2.570	2.574	2.578	2.582	2.587	2.591	2.595	2.599
4.2	2.603	2.607	2.611	2.616	2.620	2.624	2.628	2.632	2.636	2.640
4.3	2.644	2.648	2.653	2.657	2.661	2.665	2.669	2.673	2.677	2.681
4.4	2.685	2.689	2.693	2.697	2.701	2.705	2.710	2.714	2.718	2.722
4.5	2.726	2.730	2.734	2.738	2.742	2.746	2.750	2.754	2.758	2.762
4.6	2.766	2.770	2.774	2.778	2.782	2.786	2.790	2.794	2.798	2.802
4.7	2.806	2.810	2.814	2.818	2.822	2.826	2.830	2.834	2.838	2.842
4.8	2.846	2.849	2.853	2.857	2.861	2.865	2.869	2.873	2.877	2.881
4.9	2.885	2.889	2.893	2.897	2.901	2.904	2.908	2.912	2.916	2.920
5.0	2.924	2.928	2.932	2.936	2.940	2.943	2.947	2.951	2.955	2.959
5.1	2.963	2.967	2.971	2.974	2.978	2.982	2.986	2.990	2.994	2.998
5.2	3.001	3.005	3.009	3.013	3.017	3.021	3.025	3.028	3.032	3.036
5.3	3.040	3.044	3.047	3.051	3.055	3.059	3.063	3.067	3.070	3.074
5.4	3.078	3.082	3.086	3.089	3.093	3.097	3.101	3.104	3.108	3.112

付　　　録

n	0.00	0.01	0.02	0.03	0.04	0.05	0.06	0.07	0.08	0.09
5.5	3.116	3.120	3.123	3.127	3.131	3.135	3.138	3.142	3.146	3.150
5.6	3.153	3.157	3.161	3.165	3.168	3.172	3.176	3.180	3.183	3.187
5.7	3.191	3.195	3.198	3.202	3.206	3.210	3.213	3.217	3.221	3.224
5.8	3.228	3.232	3.236	3.239	3.243	3.247	3.250	3.254	3.258	3.261
5.9	3.265	3.269	3.273	3.276	3.280	3.284	3.287	3.291	3.295	3.298
6.0	3.302	3.306	3.309	3.313	3.317	3.320	3.324	3.328	3.331	3.335
6.1	3.339	3.342	3.346	3.349	3.353	3.357	3.360	3.364	3.368	3.371
6.2	3.375	3.379	3.382	3.386	3.389	3.393	3.397	3.400	3.404	3.407
6.3	3.411	3.415	3.418	3.422	3.426	3.429	3.433	3.436	3.440	3.444
6.4	3.447	3.451	3.454	3.458	3.461	3.465	3.469	3.472	3.476	3.479
6.5	3.483	3.486	3.490	3.494	3.497	3.501	3.504	3.508	3.511	3.515
6.6	3.519	3.522	3.526	3.529	3.533	3.536	3.540	3.543	3.547	3.550
6.7	3.554	3.558	3.561	3.565	3.568	3.572	3.575	3.579	3.582	3.586
6.8	3.589	3.593	3.596	3.600	3.603	3.607	3.610	3.614	3.617	3.621
6.9	3.624	3.628	3.631	3.635	3.638	3.642	3.645	3.649	3.652	3.656
7.0	3.659	3.663	3.666	3.670	3.673	3.677	3.680	3.684	3.687	3.691
7.1	3.694	3.698	3.701	3.704	3.708	3.711	3.715	3.718	3.722	3.725
7.2	3.729	3.732	3.736	3.739	3.742	3.746	3.749	3.753	3.756	3.760
7.3	3.763	3.767	3.770	3.773	3.777	3.780	3.784	3.787	3.791	3.794
7.4	3.797	3.801	3.804	3.808	3.811	3.814	3.818	3.821	3.825	3.828
7.5	3.832	3.835	3.838	3.842	3.845	3.849	3.852	3.855	3.859	3.862
7.6	3.866	3.869	3.872	3.876	3.879	3.882	3.886	3.889	3.893	3.896
7.7	3.899	3.903	3.906	3.909	3.913	3.916	3.920	3.923	3.926	3.930
7.8	3.933	3.936	3.940	3.943	3.946	3.950	3.953	3.957	3.960	3.963
7.9	3.967	3.970	3.973	3.977	3.980	3.983	3.987	3.990	3.993	3.997
8.0	4.000	4.003	4.007	4.010	4.013	4.017	4.020	4.023	4.027	4.030
8.1	4.033	4.037	4.040	4.043	4.047	4.050	4.053	4.056	4.060	4.063
8.2	4.066	4.070	4.073	4.076	4.080	4.083	4.086	4.090	4.093	4.096
8.3	4.099	4.103	4.106	4.109	4.113	4.116	4.119	4.122	4.126	4.129
8.4	4.132	4.136	4.139	4.142	4.145	4.149	4.152	4.155	4.158	4.162
8.5	4.165	4.168	4.172	4.175	4.178	4.181	4.185	4.188	4.191	4.194
8.6	4.198	4.201	4.204	4.207	4.211	4.214	4.217	4.220	4.224	4.227
8.7	4.230	4.233	4.237	4.240	4.243	4.246	4.249	4.253	4.256	4.259
8.8	4.262	4.266	4.269	4.272	4.275	4.279	4.282	4.285	4.288	4.291
8.9	4.295	4.298	4.301	4.304	4.307	4.311	4.314	4.317	4.320	4.324
9.0	4.327	4.330	4.333	4.336	4.340	4.343	4.346	4.349	4.352	4.356
9.1	4.359	4.362	4.365	4.368	4.372	4.375	4.378	4.381	4.384	4.387
9.2	4.391	4.394	4.397	4.400	4.403	4.407	4.410	4.413	4.416	4.419
9.3	4.422	4.426	4.429	4.432	4.435	4.438	4.441	4.445	4.448	4.451
9.4	4.454	4.457	4.460	4.463	4.467	4.470	4.473	4.476	4.479	4.482
9.5	4.486	4.489	4.492	4.495	4.498	4.501	4.504	4.508	4.511	4.514
9.6	4.517	4.520	4.523	4.526	4.530	4.533	4.536	4.539	4.542	4.545
9.7	4.548	4.551	4.555	4.558	4.561	4.564	4.567	4.570	4.573	4.576
9.8	4.579	4.583	4.586	4.589	4.592	4.595	4.598	4.601	4.604	4.607
9.9	4.611	4.614	4.617	4.620	4.623	4.626	4.629	4.632	4.635	4.638
10.0	4.642	4.645	4.648	4.651	4.654	4.657	4.660	4.663	4.666	4.669

参 考 書

終りに本書を執筆するにあたり，主として参考にした書籍をあげ，これら
の著者に厚く感謝の意を表します.

全　般　本間　仁：水理学（技術者のための流体の力学），丸善

　　　　　佐藤清一：水理学，森北出版

　　　　　永井荘七郎：水理学，コロナ社

　　　　　石原藤次郎・本間　仁：一般水理学，応用水理学・中Ⅰ，中Ⅱ，丸善

　　　　　土木学会：水理公式集，昭和 32 年改訂版

　　　　　土木学会：水工学の最近の進歩

　　　　　椿　東一郎：水理学Ⅰ．Ⅱ，森北出版

　　　　　Hunter Rouse：Engineering Hydraulics, John Wiley & Sons

第 7 章　応用水理学，上 (1.5, 本間　仁：開水路の定流)

　　　　　本間　仁：流量計算法，実教出版

　　　　　S. M. Woodward and C. J. Posey：Hydraulics of Steady Flow in Open-
Channels（水野一明，後藤寧郎共訳：開水路の水理学，丸善）

　　　　　Ven Te Chow：Open-Channel Hydraulics, McGraw-Hill Book Co.

第 8 章　応用水理学，上 (1.6, 林　泰造：水の波)

　　　　　矢野勝正：洪水特論，理工図書

第 9 章　本間　仁：河川工学，コロナ社

　　　　　山本三郎：河川工学，朝倉書店

　　　　　川畑幸夫：水文気象学，地人書館

　　　　　野満隆治・瀬野錦蔵：新河川学，地人書館

　　　　　Linsler, Kohler and Paulhus：Applied Hydrology, McGraw-Hill Book
Co.

　　　　　D. Johnstone and W. P. Cross：Elements of Applied Hydrology, The
Ronald Press Co.

第10章　応用水理学，中Ⅰ (2.1, 岩垣・足立・石原・田中・椹木：水による土砂の
浸食，輸送，堆積)

　　　　　本間　仁：河川工学，コロナ社

第11章　応用水理学，中Ⅱ (2.9, 田中　清・室田　明：海岸と港湾の問題)

　　　　　土木学会：海岸保全施設設計便覧

　　　　　永井荘七郎：港湾工学，コロナ社

第12章　応用水理学，上 (1.7, 内田茂男：地下水)

索　引

ア　行

アインシュタインの掃流砂関数 … 197	ウオイシッキ　… … … … … 62
浅井戸… … … … … 295	Wash load… … … … … 211
芦田和男　… … … … 80	うねり… … … … … 246
安定河道　… … … … … 212	雨量強度　… … … … …150,163
石原・岩垣博士… … … 282	運動量の定理　… … … 61
位　　相… … … … 218	影響半径　… … … … 296
——差　… … … 112	エクダールの解法　… … … 125
板倉誠… … … … … 165	S-M-B 法　… … … 247
一様断面水路　… … … 28	エスコフィエの方法… … … 52
一般断面水路　… … … 47	Sハイドログラフ　… … 174
イリバーレンの式　… … … 276	エネルギーコウ配　… …2,91
岩井教授　… … … … 142	沿岸漂砂量　… … … … 279
岩垣博士　… … … 74,190	沿岸流速　… … … … 279
岩垣・椿木博士の漂砂量式　… 279	円形水路　… … … … 16
インドリー　… … … … 192	岡本元治郎… … … … 109
Wedge storage　… … … 134	沖　波… … … … … 253
上田博士　… … … … 116	

カ　行

確率密度曲線　… … … … 138	屈折図　… … … … 259
河川の合流… … … … 47	グッドリッチ法　… … 133
河川の分流… … … … 36	クナップおよびイペンの実験… 87
河道貯留量… … … 133	Kleitz-Seddon の法則　… 99
渦動粘性係数　… … … 203	Kraven の値　… … 163
カプランの実験… … … 245	クラマーの均等係数… … … 189
カルマンの定数… … … 204	クラヤ… … … … 116
ガンキレー・クッター式… … 8	クーリガン… … … … 236
完全跳水　… … … … 61	栗原公式　… … … … 188
観測井… … … … 298	グリーンの公式… … … 244
感潮河川　… … 91,109	クレイ… … … … 192
ガンベル法… … … … 142	群井戸… … … … 304
基底流量　… … … … 155	群速度… … … … 218
キャサグランドの方法　… … 317	限界コウ配… … … … 24
急コウ配水路　… … … 6	限界水深　… … … 24
橋脚によるセキ上げ… … … 81	限界掃流力… … … … 185
空隙率… … … … 285	限界摩擦速度　… … … 188
短形水路　… … … … 12	減水定数　… … … … 156
崩れ波… … … … 278	降雨平均強度係数　… … … 165
屈折係数　… … … … 254	高水敷… … … … 22

索　引

洪水調節池	124	後退波	217
洪水追跡	133	コッエニーの式	285
洪水年	142	孤立波	235
洪水流	97	コリンズ	171
合成粗度係数	22	混成堤	269

サ　行

砕　波	234	浸透能	156
——高	254	浸透量係数	308
——指標	255	シンプソンの方法	44
——条件	236	吹送距離	246
——水深	254	吹送時間	246
佐藤・岸博士	231	水面コウ配	2, 91
佐藤博士	82, 234	水文統計	138
佐藤・吉川・芦田の式	197	水理学的に有利な断面	20
佐藤・吉川・木村の方法	177	水理特性曲線	18
サフラネッツ	62	捨石堤	275
砂粒レイノルズ数	188	ストロール	320
サンフルーの公式	261	砂の波	195
Chézy 式	7	砂フィルター	319
篠原教授および椿	196	スメタナ	62
支配断面	47, 55	スレード法	140
シャーマン	166	正規分布	138
射　流	25	正弦波	217
周　期	217	セイシュ	240
集水暗渠	300	静水圧分布	1, 76
重力波	220	正段波	94
シュナイダー	181	セキ上げ背水	33
潤　辺	21	浅海波	221
衝撃波	86	剪断応力	185
——角	86	総合単位図	181
——高	273	相似条件	5
常　流	24	相似律	93
初期損失雨量	155	相当粗度	8
シールズ	187, 195	掃流砂量	194
深海波	221	掃流力	185
進行波	217	速度ポテンシャル	226, 291
浸出面	292	損失雨量	156
浸潤線	316		

タ　行

対応水深	61, 86	対数正規分布	140
台形水路	14	タイスの水位回復法	310
対数確率紙	141	タイスの水位底下法	310

索　　　引　　　333

滞流式…　…　…　…　…　…　…　165
高瀬の方法…　…　…　…　…　…　141
ダルシーの法則…　…　…　…　…　285
Darcy–Bazin式…　…　…　…　8
単位図…　…　…　…　…　…　…　166
　　――の単位時間変換　…　…　174
段落ち…　…　…　…　…　…　…　80
段　波…　…　…　…　…　…　…　93
チエンの解法　…　…　…　…　129
チャング　…　…　…　…　…　…　192
チョー…　…　…　…　…　…　43, 74
超過確率　…　…　…　…　…　…　139
跳　水…　…　…　…　…　…　…　47
　　――現象…　…　…　…　…　…　60
　　――の長さ　…　…　…　…　…　62
長　波…　…　…　…　92, 221, 240
重複波…　…　…　…　…　218, 232
直接流出量…　…　…　…　…　…　154
貯留係数　…　…　…　…　…　…　308
貯留方程式…　…　…　…　…　…　133
チリヨケ・スクリーン　…　…　…　82

ナ　　行

永井博士　…　…　…　…　249, 270
中安の方法…　…　…　…　…　…　181
流れの関数…　…　…　…　…　…　290
斜め跳水　…　…　…　…　…　…　86
ナビヤー・ストークスの式　…　292

ハ　　行

背水曲線　…　…　…　…　…　34
Hydrograph　…　…　…　134, 147
ハウエルの図解法　…　…　…　…　66
バグノルド…　…　…　…　…　…　269
バクメテフ・マッケ…　…　…　…　62
波形コウ配…　…　…　…　…　…　234
波状跳水　…　…　…　…　…　…　61
波　速…　…　…　…　…　…　…　217
波　長…　…　…　…　…　…　…　217
波動方程式…　…　…　…　…　…　217
Permanent type の波　…　…　234
バーナード…　…　…　…　…　…　168
浜田博士…　…　…　…　…　…　236
林教授…　…　…　…　…　…　…　104

沈降速度　…　…　…　…　…　…　204
津　波…　…　…　…　…　…　244
DAD　解析…　…　…　…　150
テイエムのε法…　…　…　…　297
低下背水　…　…　…　…　…　…　33
定常浸透　…　…　…　…　…　…　316
低水路…　…　…　…　…　…　…　22
ティーセン法　…　…　…　…　147
テトラポッド　…　…　…　…　277
デュボア　…　…　…　…　…　…　194
伝播速度　…　…　…　…　…　…　94
等雨量線法…　…　…　…　147
透水係数　…　…　…　…　…　…　285
到達時間　…　…　…　…　…　…　162
等　流…　…　…　…　…　…　…　7
特性曲線法　…　…　…　…　…　114
都市下水道　…　…　…　…　…　165
度数係数　…　…　…　…　…　…　142
ドビッソンの式…　…　…　…　81
トルクミットの公式…　…　…　43
トロコイド波　…　…　…　…　234

2次流出　…　…　…　…　…　…　155
ニュートンの逐次近似法…　…　26
年最大洪水量　…　…　…　…　140
年最大日雨量　…　…　…　…　140

速水教授　…　…　…　…　…　…　104
パルス法　…　…　…　…　…　…　133
波　令…　…　…　…　…　…　…　247
被圧地下水…　…　…　…　…　295
比エネルギー　…　…　…　…　1, 24
ピーク流量…　…　…　…　104, 161
微小振幅波…　…　…　…　…　221
非定常浸透…　…　…　…　…　319
漂　砂…　…　…　…　…　…　…　278
標準偏差　…　…　…　…　…　…　139
表面波…　…　…　…　…　…　…　220
表面流出　…　…　…　…　…　…　155
広井公式…　…　…　…　…　…　268
風　波…　…　…　…　…　…　246

索 引

フェヤ・ハッチの式… … … … 286
フォルヒハイマーの公式… … … 302
フォルヒハイマー流速公式 … … 10
深井戸… … … … … … 295
副振動… … … … … … 240
複断面河川… … … … … 22
負段波… … … … … … 94
不等流… … … … … …1, 28
ブラウン … … … … … 196
Prism storage … … … … 134
浮流砂の濃度分布 … … … 203
浮流砂量 … … … … … 203
フルード数… … … … …5, 87

マ 行

マカワン … … … … … 236
巻き波… … … … … … 278
摩擦速度 … … … … … 186
マスカット… … … … … 312
マスキンガム法… … … … 133
マッソー … … … … … 115

ヤ 行

有義波… … … … … … 247
有限振幅波… … … … … 221
有効雨量 … … … … … 154
有効径… … … … … … 285
有効断面 … … … … … 49

ラ 行

ラウスの分布 … … … … 204
ラグランジュの方法… … … 236
ラショナル式 … … … 161, 165
ラプラスの式 … … … 221, 291
流出関数法… … … … … 176
流出係数 … … … … 155, 163
流線… … … … … … 291
流量配分図… … … … … 168

ブレッスの公式… … … … 29
平均値… … … … … … 139
平均粒径… … … … … 190
平衡コウ配… … … … … 212
ヘーズン紙… … … … … 141
ヘーズンの式 … … … … 285
Bed material load … … … 212
ベナコントラクタ … … … 39
放物線形水路 … … … … 15
ホートン … … … … 151, 156
掘抜井戸… … … … … 295
本間教授 … … … … … 57

マッハ波 … … … … … 87
Manning 式 … … … … 8
マンニング・ストリクラーの式 … 8
ミニキン公式 … … … … 269
物部公式 … … … … … 43
モリターの公式… … … … 249

ユニットグラフ… … … … 166
揚圧力… … … … … … 311
横越流型余水路… … … … 76
横から流出のある場合 … … 73
横から流入のある場合 … … 73

リン… … … … … … 116
リンスレー… … … … … 151
累加雨量曲線 … … … … 151
ルチハの式… … … … … 163
ルベイの式… … … … … 204
レーンとカリンスク… … … 204
レーンとカールソン… … … 194
露出射流 … … … … … 68

著 者 略 歴

荒木　正夫
1947 年　九州大学工学部土木工学科卒業
1947 年　内務省九州土木出張所(後の建設省九州地方建設局)勤務
1951 年　建設省土木研究所　河川構造物研究室研究員
1957 年　建設省近畿地方建設局　計画検定課長補佐
1957 年　工　学　博　士
1958 年　九州大学助教授
1962 年　九州大学教授
1963 年　水資源開発公団利根導水路建設局調査課長
1975 年　信州大学教授
1990 年　信州大学名誉教授
　　　　　専攻.──水理学・衛生工学・ダム工学

椿　東一郎
1944 年　九州大学工学部航空工学科卒業
1946 年　九州大学工学部大学院修了
1946 年　九州大学応用力学研究所勤務
1954 年　山口大学工学部土木教室勤務
1958 年　工　学　博　士
1960 年　山口大学教授
1964 年　九州大学教授.
1985 年　九州大学名誉教授. 専攻─水理学・河海工学

JCLS ＜(株)日本著作出版権
管理システム委託出版物＞

水理学演習（下）　　　　　　　© 荒木正夫・椿 東一郎 1962

1962年 5 月 1 日　第 1 版第 1 刷発行　　　定価はカバー・ケース
2003年12月15日　第 1 版第40刷発行　　　に表示してあります.

著　者	荒　木　正　夫	
	椿　　東　一　郎	
発行者	森　北　　　肇	
印刷者	朴　澤　正　雪	

著者との協議
により検印は
廃止します.

発行所　森北出版 株式会社　東京都千代田区富士見 1-4-11
電話 東京 (3265) 8 3 4 1 (代表)
FAX 東京 (3264) 8 7 0 9

日本書籍出版協会・自然科学書協会・工学書協会・土木-建築書協会 会員

落丁・乱丁本はお取替え致します　　印刷 エーヴィスシステムズ／製本 長山製本

【無断転載を禁ず】　 ISBN 4-627-49120-4

Printed in Japan

水理学演習　下［POD版］　　ⓒ 荒木正夫・椿　東一郎　1962

2017年10月25日	発行
著　者	荒木正夫　椿　東一郎
発 行 者	森北　博巳
発　行	森北出版株式会社
	〒102-0071
	東京都千代田区富士見1-4-11
	TEL　03-3265-8341　　FAX　03-3264-8709
	http://www.morikita.co.jp/
印刷・製本	ココデ印刷株式会社
	〒173-0001
	東京都板橋区本町34-5

ISBN978-4-627-49129-8　　　　　Printed　in　Japan

JCOPY ＜（社）出版者著作権管理機構　委託出版物＞

2017.11.07